AI시대의

통계적 예측

시계열의 인공신경망 예측

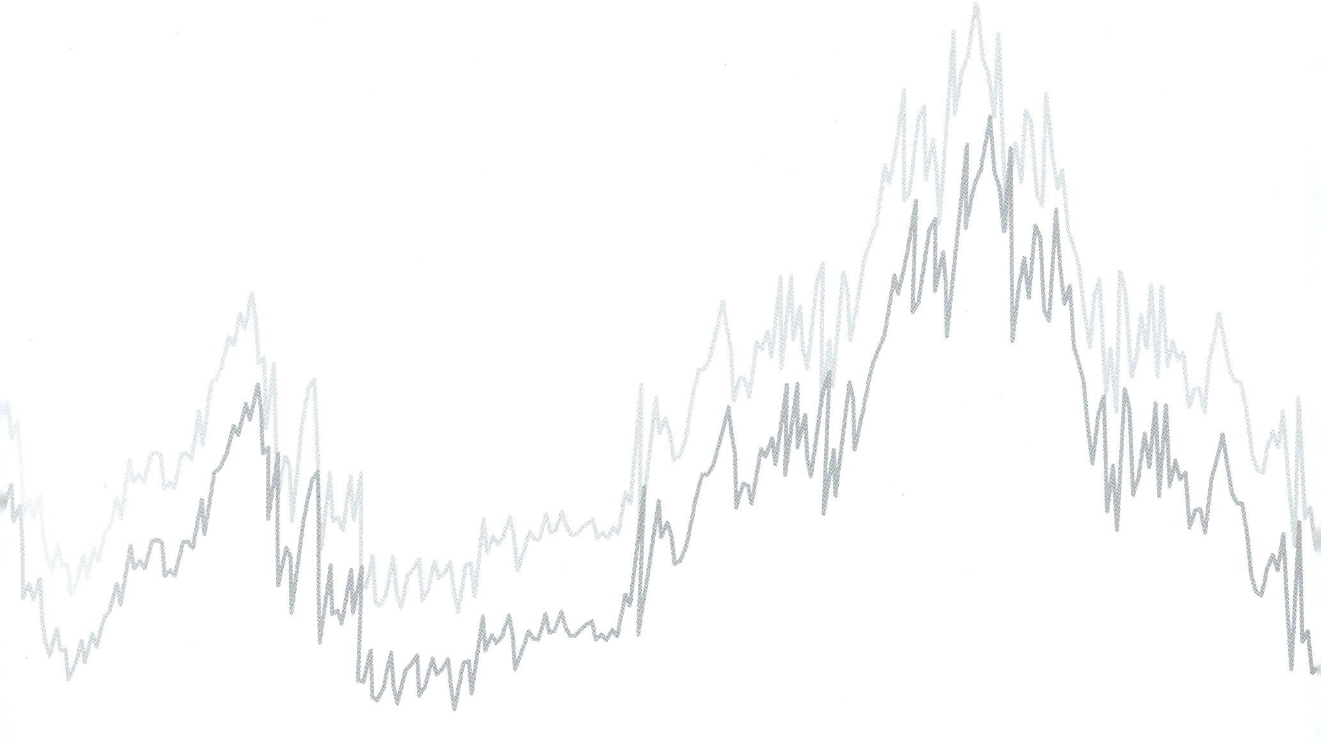

STATISTICAL PREDICTIONS
IN THE ERA OF AI

AI시대의

통계적 예측

시계열의 인공신경망 예측

김해경 · 김태수 · 윤진희 · 정혜영 · 이우주 지음

KM 경문사

머리말

이 책은 시계열의 통계적 예측에 적용 가능한 인공신경망(artificial neural network: ANN) 모형을 소개하는 데 목적이 있다. 인공신경망은 다양한 현상의 관측 자료에 내재된 여러 비선형 현상을 본래에 가깝게 설명해 낼 수 있는 유연한 모형이다. 이 모형은 기존 방법과는 달리 선형 또는 비선형 모형의 함수형태에 의존하지 않고 관련 함수의 형태에 대한 제한이나 가정 없이 자료가 갖는 비선형 구조를 효과적으로 설명해 내는 모형이다. 나아가 이 모형은 기본적으로 모든 함수를 대상으로 정확한 근삿값을 제공하는 비선형모형의 접근법을 적용하고, 자료에 모형을 적합하는 방법에서도 일반적인 통계기법과 유사하게 오차를 최소화하는 반복학습과 일반화의 절차를 갖춘 예측력 높은 방법이다.

시계열 예측에 효과적인 기법의 하나는 전통적인 박스-젠킨스(Box-Jenkins) 방법이다. 시계열의 시간영역분석인 이 방법은 시계열의 모수적 모형인 ARIMA 모형, 즉 자기회귀(AR), 이동평균(MA), 자기회귀이동모형(ARMA) 등 시계열의 기본 모형들을 기초로 판별, 추정, 진단, 예측 등의 단계를 통해 분석을 수행한다. 이 방법은 기본적으로 관련 시계열이 선형의 확률과정에서 생성되었다는 가정에 기초한다. 따라서 시간영역분석이나 그 예측은 확률현상의 상관분석 개념에 배경을 둔다. 그러나 실제 시스템이 대부분 비선형임을 감안하면 시계열의 ARIMA 모형은 이러한 비선형 역학구조의 환경에 적용하기에는 다소 한계가 있다.

이러한 관점에서 ANN 모형은 시계열 예측에서 선형의 ARIMA 모형에서 요구되는 정상조건 등 강한 전제조건들을 제거하고 스스로 자료에 적응해 가는 장점을 갖는 효과적인 방법으로 평가된다. 더욱이 ANN 모형의 특징은 단순한 비선형 모형에 그치지 않고 다양한 비선형 함수를 아우르는 일반적인 비선형 함수를 예측모형에 이용할 수 있는 데 있다. 이런 의미에서 ANN 모형은 특히 독립인 입력변수와 반응변수 사이에 존재하는 복잡한 비선형 관계를 모형화하는 데 효과적이다.

시계열 분석에서 시간영역분석의 예측과 인공신경망 예측은 기본적으로 독립적인 개념이다. 전자가 관련 시계열이 선형의 확률과정에서 생성되었다는 가정에 기반한다면, 후자는 그 시계열을 어떤 종류의 함수적 형태에도 바탕을 두지 않는다. 인공신경망 모형을 소개하는 이 책에서 박스-젠킨스 방법을 먼저 소개하는 것은 다만 같은 시계열 자료를 통하여 두 방법의 예측력을 비교하여 평가할 수 있기 때문이다.

이 책은 크게 I부, II부, III부의 세 부로 구성되고, 각 부는 다시 몇 개의 작은 장들로 나뉜다.

제 I 부는 두 개 장인 제1장과 제2장으로 구분하여, 제1장에서는 시계열의 시간영역예측인 박스-젠킨스 방법의 개념과 예측절차를 간략히 소개한다. 이어서 제2장에서는 박스-젠킨스 ARIMA 방법을 실제 적용하여, 정상과 비정상 그리고 비계절성과 계절성 등으로 구분되는 여덟 가지 시계열 자료를 제1장에서 소개한 절차에 따라 분석하고 예측한다. 특히, 이 분석 결과는 제 II 부의 제3장과 제4장에서 인공신경망 모형을 통해 얻는 예측 결과와 다시 비교 평가한다.

제 II 부에서도 제3장과 제4장 두 개의 장을 두어, 제3장에서는 이 책의 주제인 ANN을 소개하고 그 기본개념과 예측절차를 논한다. 특히 시계열과 같이 인접한 값들 사이에 종속관계가 존재하거나 문장이나 음절과 같이 앞뒤 문맥이 서로 연관되어 있어 순서를 고려해야 하는 자료를 효과적으로 처리하는 모형인 순환신경망(RNN)을 소개한다. 이 모형은 자료의 과거 정보를 알기 위하여 은닉층 내부에 순환구조를 두어 지나간 정보를 되돌려 새로 입력되는 자료와 연결시키는 방법을 적용한다.

이에 더해, 같은 제 II 부에서는 계열의 시차값을 이용하는 신경망자기회귀(NNAR) 모형, 선형과 비선형 모형의 기능을 겸비한 혼합(Hybrid)모형 그리고 간편하면서 예측효과가 뛰어난 비신경망 모형인 홀트-윈터스(Holt-Winters)모형을 추가로 소개하고 그 예측성과를 기존의 박스-젠킨스 방법 그리고 인공신경망 모형들과 비교한다.

다음 제4장에서는 제 I 부 제2장에서 박스-젠킨스 방법을 통해 분석한 동일한 시계열 자료에 여러 인공신경망 모형을 적용하고 그 예측성과를 앞의 박스-젠킨스 방법의 결과와 비교하여 평가한다.

특히 이 책에서는 큰 주제를 다룬 후에 주제와 연관된 실제 자료의 분석을 수행하여 독자가 분석의 주제와 절차를 파악할 수 있도록 하였고, 분석의 서두에는 분석 목표와 주요 결과에 대한 요약문을 명시하여 분석의 주요 성과를 제시하였다. 한편 장의 구성도 어느 장을 독립적으로 선택하든지 간에 이해에 어려움이 없도록 하였다.

평소 박스-젠킨스 방법에 익숙한 독자는 제 I 부를 건너뛰어 제 II 부의 내용으로 넘어가는 것도 효과적이리라 판단한다. 분석에 이용된 자료는 참고문헌(* 표시)의 것을 이용하였으나 분석은 독립적으로 수행되었고, 관련된 140여 개의 SAS(Statistical Analysis System) 프로그램은 모두 파일로 연계시켰다.

끝으로 이 책을 준비하는 과정에서 조언을 아끼지 않으신 여러분께 진심으로 감사를 드리며, 아울러 출판에 성의를 다해주신 출판사 관계자분들께도 깊은 감사를 드린다.

2023년 10월 저자

목차

제 I 부 시계열의 시간영역 예측

제 II 부 시계열의 인공신경망 예측

제 III 부 주파수에 기초한 시계열의 인공신경망 예측

제 I 부

시계열의 시간영역 예측

Statistical Forecasting in the AI era

제1장 시계열의 시간영역 분석

Statistical Forecasting in the AI era

시계열은 시간에 따라 관측된 자료, 즉 데이터이다. 시계열은 계열적 종속성을 갖기 때문에 데이터가 확률적으로 독립이라는 가정에서 출발하는 기존의 통계이론이 적용되지 않는다. 데이터가 확률적으로 종속이라는 가정에서 출발하는 시계열 분석과 그 예측이론은 70년대 이후 괄목할 만한 발전을 하였고, 특히 단기 예측방법으로 알려진 Box – Jenkins 분석, 즉 ARIMA 분석은 모형의 구축과 예측에서 획기적인 역할을 하고 있다.

이 장에서는 시계열 이론의 기본개념들(참고문헌 [2])을 기초로 완성된 일변수 ARIMA 분석의 실제적 3단계 절차의 요약으로 시작한다. 먼저 관측값 사이의 자기상관성과 편자기상관성을 기초로 하는 판별, 다음은 판별에서 정한 모형에 포함된 계수들의 값을 결정하는 추정, 그리고 추정 단계에서 결정된 추정값들의 적절성을 검토하는 진단, 마지막으로 진단을 통해 확정된 최종 모형에 의하여 이루어지는 예측 등의 절차를 중심으로 논하기로 한다.

특히 제2장에서 다루는 시간영역 예측의 결과들은 제 II 부 제4장에서 다룰 인공신경망 예측 결과와 비교하는 데 이용한다.

1.1 서론

시계열 분석은 크게 두 가지 방법으로 구분된다. 시간영역분석(time domain analysis)과 주파수영역분석(frequency domain analysis)이다. 이 두 가지 방법은 접근 방식이 다르지만 서로 배타적인 이론은 아니다. 오히려 이 두 방법은 서로 상호보완적이라 할 수 있다.

먼저, 시간영역분석은 인접된 시계열 값들 사이에 존재하는 종속성이나 상관성을 현재의 값이 과거의 값들의 회귀(回歸: regression)라는 가정에서 출발한다. 이 가정은 월드의 분해정리(Wold decomposition theorem: 1938)에 근거를 둔다. 이 정리에 의하면, 모든 시계열의 현재 값은 확률성분인 잡음계열(noise series)의 과거 값들의 일차결합과 이 일차결합에 수직인 결정론적 성분과의 합으로 표시할 수 있다는 것이다. 따라서 시간영역분석에서는 시계열을 모형화하기 위해서 적당한 모수적 회귀모형을 가정하게 되고, 추론에서도 이 모형의 차수와 회귀계수의 결정, 즉 통계적 추정과 검정에 초점을 맞춘다. 여기서 보통 효과적으로 사용되는 회귀모형은 자기회귀이동평균모형(autoregressive moving average model: ARMA model)이다. 또 이에 대한 체계적인 접근 방법을 박스-젠킨스 방법(Box-Jenkins method)이라 한다.

이에 반하여 주파수영역분석은 평균이나 분산 등이 비교적 안정되어 있는 소위 정상시계열을 대상으로 하여, 이것이 서로 다른 주기를 갖는 사인이나 코사인 함수와 같은 강한 주기함수들의 합이나 일차결합으로 나타내고, 여기서 다시 그 종속성을 주도하고 있는 주기를 구별해내는 방법이다. 이에 대한 이론적 타당성은, 정상시계열은 무상관의 계수를 갖는 복소지수들, 즉 사인과 코사인 함수들의 합의 극한으로 표시된다는 크레머(Cramer)의 정상확률과정의 스펙트럼표현(spectral representation of a stationary process: 1942)에 있다. 이 주파수영역분석법은 주기적 변화를 갖는 자연현상이나 어느 정도 규칙적인 활동이 반복되는 사회현상의 주기성을 설명하는 데 특히 효과적이다. 시계열의 주파수분석은 어느 정도 난해한 이론으로 평가되기도 하지만 이 방법의 장점에 대해서는 통신을 다루는 전기공학을 포함하여 지구물리학, 기상학 등 광범위한 분야에서 이미 인정되어 왔다.

길이가 짧은 시계열에서는 이 두 방법의 효과를 비교하기 어렵다. 그러나 길이가 비교적 긴 경우에는 두 분석 방법은 대부분 거의 같은 결과를 도출하게 된다.

1.2 박스-젠킨스 방법: Box-Jenkins Method

박스-젠킨스(Box-Jenkins) 방법은 시계열 분석에서 가장 널리 이용되는 방법의 하나이다. 이 방법은 박스-젠킨스 모형이라고 부르는 AR, MA, ARMA 등 시계열의 표준모형들의 이론적 성질을 기초로 주어진 자료의 최적모형을 정하고 그것을 예측에 이용하는 방법이다. 이 방법은 비교적 완전한 이론적 체계를 갖추고 있으면서도 거의 모든 형태의 시계열 자료에 적용할 수 있는 장점을 가지며 예측오차도 비교적 적게 만든다.

박스-젠킨스 방법은 장기예측보다는 단기예측에 더 효과적이고 계절변동을 포함하는 시계열 분석에도 매우 효과적이다. 기본적으로 이 방법은 정상시계열에만 적용되며 자료도 등간격의 이산자료를 전제로 한다. 이 방법은 적어도 50개 이상의 관측값에서 효과를 얻을 수 있고 계절변동이 포함되는 경우에는 100개 이상의 관측값을 필요로 한다(문헌 [11] 참조). 물론 자료에 포함된 잡음의 분산이 더 작으면 자료의 크기가 작은 경우에서도 효과를 얻을 수 있다.

박스-젠킨스 방법은 기본적으로 다음 네 단계를 거쳐 수행된다.

(a) 판별(identification)
(b) 추정(estimation)
(c) 진단(diagnostic checking)
(d) 예측(forecasting)

분석의 예비과정을 포함하여, 분석 각 단계의 기능은 다음과 같다.

예비분석

박스-젠킨스 방법에 적용될 시계열 자료는 기본적으로 (약)정상을 전제로 한다. 평균은 물론이고 분산도 안정되어야 한다. 시계열 자료의 정상성은 시도표를 통한 직관적인 검토나 표본자기상관함수를 기초로 판단한다. 계산된 표본자기상관함수가 시차에 따라 비교적 빠르게 감소하면 이 시계열은 정상시계열로 판단한다.

다음은 비정상시계열을 정상화하는 데 도움을 주는 방법이다.

(1) 시계열의 분산이 시간에 따라 변하면 로그 변환이나 제곱근 변환 등을 통하여 분산을 안정시킬 수 있다. 이 방법으로 분산이 안정이 되지 않으면 '정상분산안정법'(문헌 [2] 참조)을 이용할 수 있다.
(2) 분산은 안정되어 있지만 평균이 시간에 따라 변하는 평균비정상계열에서는 차분을 통하여 평균을 정상화한다. 이때 차분의 차수는 주로 표본상관함수를 기초로 결정한다.
(3) 시계열에 계절성이 존재하면 보통 낮은 차수의 계절차분을 통하여 정상화한다.

1.2.1 판별

주어진 시계열 자료가 정상이라고 판단되면 이 시계열에 적합한 모형을 찾는다. 적합모형은 보통 표준모형인 자기회귀모형(AR), 이동평균모형(MA), 자기회귀 이동평균모형(ARMA), 자기회귀 누적이동평균모형(ARIMA) 중에서 정한다. 시계열 자료에 계절성이 있는 경우에는 계절자기회귀 누적이동평균(SARIMA) 등 표준모형들에 대응되는 계절모형을 적용한다. 예측에 적합한 모형이란 기본적으로 시계열 자료가 갖는 주요 특징이나 패턴을 정확히 기술할 수 있고 또 추정해야 하는 모수의 개수도 가급적 적은 모형을 말한다.

(1) 주어진 시계열 자료로부터 먼저 표본자기상관함수와 표본편자기상관함수를 계산하고, 다음에 이것을 근거로 이론적 자기상관함수나 편자기상관함수가 모형의 형태와 차수에 따라 달라지는 성질을 기초로 시계열 자료가 생성되었다고 판단되는 모형과 차수를 정한다.

(2) 판별을 위하여 표본자기상관함수와 표본편자기상관함수는 표본크기의 약 25% 의 시차에서 계산하는 것이 효과적이다. 예컨대 표본크기가 50 인 경우에는 이 함수들을 시차 0에서 12 정도까지 계산한다.

1.2.2 추정

판별을 통하여 결정된 모형의 미지 모수를 자료를 기초로 추정한다. 추정 방법에는 기본적으로 최소제곱원리, 최우도원리 등에 근거하는 추정과 그 추정량의 표본분포를 바탕으로 하는 구간추정이 이용된다.

모수를 추정할 때는 다음 사항을 고려한다.

(1) 어떤 모수의 추정값이 비교적 영에 가까운 값이면, 이 모수가 실제 모집단에서도 0인지 아닌지에 대한 유의성 검정이 필요하다. 적당한 유의수준에서 이 모수의 값이 0이라는 귀무가설이 기각되지 않으면 이 모형은 적합하지 않은 것으로 판단한다. 이 경우 해당 변수를 제외한 수정된 모형을 가지고 다시 추정의 절차를 밟는다.

(2) 모수의 추정값 사이에 존재하는 상관관계를 검토한다. 두 모수의 추정값 사이의 상관계수가 높으면 두 변수 중 하나를 모형에서 제외시켜 모형을 더 단순화한다. 이 경우에 남은 변수가 제외된 변수의 역할을 하게 된다.

(3) 모수들의 구간추정인 신뢰영역을 구한다. 신뢰도 $100(1-\alpha)\%$의 신뢰영역이란, 모집단으로부터 같은 크기 N 인 표본을 반복하여 추출하고 각 표본으로부터 이 신뢰영역을 계산한다면, 이 신뢰영역 중 $100(1-\alpha)\%$는 모수의 실제 값을 포함한다는 뜻이다. 따라서 신뢰영역은 확률적인 영역으로 모수추정의 정확도를 설명하는 방법이 된다.

(4) 모형에 포함되는 오차항의 분산을 추정한다. 모형의 예측오차 크기는 오차항의 분산의 크기에 영향을 받는다. 따라서 오차의 분산을 가능하면 적게 만드는 모형을 선택한다.

1.2.3 진단

판별과 추정의 단계를 통해 모형과 그 모수가 결정되면 확정된 이 모형이 통계적으로 적절한지를 확인하는 과정을 진단이라 한다. 진단은 시험모형을 다시 수정하거나 보완할 수 있는 과정의 하나이다. 회귀분석에서와 같이 진단의 방법에는 잔차분석(analysis of residuals)이 주로 이용되지만, 필요에 따라서는 모수를 단계별로 추가해 가는 단계적 적합(stepwise fitting)이 이용되기도 한다.

(a) 잔차분석**:** 시계열의 모수적 모형, 즉 자기회귀, 이동평균, 자기회귀이동평균 등의 모형에 포함되어 있는 확률오차항(random error term)은 관측오차(measurement error)를 포함해 주어진 모형으로 설명할 수 없는 변수들을 포괄적으로 설명하는 확률항을 말한다. 따라서 이 오차항은 기본적으로 서로 독립(또는 무상관)이고 평균과 분산이 각각 0과 σ^2이며 또 같은 분포를 따르는 확률변수, 즉 백색잡음으로 가정된다. 따라서 부적절한 모형의 적합에서 얻어지는 잔차(즉, 관측값 – 예측값)는 아직 설명되지 못한 시계열의 패턴을 포함하게 되어 이들로부터 백색잡음의 성질을 기대할 수 없다. 이와 같이 모형의 적합성 진단은 잔차들의 백색잡음성 여부를 검토함으로써 이루어진다. 잔차들의 자기상관함수를 계산하고 이것이 확률오차항이 갖는 백색잡음성에 부합하는지를 통계적으로 검증한다. 잔차들의 자기종속성이 확인되면 그것은 백색잡음계열로 볼 수 없고 결국 잔차들이 독립성을 유지할 수 있는 다른 모형을 찾게 된다.

(b) 단계적 적합**:** 판별에서 얻은 시험모형보다 자료를 더 잘 설명해 주는 다른 모형이 있는지를 체계적으로 검토하는 방법으로, 이미 판별된 ARIMA모형에 계수(즉, 차수)를 하나씩 증가해 가며 얻어진 변형모형이 본래 모형보다 더 우수한지를 정해진 기준을 통하여 평가한다.

본래의 모형과 변형모형을 비교하는 평가기준으로 보통 오차제곱합(SSE)이 사용된다. 차수가 높아진 변형모형의 오차제곱합이 본래 모형의 이 값과 차가 크지 않다든지 또는 미리 정한 어떤 값보다 적으면, 모형의 절약의 원리(principle of parsimony)에 의하여 이미 판별된 본래 모형을 적합 모형으로 확정한다.

단계적 적합은 특히 표본의 자기상관함수나 편자기상관함수의 값들이 그 크기로 보아 모형을 판별하기가 애매한 경우에 적용한다. 예컨대 표본자기상관함수가 시차에 따라 급속히 0으로 감소하는 정상시계열에서, 표본편자기상관함수가 시차 1에서 유의적인 돌출을 하면 이것은 AR(1)을 적합 모형으로 판별할 수 있다. 그러나 이 경우에도 편자기상관함수가 시차 1뿐만 아니라 2에서도 (유의적이지는 않지만) 그 크기가 무시할 수 없는 수준이면 시험모형으로 AR(2)가 검토될 수 있다. 이 경우 AR(1)과 AR(2)를 적합시키고 오차제곱합을 비교하여 판단한다.

1.2.4 예측

예측은 판별, 추정, 진단의 세 단계를 거쳐 최종적으로 결정된 모형을 이용하여 시계열의 미래의 값을 결정하고 또 그 예측의 정확도를 평가하는 과정을 말한다.

ARIMA모형 등 여러 시계열 모형에 대한 점예측(point forecast) 방법에는 '최소평균제곱오차방법'이나 '확률충격방법' 등이 이용된다. 여기서는 최소평균제곱오차방법에 대하여 간단히 요약해 본다.

시계열 $\{X_t\}$ 에서, $t = n$ 을 현재의 시점으로 하고, 현재와 과거의 관측값 X_n, X_{n-1}, X_{n-2}, $\cdots$, X_1 을 기초로 미래의 확률변수 X_{n+l}, $l = 1, 2, \cdots$ 의 값을 예측한다. 이때 시점 $t = n$ 을 예측의 원점(origin of forcast), l을 예측의 선도시간(lead time of forcast)이라 한다. 시점 t에서 확률변수 X_{n+l}의 예측값을 $\widehat{X}_n(l)$로 표시하면, 이 방법에서는 예측값 $\widehat{X}_n(l)$을, $X_n, X_{n-1}, \cdots$ 이 주어졌을 때, X_{n+l}의 조건부 기댓값, 즉

$$\widehat{X}_n(l) = E[X_{n+l} | X_n, X_{n-1}, \cdots] \tag{1.1}$$

로 정의한다. 이 방법에 의하여 얻어지는 예측값은, '예측오차의 제곱의 기댓값'을 가장 작게 만드는 값이 된다(문헌 [2] 참조).

먼저, 결정적 추세를 갖는 간단한 모형

$$X_t = \mu_t + e_t$$

을 생각해 보자. 여기서 μ_t 는 시간 t의 결정적 함수이고, e_t 는 평균이 0 이고 분산이 σ^2 인 백색잡음이다. 지금 l(단위)시간 후 미래의 관측값 X_{n+l}은 (1.1)에 의하여

$$\begin{aligned}\hat{X}_n(l) &= E\left[\mu_{n+l} + e_{t+l} | X_n, X_{n-1}, \cdots, X_1\right] \\ &= E\left[\mu_{n+l} | X_n, X_{n-1}, \cdots, X_1\right] + E\left[e_{t+l} | X_n, X_{n-1}, \cdots, X_1\right] \\ &= \mu_{t+l} + E\left[e_{t+l}\right]\end{aligned}$$

로 표시되고, $l \geq 1$에 대해서 e_{t+l}이 $X_n, X_{n-1}, \cdots, X_1$에 독립이기 때문에, 결국 $l \geq 1$에 대하여

$$\hat{X}_n(l) = \mu_{t+l}$$

이 된다. 특별한 경우로, 추세함수 μ_t가 t의 선형함수, 즉

$$\mu_t = \beta_0 + \beta_1 t$$

로 주어질 때는 ($l \geq 1$에 대한) 추정값 $\hat{X}_n(l)$은

$$\hat{X}_n(l) = \beta_0 + \beta_1(t + l)$$

로 주어진다. 또 μ_t 가 비선형함수 $\mu_t = \beta_0 e^{-\beta_1 t}$ 이면, 추정값 $\hat{X}_n(l)$은

$$\hat{X}_n(l) = \beta_0 e^{-\beta_1 (t+l)}$$

이 된다. 이 두 경우 모두 모형이 갖는 추세가 미래에도 그대로 존속되고 있음을 알 수 있다. 이러한 현상은 X_{n+l}이 $X_n, X_{n-1}, \cdots, X_1$들과의 종속관계가 약한 데 기인한다고 할 수 있다.

다음은, ARIMA 모형에 대하여 생각해 보자. 주어진 시계열 $\{X_t\}_{t=1}^N$이 비정상이고, 또 이것의 d차 차분계열 $\{\nabla^d X_t\}_{t=1}^N$이 정상으로 ARMA 모형을 따른다고 하자. 즉

$$\phi(B)(1 - B)^d X_t = \Theta(B) e_t$$

라 하자. 지금 미래의 시점에서 이 시계열의 관측값을 예측하는 절차를 생각한다.

시계열 $\{X_t\}$가

$$\{X_t\} \sim \text{ARIMA}(1,1,1) : (1-a\,B)(1-B)\,X_t = \mu + (1+bB)e_t$$

로 주어졌다고 하자. 이것을 성분형으로 표시하면

$$X_t = \mu + (1+a)\,X_{t-1} - a\,X_{t-2} + e_t + b\,e_{t-1}$$

이다. $l > 0$에 대한 미래값 X_{n+l}의 예측값 $\widehat{X}_n(l)$에서, 먼저 1단계 전방예측값은

$$\begin{aligned}\widehat{X}_n(1) &= E\,[X_{n+1} \mid X_n,\, X_{n-1}, \cdots]\\ &= E\,[\mu + (1+a)X_n - aX_{n-1} + e_{n+1} + be_n \mid X_n, X_{n-1}, \cdots]\\ &= \mu + (1+a)X_n - aX_{n-1} + b\,e_n\end{aligned}$$

이다. 이때 시점 $t = n$에서 미지인 e_{n+1}은 그 기댓값 $E[e_{n+1}] = 0$으로 하고, 또 같은 시점 $t = n$에서 미지인 e_n은 잔차 $\hat{e}_n = X_n - \widehat{X}_n$ 으로 추정한다.

같은 방법으로, 2단계 전방예측값은

$$\begin{aligned}\widehat{X}_n(2) &= E[X_{n+2} | X_n, X_{n-1}, \cdots]\\ &= E[\mu + (1+a)X_{n+1} - a\,X_n + e_{n+2} + be_{n+1} \mid X_n, X_{n-1}, \cdots]\\ &= \mu + (1+a)E[X_{n+1} \mid X_n, X_{n-1}, \cdots] - a\,X_n\\ &= \mu + (1+a)\widehat{X}_n(1) - aX_n\\ &= \mu + (1+a)\,\widehat{X}_n(1) + a\,\widehat{X}_n(0)\end{aligned}$$

을 얻는다. 같은 논리를 적용하면, l단계 전방예측값을 구하는 데 필요한 차분방정식은

$$\widehat{X}_n(l) = \mu + (1+a)\,\widehat{X}_n(l-1) - a\,\widehat{X}_n(l-2)$$

이다. 이 차분방정식(즉 점화식)으로부터 해 $\widehat{X}_n(l)$ 을 구하기 위해서는 두 개의 초깃값이

필요하다. $\hat{X}_n(3)$은 $\hat{X}_n(1)$과 $\hat{X}_n(2)$를 이용하여 얻는다. 같은 방법으로, 모든 l에 대한 $\hat{X}_n(l)$을 얻을 수 있다.

참고 1.1 박스-젠킨스 방법의 결점

박스-젠킨스 방법은 시계열의 예측방법으로 다른 방법(회귀방법 등)에 비해 예측오차가 적다는 장점을 갖는다. 그러나 분석의 시간과 비용 면에서는 이 방법도 단점은 있다. 우선 이 방법에서는 비교적 큰 표본의 크기를 요구한다. 시계열 분석에서 표본의 크기는 일반적으로 자기종속성의 강도, 오차분산의 크기 그리고 계절성의 존재여부 등에 달려있다. 앞에서도 언급하였지만, 이 방법의 특성상 표본의 크기는 보통 50은 넘어야 하고, 또 계절변동이 존재하면 그 크기는 100을 넘어야 효과를 볼 수 있다. 더욱이 박스-젠킨스 방법에서는 새 관측값이 추가될 때마다 다른 방법에 비해 더 복잡한 분석절차를 밟아야 하는 어려움이 있다.

수행분석 1 ARIMA 모형화: 표본정보 이용

문제 1-1 크기 $N = 200$, 평균과 분산이 각각 $\bar{X} = 0.07$, $S_X^2 = 3.71$인 시계열 $\{X_t\}$가 시차(h)에 따라 다음의 표본자기상관함수($\hat{\rho}_h$)와 표본편자기상관함수($\hat{\phi}_{hh}$)를 가질 때 아래 분석을 수행하시오.

h	1	2	3	4	5	6	7	8
$\hat{\rho}_h$	−0.8104	0.6432	−0.5200	0.4537	−0.4143	0.3511	−0.2968	0.2138
$\hat{\phi}_{hh}$	−0.8104	−0.0394	−0.0296	0.0948	−0.0551	−0.0625	−0.0145	−0.1070

(1) 위 표를 그래프로 나타내고, 적합한 ARMA모형을 판별하시오.

(2) 판별된 모형의 계수를 근사적으로 추정하시오.

(3) (2)의 모형을 통해 다시 크기 200의 자료를 얻고, 이것을 기초로 판별 · 추정 · 진단 · 예측을 수행하시오.

문제 1-2 크기 $N = 200$, 평균과 분산이 각각 $\bar{X} = -0.30$, $S_X^2 = 1.13$인 시계열 $\{X_t\}$가 다음의 표본자기상관함수와 표본편자기상관함수를 가질 때 아래 분석을 수행하시오.

h	1	2	3	4	5	6	7	8
$\hat{\rho}_h$	0.3991	−0.0276	0.0480	−0.0190	−0.0905	−0.0606	−0.1015	−0.0572
$\hat{\phi}_{hh}$	0.3991	−0.2212	0.1868	−0.1651	0.0144	−0.0540	−0.0854	0.0432

(1) 적합한 ARMA모형을 판별하시오.

(2) 판별된 모형의 계수를 근사적으로 추정하시오.

(3) (2)의 모형을 통해 다시 크기 200 의 자료를 얻고, 이것을 기초로 판별 · 추정 · 진단 · 예측을 수행하시오.

문제 1-3 크기 $N = 200$, 평균과 분산이 각각 $\overline{X} = -0.05$, $S_X^2 = 2.32$인 시계열 $\{X_t\}$가 다음의 표본자기상관함수와 표본편자기상관함수를 가질 때 아래 분석을 수행하시오.

h	1	2	3	4	5
$\hat{\rho}_h$	−0.7191	0.3371	−0.0832	0.0752	−0.0883
$\hat{\phi}_{hh}$	−0.7191	−0.3751	−0.0481	0.2391	0.1732

(1) 적합한 ARMA모형을 판별하시오.

(2) 판별된 모형의 계수를 근사적으로 추정하시오.

(3) (2)의 모형을 통해 다시 크기 200 의 자료를 얻고, 이것을 기초로 판별·추정·진단·예측을 수행하시오.

참고 1.2

위 문제들에서 ARMA 모형이 잠정적으로 정해지면, 그 계수의 초깃값은 다음 식으로 정할 수 있다.

모형	차분방정식	영역	계수의 초깃값
AR(1)	$X_t = a\,X_{t-1} + e_t$	$-1 < \hat{\rho}_X(1) < 1$	$\hat{a} = \hat{\rho}_X(1)$
AR(2)	$X_t = a_1 X_{t-1} + a_2 X_{t-1} + e_t$	$-1 < \hat{\rho}_X(2) < 1$ $2\,\hat{\rho}_X^2(1) < \hat{\rho}_X(2) + 1$	$\hat{a}_1 = \frac{\hat{\rho}_X(1)(1-\hat{\rho}_X(2))}{1-\hat{\rho}_X^2(1)}$, $\hat{a}_2 = \frac{\hat{\rho}_X(2)-\hat{\rho}_X^2(1)}{1-\hat{\rho}_X^2(1)}$
MA(1)	$X_t = e_t + b\,e_{t-1}$	$-0.5 < \hat{\rho}_X(1) < 0.5$	$\hat{b} = \frac{1-\sqrt{1-4\,\hat{\rho}_X^2(1)}}{2\,\hat{\rho}_X(1)}$
ARMA(1,1)	$X_t = a\,X_{t-1} + e_t + b\,e_{t-1}$		$\hat{a} = \frac{\hat{\rho}_X(2)}{\hat{\rho}_X(1)}$, $\hat{b} = \frac{\hat{k} \mp \sqrt{\hat{k}^2-4}}{2}$ $\hat{k} = \frac{1-2\,\hat{\rho}_X(2)+\hat{a}^2}{\hat{\rho}_X(1)-\hat{a}}$이고 $\mp$는 $\lvert\hat{b}\rvert < 1$이 되게 선택

수행분석 2 ARIMA 모형화: 정상, 비계절성

문제 2-1 주어진 시계열자료(Temper.dat)는 어느 한 지역에서 일정 기간 측정된 일별 기온(C°)을 나타낸다. 다음을 수행하시오.

(1) 시도표를 작성하시오.
(2) 정상성 등 시계열의 특징을 기술하고, 정상이 아니면 정상시계열로 변환하시오.
(3) (2)의 정상시계열에 대하여 판별을 수행하시오.
(4) (3)의 판별 모형에 대하여 추정을 수행하시오.
(5) (4)의 추정에 대하여 진단을 수행하시오.
(6) (5)의 결과를 기초로 이 시계열의 예측을 수행하시오.

수행분석 3 ARIMA 모형화: 비정상, 계절성

다음 시계열자료의 분석을 단계별로 시행하고 그 결과를 서술형으로 정리하시오.

문제 2-2 주어진 자료(Rainfall.dat)는 어느 지역에서 일정 기간 측정된 연별 강수량을 나타낸 시계열자료이다. 다음을 수행하시오.

(1) 시도표를 작성하시오.
(2) 분산, 회귀추세 등 정상성과 관련한 이 시계열의 특징을 기술하시오. 정상이 아닌 경우에는 정상시계열로 변환하시오.
(3) 표본자기상관함수(SACF)와 표본편자기상관함수(PSACF)를 기초로 (2)의 정상시계열에 ARIMA 모형을 판별하시오.
(4) (3)의 판별 모형에 대하여 추정을 수행하시오.
(5) (4)의 추정에 대하여 진단을 수행하시오.
(6) (5)의 결과를 기초로 이 시계열의 예측을 수행하시오.

제2장 시계열의 시간영역 예측 사례

Statistical Forecasting in the AI era

이 장에서는 앞에서 논한 일변수 시계열의 Box-Jenkins/ANOVA분석 절차가 통계적 추론의 최소한의 개념들을 통하여 시계열 자료에 어떻게 적용되는지를 여덟 개의 실제 분석 사례를 통하여 이해하고 학습한다. 또 이 과정에서 발생할 수 있는 모형의 다양성과 실제 발생하는 문제점들을 예시한다. 더욱이 앞 장에 요약된 실제 규칙은 사례연구 전반에 걸쳐 강조되고 설명된다.

사례연구는 난이도에 따라 가급적 쉬운 것에서부터 복잡하고 어려운 순서로 배열하였고, 계열의 형태에 있어서도 정상과 비정상, 비계절성과 계절성, 비정상에 계절성은 없는 계열 그리고 비정상에 계절성이 있는 계열 등 다양한 형태의 자료를 포함시키려 노력하였다. 사례연구에 익숙해진 독자는 일변수 Box-Jenkins/ANOVA 방법을 사용할 준비가 되어 있는 것으로 판단할 수 있다.

분석 사례

[1] 기업 재고량에 대한 예측모형: 비정상◦비계절성

[2] 도시의 물 수요에 대한 예측모형: 계절성

[3] 항공기 승객수에 대한 예측모형: 비정상◦계절성

[4] 국가 고용자수에 대한 예측모형: 비정상◦계절성

[5] 주가의 통계적 성질과 예측모형: 비정상◦비계절성

[6] 생산품 판매량에 대한 예측모형: 비정상◦계절성

[7] 호텔의 수요예측을 위한 확률모형: 비정상◦계절성

[8] 수출량 예측을 위한 확률모형: 비정상◦계절성

분석사례 [1] 기업 재고량에 대한 예측모형: 비정상∘비계절성

1. 서론

이 분석의 목적은 어떤 기업을 대상으로 상업적 재고량의 분기별 변화를 파악하고, 이것을 기초로 미래 재고량에 대한 예측모형을 개발하는 데 있다. 분석에 이용된 기본 자료는 과거 14년간(1955년~1969년) 이 기업에서 파악한 60분기의 재고량에 대한 시계열이고, 박스-젠킨스 분석에 사용된 실제 자료는 원자료의 단위를 다소 조정한 것이다.

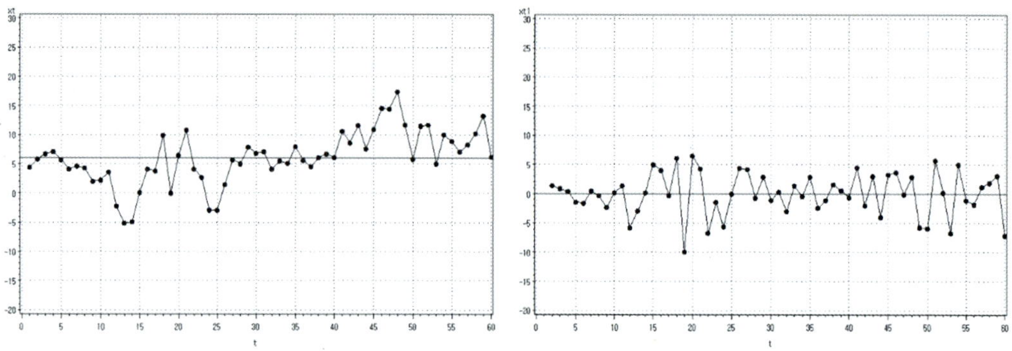

그림 [1]-1 분기별 재고량 $\{X_t\}$의 시도표(왼쪽)와 1차 차분 $\{\nabla X_t\}$의 시도표(오른쪽)

ARIMA 모형은 단기예측에서 특히 효과적인 모형으로 평가되고 있다.

ARIMA 모형을 기반으로 수행되는 '박스-젠킨스 분석'은 다음 네 가지 단계적 절차를 거쳐 수행된다. 먼저 주어진 시계열 자료의 특성을 통하여 모형을 '판별'하고, 판별된 모형의 모수를 '추정'하고, 추정된 모수를 갖는 모형을 다시 '진단'하여 최종 모형을 제안하며, 마지막에는 이 최종 모형을 통하여 '예측'을 수행한다. 박스-젠킨스 분석의 네 단계 절차를 더 구체적으로 설명하면 다음과 같다.

2. 판별

주어진 시계열 자료가 정상이라고 판단되면 이 시계열에 적합한 모형을 찾는다. 그림 [1]-1 (SAS-[1]-1)의 왼쪽 시도표에서 관찰되는 이 계열의 직관적인 특징은 다음과 같다. 먼저 이 계열에는 초반부터 마지막까지 전체적으로 약한 직선의 증가 추세가 존재하고, 또 이 추세선의 위와 아래 일정한 간격에서 크게 이탈하지 않고 진행되는 진동도 이 계열에서 관찰된다. 결국 이 계열의 평균에는 약한 직선적 증가 추세가 존재하며 동시에 시간의 변화에도 비교적 일정하게 유지되는 분산의 안정도 확인된다. 차분계열 $\{\nabla X_t\}$의 검토 없이도, $\{X_t\}$는 직관적으로 보아 결국 정상시계열로 판단된다. 그러나 이 계열의 정상성에 대한 확실한 결론은 이 계열의 자기상관함수를 추정하고 그것을 바탕으로 AR계수들을 추정해 보기 전까지는 유보할 필요가 있다.

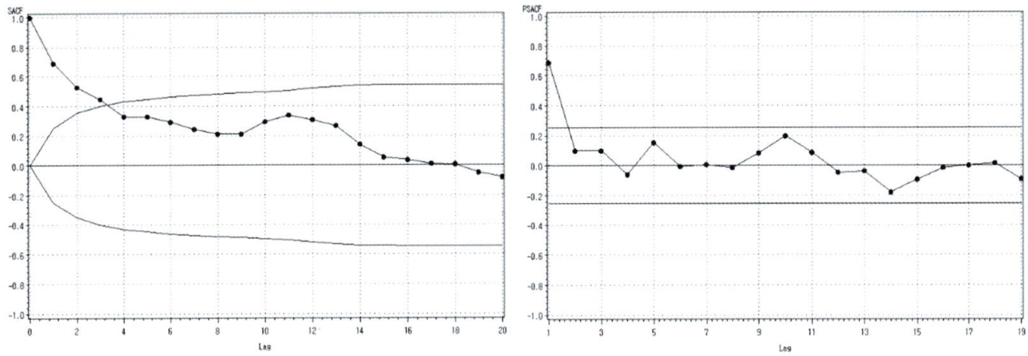

그림 [1]-2 $\{X_t\}$의 표본자기상관함수(왼쪽)와 표본편자기상관함수(오른쪽)

그림 [1]-2(SAS-[1]-2)는 차분하기 이전의 원래 계열로부터 얻어진 표본자기상관함수와 표본편자기상관함수를 나타내고 있다. 자료의 크기가 60임을 감안하여 그 25% 이상 시차 20까지 자기상관을 계산하였다. 이 계열에는 계절성이 존재하여도 12개월을 크게 넘지 않는다고 판단되기 때문에 이 분석에서는 표본편자기상관함수를 시차 15~20 정도까지 계산하면 충분한 것으로 판단된다. 표본편자기상관함수는 계절성이나 비계절성의 ARMA 모형에서 AR 부분의 차수를 설명하는 데 유용하다.

그림 [1]-2에 의하면, 표본자기상관함수에서는 시차 0을 제외하고 처음 3개의 값만이 95%의 경계선을 넘는 값을 갖는다. 다시 말하면, 처음 3개의 값만이 유의수준 5%에서 0과 유의적인 차이를 보이고 있는 것이다. 이 경계선은 추정된 자기상관의 표준오차에 대한 Bartlett의 근삿값에 근거를 두고 있다. 이 경계선은 0의 상하로 2배의 표준오차의 값에 위치한다.

이 계열의 표본자기상관들은 통계적 검토가 무의미할 정도로 상당히 빠르게 감소하고 있다. 결국 계열의 평균은 대체로 정상이라는 결론을 내린다. 또 모형으로는 AR모형이 적절한 것으로 판단된다. 그것은 표본자기상관함수가 0에서 급격히 절사되기보다는 0으로 쇠퇴해가기 때문이다. 만약 표본자기상관함수가 0에서 절사되면 MA 모형을 제안하게 된다.

감소하는 표본자기상관함수는 혼합 ARMA 모형에도 부합된다. 그러나 혼합모형으로 출발하는 것은 다음 몇 가지 이유에서 바람직하지 않다. 첫째, 처음부터 결합모형을 정확하게 설정하기가 아주 어려울 뿐 아니라 실현된 계열의 혼합 상태는 보통 진단 단계에서나 드러나기 때문이다. 둘째, 절약의 원리는 덜 절약적인 혼합모형을 생각하기 전에 먼저 단순 AR 이나 MA 모형의 검토를 요구하기 때문이다. 이것이 중요한 것은 추정된 표본자기상관함수나 표본편자기상관함수가 모형 선택의 중요한 기준이기 때문이다. 마지막으로, 혼합모형으로 직접 출발하면 추정해야 할 상수가 필요 이상 많아질 수 있다.

여기서는 주어진 계열을 표현하는 데 잠정적으로 AR 모형을 선택했다. 그러면 어떤 차수의 AR 모형인가? 경험적으로나 절약의 원리로는 낮은 차수인 $p = 1$이나 $p = 2$의 모형을 제안한다. 표본편자기상관함수는 여기에 도움을 줄 것이다.

표본편자기상관함수는 AR 모형의 차수를 선택하는 데 주로 도움이 된다. AR(1)은 표본편자기상관함수가 한 번 돌출한 후에 0 으로 절사하는 것과 관련되고, AR(2)는 표본편자기상관함수에서 두 개 돌출한 후 0으로 절사하게 된다. 이런 의미에서 그림 [1]-2의 표본 편자기상관함수는 AR(1)을 제안한다. 그것은 유의수준 5%에서 0과 유의적인 차이를 갖는 한 개의 돌출을 시차 1 에서 갖고 그 이후는 절사하였기 때문이다. 유의수준 5% 는 표본편자기상관함수에서 점선으로 표시되었고, 시차 1에 주어진 편자기상관값만이 이 점선을 초과한 것이다.

위 분석에 의하면, 주어진 계열의 모형을 잠정적으로 AR(1)로 정하고, 다음과 같이 나타낼 수 있다. 모든 t에 대하여

$$x_t - \mu = \phi_1(x_{t-1} - \mu) + \epsilon_t$$

즉

$$\begin{aligned} x_t &= (1-\phi_1)\mu + \phi_1 x_{t-1} + \epsilon_t \\ &= c + \phi_1 x_{t-1} + \epsilon_t, \quad \text{단} \quad c = (1-\phi_1)\mu \end{aligned}$$

3. 추정

잠정모형의 모수들에 관한 추정 결과(SAS-[1]-3)는 다음과 같다. 계열평균 μ와 계수 ϕ_1을

동시에 추정한 최소제곱추정값은

$$\hat{\mu} = 5.92301, \quad \hat{\phi}_1 = 0.69042$$

이고, 따라서 다음을 얻는다.

$$\hat{c} = \hat{\mu}\left(1 - \hat{\phi}_1\right) = 5.92301(1 - 0.69042) = 1.8336$$

이 추정 결과에 의하면, AR(1) 의 정상조건인 $|\hat{\phi}_1|<1.0$ 을 만족하고 있고, 또 t-검정의 통계량이 $|\hat{t}|>2.0$ 이므로, $\hat{\phi}_1$ 은 0과 유의수준 5%에서 유의적인 차이를 보이고 있다. 표 [1]-1을 통하여 좀 더 구체적으로 살펴보면, 귀무가설 " $H_0 : \phi_1=0$ vs. $H_1 : \phi_1 \neq 0$ "에 대한 t-검정의 값은 $t=\frac{\hat{\phi}_1-0}{S.E.(\hat{\phi}_1)}=\frac{0.69042}{0.09505}=7.2637$ 이고, P-값(P-value)이 <0.0001인 사실로부터 H_0은 강하게 기각된다. 여기서 $S.E.(\hat{\phi}_1)$는 $\hat{\phi}_1$의 추정의 표준오차(standard error)를 나타내고, 이것으로부터 ϕ_1의 95% 신뢰구간이

$$0.69042 \pm (2)(0.096) = (0.49842,\ 0.88242)$$

가 됨을 알 수 있다. 이 신뢰구간의 두 값이 모두 양으로 주어진다는 것은 이 시계열이 양의 종속관계를 갖고 있음을 (적어도) 95% 신뢰할 수 있다는 것이다. 또 ϕ_1의 추정값 $\hat{\phi}_1=0.69042$의 제곱은 0.47667로, 이것은 일단계 전방 예측가능 변동률로 결국 분기별 재고량의 약 47.6%를 이전 분기의 재고량에 의하여 예측할 수 있다는 뜻이 된다.

표 [1]-1 AR(1) 모형의 조건부 최소제곱추정값

Conditional Least Squares Estimation					
Parameter	Estimate	Standard Error	t-value	Pr> |t|	Lag
μ	5.92301	1.2996	7.56	<0.0001	0
ϕ_1	0.69042	0.09505	7.26	<0.0001	1

표 [1]-2 AR(1)모형에 대한 잔차의 자기상관성 진단

Autocorrelation Check of Residuals									
TO Lag	Chi-Square	DF	p-Value	Autocorrelation					
6	3.11	5	0.6839	−0.068	−0.011	0.131	−0.093	0.110	0.065
12	6.66	11	0.8263	0.025	−0.004	−0.072	0.107	0.159	0.067
18	9.88	17	0.9084	0.165	−0.025	−0.078	0.016	−0.025	0.071
24	12.86	23	0.9550	−0.042	−0.029	−0.056	−0.112	−0.028	−0.093

4. 진단

잠정모형 AR(1)이 정해지면 이것이 통계적으로 적절한지 그리고 얼마나 신뢰할 수 있는지를 평가하는 검토가 필요하다. 이러한 추가적인 검토는 추정식으로부터 얻은 잔차의 분석으로 이루어진다. 그림 [1]-3 왼쪽(SAS-[1]-4)은 AR(1)의 적합으로 얻어진 잔차계열이다. 잔차분석은 보통 이 시도표를 통하여 모형의 오차항 $\{\epsilon_t\}$ 에 대한 기본가정들을 확인하는 방법으로 이루어진다. $\{\epsilon_t\}$ 의 추정계열인 잔차계열 $\{r_t\}$ 에 대해서, 분산은 시간에 따라 일정한지, 자기종속성은 없는지, 그리고 잔차는 정규분포를 따르는지 등을 확인한다. 그림 [1]-3 왼쪽을 보면, 우선 시각적으로 이 잔차 계열에는 어떤 선형이나 비선형의 추세도 보이지 않는다. 잔차가 확률적으로 독립인지를 검정하는 데는 잔차의 표본자기상관계수를 이용하게 된다. 같은 그림 오른쪽에 주어진 잔차의 표본자기상관계수에서도 자기종속성이 관찰되지 않는다. 이것을 기초로 잔차가 백색잡음을 따르는지를 검정하는 데는 보통 t-검정이나 카이-제곱 검정이 이용된다. 여기서는 카이-제곱 검정을 이용하는 융-박스 (동시)검정(Ljung-Box test)을 통하여 귀무가설 " $H_0 : \rho(1) = \cdots = \rho(12) = 0$ " 을 검정한다. 표 [1]-2에 의하면 이 가설에 대한 P-값은 0.8263으로 H_0을 기각할 수 없다. 시차 12를 18이나 24로 바꾼 검정에서도 같은 결과를 얻는다. 이 분석에 의하면 잔차계열은 전형적인 백색잡음의 형태를 보이고 있다. 더욱이 정규확률도(normal plot)(SAS-[1]-5)를 통해 보는 잔차는 근사적 정규분포를 따르는 성질이 관찰된다. 결국 잔차계열은 백색잡음으로 정규분포를 따르고 있다. 총체적으로 잔차는 서로 독립이며 같은 분포를 따르는 백색잡음으로 확인되는 것이다.

모형 AR(1)은 그 밖의 조건들도 만족한다. $\hat{\phi}_1$은 정상조건을 만족했고 또 이 값은

통계적으로 0과 유의적인 차이를 보이며 그리고 $\hat{c}$도 유의적이다. 결국 AR(1) 모형은 적절한 모형으로 평가된다.

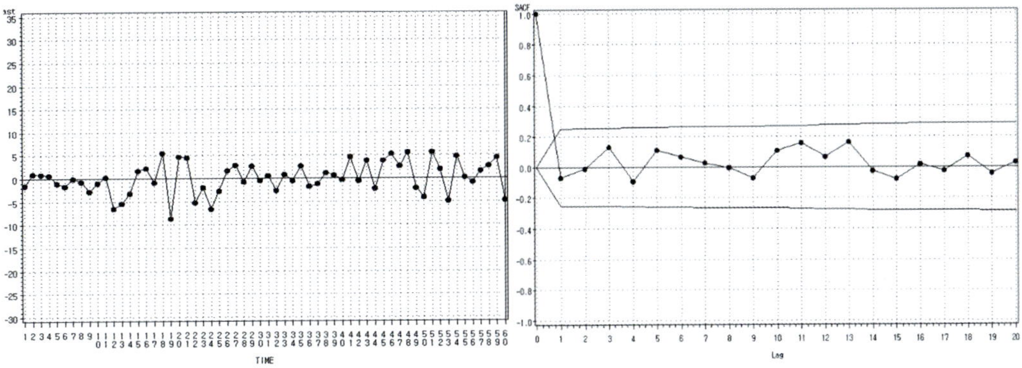

그림 [1]-3 AR(1) 적합한 잔차계열(왼쪽)과 그 표본편자기상관함수(오른쪽)(SAS-[1]-6)

5. 예측

확정된 모형 AR(1)을 통하여 미래의 실제 재고량에 대한 예측을 수행한다.

모형 (1.1)에서, $l > 0$에 대한 미래의 값 x_{n+l}의 예측값 $\hat{x}_n(l)$은 다음과 같다

$$\hat{x}_n(l) = \mu + \phi_1^l \cdot (x_n - \mu)$$

여기서 μ, ϕ_1은 미지이므로 추정값 $\hat{\mu} = 5.92301$, $\widehat{\phi}_1 = 0.69042$(표 [1]-1)를 사용하면 또 x_{60}에서 미래의 값 x_{61}, x_{62}, $x_{63}, \cdots$ 등에 대하여 다음을 얻는다.

$$\begin{aligned}
x_{61} &: \quad \hat{x}_{60}(1) = 5.92301 + (0.69042)^1 \cdot (6.2 - 5.92301) = 6.114249 \\
x_{62} &: \quad \hat{x}_{60}(2) = 5.92301 + (0.69042)^2 \cdot (6.2 - 5.92301) = 6.114249 \\
x_{63} &: \quad \hat{x}_{60}(3) = 5.92301 + (0.69042)^3 \cdot (6.2 - 5.92301) = 6.114249 \\
&\qquad \vdots
\end{aligned}$$

또 관찰값 x_{60}에서 미래의 값 x_{61}, x_{62}, $x_{63}, \cdots$ 등에 대한 $100\,(1-\alpha)\%$ 신뢰구간은 다음과 같다. 선도시차 $l = 1, 2, 3, \cdots$에 대하여

$$\hat{x}_{60}(l) - z_{1-\frac{\alpha}{2}} \cdot \sigma_e \cdot \sqrt{\frac{1-a^{2l}}{1-a^2}} \leq x_{60+l} \leq \hat{x}_{60}(l) + z_{1-\frac{\alpha}{2}} \cdot \sigma_e \cdot \sqrt{\frac{1-a^{2l}}{1-a^2}}$$

이다. 단, $z_{1-\frac{\alpha}{2}}$는 $P\left[Z < z_{1-\frac{\alpha}{2}}\right] = 1 - \frac{\alpha}{2}$를 만족하는 표준정규분포의 오른쪽 꼬리확률이다. 여기서 σ_e와 ϕ_1이 미지이므로 추정값 $\hat{\sigma}_e = 3.2998$과 $\hat{\phi}_1 = 0.69042$를 이용하면 신뢰도가 근사적으로 80% 그리고 95%인 신뢰구간은 표 [1]-3(SAS-[1]-7)과 같다.

95%의 신뢰구간에서 보이는 음의 값은 단순한 자료의 척도변환의 결과이다. 그림 [1]-4(SAS-[1]-5)의 예측에서, 점예측이 점차적으로 추정된 전체 평균(6.19155)에 수렴하는 것은 정상의 ARIMA 예측에 나타나는 기본 성질이다.

표 [1]-3 AR(1) 모형에 의한 예측값

Conditional Least Squares Estimation			
Time l	Forecast Values	Confidence Intervals	
		80%	95%
1	6.19752	(1.97378, 10.4213)	(−0.27009, 12.6651)
2	6.19581	(1.06317, 11.3284)	(−1.66355, 17.0552)
3	6.19463	(0.68122, 11.7080)	(−2.24778, 17.6370)
4	6.19381	(0.50787, 11.8798)	(−2.51279, 17.9004)
5	6.19325	(0.42687, 11.9596)	(−2.63651, 15.0230)
6	6.19286	(0.38854, 11.9972)	(−2.69501, 15.0807)
7	6.19259	(0.37027, 12.0149)	(−2.72284, 15.1080)
8	6.19240	(0.36152, 12.0233)	(−2.73613, 15.1209)

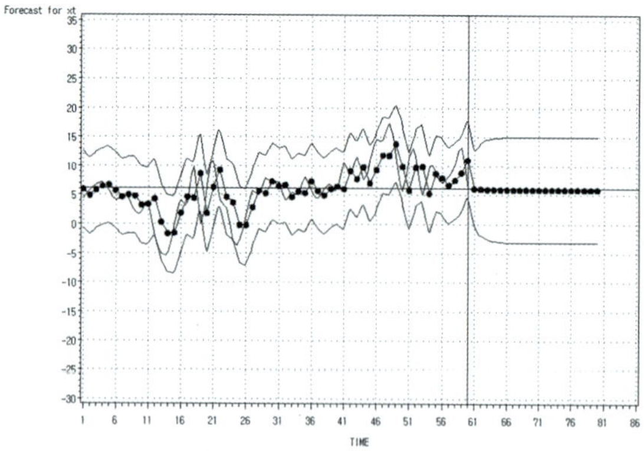

그림 [1]-4 AR(1) 모형에 의한 예측값과 신뢰구간

분석사례 [2] 도시의 물 수요에 대한 예측모형: 계절성

1. 서론

이 분석의 목적은 어느 한 도시에서 과거 20년간(1963년 1월-1982년 12월) 소비된 월별 물의 양에 대한 시계열 자료를 기초로 향후 이 도시의 물 수요에 대한 예측모형을 개발하는 데 있다.

모든 도시가 마찬가지이겠지만, 이 도시에서도 물의 단기수요는 변동성이 매우 크다. 물의 수요는 기본적으로 여름철에 집중되는 계절적 패턴을 갖지만, 그 수요는 인위적으로 조절되지 않는 여러 가지 기후요인에 의해 크게 영향을 받게 된다. 근래에 이르러 이 도시의 물 소비 증가는 다소 둔화되긴 했지만, 여름철 8월을 정점으로 발생하는 물소비량의 극적 증가에 따른 강한 계절적 변동을 나타내고 있다.

도시당국은 물을 상업이나 산업에 이용하는 많은 사람들을 포함하여 인구 약 350만에게 물을 공급하고 있다. 계량기를 사용하는 사람들도 과거 20년 동안 40% 가까이 증가하였고, 공급되는 물의 양도 약 42% 늘어 결국 소비자 한 사람당 약 3% 정도 증가한 것으로 나타난다. 그러나 근래에 이러한 성장세가 진정되고 소비되는 물의 양의 증가도 어느 정도 둔화되는 현상을 보이고 있다.

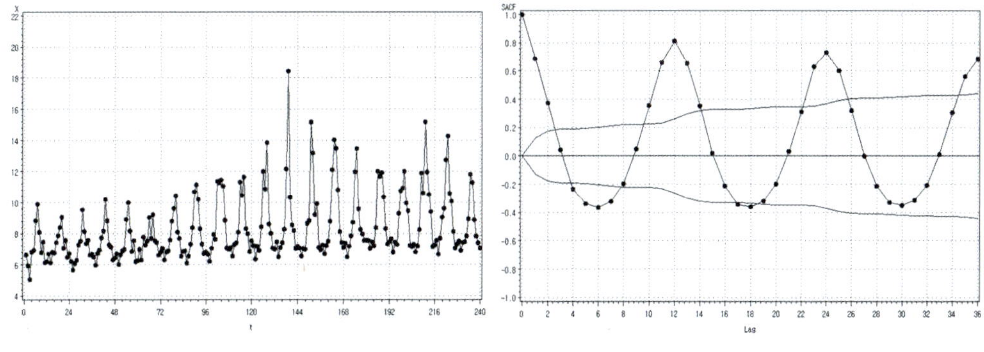

그림 [2]-1 월별 물 소비량 시계열의 시도표(왼쪽)와 그 표본자기상관함수(오른쪽)

이 계획은 이 도시의 수리관리국에서 수행하는 사업으로 분배시스템에 대한 운영과 계획 그리고 물 공급의 장기계획을 포함하여 단기간에 일어나는 여러 문제들을 중점적을 처리하는 데 그 목적이 있다.

2. 자료와 분석

이 분석에서는 먼저 이 도시에 공급되는 물의 월별 적정량에 대한 가이드라인을 제시하기로 하고, 이를 위해 수원으로부터 물의 분배기관에 공급하는 월별 물의 양에 대한 자료($\times 10^3$ 리터)를 기초로 한다.

그림 [2]-1 왼쪽(SAS-[2]-1)은 관련 도시의 물 수요에 대한 월별 시계열의 시도표이다. 여기서 관찰되는 물소비량 관측값들의 특징은 관측기간 전반에 나타난 약한 선형의 증가추세와 여기에 동반되는 매우 강한 계절적 주기성이다. 이러한 특성은 오른쪽 그림에 주어진 표본자기상관함수(SAS-[2]-2)에서도 확인된다. 자료의 구체적인 분석은 이러한 외관적 특징으로부터 요구되는 계절차분에서 시작한다.

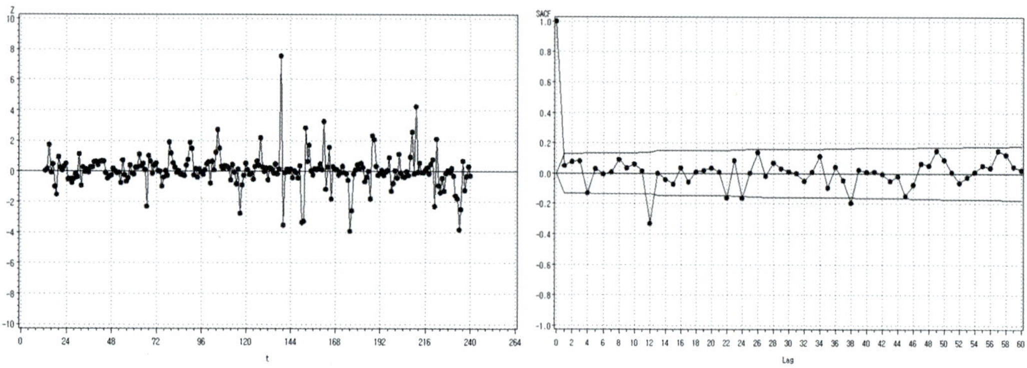

그림 [2]-2 계절차분계열 $\{Z_t\}$의 시도표(왼쪽)와 그 표본자기상관함수(오른쪽)

그림 [2]-2(SAS-[2]-3)는 주어진 시계열에서 얻어진 12개월 차분계열 $\{Z_t\}$, $Z_t=(1-B^{12})\,X_t$의 시도표와 그 표본자기상관함수(SAS-[2]-4)를 나타낸 것이다. 특히, 이 표본자기상관함수의 관찰에서는 시차 12, 24에서 비교적 강한 유의적인 돌출을 보이고 있고, 이것은 확률적 계절성분의 존재를 의미한다. 그러나 12의 다른 배수인 시차 36에서의 표본자기상관의 값이 유의적이지 않음을 알 수 있다. 이것은 이 계절자기상관함수가 시차 36에서 절사(cut-off)되었음을 말하는 것으로 결국 이 계절차분계열의 모형에는 2개의 계절이동평균의 모수항이 포함되어야 함을 뜻한다.

한편 그림 [2]-2(오른쪽)에 주어진 표본자기상관함수에는 시차 26, 38, 45, 49 그리고 57에도 약한 유의적인 자기상관들이 관찰된다. 그러나 이 큰 시차에서 발생한 자기상관들의 유의성을 설명할 만한 다른 근거를 찾을 수 없어 모형의 초기 설정에서 이것들을 무시하기로 한다. 이 내용들을 종합해 보면 초기의 시험모형에는 1계나 2계의 계절이동평균의 항과 상수의 항이 포함되어야 할 것으로 보인다. 표 [2]-1(SAS-[2]-5)은 이 초기의 시험모형을 차분계열에 적합하고 얻어진 추정의 결과이다. 여기서 사용한 모수의 추정방법은 최우도추정법이고, 이 적합에서 얻어진 잔차계열에 대한 진단 카이-제곱 검정의 결과를 표 [2]-2(SAS-[2]-5 또는 SAS-[2]-6)에 나타내었다.

표 [2]-1에 따르면, 추정된 세 모수 중에서 **δ**, Θ_1은 매우 유의적이고 Θ_2는 P-값이 0.057로 거의 유의적으로 볼 수 있다. 이것은 이 계수들이 각각 0과 유의적인 차이가 없다는 가설—예를 들어 $H_0: \Theta_1 = 0$—들을 모두 t-검정이 기각하는 것으로, 모형에서 세 항이 모두 포함되어야 함을 뜻한다. 그러나 위 모형 적합을 평가하는 잔차계열에 대한 진단 카이-제곱 검정의 결과인 표 [2]-2에서와 같이 시차 6과 12에서의 카이-제곱 검정(즉, 포트만토 검정)의 P-값들은 둘 다 0.05보다 작게 나타나 있다. 이것은 적합 후 얻어진 잔차계열에 통계적으로 유의한 자기상관이 존재하여 백색잡음이 될 수 없음을 설명하는 것이다. 결국 이러한 결과들은 주어진 차분계열에 아직 초기의 시험모형으로는 설명되지 않은 종속패턴이 존재하고 있음을 뜻한다. 물론 이것은 추정된 계절이동평균의 항들이 모형에 필요한 성분인 것은 확실하지만 추가적으로 필요한 항들을 찾기 위한 판별과 추정 그리고 진단의 절차가 더 필요하다는 것을 의미한다.

표 [2]-1 계절차분계열 $\{Z_t\}$에 2계 계절이동모형이 적합된 추정

모수	추정값	표준오차	t-값	p-값	시차
δ	0.1073	0.02342	4.58	<0.0001	0
Θ_1	0.5715	0.06972	8.20	<0.0001	12
Θ_2	0.1344	0.07070	1.90	0.0572	24

표 [2]-2 $\{Z_t\}$에 2계 계절이동모형을 적합한 잔차의 진단 카이-제곱 검정

Autocorrelation Check of Residuals									
To Lag	Chi-Square	DF	Pr > ChiSq	Autocorrelations					
6	13.36	4	0.0097	0.151	0.133	0.095	−0.087	0.016	−0.013
12	18.65	10	0.0450	0.002	0.053	0.054	0.072	0.101	−0.030
18	21.66	16	0.1544	0.057	0.023	−0.061	0.015	−0.066	−0.015
24	30.27	22	0.1121	−0.004	0.004	0.002	−0.099	0.139	−0.067
30	35.58	28	0.1537	0.051	0.118	−0.018	0.060	0.000	0.001
36	41.78	34	0.1687	−0.021	−0.052	−0.010	0.121	0.029	0.064
42	45.59	40	0.2508	0.046	−0.098	0.041	0.014	0.004	−0.015

위의 시험모형을 개선하기 위해서는 이 분석에서 얻어진 잔차계열에 대한 표본자기상관을 다시 구해 본다. 시차에 따른 이 표본자기상관함수는 그림 [2]-3(SAS-[2]-7)에 주어졌다. 이 그림에서 보면 시차 1과 2에서 통계적으로 유의한 돌출이 나타나고, 이에 비하여 시차 3에서의 자기상관은 유의적이지 않다. 결국 시차 3에서 자기상관이 절사된 것으로 해석된다. 앞의 계절성 분석에서와 같이, 시차인 23, 34 그리고 38에서의 돌출은 여기서도 큰 의미를 부여할 필요는 없다고 판단된다. 결국 여기 비계절성 모형에는 MA(2)가 적절하다고 판단되고 그 적합결과는 표 [2]-3(SAS-[2]-7)에 주어졌다.

위 결과를 기초로 할 때, 12개월 계절차분계열에 적용되는 수정모형으로는 두 개의 비계절이동평균의 계수 $\boldsymbol{\theta}_1$, $\boldsymbol{\theta}_2$와 두 개의 계절이동평균의 계수의 Θ_1, Θ_2 그리고 상수항 $\boldsymbol{\delta}$ 가 포함되는 모형

$$Z_t = \boldsymbol{\delta} + \boldsymbol{\theta}_1 \epsilon_{t-1} + \boldsymbol{\theta}_2 \epsilon_{t-2} + \Theta_1 \epsilon_{t-12} + \Theta_2 \epsilon_{t-24}$$

으로 가정된다. 이 두 번째 수정모형을 차분계열 $\{Z_t\}$, $Z_t = (1 - B^{12})X_t$에 적합한 결과는 표 [2]-4(SAS-[2]-8)에 주어졌다.

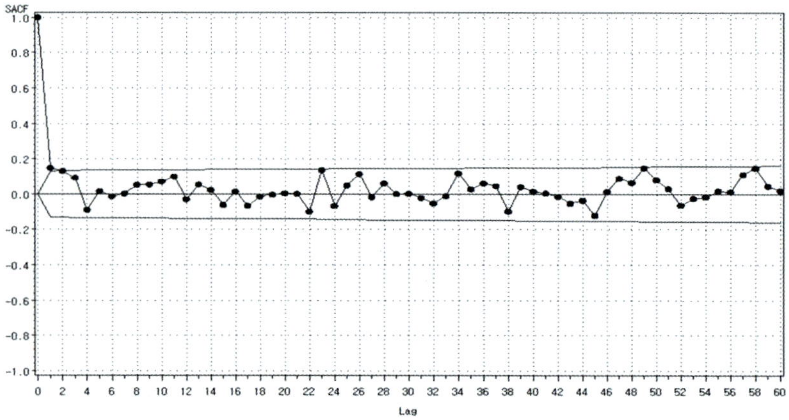

그림 [2]-3 잔차계열의 표본자기상관함수

표 [2]-3 계절차분계열 $\{Z_t\}$의 비계절성 및 계절성 모형의 추정값

모수	추정값	표준오차	t – 값	Pr> |t|	시차
δ_1	0.00345	0.08092	0.04	0.9660	0
θ_1	-010761	0.06606	-1.63	0.1033	1
θ_2	-0.13654	0.06609	-2.07	0.0388	2

표 [2]-4 잔차계열의 비계절성 이동평균모형의 적합한 추정값

모수	추정값	표준오차	t – 값	Pr> |t|	시차
δ	0.10994	0.02472	4.45	<0.0001	0
θ_1	-0.12577	0.06610	-1.90	0.0571	1
θ_2	-0.14652	0.06532	-2.24	0.0249	2
Θ_1	0.61701	0.06966	8.86	<0.0001	12
Θ_2	0.15234	0.07035	2.17	0.0304	24

표 [2]-4에 따르면, 다섯 계수의 추정에서 그 표준오차들이 비교적 낮게 주어지고 또 각 모수가 0이 되는지에 대한 t-검정의 P-값(즉, 유의확률)도 대부분 0.05보다 작아 유의적이다. 다시 말해, 각 모수가 0이라는 귀무가설이 모두 기각되는 것이다. 다만 θ_1의 경우만 유의확률 5%를 약간 상회하는 0.0571 수준을 나타내고 있다. 이 결과는 추정값을 모두 신뢰할 수 있고, 따라서 관련 항들도 모두 모형에 포함되어야 한다는 뜻이 된다. 물론 여기서도 잔차계열의 표본자기상관함수에 대한 진단 카이-제곱 검정(즉, 포트만토 검정)을 통하여 모집단에 대한 모형의 적합성을 더 검토할 필요는 있다. 이를 위해, 여러 시차에 대한 진단 카이-제곱값들을 계산하여 표 [2]-5(SAS-[2]-8)에 나타내었다. 이 표에 의하면, 시차 6, 12, 18, … 등까지 자기상관이 모두 0이라는 각 가설이 모두 유의적이지 않아, 다시 말하여 이 가설들이 모두 기각되지 않아 이 잔차계열이 백색잡음임을 설명하고 있다. 물론, 이 포트만토 검정에 의한 모형의 적합성이 입증된 경우에도 이것이 최종모형으로 받아들여지지 않을 수는 있다.

표 [2]-5 잔차계열의 표본자기상관함수에 대한 진단 카이-제곱 검정

Autocorrelation Check of Residuals									
To Lag	Chi-Square	DF	Pr > ChiSq	Autocorrelations					
6	5.13	2	0.0769	0017	0.001	0.104	−0.103	0.011	−0.012
12	9.50	8	0.3020	−0.016	0.035	0.025	0.066	0.104	−0.030
18	13.57	14	0.4825	0.073	0.034	−0.068	0.024	−0.066	−0.023
24	25.07	20	0.1989	−0.003	0.013	−0.012	−0.099	0.176	−0.062
30	30.85	26	0.2338	0.042	0.129	−0.047	0.039	−0.008	−0.003
36	3853	32	0.1981	−0.018	−0.071	−0.019	0.129	0.017	0.075
42	43.80	38	0.2389	0.059	−0.113	0.045	0.020	−0.007	−0.019

모형이 복잡할수록 추정된 모수 사이에 발생하는 다중공선성문제와 과적합(overfitting)문제를 검토해야만 한다. 모형에 필요하지 않은 항이 다수 포함되면 최소제곱추정이나 최우도추정이 합리적인 추정값을 제공하지 못한다. 그것은 추정량의 분산이 전체적으로 커져 추정값의 신뢰도가 하락하고 검정의 검정력이 저하되기 때문이다.

표 [2]-6(SAS-[2]-10)은 모수의 추정값 사이의 상관계수를 계산한 것으로 다중공선성문제를 해결하는 데 도움이 된다. 모형의 추정값 사이에 상관계수가 크게 나타나면 이것은 주어진 모형이 적절치 않음을 뜻한다. 이 표에서 가장 큰 상관계수는 SMA(1)과 SMA(2)의 추정값 $\hat{\Theta}_1$과 $\hat{\Theta}_2$ 사이의 상관계수 -0.610이다. 이것을 크다고 판단하여 모형에 포함된 두 계절 항 중 하나를 제외시킨다. 그림 [2]-2 오른쪽을 다시 참고하면, 시차 12에서의 자기상관의 값이 시차 24에서의 자기상관의 값보다 우세하여 SMA(1)만을 모형에 포함시키기로 한다. 그것은 일반적으로 더 큰 시차의 SMA(2)가 더 많은 시계열의 자료를 요구하기 때문이다. 결과는 절약의 원리의 관점에서도 바람직하다.

표 [2]-6 추정값의 상관행렬

모수	δ	θ_1	θ_2	Θ_1	Θ_2
$\boldsymbol{\delta}$	1.000	−0.039	−0.015	0.097	0.107
$\boldsymbol{\theta_1}$	−0.039	1.000	0.124	−0.106	−0.060
$\boldsymbol{\theta_2}$	−0.015	0.124	1.000	−0.102	0.031
$\boldsymbol{\Theta_1}$	0.097	−0.106	−0.102	1.000	−0.610
$\boldsymbol{\Theta_2}$	0.107	−0.060	0.031	−0.610	1.000

3. 최종모형의 결정

위에서 논의한 바와 같이, 세 번째 수정된 모형에는 두 개의 비계절이동평균의 모수와 하나의 계절이동평균의 모수와 상수항을 포함시킨다. 그리고 계절차분계열 $\{Z_t\}$, $Z_t = (1 - B^{12})X_t$에 이 새 수정모형

$$Z_t = \boldsymbol{\delta} + \boldsymbol{\theta_1}\,\epsilon_{t-1} + \boldsymbol{\theta}_2\,\epsilon_{t-2} + \Theta_{\mathbf{1}}\,\epsilon_{t-12}$$

을 적용하고 모수추정, 진단 그리고 예측을 수행한다. 이 세 번째 수정모형의 추정 결과는 표 [2]-7(SAS-[2]-10)에 나타내었다. 그리고 적합 후 잔차계열에 대한 진단 카이-제곱 검정의 결과는 표 [2]-8(SAS-[2]-10)에 주어졌다. 먼저, 표 [4]-7에 주어진 추정 결과는 추정의 표본오차도 비교적 낮고 그리고 각 계수에 대한 t-검정통계량의 P-값도 유의수준 5%로 유의적이다. 다만, 비계절 상수 θ_1의 경우 P-값이 0.0865로 다소 높은 수준이다. 이것은 비계절 MA(1)의 항이 제외될 수 있음을 암시한다고 할 수도 있다. 그러나 표 [2]-8(SAS-[2]-10)에 주어진 잔차계열에 대한 진단 카이-제곱 검정결과는 P-값이 모두 유의수준 5%를 상회하고 있어 모형적합은 만족스럽다고 할 수 있다. 그림 [2]-4(SAS-[2]-9)에 주어진 잔차계열의 표본자기상관함수에서 시차 23에서만 다소 유의적인 돌출을 보이고 있지만 이것은 앞에서와 같은 이유로 무시할 수 있다고 판단된다.

표 [2]-7 계절차분계열 $\{Z_t\}$에 대한 세 번째 모형의 추정결과

모수	추정값	표준오차	t – 값	Pr> |t|	시차
δ	0.10736	0.02797	3.84	0.0001	0
θ_1	−0.11351	0.06622	−1.71	0.0865	1
θ_2	−0.14382	0.06516	−2.21	0.0273	2
Θ_1	0.70137	0.05373	13.05	<0.0001	12

표 [2]-8 세 번째 모형의 잔차계열에 대한 진단 카이-제곱검정

Autocorrelation Check of Residuals									
To Lag	Chi-Square	DF	Pr > ChiSq	Autocorrelations					
6	4.58	3	0.2055	0.016	0.001	0.104	−0.092	0.010	−0.009
12	8.30	9	0.5045	−0.004	0.035	0.025	0.066	0.104	−0.030
18	11.22	15	0.7367	0.044	0.034	−0.068	0.024	−0.066	−0.023
24	25.25	21	0.2363	0.004	0.021	−0.010	−0.093	0.171	−0.128
30	30.61	27	0.2876	0.038	0.114	−0.048	0.062	−0.004	0.005
36	35.90	33	0.3343	−0.012	−0.062	−0.039	0.108	0.036	0.034
42	40.32	39	0.4118	0.070	−0.093	0.041	0.027	0.004	−0.012

이 시점에서 앞의 두 번째, 세 번째 예비모형에 대한 추가적 비교를 추가하여 본다. 계절차분계열 $\{Z_t\}(Z_t = (1 - B^{12})X_t)$의 표준편차는 309, 여기에 두 모형을 적합하여 얻어지는 잔차계열의 표준편차는 각각 261과 263으로 $\{Z_t\}$의 15.53%와 14.89%가 감소되었고 그 차이는 아주 미미하다. 절약의 원리의 관점에서 세 번째 모형을 선호하게 된다. 종합적인 평가로 마지막 모형인 세 번째 모형을 선택하여 최종의 예측모형으로 사용하기로 한다.

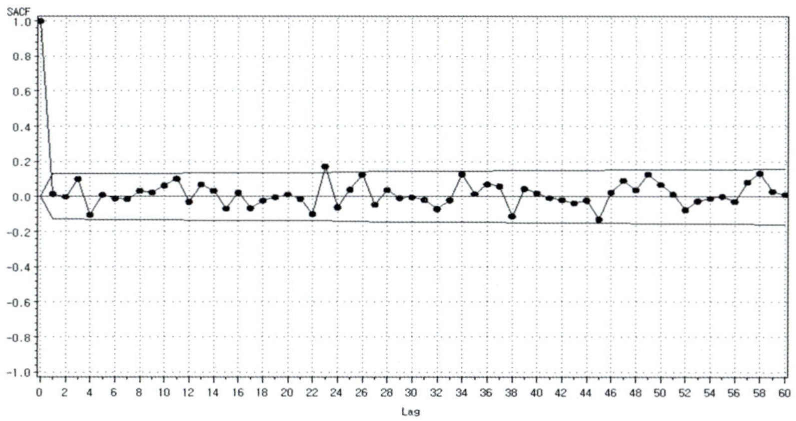

그림 [2]-4 세 번째 모형의 잔차계열에 대한 표본자기상관함수

4. 예측

계절차분계열 $\{Z_t\}$, $Z_t = (1-B^{12})X_t$를 기초로 완성된 최종 예측모형은 다음과 같다:

$$Z_t = 0.1073 + 0.1135\ \epsilon_{t-1} + 0.1438\ \epsilon_{t-2} - 0.7013\ \epsilon_{t-12}$$

따라서 이 예측모형을 관측변수 X_t로 표시하면

$$X_t = 0.1073 + X_{t-12} + 0.1135\ \epsilon_{t-1} + 0.1438\ \epsilon_{t-2} - 0.7013\ \epsilon_{t-12}$$

이다. 또 이것을 후진연산자 B로 표시하면

$$(1-B^{12})X_t = 0.1073 + (1 + 0.1135\,B + 0.1438\,B^2)(1 - 0.7013\,B^{12})\epsilon_t$$

가 된다. 이 모형을 이용해 얻어지는(SAS-[2]-10) 미래 12개월의 월별 예측값들은 표 [2]-9와 같다. 그림 [2]-5(SAS-[2]-11)는 원시계열 $\{X_t\}$(왼쪽)와 원시계열에 예측부분이 추가된 시도표(오른쪽)이다.

표 [2]-9 최종모형에 의한 12개월 전방예측값과 그 표준오차 그리고 95% 신뢰구간

년 / 월	예측값	표본오차	95% 하한	95% 상한
1983/1	7.7993	0.9828	5.8730	9.7255
1983/2	7.0774	0.9891	5.1388	9.0160
1983/3	7.7615	0.9992	5.8032	9.7198
1983/4	8.2371	0.9992	6.2788	10.1954
1983/5	9.4709	0.9992	7.5125	11.4292
1983/6	11.1478	0.9992	9.1895	13.1061
1983/7	13.3893	0.9992	11.4310	15.3476
1983/8	11.7511	0.9992	9.7928	13.7094
1983/9	9.9823	0.9992	8.0239	11.9406
1983/10	8.7697	0.9992	6.8113	10.7280
1983/11	7.6057	0.9992	5.6474	9.5640
1983/12	7.5675	0.9992	5.6092	9.5258

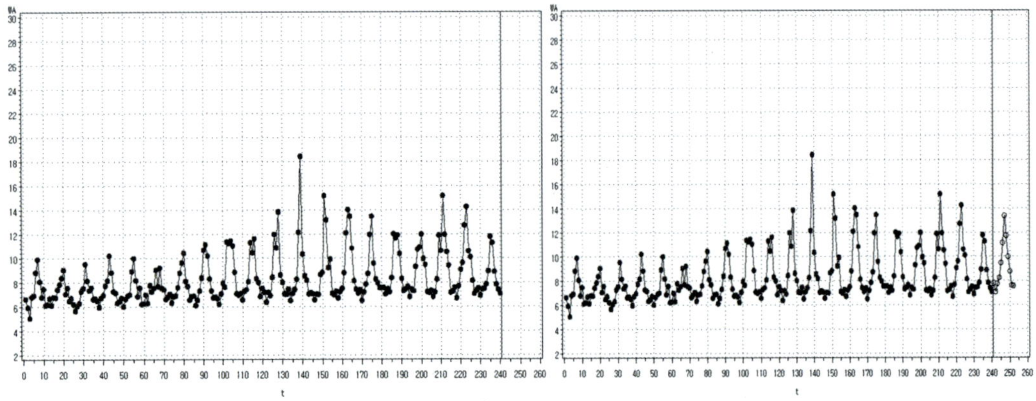

그림 [2]-5 원시계열 $\{X_t\}$(왼쪽)와 예측부분이 추가된 시도표(오른쪽)

분석사례 [3] 항공기 승객수에 대한 예측모형: 비정상◦계절성

이 분석의 목적은 한 항공회사에서 과거 일정 기간 조사된 월별 국제선 항공기 승객수의 자료를 기초로 향후 국제선 승객수를 예측하는 모형을 개발하는 데 있다. 분석에 이용된 자료와 일부 내용은 참고문헌 [5]를 참고하였다.

그림 [3]-1(SAS-[3]-1) 왼쪽은 1949년 1월부터 1960년 12월 사이 국제선 총승객의 월별 자료를 나타낸 시도표이며, 그림에서 보는 바와 같이 월별 승객수의 자료는 시간이 흐름에 따라 점차 증가하는 추세를 보일 뿐 아니라 연별 계절적 패턴도 관찰된다.

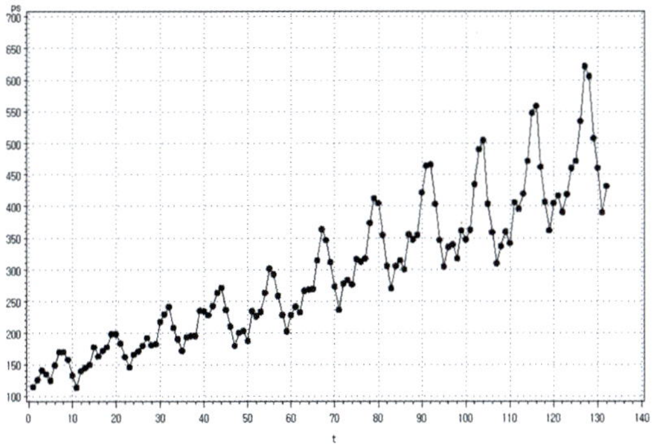

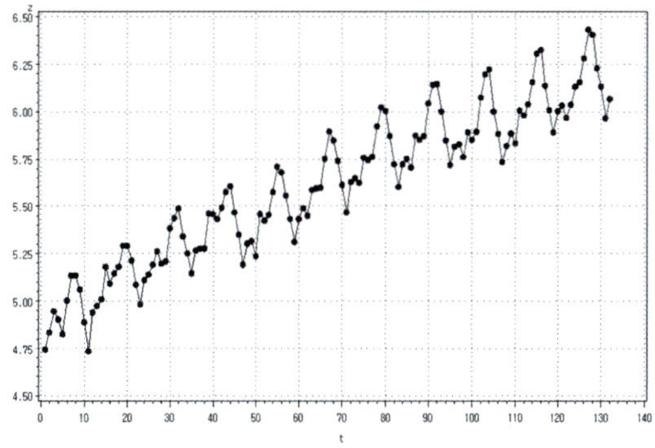

그림 [3]-1 항공기 승객수의 시계열(왼쪽)과 자연로그 변환 시계열(오른쪽)

승객수의 추세는 시간이 경과함에 따라 점차 지수적으로 증가하는 경향이 있고, 계산에 의하면 매년 7월에 최고치를 그리고 12월과 다음 1월에는 최저치를 보이는 계절성도 띠고 있다. 더욱이 월별 최고치와 최저치의 차이가 해마다 증가하고 있음을 볼 수 있다. 다시 말하면, 이 시계열의 변동은 일정하지 않고 시간에 따라 점차 증가하고 있다.

분석의 첫 단계에 앞서 먼저 시간에 따라 변하고 있는 평균과 분산을 안정시키기 위한 자료의 변환이 요구된다. 시도표 전체에 나타나는 승객수의 지수적 증가와 시간에 따라 커지는 분산을 안정시키는 변환이 필요하다. 그림 [3]-1(SAS-[3]-1)의 오른쪽은 왼쪽에 있는 원래 자료 X_t 에 자연로그 변환을 통하여 얻어진 새 자료 $\{Z_t\}$, $Z_t = \ln X_t$ 의 시도표이다. 여기서 관찰되는 바와 같이, 원 시도표에 존재하던 지수적 증가추세는 직선에 가까운 선형의 추세로 변환되었고, 또 시간에 따라 점차 증가하던 자료의 변동은 월은 월대로, 연은 연대로 비교적 일정하게 안정되었다.

변환된 시계열은 시간에 따라 선형적 증가를 하고 있고 또 여기에 약 12개월 주기의 계절성의 특징도 갖고 있다. 따라서 분석의 첫 단계에 앞서 이 시계열 자료에서 두 가지 특징인

선형추세와 계절성을 모두 제거할 필요가 있다. 선형추세의 제거를 위해서는 1차 보통차분이 효과적이고 12개월의 계절성을 제거하기 위해서는 12개월의 계절차분이 요구된다. 이 두 가지를 적용하는 순서는 보통 비계절차분인 1차 보통차분을 적용하고 다음에 12개월 계절차분을 적용할 수 있지만 그 역의 순서도 가능하다. 경우에 따라서는 12개월의 계절차분을 먼저 적용하는 것이 더 효과적일 수도 있다. 그것은 계절차분에 의해 1차 차분의 효과도 나타날 수 있기 때문이다.

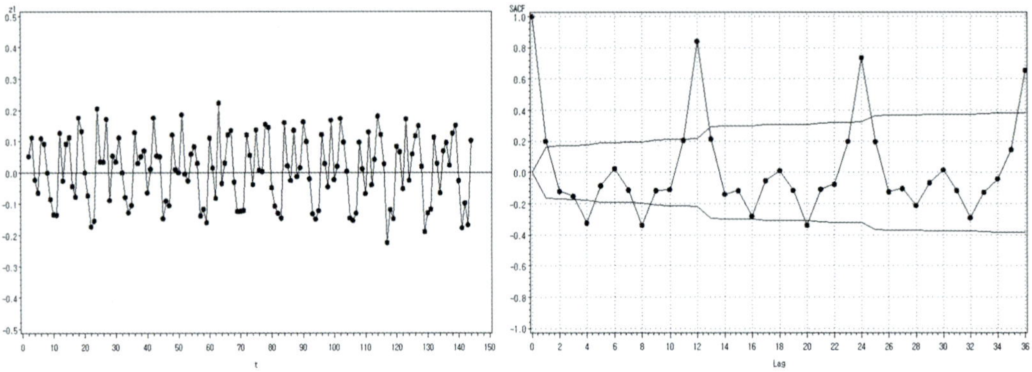

그림 [3]-2 1차 차분계열 $\{\nabla Z_t\}$(왼쪽)과 그 표본자기상관함수(오른쪽)

이 분석에서는 1차 차분을 먼저 수행한 다음에 12개월의 계절차분을 수행하기로 한다. 그림 [3]-2(SAS-[3]-2, SAS-[3]-3)는 1차 보통차분된 시계열 $\{\nabla Z_t\}$, $\nabla Z_t = Z_t - Z_{t-1}$과 그 표본자기상관함수(SACF)를 나타낸 것이다. 이 그림에서 보면, 1차 차분계열(왼쪽)이 평균과 분산에서 비교적 안정된 것으로 보이나 표본자기상관함수(오른쪽)에서는 시차 12, 24 그리고 36 등에서 큰 돌출들이 나타나고 있다. 이것은 1차 차분계열에는 아직도 12개월의 계절성이 존재하고 있음을 뜻한다. 이에 반하여, 12개월의 계절차분이 수행된 시계열 $\{\nabla_{12} Z_t\}$, $\nabla_{12} Z_t = Z_t - Z_{t-12}$와 그 SACF의 그림 [3]-3(SAS-[3]-4, SAS-[3]-5)에서는 12개월 계절차분은 아직 비정상임을 알 수 있다. 이것은 표본자기상관함수가 시차가 커져도 빠르게 감소하지 않기 때문이다. 이러한 결과는 12개월 계절차분 후에도 추가적으로 1차의 보통차분을 수행할 필요가 있음을 의미한다. 그림 [3]-4(SAS-[3]-4, SAS-[3]-5)는 두 차분이 동시에 수행된 시계열 $\{\nabla\nabla_{12} Z_t\}$, $\nabla\nabla_{12} Z_t = \nabla(Z_t - Z_{t-12}) = Z_t - Z_{t-1} - Z_{t-12} + Z_{t-13}$의 시도표와 그 표본자기상관함수이다.

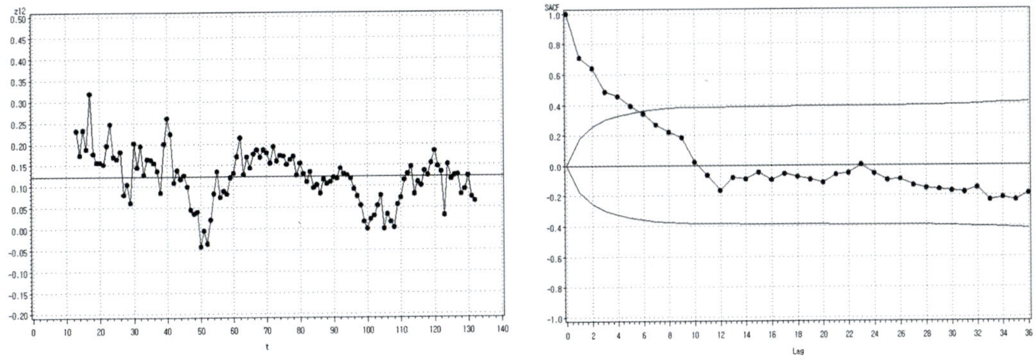

그림 [3]-3 12개월 계절차분계열 $\{\nabla_{12}Z_t\}$ (왼쪽)과 그 표본자기상관함수(오른쪽)

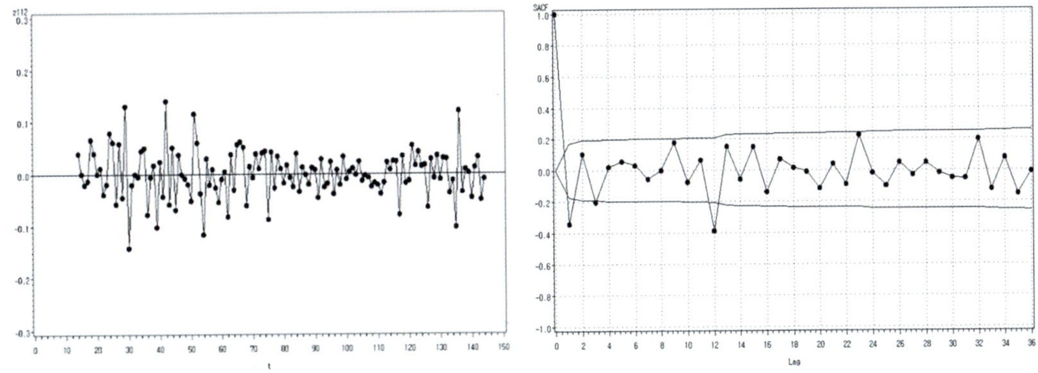

그림 [3]-4 계절·비계절 차분이 수행된 $\{\nabla\nabla_{12}Z_t\}$(왼쪽)와 그 표본자기상관함수(오른쪽)

그림 [3]-4(SAS-[3]-4) 왼쪽에서 보는 바와 같이, 이 시계열은 어느 정도 정상임을 알 수 있다. 더욱이 그것의 SACF(SAS-[3]-6)(오른쪽 그림)도 계절 시차인 12, 24 그리고 36에서도 많이 소멸되어 있음을 관찰할 수 있다. 결국 계절차분에 보통차분을 추가로 실시한 시계열 $\{\nabla\nabla_{12}Z_t\}$가 모형화에 이용될 수 있는 정상시계열이라 잠정적 결론을 내릴 수 있다.

정상인 계절모형의 판별도 정상인 비계절모형의 판별방법에서와 같이 SACF와 표본편자기상관함수(PSACF)에 나타나는 계절 시차의 관찰로 이루어질 수 있다. 따라서 비계절성은 SACF와 PSACF에서 시차 20 ~ 25 정도까지 관찰하는 데 반해 계절성의 경우에는 당연히 이것의 3 ~ 4 배인 시차 36 ~ 48 정도까지 확인해야만 한다. 표본자기상관함수인 그림 [3]-4의 오른쪽에서 계절성 패턴을 확인하고 시차 12배수인 시차 24, 36 사이에서도 서로 유사성을 찾는다. 계절과 비계절의 결합차분계열인 $\{\nabla\nabla_{12}Z_t\}$의 SACF를 나타내는 이 그림에서는 시차 12에서만 고립된 음의 유의적인 돌출을 보이고 그 이후인 시차 24, 36 등에서는 계절적 자기종속은 모두 소멸되었음을 볼 수 있다. 결국 시차 24와 36에서는 유의적인 자기종속이 나타나지 않는 것으로 판단한다. 이러한 사실로부터 12개월의 계절패턴이 1차 이동평균모형으로 판별되고, 더욱이 $\{\nabla\nabla_{12}Z_t\}$의 PSACF인 그림 [3]-5(SAS-[3]-6)에서 시차 12 이후 24, 36에서 모두 절사되어 유의적이 아니므로 12개월 계절패턴에도 1차 (계절)이동평균모형이 적절함을 다시 확인시켜 준다.

한편 정상의 비계절모형의 판별을 위해서는 그림 [3]-4 오른쪽의 시차 1에서 12 사이의 패턴을 관찰해야 한다. 이 그림에서 보면 시차 1에서 유의적인 자기상관을 보이고 그 이후에는 모두 절사되어 있다. 이것은 비주기적 부분의 패턴이 1차의 이동평균임을 잠정적으로 암시한다. 그림 [3]-5의 계절 및 비계절의 결합차분계열 $\{\nabla\nabla_{12}Z_t\}$의 SPACF에서 보면, 시차 1과 12에서 유의적인 돌출을 볼 수 있고 1과 11 사이에서는 절사됨을 볼 수 있다. 또 이런 현상이 시차 12 이후에서 반복되고 있다. 이것은 비계절부분의 모형이 계절부분에서와 같이 1차 (보통)이동평균임을 의미한다.

계절모형의 판별을 더 안정적으로 수행하는 절차는 다음과 같다. 먼저 로그 변환된 시계열 $\{Z_t\}$($Z_t = \ln X_t$)에 1차의 계절차분과 1차의 비계절의 보통차분이 수행된 계열에 먼저 계절모형을 판별하고 거기에 적절한 모형을 적합한다. 그다음에 그 잔차계열에 비계절모형을 판별하여 거기에 적절한 모형을 적합하는 것이다.

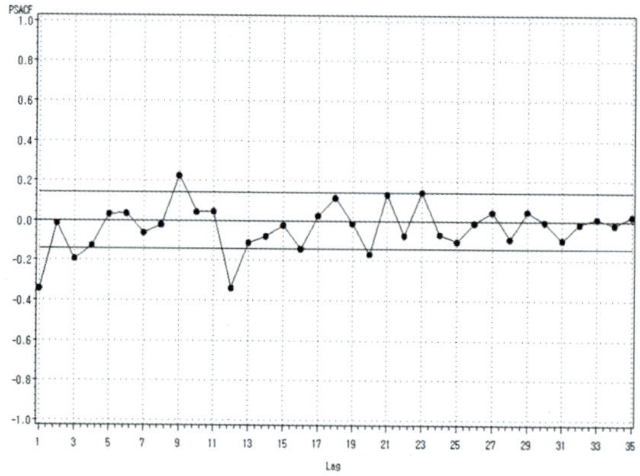

그림 [3]-5 계절·비계절 차분이 수행된 $\{\nabla\nabla_{12}Z_t\}$의 표본편자기상관함수

이 방법을 통해 위에서 이미 수행된 모형의 판별을 다시 시도하면 다음과 같다. 그림 [3]-4 오른쪽에 주어진 SACF는 시차 12에서 돌출하고 그 이후의 시차 24, 36에서는 소멸되는 1차 계절이동평균의 패턴을 설명하고 있다. 따라서 로그 변환된 시계열에 1차 계절차분과 1차 보통차분을 한 후 여기에 1차 계절 이동평균모형(SMA)을 적합시키고 그 잔차계열을 얻는다. 그림 [3]-6(SAS-[3]-7, SAS-[3]-8)은 이 잔차계열의 SACF를 나타낸다. 이 그림에서 보면 SACF는

시차 1에서 유의적인 음의 돌출을 보이고 있어 이 잔차계열에는 비계절성 이동평균모형의 적합이 추가적으로 요구됨을 알 수 있다.

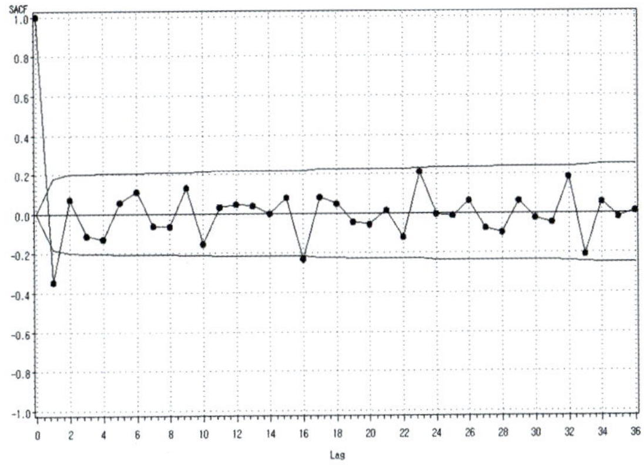

그림 [3]-6 $\{\nabla\nabla_{12}Z_t\}$에 SMA(1)을 적합한 잔차의 표본자기상관함수

더 구체적으로, 로그 변환된 시계열 $\{Z_t\}$($Z_t = \ln X_t$) 에는 1차 계절차분과 1차 보통차분을 수행하여 정상시계열 $\{\nabla\nabla_{12}Z_t\}$로 만든 후, 여기에 계절 SMA 모형과 보통 MA 모형을 합성하여 $\{Z_t\}$의 새 모형을 만든다. 먼저 12개월 계절모형인 1차 SMA 모형은 $\nabla\nabla_{12}Z_t = b_t - \Theta_1 b_{t-12}$로, 비계절모형인 1차 MA 모형은 $b_t = e_t - \theta_1 e_{t-1}$로 나타낸다. 앞의 모형에서 b_t는 SMA 모형의 오차항 그리고 Θ_1 은 그 모형의 모수이다. 물론 이 모형에서 b_t는 백색잡음일 필요는 없고 시간에 따라 종속될 수도 있다(2.4절 참조). 이때 이 SMA 모형은 시차 12개월의 유의적인 자기종속에 의해 설명되는 연간 계절적 동력을 모형화하는 것이다. 다음은 모형 $\nabla\nabla_{12}Z_t = b_t - \Theta_1 b_{t-12}$와 $b_t = e_t - \theta_1 e_{t-1}$을 합성하여 다음을 얻는다.

$$\begin{aligned}\nabla\nabla_{12}Z_t &= b_t - \Theta_1 b_{t-12}\\ &= (e_t - \theta_1 e_{t-1}) - \Theta_1(e_{t-12} - \theta_1 e_{t-13})\\ &= (e_t - \theta_1 e_{t-1} - \Theta_1 e_{t-12} + \Theta_1\theta_1 e_{t-13})\end{aligned}$$

여기서 $\nabla\nabla_{12}Z_t = Z_t - Z_{t-1} - Z_{t-12} + Z_{t-13}$ 을 이용하면, 항공승객수 로그값 $\{Z_t\}$의 모형은 다음과 같다.

$$Z_t = Z_{t-1} + Z_{t-12} - Z_{t-13} + e_t - \theta_1 e_{t-1} - \Theta_1 e_{t-12} + \Theta_1 \theta_1 e_{t-13}$$

이 결과를 계절 ARIMA 모형의 기호로 표시하면 다음과 같다.

$$\{Z_t\} \sim \text{ARIMA}(0,1,1)\times(0,1,1)_{12}$$

다음은 이 계절 ARIMA 모형을 두 가지 차분이 수행된 시계열 $\{\nabla\nabla_{12}Z_t\}$에 적합하여 모수를 추정한다. 추정값의 계산에는 통계패키지(예, SAS 또는 MINITAB)를 이용하는 것이 편리하다. 여기서는 크기 144(개월)의 시계열 자료 중 전반부 132(개월)만을 추정에 사용하고 나머지 12개월분 자료는 예측값을 실제 값에 비교하고 평가하는 데 이용하기로 한다.

모형 ARIMA(0,1,1) × $(0,1,1\ )_{12}$에 대한 로그 변환된 시계열 $\{Z_t\}$의 적합 결과는 표 [3]-1(SAS-[3]-11)에 주어졌다. 비계절항과 계절항 모두 유의적임을 알 수 있다. 특히 융-박스 검정(포트만토 검정)은 잔차계열에 모든 시차에서 유의적인 자기종속성이 존재하지 않음을 설명하고 있다. 더욱이 그림 [3]-6(SAS-[3]-11)에 주어진 정규확률표는 모형 적합 후 얻어진 잔차가 정규분포를 따르고 있음을 보여주고 있다.

표 [3]-1 ARIMA(0, 1, 1)×(0, 1, 1)$_{12}$의 적합 결과와 잔차계열의 산점도

Parameter	Estimate	Standard Error	t Value	Pr > |t|
θ_1	0.34854	0.08607	4.05	<.0001
Θ_1	0.56216	0.08630	6.51	<.0001
AIC −441.253 SBC −432.916				

Autocorrelation Check of Residuals									
To Lag	Chi-Square	DF	Pr > ChiSq	Autocorrelations					
6	5.11	4	0.2764	0.009	0.046	0.156	−0.096	0.049	−0.053
12	6.82	10	0.7422	−0.017	−0.038	0.095	−0.034	0.005	−0.034
18	10.96	16	0.8117	0.020	0.029	0.029	−0.153	0.060	−0.026
24	18.61	22	0.6694	−0.027	−0.107	−0.044	−0.031	0.190	−0.008
30	20.95	28	0.8272	−0.030	0.049	−0.029	−0.044	−0.046	−0.081
36	29.41	34	0.6919	−0.039	0.134	−0.139	−0.006	−0.104	−0.025
42	34.98	40	0.6953	0.085	0.082	−0.033	−0.055	−0.113	−0.004

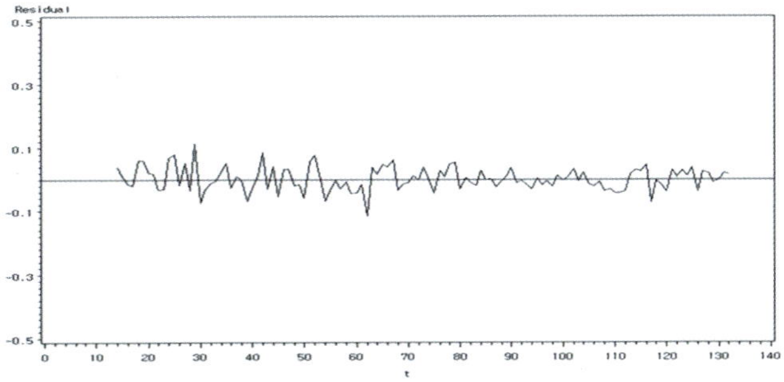

위의 추정과 진단을 통해 얻어지는 로그 변환된 시계열 자료 $\{Z_t\}$의 최종모형은 다음과 같다.

$$Z_t = Z_{t-1} + Z_{t-12} - Z_{t-13} + e_t - 0.3485\, e_{t-1} - 0.5621\, e_{t-12} + 0.1959\, e_{t-13}$$

```
                              정규성 검정
        검정                   ---- 통계량 ----        ----- p-값 -----
        Shapiro-Wilk             W      0.992579      pr < W         0.7794
        Kolmogorov-Smirnov       D      0.057432      Pr > D        >0.1500
        Cramer-von Mises       W-Sq     0.045025      Pr > W-Sq     >0.2500
        Anderson-Darling       A-Sq     0.294838      Pr > A-Sq     >0.2500

줄기 잎                       #                  정규 확률도
  11  3                   1   1.15+                                                *
  10                              |
   9                              |                                               ++
   8  6                       1   |                                               *+
   7  79                      2   |                                             **+
   6  0138                    4   |                                           ***
   5  1357                    4   |                                         ***
   4  000688                  6   |                                        **
   3  0013337789             10   |                                     ***
   2  011346789               9   |                                   ***
   1  0123335679             10   |                                 ***
   0  23467899                8   |                              +***
  -0  98875444443321110      17   |                           *****
  -1  999888666544100        15   |                        ****
  -2  99985421                8   |                     ****
  -3  987654210000           12   |                  ****
  -4  54322                   5   |               ***+
  -5  94                      2   |             **++
  -6                              |           +*+
  -7  5410                    4   |        *+**
  -8                              |+++
  -9                              |+
 -10                              |
 -11  7                       1   0.115+*
----+----+----+----+----+-        +----+----+----+----+----+----+----+----+----+
값 : (줄기.잎)*10**-1                  -2        -1         0        +1        +2
```

그림 [3]-7 최종모형 잔차의 정규성 검정과 정규확률표

다음은 최종모형을 이용하여 미래의 값을 예측한다. 계절모형의 예측방법은 기본적으로 비계절모형의 경우와 큰 차이는 없다. 현재의 시점을 t라 하고 과거와 현재의 관측값

$$\cdots \ Z_{t-2}, Z_{t-1}, Z_t$$

를 기초로, l-전방의 시점 $t+l$에서의 관측값 Z_{t+l}의 추정값 $\hat{Z}_t(l)$은

$$\hat{Z}_t(l) = E[\, Z_{t+l} | \cdots Z_{t-2}, Z_{t-1}, Z_t]$$

로 주어진다. 이 결과의 증명은 여기서 생략한다. 최종모형을 이용하면 다음을 얻는다.

$$\begin{aligned}\hat{Z}_t(l) = & E[Z_{t+l-1} | \cdots Z_{t-2}, Z_{t-1}, Z_t] + E[Z_{t+l-12} | \cdots Z_{t-2}, Z_{t-1}, Z_t] \\ & - E[Z_{t+l-13} | \cdots Z_{t-2}, Z_{t-1}, Z_t] + E[e_{t+l} | \cdots Z_{t-2}, Z_{t-1}, Z_t] \\ & - 0.3485\, E[e_{t+l-1} | \cdots Z_{t-2}, Z_{t-1}, Z_t] - 0.5621\, E[e_{t+l-12} | \cdots Z_{t-2}, Z_{t-1}, Z_t] \\ & + 0.1959\, E[e_{t+l-13} | \cdots Z_{t-2}, Z_{t-1}, Z_t]\end{aligned}$$

여기서 모든 $j > 0$에 대하여 e_{t+j}는 미래의 확률오차, 즉 관측오차이므로

$$E[e_{t+j} | \cdots Z_{t-2}, Z_{t-1}, Z_t] = 0$$

으로 가정하는 것이 합리적이다. 그리고 오차항 e_{t+j}, $j \le 0$ 는 실제 일어나지만 관찰되지는 않는 값이므로 이것은 1단계 전방예측의 예측오차값으로 정한다. 다시 말하여, $j \le 0$에 대하여

$$E[e_{t+j} | \cdots Z_{t-2}, Z_{t-1}, Z_t] = Z_{t+j} - \hat{Z}_{t+j-1}(1)$$

로 한다. 같은 방법을 $E[Z_{t+j} | \cdots Z_{t-2}, Z_{t-1}, Z_t]$에 적용하면, $j \le 0$에 대하여

$$E[Z_{t+j} | \cdots Z_{t-2}, Z_{t-1}, Z_t] = Z_{t+j}$$

로 한다. 이에 반하여, $j > 0$에 대하여

$$E[Z_{t+j} | \cdots Z_{t-2}, Z_{t-1}, Z_t] = \hat{Z}_t(j)$$

로 한다. 예컨대 현시점 t에서의 3개월 전방 예측의 값 $\hat{Z}_t(3)$은 다음과 같다.

$$\hat{Z}_t(3) = \hat{Z}_t(2) + Z_{t-9} - Z_{t-10} - 0.5621\left(Z_{t-9} - \hat{Z}_{t-10}(1)\right) + 0.1959(Z_{t-10} - \hat{Z}_{t-11}(1))$$
$$= Z_t(2) + (1 - 0.5621)Z_{t-9} - (1 - 0.1959)Z_{t-10} + 0.5621\hat{Z}_{t-10}(1) - 0.1959\hat{Z}_{t-11}(1)$$

표 [3]-2 최종모형에 의한 12개월 전방예측값과 그 표준오차 그리고 95% 신뢰구간

시점(월)	예측값	표준오차(S.E.)	95 % 신뢰구간
133	6.0387	0.0367	(5.9668, 6.1106)
134	5.9888	0.0438	(5.9030, 6.0747)
135	6.1456	0.0499	(6.0478, 6.2433)
136	6.1192	0.0553	(6.0107, 6.2276)
137	6.1599	0.0603	(6.0417, 6.2780)
138	6.3049	0.0638	(6.1778, 6.4320)
139	6.4336	0.0691	(6.2981, 6.5690)
140	6.4463	0.0731	(6.3030, 6.5896)
141	6.2671	0.0769	(6.1163, 6.4178)
142	6.1366	0.0806	(5.9787, 6.2945)
143	6.0083	0.0840	(5.8436, 6.1730)
144	6.1148	0.0874	(5.9435, 6.2860)

표 [3]-2(SAS-[3]-4)는 관찰값 144개 중 전반부 132개의 자료만을 기초로 예측모형을 얻고, 이것을 이용하여 전방 12개월의 예측값과 그 95% 신뢰구간을 얻은 결과표이다. 또 그림 [3]-8(SAS-[3]-9, SAS-[3]-10)은 실제 값과 예측값 그리고 95 % 신뢰구간을 동시에 나타낸 시도표이다. 이 도표에서 보면 예측결과는 매우 타당한 것으로 평가된다. 그림 [3]-9 (SAS-[3]-11)는 $\{Z_t\}$를 $\{X_t\}(X_t = e^{Z_t})$로 다시 환원하여 원시계열 시도표(왼쪽)에 예측부분을 추가한 시도표(오른쪽)이다.

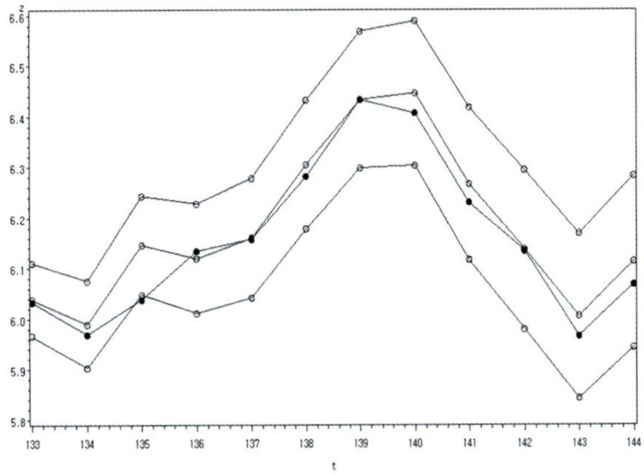

그림 [3]-8 실제 값과 예측값(중간 두 곡선) 그리고 95%신뢰구간(위와 아래)

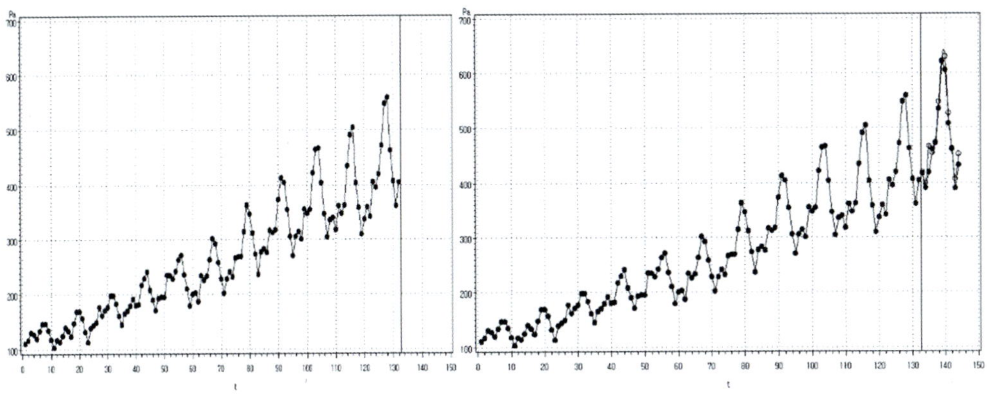

그림 [3]-9 원시계열 $\{X_t\}$(왼쪽)와 예측부분이 추가된 시도표(오른쪽)

참고 2.1 AIC와 SBC 적합규준

박스-젠킨스 방법에서 ARMA 모형을 판별하는 데는 기본적으로 표본자기상관함수(SACF)와 표본편자기상관함수(SPACF)를 기초로 한다. 이 함수들의 특징을 기초로 모형과 모형의 차수를 결정한다. 그러나 이 경우에도 모형과 모형의 계수를 하나로 결정하기가 어려운 경우가 있다. 이때는 여러 개의 예비모형 중 하나를 선택하는 규준으로 다음의 AIC(Akaike's information criterion)와 SBC(Schwartz's information criterion)가 이용될 수 있다.

(a) AIC: 아케이케(Akaike)에 의해 제안된 것으로, 추정된 모수의 개수가 k인 모형을 자료에 적합시킬 때

$$\begin{aligned} \text{AIC} &= -2\ \ln\ (\text{최대 우도}) + 2\,\text{k} \\ &= \text{N}\ \ln \hat{\sigma}_\epsilon^2\ + 2\ \text{k} \end{aligned}$$

를 최소로 하는 모형으로 정한다. 여기서 $\hat{\sigma}_\epsilon^2 = \frac{1}{N}\sum_{t=1}^{N} e_t^2\,(\hat{\theta})$이다.

(b) SBC: 슈바르츠(Schwarz)가 제안한 규준으로 AIC와 유사하게 자료를 모형 ARMA(p, q)에 적합시킬 때

$$\begin{aligned} \text{SBC} &= -2\ \ln\ (\text{최대 우도}) + (p+q)(\ln\ N) \\ &= N\ \ln \hat{\sigma}_\epsilon^2\ +\ (p+q)\ \ln\ N \end{aligned}$$

로 정의한다.

AIC나 SBC의 값은 작을수록 적합이 잘된 것으로 판정한다. AIC는 자료가 모형에 잘 적합될수록 작아지는 오차항의 분산 $\hat{\sigma}_\epsilon^2$과 적합된 모수의 수 k가 클수록 커지는 두 번째 항의 값을 절충하여 합이 최소가 되게 모형을 정한다. 또 SBC는 오차항의 분산 $\hat{\sigma}_\epsilon^2$, 자료의 수 N, 그리고 정상계열에 적합한 모형 ARMA(p, q) 차수의 합 $p+q$ 등으로 결정되는 함수를 최소화하는 모형으로 정한다.

AIC와 SBC 규준을 적용하는 예를 생각해 보자. SACF와 SPACF를 기초로, (정상)시계열 $\{x_t\}$가 ARMA(p, q) (물론, p, q는 미지)를 따른다면, SACF와 SPACF를 기초로 실제의 (p, q)가 포함된다고 판단되는 충분히 큰 (이에 대한 가이드라인은 없음) p_{max}와 q_{max}를 정한다. 그리고 $0 \le p \le p_{max}$, $0 \le q \le q_{max}$ 인 가능한 (p, q)에 대하여 AIC와 SBC를 계산하고 그 값들이 가장 작은 p, q를 선택한다. 예를 들어, 통계패키지(SAS, SPSS 등)를 통해 아래 표와 같이 계산되었다면, AIC는 ARMA(2,2)를 SBC는 MA((1)을 선택한다. 이 두 모형에서 다시 하나를 결정할 때는 적합 후 잔차분석, 즉 잔차의 백색잡음에 대한 검정(륭 박스 검정, 즉 포트만토 검정)을 통하여 결정한다.

		q	0	1	2	3
AIC	p	0	−5.605	−5.629	−5.612	−5.633
		1	−5.621	−5.631	−5.626	−5.629
		2	−5.622	−5.624	−5.649	−5.647
		3	−5.634	−5.629	−5.629	−5.646

		q	0	1	2	3
SBC	p	0	−5.594	−5.608	−5.601	−5.590
		1	−5.600	−5.599	−5.584	−5.576
		2	−5.591	−5.582	−5.596	−5.583
		3	−5.591	−5.576	−5.565	−5.571

분석사례 [4] 국가 고용자수에 대한 예측모형: 비정상◦계절성

그림 [4]-1(SAS-[4]-1) 왼쪽은 한 국가에서 일정 기간 조사한 월별 고용자의 수($\{X_t\}_{t=1}^{132}$)를 나타낸 시도표이다. 그림에서 보는 바와 같이 이 시계열은 시간에 따라 약한 증세추세를 갖는 계절주기 12(개월)의 계절변동을 보이고 있다[1]. 이 시계열은 계절변동을 갖는 비정상계열로 여기에 ARMA모형을 판별하기에 앞서 1차 차분을 통해 선형추세를 제거할 필요가 있다. 그림 [4]-1 오른쪽은 주어진 시계열의 선형추세를 제거하기 위해 1차 차분을 수행하고 얻은 차분계열 $\{(1-B)X_t\}$의 시도표이다.

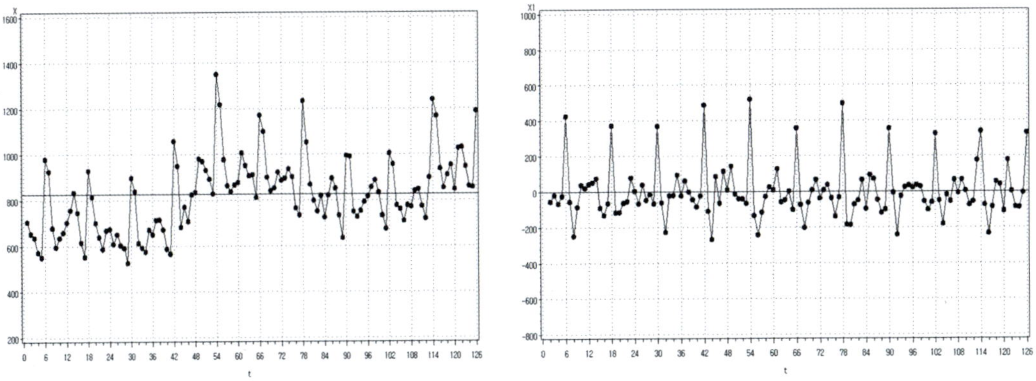

그림 [4]-1 시계열 $\{X_t\}$의 시도표(왼쪽)와 $\{(1-B)X_t\}$의 시도표(오른쪽)

그림 [4]-1(SAS-[4]-2) 오른쪽에서와 같이 시계열에 존재하는 약 12개월의 계절성은 비계절차분으로 없어지지 않는다. 그림 [4]-2는 1차 차분된 계열 $\{(1-B)X_t\}$의 SACF와 SPACF를 나타낸 것이다. 그림에서와 같이 특히 SACF의 계절주기로 판단된 시차 12의 배수인 12, 24, 36 등에서 표본자기상관함수는 매우 느린 속도로 감소하고 있고 이것은 이 차분계열의 정상화를 위하여 계절차분$(1-B^{12})$이 추가로 요구됨을 뜻한다.

---

[1] 시간에 따른 선형추세의 존재는 회귀모형 $X_t = \beta_0 + \beta_1 t + \varepsilon_t$를 시계열에 적합(SAS-[6]-1)하고 기울기의 추정값 $\hat{\beta}_1 = 1.9805$를 구하고, 또 가설 H_0: $\beta_1 = 0$ vs. H_1: $\beta_1 > 0$ 에 대한 검정으로 확인한다. 이 경우, 검정의 유의확률, 즉 P-값<0.00005로 H_0이 기각된다.

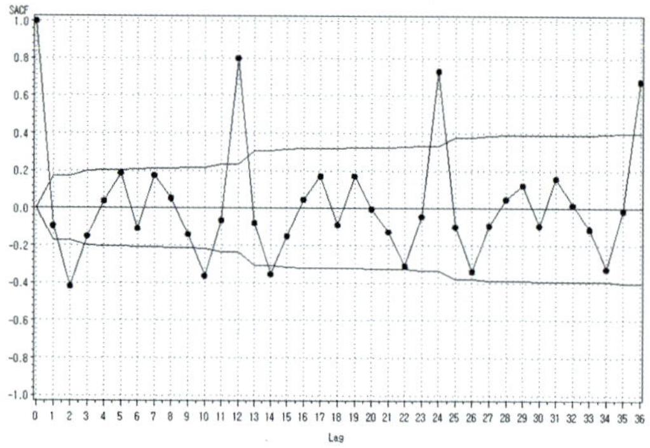

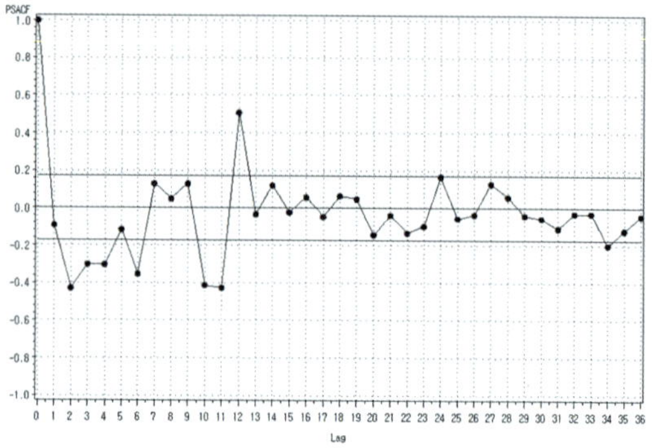

그림 [4]-2 1차 차분계열 $\{(1-B)X_t\}$의 SACF(왼쪽)와 SPACF(오른쪽)

그림 [4]-3(SAS-[4]-3)은 비계절차분과 계절차분을 모두 수행한 새 시계열 $\{(1-B)(1-B^{12})X_t\}$의 시도표이고, 그림 [4]-4는 이것의 SACF, SPACF를 나타낸 것이다. 이 그림에서는 시차 12에서만 유의적인 돌출을 보이고 있어 차분계열 $\{(1-B)(1-B^{12})X_t\}$의 판별모형은 잠정적으로 ARIMA(0,1,0) × $(0,1,1)_{12}$, 즉

$$(1-B)(1-B^{12})\,X_t = (1-\Theta B^{12})\,e_t$$

로 정하기로 한다.

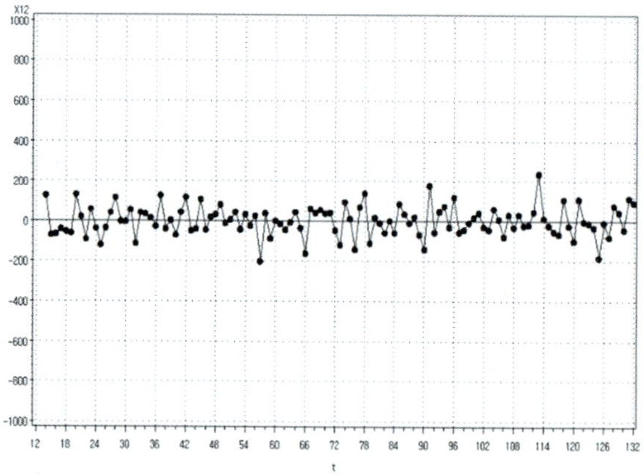

그림 [4]-3 $\{(1-B)(1-B^{12})X_t\}$의 시도표

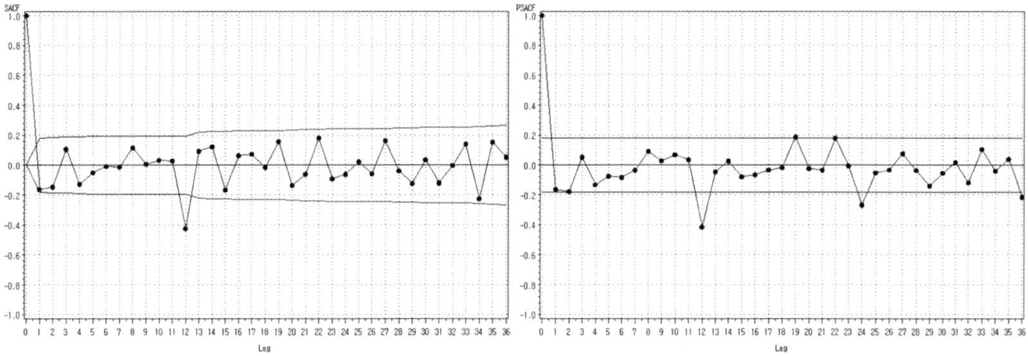

그림 [4]-4 $\{(1-B)(1-B^{12})X_t\}$의 SACF(왼쪽)와 SPACF(오른쪽)

모형 $(1-B)(1-B^{12})\,X_t = (1-\Theta\,B^{12})\,e_t$를 차분계열 $\{(1-B)(1-B^{12})X_t\}$에 적합하고 얻어진 추정결과를 이용하면 다음을 얻는다. 여기서 괄호 안의 수치는 위 추정값의 표준오차를 나타낸다.

$$(1-B)(1-B^{12})\,X_t = (1-\underset{(325.94)}{0.99}\,B^{12})\,e_t \qquad \hat{\sigma}_e^2 = 2836.7$$

적합 후 얻어지는 잔차의 종속성 분석은 표 [4]-1에서 설명된다.

표 [4]-1 모형적합 $(1-B)(1-B^{12})\,X_t = (1-\theta\,B)(1-\Theta\,B^{12})\,e_t$의 잔차에 대한 자기상관검정

Autocorrelation Check of Residuals									
To Lag	Chi-Square	DF	Pr > ChiSq	Autocorrelations					
6	9.71	6	0.1373	−0.163	−0.146	0.108	−0.128	−0.051	−0.008
12	35.95	12	0.0003	−0.013	0.117	0.007	−0.034	0.029	−0.428
18	44.48	18	0.0005	0.094	0.124	−0.166	0.065	0.074	−0.016
24	58.17	24	0.0001	0.158	−0.137	−0.062	0.182	−0.092	−0.063
30	65.91	30	0.0002	0.023	−0.060	0.163	−0.039	−0.124	0.036
36	84.84	36	<0.0001	−0.121	−0.002	0.041	−0.225	0.154	−0.055

잔차계열의 자기상관성검정을 위해 K = 6 에 대한 가설 $H_0 : \rho_{\hat{e}}(1) = \cdots = \rho_{\hat{e}}(6) = 0$ 은 $Q^* = 9.71$, P-값=0.1373으로 (유의수준 0.05에서) 귀무가설 H_0은 기각되지 않는다. 그러나 시차 K = 12, 18, 24, 30, 36 등에 대한 귀무가설 H_0은 P-값이 0.0003, 0.0005 등으로 각각 0.05나 0.01보다 훨씬 작아 모두 기각된다. 결론적으로, 이 경우 주어진 잔차계열은 백색잡음이라 할 수 없다.

다음은 이 모형의 수정모형으로 모형 ARIMA(0,1,1) × $(0,1,1)_{12}$를 생각해 보자. 다시 말하여

$$(1-B)(1-B^{12})\,X_t = (1-\theta\,B)(1-\Theta\,B^{12})\,e_t$$

를 차분계열 $\{(1-B)(1-B^{12})X_t\}$에 적합한다(SAS-[4]-4). 모수 θ와 Θ의 추정값은 다음과 같이 주어진다.

$$\underset{}{(1-B)(1-B^{12})\,X_t} = (1-\underset{(0.088)}{0.33}\,B)(1-\underset{(0.062)}{0.82}\,B^{12})\,e_t \qquad \hat{\sigma}_e^2 = 3068$$

표 [4]-2 모형적합 $(1-B)(1-B^{12})\,X_t = (1-\theta\,B)(1-\Theta\,B^{12})\,e_t$의 잔차 자기상관검정

Autocorrelation Check of Residuals									
To Lag	Chi-Square	DF	Pr > ChiSq	Autocorrelations					
6	3.75	4	0.4402	0.050	−0.096	0.048	−0.101	−0.066	0.039
12	10.38	10	0.4078	0.085	0.072	0.084	0.015	−0.162	−0.065
18	12.77	16	0.6896	−0.027	0.012	−0.066	0.030	0.057	0.087
24	21.33	22	0.5005	0.116	−0.119	−0.001	0.069	−0.104	−0.121
30	28.75	28	0.4252	−0.012	0.044	0.080	−0.029	−0.170	−0.090
36	33.90	34	0.4724	−0.080	−0.038	0.061	−0.119	0.061	−0.034

잔차계열의 자기상관성검정은 가설 $H_0 : \rho_{\hat{e}}(1) = \cdots = \rho_{\hat{e}}(K) = 0$은 K = 6, 12, 18, 24, 30, 36 등에서 P-값이 모두 유의수준 0.05 보다 훨씬 커 H_0 들이 기각되지 않고 어떤 종속적 패턴의 존재도 인정되지 않는다. 결국, 이 경우 두 번째 잔차계열은 백색잡음이라 할 수 있다. 결국

모형 ARIMA$(0,1,1)\times(0,1,1)_{12}$는 주어진 시계열 $\{X_t\}$의 최종모형으로 적합하다고 평가된다.

이 최종모형을 이용해 미래의 예측값들을 계산해 본다. 우선 최종모형의 성분형을 구해보면 다음과 같다.

$$X_{t+l}=X_{t+l-1}+X_{t+l-12}-X_{t+l-13}-e_{t+l}-0.33\,e_{t+l-1}-0.82e_{t+l-12}+0.27e_{t+l-13}$$

이 식을 이용하여 현시점 $t=n(=132)$ 에서 l-단계 전방예측, 즉 미래 시점 $t=n+l(=132+l)$ 에서의 관측값 X_{132+l} 의 예측값 $\widehat{X}_{132}(l)\ (l=1,2,3,\cdots)$을 계산한다. 이 과정에서 $\widehat{X}_{132}(l)$은 시계열의 값 X_{132+l} 들과 오차항 e_{132+l} 들의 함수로 주어진다. 이를테면 $l=1$인 경우

$$\begin{aligned}\widehat{X}_{132}(1)&=\widehat{X}_{132}(1-1)+\widehat{X}_{132}(1-12)-\widehat{X}_{132}(1-13)\\&\quad-\hat{e}_{132+1}-0.33\ e_{132+1-1}\ -0.82\ \hat{e}_{132+1-12}+0.27\ \hat{e}_{132+1-13}\end{aligned}$$

이다. 여기서

$$\begin{aligned}&\widehat{X}_{132}(1-1)=\widehat{X}_{132}(0)=X_{132} &&: t=132\text{에서 실제 관측된 값}\\&\widehat{X}_{132}(1-12)=\widehat{X}_{132}(-11)=X_{121} &&: t=121\text{에서 실제 관측된 값}\\&\widehat{X}_{132}(1-13)=\widehat{X}_{132}(-12)=X_{120} &&: t=120\text{에서 실제 관측된 값}\end{aligned}$$

을 사용하고, 또 오차항 예측의 마지막 세 항에서는

$$\begin{aligned}\hat{e}_{132+1-1}&=\hat{e}_{132}=X_{132}-\widehat{X}_{131}(1)\\\hat{e}_{132+1-12}&=\hat{e}_{131}=X_{131}-\widehat{X}_{130}(1)\\\hat{e}_{132+1-13}&=\hat{e}_{130}=X_{130}-\widehat{X}_{129}(1)\end{aligned}$$

이다. 그러나 뒤에서 네 번째 오차항인

$$\hat{e}_{132+1}=\hat{e}_{133}=X_{133}-\widehat{X}_{132}(1)$$

에서는 $t = 132$에서 X_{133}이 관측되지 않기 때문에 $\hat{e}_{133}$은 잡음의 기댓값인 0으로 대체한다. 즉, $\hat{e}_{133} = 0$이다.

위 내용을 일반화하면, $t = n(= 132)$에서 l-단계 전방예측값은

$$\begin{aligned}\hat{X}_{132}(l) = \hat{X}_{132}(l-1) + \hat{X}_{132}(l-12) - \hat{X}_{132}(l-13) \\ -E[e_{132+l}|X_{132}, X_{131}, \cdots] - 0.33\, E[e_{132+l-1}|X_{132}, X_{131}, \cdots] \\ -0.82\, E[e_{132+l-12}|X_{132}, X_{131}, \cdots] + 0.27\, E[e_{132+l-13}|X_{132}, X_{131}, \cdots]\end{aligned}$$

이고, 여기서

$$\hat{X}_{132}(j) = X_{132+j}, \quad j \le 0$$

그리고

$$E[e_{132+j}|X_{132}, X_{131}, \cdots] = \begin{cases} \hat{e}_{132+j}, & j \le 0, \\ 0, & j > 0 \end{cases}$$

이다.

위와 같이 얻어지는 미래 12개월의 관측값에 대한 예측값들은 SAS프로그램을 통해서 얻어진다. 표 [4]-3(SAS-[4]-5)은 예측값들과 그 표준오차 그리고 95 % 신뢰구간을 나타낸 것이다. 그림 [4]-5는 이 예측값들과 95 % 신뢰구간을 동시에 나타낸 것이다.

표 [4]-3 최종모형에 의한 12개월 전방예측값과 그 표준오차 그리고 95% 신뢰구간

시점(월)	예측값	표준오차(S.E.)	95 % 신뢰구간
133	1076.65	53.26	(972.26, 1181.04)
134	1092.55	75.32	(944.92, 1240.18)
135	1042.99	92.25	(862.18, 1223.80)
136	970.34	106.52	(761.56 1179.13)
137	940.70	119.09	(707.27, 1174.12)
138	1343.23	130.46	(1087.53, 1598.94)
139	1254.49	140.91	(978.30, 1530.68)
140	1048.84	150.64	(753.58, 1344.11)
141	1006.83	159.78	(693.66, 1320.01)
142	998.91	168.42	(668.80, 1329.03)
143	1072.54	176.64	(726.31, 1418.76)
144	1057.98	184.50	(696.36, 1419.60)

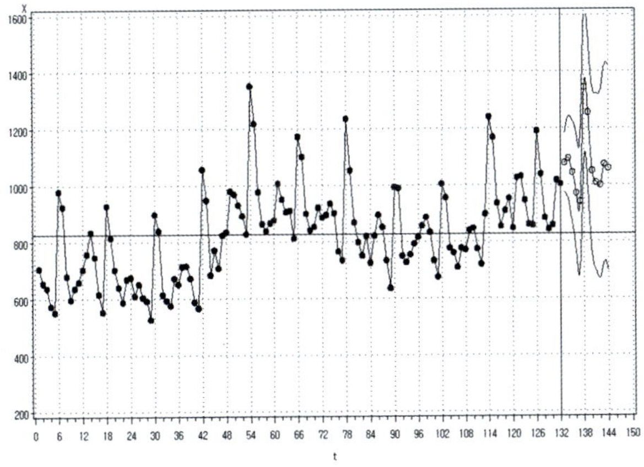

그림 [4]-5 최종모형에 의한 12개월 전방예측값과 그 95% 신뢰구간

분석사례 [5] 주가의 통계적 성질과 예측모형: 비정상∘비계절성

이 분석의 목적은 어떤 한 기업의 미래 주가에 대한 통계적 성질을 파악하고 이것을 기초로 주가의 예측모형을 개발하는 데 있다. 분석에 이용된 자료는 한 외국 기업의 과거 52주(1년)간 거래된 주식의 주간 조정[2]종가를 나타낸 시계열이다.

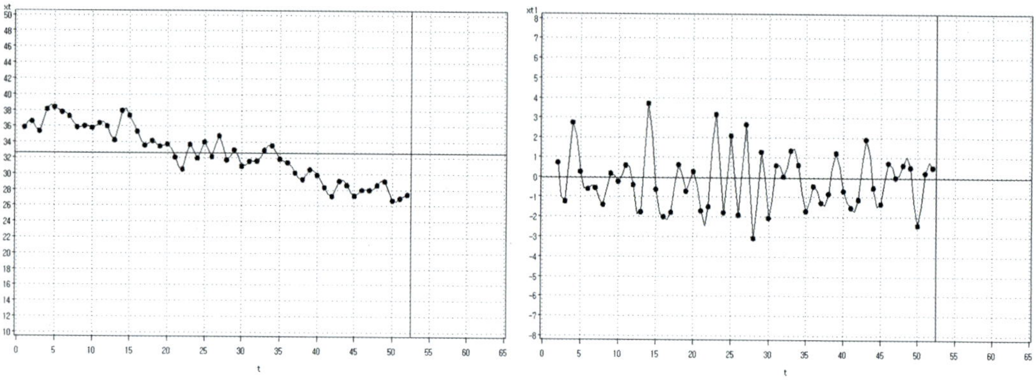

그림 [5]-1 주간 주가 시계열 $\{X_t\}$(왼쪽)와 그 1차 차분 시계열 $\{\nabla X_t\}$(오른쪽)

그림 [5]-1(SAS-[5]-1) 왼쪽에서 보는 바와 같이, 이 주가 시계열은 전체적으로 약 32.5(USD)의 수준에서 시간이 흐름에 따라 어느 정도 감소를 보이고 있고 분산은 대략적으로 안정적이라 할 수 있다. 그림 [5]-2(SAS-[5]-2)에 주어진 원시계열 $\{X_t\}$의 표본자기상관함수(SACF)는 시차가 커짐에 따라 느린 속도로 0으로 감소하고 있다. 이것은 이 시계열이 평균 비정상임을 의미하고 따라서 1차 차분을 필요로 한다.

주간 시계열 자료에서 계절성의 길이는 약 52주까지도 될 수 있다. 따라서 주간 자료에서 이 주기를 파악하기 위해서는 SACF를 시차 52까지는 계산해 보아야 한다. 이 자료의 경우 시차 52까지 SACF를 계산할 수 없고 또 ARMA 모형의 계수도 추정할 수 없다. 따라서 길이 52인 계절성을 파악하기란 실제로 불가능하다.

[2] 조정주가란 거래 종가에 배당금과 주식분할에 의해 다시 조정된 주가를 말함.

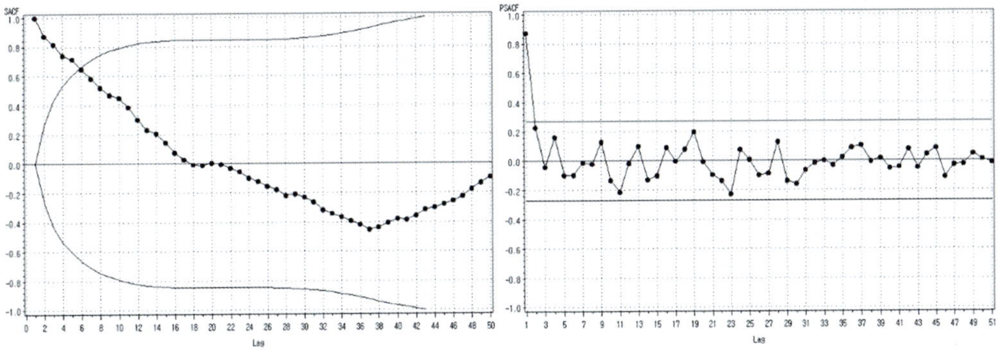

그림 [5]-2 시계열 $\{X_t\}$의 표본자기상관함수(왼쪽)와 표본편자기상관함수(오른쪽)

이 시계열에서 차분이 필요하지 않다고 생각한다면 그 모형을 AR(1)로 시작할 수 있다. SACF가 비교적 빠른 속도로 감소하고 SPACF도 시차 1 이후에 모두 절사하기 때문이다. MA 모형에서는 그 반대쪽을 보아야 한다. SACF에서 몇 개의 값이 돌출한 후에 다시 절사하고, SPACF에서는 꼬리가 소멸되는 것이다. ARMA 모형의 경우에는 이 두 함수가 모두 느린 속도로 약화되는 것을 보게 된다. 이 분석의 경우 AR 모형으로는 AR(1)이 적당할 것 같다. SPACF에서 시차 1에서만 돌출되었기 때문이다. 따라서 모형은 다음과 같이 가정된다.

$$X_t - \mu = a_1 (X_{t-1} - \mu) + e_t$$

표 [5]-1(SAS-[5]-2)은 이 모형의 추정 결과를 나타낸 것이다. 표 [5]-2는 판별과 추정 후 진단을 위해 계산된 잔차의 카이-제곱 검정을 나타낸 것이다. 이 표의 네 번째 열에 주어진 P-값이 모두 0.01이나 0.05에 비해 작지 않은 점을 감안하면 적합 후의 잔차는 백색잡음에 가깝다고 할 수 있다. 그러나 특히 주목해야 하는 점은 계수 a_1의 추정값(0.9105)이 매우 커 1에 가깝다는 사실이다. AR(1)이 정상이 되기 위해서는 $|\hat{a}_1| < 1$이 성립되어야 하는데, 가설 "H_0: $a_1 = 1$"이 t-검정(검정통계량 $t^* = \frac{\hat{a}_1 - 1}{SE(\hat{a}_1)}$)에서 P-값이 0.1431로 기각되지 않는다. 추정값 $\hat{a}_1 = 0.9105$은 $a_1 = 1$인 위 모형에서 추출된 표본을 기초로 계산된 결과로 볼 수 있는 것이다.

표 [5]-1 $\{X_t\}$의 AR(1) 모형의 추정결과

Parameter	Estimate	Standard Error	t Value	Pr > |t|
μ	32.2829	1.98857	16.23	<.0001
a_1	0.9104	0.06032	15.10	<.0001

표 [5]-2 $\{X_t\}$의 AR(1) 모형 적합 후 잔차의 진단 카이-제곱 검정

Autocorrelation Check of Residuals									
To Lag	Chi-Square	DF	Pr > ChiSq	Autocorrelations					
6	11.53	5	0.0419	−0.327	0.156	−0.159	0.216	0.000	0.036
12	17.48	11	0.0944	−0.036	−0.071	0.265	0.038	0.008	−0.112
18	20.98	17	0.2270	0.155	0.002	−0.034	0.024	−0.142	−0.017
24	22.10	23	0.5143	0.083	0.058	0.009	0.015	0.016	−0.043
30	29.02	29	0.4639	0.089	−0.071	−0.144	0.041	0.151	−0.046
36	35.74	35	0.4335	−0.098	0.033	−0.028	0.024	0.004	−0.170
42	39.16	41	0.5528	−0.015	−0.008	0.001	−0.088	−0.056	0.051

표 [5]-2에서 보는 바와 같이, 추정된 평균($\hat{\mu} = 32.2829$)과 AR(1) 모형의 계수의 추정값($\hat{a}_1$=0.9104)과의 상관계수가 $r = -0.254$로 낮은 상관을 보이고 있다. 이러한 결과는 주어진 계열이 차분을 필요로 하지 않을 수 있음을 뜻한다. 차분을 필요로 하는 정상이 아닌 계열에 AR모형을 단순히 적합한 경우 이 상관계수가 높게 나오는 경향이 있기 때문이다. 어떤 계열이든 1계 정상(즉, 평균 정상)인지에 대한 의문이 들 때는 기본적으로 차분을 수행해야 한다. 물론 이 경우에 평균 비정상이라는 증거가 있어야 한다.

다음은 1차 차분계열 $\{\nabla X_t\}$ $(\nabla = 1 - B)$을 만들고 그것을 그림 [5]-1 오른쪽에 나타내었다. 이 그림에서 보는 바와 같이 차분계열에는 시간에 따라 감소하는 현상은 나타나지 않는다. 원래 계열의 경우 시간에 따라 평균이 감소하는 반면, 1차 차분계열에서는 평균이 정해진 수준에서 크게 벗어나지 않는 것이다. 이러한 결과는 원계열에 1차를 넘는 차분은 더 이상 필요치 않음을 설명한다. 결국 1차 차분 계열의 모형화를 생각하게 된다.

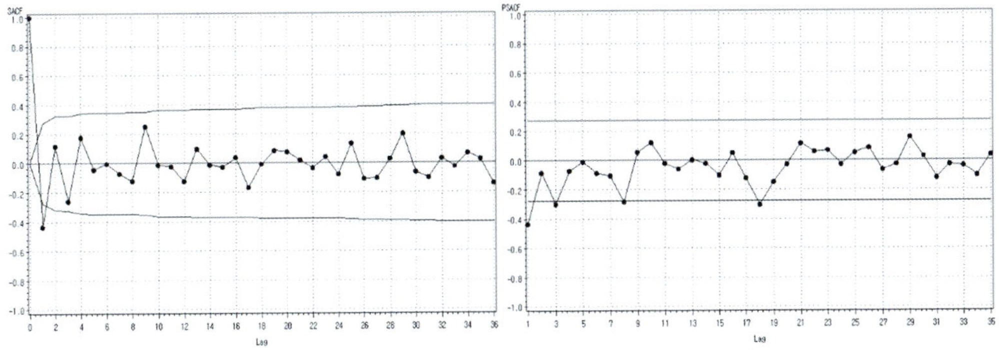

그림 [5]-3 1차 차분계열 $\{\nabla X_t\}$의 표본자기상관함수(왼쪽)와 표본편자기상관함수(오른쪽)

주어진 1차 차분계열 $\{\nabla X_t\}$의 SACF는 그림 [5]-3(SAS-[5]-3) 왼쪽에 주어졌다. 이 함수는 유일하게 시차 1에서 유의적인 돌출을 보이고 있고, 이에 반하여 SPACF는 시차가 커져도 쉽게 소멸되지 않는다. 이것은 차분계열 $\{\nabla X_t\}$가 MA(1) 모형을 따르는 것으로 판별된다. 결국 차분계열 $\{\nabla X_t\}$의 모형은

$$\nabla X_t - \mu = e_t + b_1 e_{t-1}$$

이다. $\{\nabla X_t\}$에 MA(1)을 적합하고 얻어진 추정 결과를 표 [5]-3에 나타내었다. 여기서 계수 b_1의 추정값은 0.7051이고 P-값이 0.0001이하로 아주 작아 매우 유의적이다. 또 이 표에 의하면 모형에서 상수항 μ가 P-값$<$ 0.0006으로 매우 유의적임을 알 수 있다. 그것은 $\{\nabla X_t\}$가 정상계열이라는 의미이기도 하다. 한 계열이 어떤 고정값 주위를 크게 벗어나지 않고 움직인다면 그 값이 상수항이 되기 때문이다. 결국 1차 차분계열이 0이 아닌 평균을 갖게 되어 이 모형은 차분계열의 평균을 상수항(μ)으로 갖게 된다. 표 [5]-4(SAS-[5]-3)는 판별과 추정 후 진단을 위해 계산된 잔차의 카이-제곱 검정을 나타낸 것이다. 이 표에 주어진 P-값이 모두 0.05를 크게 넘어 $\{\nabla X_t\}$에 MA(1) 모형의 적합 후의 잔차는 백색잡음, 즉 통계적으로 서로 독립인 원소들만으로 구성되었다고 할 수 있다. 결국 적합 후 잔차의 백색잡음검정도 통과하였다.

$\nabla X_t = X_t - X_{t-1}$을 이용하면 위에서 적합된 모형은 다음과 같다.

$$X_t = X_{t-1} - 0.1925 + e_t + 0.7051\, e_{t-1}$$

표 [5]-3 $\{\nabla X_t\}$의 MA(1) 모형의 적합 결과

Parameter	Estimate	Standard Error	t Value	Pr > |t|	Lag
μ	−0.1925	0.0563	−3.41	<0.0006	0
b_1	0.7051	0.1059	6.65	<0.0001	1

표 [5]-4 $\{\nabla X_t\}$의 MA(1) 모형 적합 후 잔차의 진단 카이-제곱 검정

Autocorrelation Check of Residuals									
To Lag	Chi-Square	DF	Pr > ChiSq	Autocorrelations					
6	3.890	5	0.5648	0.114	0.074	−0.173	0.043	−0.074	−0.114
12	10.61	11	0.4764	−0.161	−0.084	0.210	0.054	−0.059	−0.144
18	16.48	17	0.4944	−0.008	−0.067	−0.107	−0.112	−0.213	−0.025
24	25.90	23	0.3057	0.167	0.216	0.151	0.072	0.072	−0.008
30	35.23	29	0.1970	0.060	−0.134	−0.128	0.054	0.197	−0.025
36	41.94	35	0.1953	−0.112	−0.024	−0.010	0.045	−0.029	−0.157
42	44.95	41	0.3347	−0.049	−0.015	−0.015	−0.055	−0.019	0.056

위 결과를 이용하여 자료 $X_1, \cdots, X_n$을 기초로 시점 $t = n$에서 1단계 전방 관측값 X_{n+1}의 추정값 $\hat{X}_n(1)$을 계산해 본다.

$$X_{n+1} = X_n + \mu + e_{n+1} + b_1 e_n$$

의 관계를 이용하면, X_{n+1}의 예측값 $\hat{X}_n(1)$은 현재의 관측값 X_n과 μ 그리고 미래의 확률오차 e_{n+1}와 현재의 확률오차 e_n의 값들로 계산된다. 여기서 X_n은 현시점에서의 관찰값이고, e_n은 현시점에서의 확률오차로 미지이지만 추정값 $\hat{e}_n$이 주어진다. 그러나 e_{n+1}은 미지이고 추정값도 존재하지 않아 이것의 최적의 예측값인 기댓값 0을 이용한다. 결국 다음을 얻는다.

$$\hat{X}_n(1) = X_n + \hat{\mu} + \hat{\mathbf{b}}_1 \hat{e}_n$$
$$= X_n - 0.1924 - 0.7051 \hat{e}_n$$

여기서 $X_n = 27.41$, $\hat{e}_n = 0.3814$(SAS-[5]-3)이므로

$$\hat{X}_n(1) = 27.41 - 0.1924^{3} - 0.7051(0.3814) = 26.9485$$

같은 논리로, 현시점 $t = n$에서 2-단계 전방 관측값 X_{n+2}의 추정값 $\hat{X}_n(2)$는

$$X_{n+2} = X_{n+1} + \mu + e_{n+2} + b_1 e_{n+1}$$

을 기초로 하여

$$\begin{aligned}\hat{X}_n(2) &= \hat{X}_n(1) + \mu + e_{n+2} + b_1 e_{n+1} \\ &= X_n - 0.1924 - 0.7045 \hat{e}_n - 0.1924 + 0 + 0 \\ &= X_n - 2(0.1924) + 0.7045 \hat{e}_n\end{aligned}$$

이므로

$$\hat{X}_n(2) = 27.41 - 2(0.1924) - 0.7051(0.3814) = 26.7560$$

이다. 같은 방법으로, l-단계 ($l \geq 3$) 전방 예측값의 계산은 다음과 같다.

$$\hat{X}_n(l) = X_n - l(0.1924) - 0.7045 \hat{e}_n$$

위 예측값들은 통계 패키지(예, SAS)를 이용하면 자동적으로 계산된다. 표 [5]-5는 위 방법으로 계산된 12주 전방의 예측값과 그 표준오차 그리고 95 % 신뢰구간이다.

[3] 이 책의 MA계수(b_1, b_2 등)의 부호는 SAS의 것과 반대임을 유의할 필요가 있음.

표 [5]-5 최종모형에 의한 12주 전방예측값과 그 표준오차 그리고 95% 신뢰구간

Obsvation	Forecast	Std Error	95 % C. I.
53	26.9485	1.3062	(24.3884, 29.5086)
54	26.7560	1.3618	(24.0869, 29.4251)
55	26.5634	1.4152	(23.7896, 29.3372)
56	26.3709	1.4667	(23.4962, 29.2456)
57	26.1783	1.5164	(23.2062, 29.1505)
58	25.9858	1.5646	(22.9193, 29.0523)
59	25.7933	1.6113	(22.6352, 28.9513)
60	25.6007	1.6567	(22.3537, 28.8478)
61	25.4082	1.7009	(22.0745, 28.7418)
62	25.2156	1.7439	(21.7976, 28.6337)
63	25.0231	1.7860	(21.5227, 28.5235)
64	24.8305	1.8270	(21.2495, 28.4115)

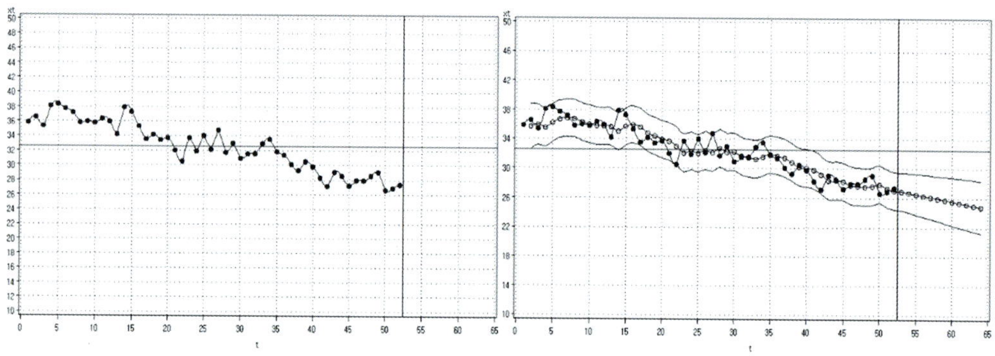

그림 [5]-4 원시계열 $\{X_t\}$(왼쪽)와 원시계열 및 예측부분이 추가된 시도표(오른쪽)

그림 [5]-4(SAS-[5]-3)는 원시계열 $\{X_t\}$의 시도표(왼쪽)에 원시계열에 예측부분을 추가한 시도표(오른쪽)이다.

참고 2.2

위 분석 과정에서 시계열 $\{X_t\}$에 차분이 필요하지 않다고 생각하고 $\{X_t\}\sim AR(1)$로 처리한 판별모형은 $(1-a_1 B)(X_t-\mu_x)=e_t$로 $(1-0.9105\ B)\ (X_t-32.2829)=e_t$를 얻는다(SAS-[5]-2). 예측 결과도 그림 [5]-5와 같이 그림 [5]-4와 크게 다르게 나타나고 있다.

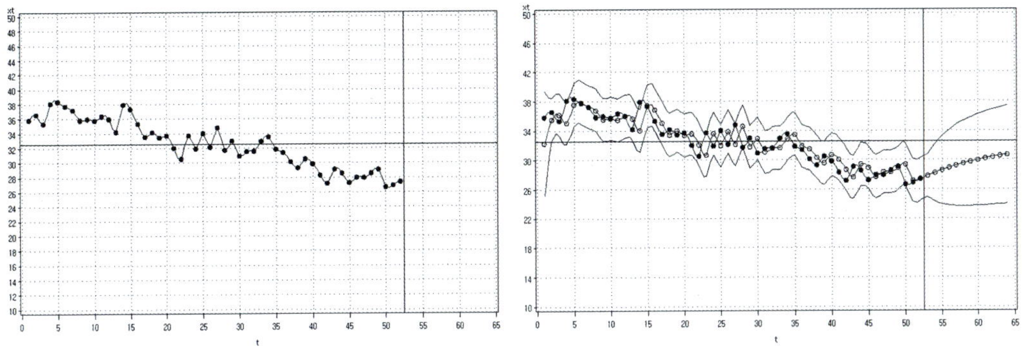

그림 [5]-5 원시계열 $\{X_t\}$(왼쪽)와 $\{X_t\}\sim AR(1)$만을 이용한 예측부분을 나타낸 시도표 (오른쪽)

분석사례 [6] 생산품 판매량에 대한 예측모형: 비정상·계절성

한 제조회사에서는 장기적인 생산계획을 수립할 목적으로 과거의 자료를 기초로 하여 미래의 판매량을 예측하는 모형을 개발한다. 여기서 얻어지는 예측모형은 미래의 인력수급, 생산원료의 확보 그리고 판매전략 등 회사 경영과 관련되는 장기계획의 수립에 활용된다.

1. 자료와 예비분석

그림 [6]-1(SAS-[6]-1) 왼쪽은 1963년부터 1977년까지 과거 15년(180개월) 동안 이 회사에서 조사된 월 판매량의 시도표이다. 여기서 관찰되는 이 시계열의 직관적인 특징은 강한 선형의 증가추세와 뚜렷한 계절성 패턴, 크고 작은 몇 개의 주기적 변동 그리고 시간의 흐름에 따라 다소 증가하는 분산의 변화이다. 결국 이 시계열은 비정상이라 할 수 있다. 그러나 시계열의 특징은 시도표의 시각적 관찰만으로 충분하지 않다. 이 시계열 자료를 기초로 하는 표본자기상관함수와 표본편자기상관함수는 시계열의 특징을 수치적으로 설명하는 데 유용하다. 특히 표본자기상관함수는 평균의 정상성을 확인하는 데 도움이 된다.

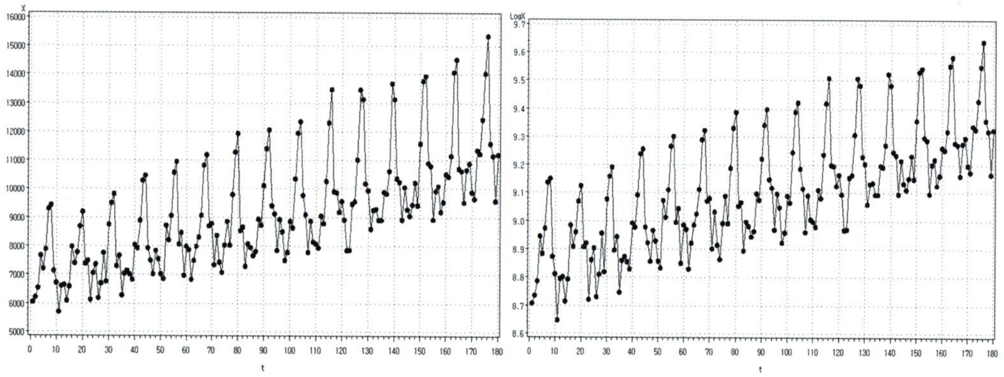

그림 [6]-1 월 판매량 시계열 $\{X_t\}$(왼쪽)와 그 로그 변환 시계열 $\{\ln X_t\}$(오른쪽)

그림 [6]-2(SAS-[6]-2)는 주어진 시계열의 표본자기상관함수와 표본편자기상관함수이다. 계절변동을 포함하지 않는 경우 시계열의 표본자기상관함수는 평균의 정상성을 확인하는 데 그리고 표본편자기상관함수는 자기회귀모형의 차수를 결정하는 데 기초가 된다. 표본자기상관함수와 표본편자기상관함수의 값은 박스-젠킨스가 제안한 바와 같이 계열 길이의 25% 시차에서 관찰하는 것이 바람직하지만 여기서는 시차 25까지만 나타내었다. 그림에 표시된

점선의 구간은 각 상관함수의 추정값에 대한 표준오차의 근삿값인 바틀렛(Bartlett)의 근삿값을 기초로 계산된 것이다.

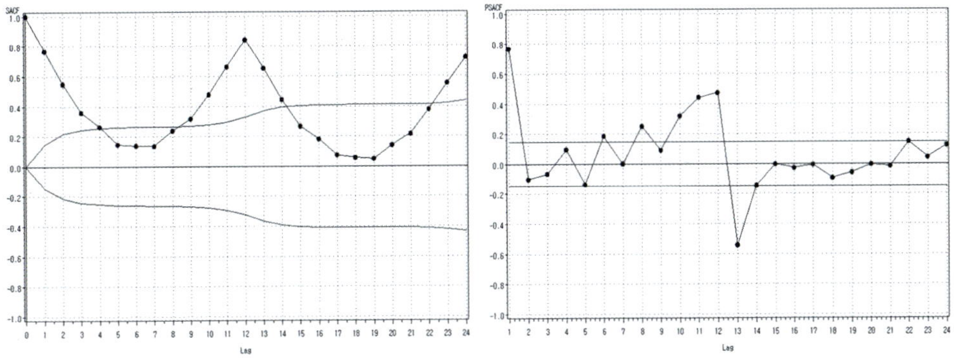

그림 [6]-2 시계열 $\{X_t\}$의 표본자기상관함수(왼쪽)와 표본편자기상관함수(오른쪽)

표본자기상관계수는 시차 0을 제외하고 처음 네 값에서만 0과 약 5%(약 2배의 표준오차)의 수준에서 유의적인 차이를 보이고 있고 전체적으로는 시차의 변화에 따라 비교적 느린 속도로 감소하고 있다. 이것은 주어진 시계열이 평균에서 비정상임을 다시 확인시켜 준다. 더욱이 그림에서는 뒷부분이 생략되었지만 이 표본자기상관함수는 계절시차 h = 12, 24, 36 등을 중심으로 크게 돌출되어 있다. 이것은 이 시계열이 계절시차 12(개월)의 계절성 변동을 포함하고 있음을 뜻한다.

주어진 이 시계열의 비정상성은 시간에 따라 선형적으로 변하는 평균과 계절변동에 의한 분산의 증가에 있다. 이러한 점을 감안하여, 주어진 시계열을 로그 변환을 통하여 분산을 안정시키고 또 차분연산을 통하여 시계열의 선형추세와 계절변동을 완화시킬 필요가 있다. 이때 적용되는 차분은 1차 비계절차분과 12개월의 1차 계절차분이다. 그러나 경우에 따라서는 둘 중 하나의 적용만으로 효과를 볼 수 있다. 그것은 계절차분이 비계절의 차분 효과를 포함할 수 있기 때문이다.

2. 모형의 판별

다음은 주어진 시계열을 로그 변환하고 필요한 시차에 대해 차분된 계열의 표본자기상관함수와 표본편자기상관함수(그림 [6]-2(SAS-[6]-3) 오른쪽)를 구하여 그 특징을 관찰한다. 또 표본자기상관함수에서 나타나는 유의적인 자기상관값들을 통하여 차분된 이 계열들의 종속성의 특징을 관찰하고 여기에 가장 적절한 예측모형을 정한다. 이때 예측모형에는 결정적 회귀모형보다 박스-젠킨스의 계절모형이 더 효과적임을 확인하게 된다.

먼저 시계열 $\{x_t\}$에 로그 변환 $x_t^* = \ln x_t$를 적용하고 거기에 다시 d차의 비계절차분과 D차의 계절차분을 적용한다. 이때 계절차분의 시차는 12(개월)로 한다. 기호로

$$\nabla_{12}^{D}\ \nabla^{d} x_t^* = (1 - B^{12})^{D}(1 - B)^{d}\ x_t^*$$

로 표시하고, 변환 후 서로 다른 차분계열 $\nabla_{12}^{0}\nabla\nabla^{1}x_t^*$, $\nabla_{12}^{1}\nabla^{0}x_t^*$ 그리고 $\nabla_{12}^{1}\nabla^{1}x_t^*$ 등의 특징을 비교한다. 여기서는 생략하지만, 통계패키지를 통하여 구해진 세 변환계열의 표본자기상관함수의 특징은 다음과 같이 요약된다. 먼저 로그 변환계열에 추세차분, 즉 비계절차분만 적용한

$$\nabla_{12}^{0}\nabla\nabla^{1}x_t^* = x_t^* - x_{t-1}^*$$

의 표본자기상관함수는 매우 빠르게 감소하지만 계절시차 h = 12, 24, 36 등에서 심한 돌출이 나타난다. 구체적으로, 이 계열의 표본자기상관계수는 시차 1에서 4까지에서 0과 유의적인 차이를 보이지 않고 있다. 이것은 이 계열의 비계절부분이 정상임을 뜻한다. 이에 반하여, 계절부분은 정상이라고 할 수는 없다. 그것은 표본자기상관함수가 계절시차 12, 24, 36 등에서 나타난 돌출이 너무 느리게 감소하고 있기 때문이다. 따라서 이 변환된 차분계열은 비정상이라 할 수 있다. 다음에는 변환계열에 계절차분만을 적용한

$$\nabla_{12}^{1}\nabla^{0}x_t^* = x_t^* - x_{t-11}^*$$

을 생각한다. 이 경우 표본자기상관함수는 사인형의 매우 빠른 감소를 하고 또 계절시차 h = 12에서는 유의적인 심한 돌출을 보이지만 그 이후에는 모두 절사하고 있다. 물론 이 계열의 시도표에서도 더 이상 증가추세는 발견되지 않는다. 이것은 비계절부분이 정상임을 뜻한다. 더욱이 계절시차 12 이후 24, 36 등에서 나타난 표본자기상관함수의 빠른 감소는 계절부분도 정상임을 확인시켜 준다. 결국 이 변환된 차분계열도 정상이라 할 수 있다. 마지막으로, 로그 변환계열에 추세차분과 계절차분을 모두 적용한

$$\nabla_{12}^{1}\nabla^{1}x_t^* = x_t^* - x_{t-1}^* - x_{t-12}^* - x_{t-13}^*$$

에 대하여 생각해 보자. 표본자기상관함수에서 시차 $h = 1$ 과 12에서 돌출을 보이고 그 전후로는 모두 절사하고 있다. 시도표에서도 증가추세가 나타나지 않고 있다. 결국 이 변환된 차분계열도 정상임을 알 수 있다.

두 정상계열에서 $\{\nabla_{12}^{1}\nabla^{0}x_t^*\}$ 이 $\{\nabla_{12}^{1}\nabla^{1}x_t^*\}$ 에 비하여 차분의 수가 작아 모형화에서 계열 $\{\nabla_{12}^{1}\nabla^{0}x_t^*\}$을 이용하기로 한다. 물론 분석에서 추구하는 예측모형은 원래 계열에 대한 모형이기 때문에 변환계열을 성공적으로 모형화한 후에는 원계열의 모형으로 다시 환원하여야 한다.

위의 관점에서 보면, 계열 $\{\nabla_{12}^{1}\nabla^{0}x_t^*\}$를 모형화에서 중점적으로 검토할 필요가 있다. 계절형 모형의 분석은 판별·추정·진단·예측의 과정에서 근본적으로 비계절형의 모형에서와 큰 차이가 없다. 다만 계절형 모형화에서는 모형 판별에서 표본자기상관함수와 표본편자기상관함수를 비계절부분과 계절부분을 구분하여 독립적으로 관찰하게 된다.

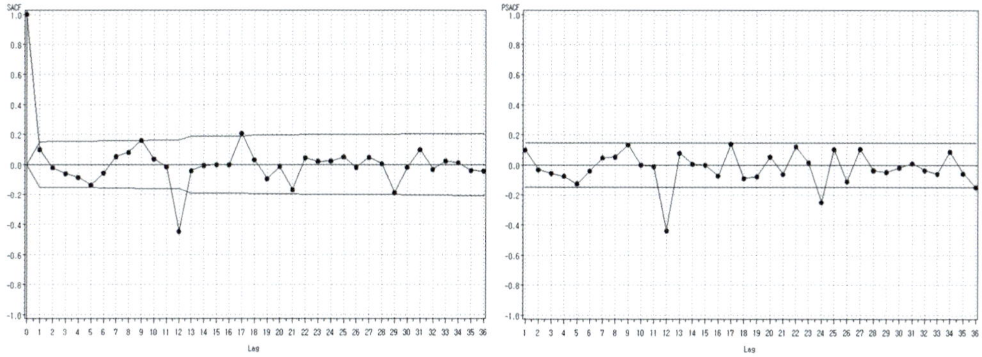

그림 [6]-3 계절차분계열 $\{\nabla_{12}^{1}\nabla^{0}x_t^*\}$의 표본자기상관함수(왼쪽)와 표본편자기상관함수(오른쪽)

이러한 의미에서, 먼저 그림 [6]-3(SAS-[6]-3)에서 계산된 표본자기상관함수를 계절시차, 다시 말해 계절주기($s = 12$)의 배수인 12, 24, 36 등에서 관찰해 보면, 계절시차 12에서만 유의적인 돌출을 보이고 그 이후에서는 소멸되어 있음을 볼 수 있다. 한편 표본편자기상관함수에서는 계절시차 12, 24에서 유의적인 값을 갖지만 그 이후에서는 소멸, 즉 시차 $2s > 24$ 에서 절사되어 있음을 알 수 있다. 이때 시차 12, 24, 36 등에서 그 값들이 지수적 감소를 보인다고 해석할 수 있다. 다시 정리하면, 표본자기상관함수는 비계절시차에서는 소멸하고, 계절시차에서는 계절시차 12에서만 유의적이며, 그리고 표본편자기상관함수의 경우 비계절시차에서는 소멸하고, 계절시차에서는 계절시차 12, 24에서만 유의적 또는 지수적 감소를 한다고 할 수 있다.

위의 결과들을 토대로 하여, 정상계열로 판단되는 $\{\nabla_{12}^{1}\nabla^{0}x_t^*\}$ 의 잠정모형을 다음과 같은 방법으로 정한다. 먼저 비계절부분은 백색잡음계열로 생각하고, 계절부분에서는 표본자기상관함수가 계절시차 $h = 12$ 에서 돌출하고 그 이후의 (계절)시차에서는 절사하는 것으로 본다. 또 편자기상관함수는 지수적 감소로 해석(따라서 계절 MA(1) 항이 필요)한다. 아니면 표본자기상관함수는 지수적으로 감소하고 편자기상관함수는 $h = 12,\ 24$에서 돌출하고 그 이후 (계절)시차에서 절사하는 것으로 해석(따라서 계절 AR(2) 항이 필요)한다. 결국 $\{\nabla_{12}^{1}\nabla^{0}x_t^*\}$의 잠정모형으로 다음의 승법계절형 ARIMA 모형

$$\text{ARIMA}(0,0,0)\times(0,1,1)_{12} \quad \text{또는} \quad \text{ARIMA}(0,0,0)\times(2,1,0)_{12}$$

을 제안한다. 다시 말해, 변환된 정상차분계열 $\{\nabla_{12}^{1}\nabla^{0}x_t^*\}$의 모형을

$$\nabla_{12}^{1}\nabla^{0}x_t^* = \delta_0 + (1-\Theta_1 B^{12})\, e_t$$

또는

$$\nabla_{12}^{1}\nabla^{0}x_t^* = \delta_0 + (1-\Phi_1 B^{12} - \Phi_2 B^{24})\, e_t$$

로 정한다. 여기서

$$\nabla_{12}^{1}\nabla^{0}x_t^* = (1-B^{12})\, x_t^* \quad (\text{단, } x_t^* = \ln x_t)$$

를 감안하면 두 잠정모형은

$$(1-B^{12})\, x_t^* = \delta_0 + (1-\Theta_1 B^{12}) e_t$$

또는

$$(1 - \Phi_1 B^{12} - \Phi_2 B^{24})\ (1 - B^{12})\ x_t^* = \delta + e_t$$

으로 표현할 수 있다. 이 두 모형의 차분식은 각각

$$x_t^* = \delta_0 + x_{t-12}^* + e_t - \Theta\, e_{t-12} \quad (2.1)$$

와

$$x_t^* = \delta + (1 + \Phi_1)\, x_{t-12}^* + (\Phi_2 - \Phi_1)\, x_{t-24}^* - \Phi_2\, x_{t-36}^* + e_t \quad (2.2)$$

이다. 이 두 시험모형은 추가적인 평가를 통해 하나의 최종모형으로 선택되게 된다.

3. 추정과 진단

잠정적이지만 모형이 일단 결정되면 포함된 모수를 추정하는 절차가 필요하다. 더욱이 잠정모형이나 예비모형 중에서 최적의 모형을 선별하기 위해서는 각 모형의 모수를 추정하고 그와 관련한 추가적 분석을 수행한다. 특히 모수의 추정에서 주어지는 잔차는 모수의 추정값과 모형의 적절성을 평가하는 데 기초가 된다.

모수추정에는 조건부 최소제곱법이나 최대우도법 등이 주로 이용된다. 이 두 모형에 대한 모수의 추정값과 그 표준오차, t-통계량 그리고 P-값 등은 표 [6]-1과 표 [6]-2(SAS-[6]-4)에 나타내었다.

표 [6]-1 계절 MA(1) 모형의 계수 추정

모수	추정값	표준오차	t – 값	P – 값	시차
δ	0.03280	0.000955	34.35	<0.0001	0
Θ_1	0.74471	0.064180	11.60	<0.0001	12

표 [6]-2 계절 AR(2) 모형의 계수 추정

모수	추정값	표준오차	t – 값	P – 값	시차
δ	0.03339	0.00163	20.41	<0.0001	0
$\boldsymbol{\Phi_1}$	−063785	0.07970	−8.29	<0.0001	12
$\boldsymbol{\Phi_2}$	−0.31059	0.07708	−4.03	<0.0001	24

따라서 추정된 결과를 방정식 (2.1)과 (2.2)에 대입하여 얻어지는 예측방정식은 각각

$$x_t^* = 0.03280 + x_{t-1}^* + e_t - 0.74471\, e_{t-12} \tag{2.3}$$

와

$$x_t^* = 0.03339 + 0.36215\ x_{t-12}^* - 0.32726\ x_{t-24}^* + 0.31059\ x_{t-36}^* + e_t \tag{2.4}$$

이다.

위 결과에 의하면, 두 모형에서 상수값을 포함하여 계수의 추정값은 모두 통계적으로 유의함을 알 수 있다. 다시 말해 t-통계량의 P-값들은 각 계수가 0과 유의적인 차이가 있음을 강하게 설명한다. 더욱이 각 경우에서 모수의 추정값들은 가역조건이나 정상조건을 만족한다. 승법모형에서의 가역조건은 계절성분과 비계절성분의 계수에서 분리해서 요구된다. 첫 번째 모형인 계절 MA(1) 모형의 경우

$$|\widehat{\Theta}_1| = |0.74471| < 1$$

로 가역조건을 만족한다. 또 두 번째 모형인 계절 AR(2) 모형에서도

$$\begin{aligned} &\Phi_1 + \Phi_2 = -0.63785 - 0.31056 < 1, \\ &\Phi_2 - \Phi_1 = |-0.31059 + 0.63785| = 0.32726 < 1, \\ &|\Phi_2| = |-0.63785| < 1 \end{aligned}$$

로 정상조건을 만족한다.

모형을 자료에 적합시켜 모수가 추정되면 여기서 얻어진 적합 모형의 적절성을 확인하게 된다. 이를 위해서는 모형의 개선에 도움을 주는 모형진단이 요구되며, 모형의 진단은 주로 잔차분석을 통해 이루어지게 되고, 계절모형에서의 진단은 기본적으로 비계절모형에서와 차이가 없다. 계절모형의 진단은 다만 관측값과 예측값과의 차인 잔차의 자기상관성에 대한 확인을 비계절성의 시차뿐 아니라 계절성 시차까지 확대하는 것이다.

이 분석에서 보면, 먼저 잔차계열의 표준편차는 첫째와 둘째 모형에서 각각 0.03981과 0.04065로 주어졌고 이것은 계절차분된 계열의 표준편차 0.04740에 비하여 각각 약 16.0%, 14.2% 정도 감소된 것이다. 이 결과는 모수의 추정에서 두 경우 모두 어느 정도 만족스럽기는 하지만 모형의 적절성을 구체적으로 확인하는 데는 시차에 따른 잔차의 자기상관계수에 기초를 두는 박스-피어스 χ^2-검정, 다시 말해 포트만토 검정이 요구된다. 두 모형의 시차에 따른 자기상관계수와 자유도 그리고 카이제곱 통계량과 그 유의확률(P-value) 등이 각각 표 [6]-3과 표 [6]-4(SAS-[6]-4)에 주어졌다.

표 [6]-3 계절 MA(1) 모형에 대한 잔차의 자기상관성 진단

Autocorrelation Check of Residuals									
To Lag	Chi-Square	DF	Pr > ChiSq	Autocorrelations					
6	17.94	5	0.0030	0.194	0.040	-0.010	-0.125	-0.154	-0.157
12	24.68	11	0.0101	-0.084	-0.024	0.071	0.104	0.116	0.020
18	29.68	17	0.0287	0.101	0.030	0.012	-0.082	0.050	-0.080
24	41.98	23	0.0091	-0.136	-0.051	-0.137	0.112	0.100	0.029
30	53.62	29	0.0036	0.116	0.051	0.036	-0.047	-0.180	-0.072
36	55.04	35	0.0168	-0.037	-0.065	-0.001	0.021	0.024	0.009

표 [6]-4 계절 AR(2) 모형에 대한 잔차의 자기상관성 진단

Autocorrelation Check of Residuals									
To Lag	Chi-Square	DF	Pr > ChiSq	Autocorrelations					
6	9.22	4	0.0559	0.150	0.001	−0.004	−0.104	0.099	−0.100
12	13.12	10	0.2179	−0.012	0.008	0.056	0.113	0.065	0.033
18	16.75	16	0.4018	0.031	−0.034	0.040	−0.055	0.100	−0.051
24	26.33	22	0.2377	−0.124	−0.005	−0.126	0.102	0.069	−0.054
30	31.94	28	0.2770	0.063	0.013	0.017	−0.032	−0.146	−0.026
36	39.97	34	0.2221	−0.003	−0.018	0.033	0.018	−0.025	−0.186

먼저 계절 MA(1) 모형의 경우, 처음 여섯 시차에 대한 잔차의 자기상관계수가 모두 0이라는 가설이 보통의 유의수준에서 기각된다. 다른 시차군에서도 같은 결과를 얻는다. 이것은 계절 MA(1) 모형을 적용하여 얻어지는 잔차계열에는 아직 어떤 추세나 패턴이 존재하는 것으로 백색계열이 아님을 의미한다. 결국 이 모형의 적합이 적절하지 않음을 의미한다. 이에 반하여, 계절 AR(2) 모형의 경우 처음 여섯 시차에 대한 잔차의 자기상관계수가 모두 0이라는 가설이 통상적인 유의수준에서 기각되지 않으며 이러한 결과는 다른 시차군에서도 확대된다. 결국 둘째 모형에서는 부적당한 적합을 의미하는 어떤 단서도 발견되지 않아 모형이 적절함을 설명하고 있다.

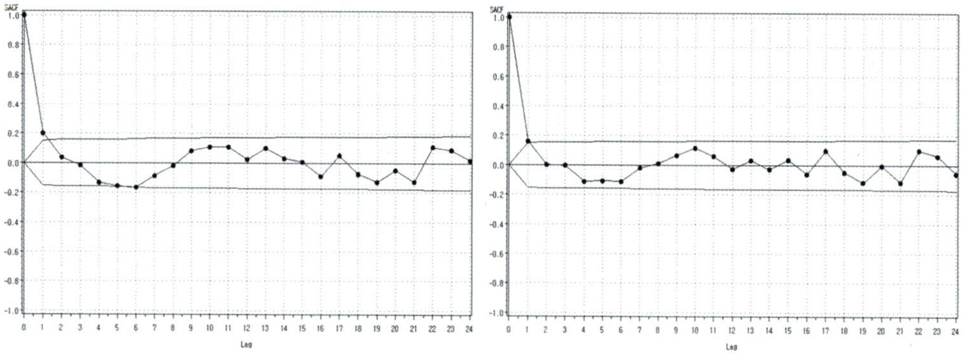

그림 [6]-4 계절 MA(1)(왼쪽)과 계절 AR(2)(오른쪽) 모형의 잔차의 표본자기상관함수

더 추가적인 분석으로, 그림 [6]-4(SAS-[6]-5) 오른쪽에 주어진 AR(2) 모형에 대한 최종 잔차계열의 자기상관함수를 보면 개별 시차에서 상관계수의 값이 모두 유의적이 아님을 알 수 있다. 이것은 이 시계열이 개별 시차에 어떤 패턴도 존재하지 않는 백색잡음임을 말하는 것으로 적합된 시계열에 존재하는 모든 패턴들이 추정된 모형을 통하여 제거되었음을 설명한다. 결국 추정된 모형의 적절성이 다시 확인된다. 이에 반하여, 그림 [6]-4 왼쪽에 주어진 계절 MA(1) 모형에 대한 최종 잔차계열의 자기상관함수의 경우는 시차 1에서 상관계수의 값이 유의적, 다시 말하여 이 시차에서 상관계수의 값이 0이라고 할 수 없음을 알 수 있으며, 또 시차 4, 5, 6에서의 상관계수의 값들도 거의 95 %의 신뢰구간의 경계에 있음을 알 수 있다. 이것은 이 잔차계열에 아직도 어떤 종속성이나 패턴이 존재할 수 있음을 의미하는 것으로 적합된 모형이 적절하지 않음을 말한다.

분석의 다음 절차는 예측을 위하여 두 잠정모형 중에서 하나를 선택하는 것이다. 앞에서도 언급한 바와 같이, 두 모형에서 잔차계열의 표준편차는 계절 MA(1) 모형의 경우는 0.03981이고 계절 AR(2) 모형의 것은 0.04065로 서로 큰 차이를 보이지 않았다. AIC와 SBC도 모형을 선택하는 데 도움이 된다. 계절 MA(1) 모형에서는 이 두 값이 각각 −606.70과 −600.460이고, 계절 AR(2) 모형에서는 −596.09와 −586.727로 계절 AR(2) 모형이 계절 MA(1) 모형에 비하여 유리함을 알 수 있다. 종합적으로 판단하면, 최종의 예측모형으로 계절 AR(2) 모형을 선택하는 것이 타당하다. 마지막으로, 계절 AR(2) 모형을 최종모형으로 선택하는 데 모수의 추정값 사이에서 있을 수 있는 다중공선성의 문제를 생각하자. 표 [6]-5는 세 모수의 추정값 사이에서 계산된 상관계수들을 나타낸다. 앞서 확인된 바와 같이 모수의 추정값들은 통계적으로 모두 유의적이지만, 이 추정값들 사이에 서로 종속관계는 없는지를 확인하는 것이다. 이것은 다변수 회귀분석에서의 다중공선성과 같은 개념으로 추정된 모수가 많을수록 그 필요성은 더 커지며, 만일 모수의 추정값 사이에 상관이 높으며 그 모수 중 하나를 제거해야 한다. 이것은 모형설정에서의 절약의 원리에도 부합된다. 모수 사이의 상관관계는 표 [6]-5에서 보는 바와 같이 유의적이 아님을 알 수 있다.

위와 같은 관점에서, 구하는 최종모형은 (2.4)로 결론을 내릴 수 있다.

표 [6]-5 추정값의 상관행렬

모수	δ	Θ_1	Θ_2
δ	1.000	0.030	0.027
Θ_1	0.030	1.000	0.502
Θ_2	0.027	0.502	1.000

3. 예측

모형이 하나로 정해지고 모수가 추정되면 이 추정모형은 미래의 값에 대한 예측에 이용될 수 있다. 예측값의 계산에는 예측모형을 이용한다. 현시점 t 에서 미래의 값 $x_{t+l}^{\{*\}}$ 의 예측값인 l-단계 전방예측값 $\hat{x}_t^{\{*\}}(l)$은

$$\hat{x}_t^{\{*\}}(l) = 0.03339 + 0.36215\, x_{t+l-12}^{\{*\}} - 0.32726\, x_{t+l-24}^{\{*\}} + 0.31059\, x_{t+l-36}^{\{*\}} + e_{t+l}$$

이다. 이 예측방정식에서 관측되지 않는 $x^{\{*\}}$는 그 예측값을 사용한다. 또 관측되지 않는 모든 e_t 에 대해서는 그 예측값인 잔차를 사용하거나 그것이 가능하지 않으면 그 기댓값인 0 을 대입한다.

이를테면 시점 t = 180 에서 추정하는 시점 t = 181 에서의 미래값 $x_{181}^{\{*\}}$ 의 예측값, 즉 시점 t = 180에서 1단계 전방예측값 $\hat{x}_t^{\{*\}}(1)$은

$$\begin{aligned}\hat{x}_{180}^{\{*\}}(1) &= 0.03339 + 0.36215\, x_{180+1-12}^{\{*\}} + 0.32726 x_{180+1-24}^{\{*\}} + 0.31059\, x_{180+1-36}^{\{*\}} + e_{180+1} \\ &= 0.03339 + 0.36215\, x_{169}^{\{*\}} - 0.32726\, x_{157}^{\{*\}} + 0.31059\, x_{144}^{\{*\}} \\ &= 0.03339 + 0.36215\,(9.29698) + 0.32726(9.22049) + 0.31059\,(9.21662) \\ &= 9.2868\end{aligned}$$

이다. 또 시점 t = 180에서 추정하는 시점 t = 181에서의 미래값 $x_{182}^{\{*\}}$의 예측값, 다시 말하여 시점 t = 180에서 2단계 전방예측값 $x_{190}^{\{*\}}(2)$는 다음과 같다.

$$\begin{aligned}x_{190}^{\{*\}}(2) &= 0.03339 + 0.36215\, x_{180+2-12}^{\{*\}} + 0.32726 x_{180+2-24}^{\{*\}} + 0.31059\, x_{180-36}^{\{*\}} + e_{180+2} \\ &= 0.03339 + 0.36215\, x_{170}^{\{*\}} + 0.32726\, x_{158}^{\{*\}} + 0.31059\, x_{144}^{\{*\}} \\ &= 0.03339 + 0.36215\,(9.19898) + 0.32726(9.12696) + 0.31059\,(9.21662) \\ &= 9.2133\end{aligned}$$

이와 같은 방법으로 얻어지는 미래 관측값에 대한 예측값들은 SAS프로그램을 통해서 얻어질 수 있다. 표 [6]-6(SAS-[6]-4)은 예측값들과 그 표준오차 그리고 95 % 신뢰구간을 나타낸 것이다. 그림 [6]-5(SAS-[6]-6) 왼쪽은 과거와 현재에 관측된 로그 변환값 그리고 미래

5개월의 예측값과 그 95% 신뢰구간을 나타낸 것이다. 물론 원계열 $\{x_t\}$에 대한 예측값을 얻기 위해서는 이 값들을 다시 $x_t = e^{x_t^*}$ 으로 재변환해야 한다. 그림 [6]-5(SAS-[6]-6) 오른쪽은 재변환된 원시계열과 그 예측값 및 95% 신뢰구간을 나타낸 것이다.

표 [6]-6 시점 t = 180에서 계산된 미래의 예측값들

시점(월)	예측값	표준오차(S.E.)	95 % 신뢰구간
181	9.2868	0.0400	(9.2084, 9.3653)
182	9.2133	0.0400	(9.1349, 9.2917)
183	9.2297	0.0400	(9.1513, 9.3081)
184	9.3459	0.0400	(9.2675, 9.4243)
185	9.3137	0.0400	(9.2353, 9.3921)

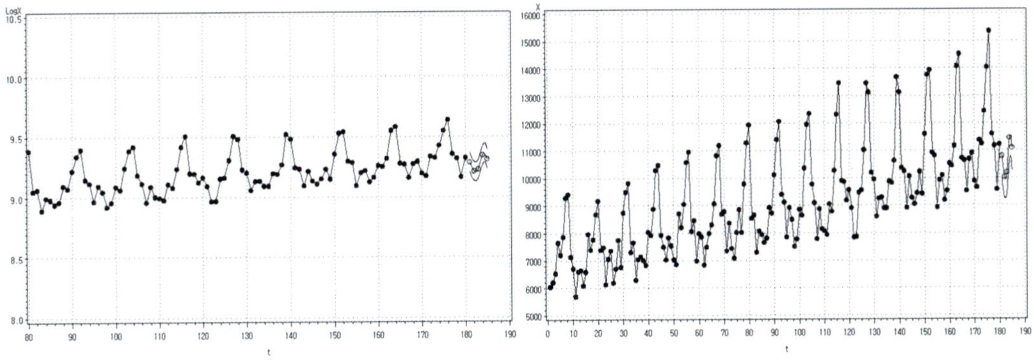

그림 [6]-5 변환계열의 5개월 점예측과 95% 구간예측(왼쪽), 원시계열의 5개월 점예측(오른쪽)

분석사례 [7] 호텔의 수요예측을 위한 확률모형: 비정상∘계절성

1. 예비분석

이 분석의 목적은 다수의 호텔을 경영하는 한 회사가 향후 요구되는 호텔방의 수요에 대한 예측모형을 개발하려는 데 있다. 이러한 예측모형은 하계 성수기에 요청되는 추가 인력, 장기 수송물자의 주문 그리고 지역 광고료의 예산 등 여러 의사 결정에 이용된다. 분석된 시계열 자료는 문헌 [6]에서 찾을 수 있으나 분석은 독립적으로 수행되었다.

분석에 주어진 자료는 과거 15년간 이 회사에서 조사한 월별 시계열 자료, $\{x_t\}$, $t = 1, \cdots, 168$이다. 개발되는 모형의 타당성을 평가할 목적으로 분석에 실제 사용되는 자료는 14년의 168개 자료이고, 나머지 1년분 12개월의 자료는 개발되는 예측값과 실제 값을 비교평가하는 데 이용하기로 한다.

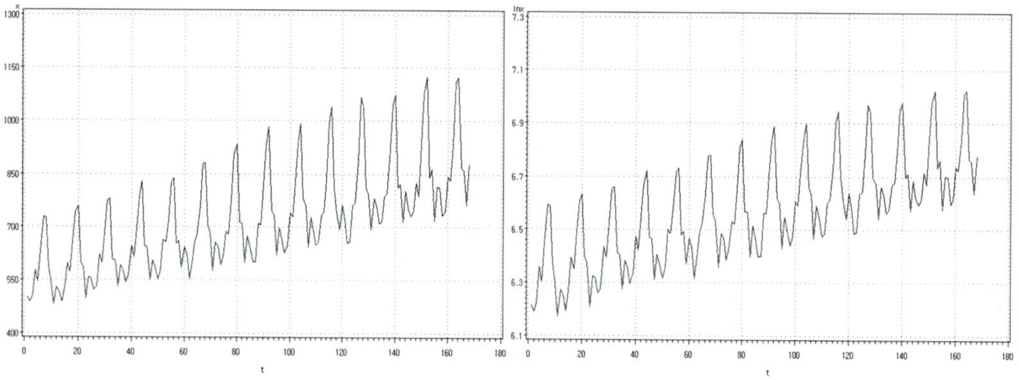

그림 [7]-1 호텔방 수요 계열(왼쪽)과 로그 변환계열(오른쪽)

그림 [7]-1(SAS-[7]-1) 왼쪽에 의하면 호텔방 수요에 대한 월평균 시계열은 강한 회귀추세를 보이고 있고 일 년 중 한 개의 큰 봉우리와 또 몇몇 작은 돌출로 구성된 계절적 패턴을 보이고 있다. 더욱이 이러한 계절적 변동의 규모가 시간이 지나면서 점차 증가하는 현상도 보이고 있어, 분석에 앞서 자료의 변환이 요구된다.

자연로그의 변환 자료를 $\{x_t^*\}$, $t = 1, \cdots, 168$, 즉 $x_t^* = \ln x_t$로 하여 그림 [7]-1(SAS-[7]-1) 오른쪽에 나타내었다. 이 두 그림을 비교해 보면, 자연로그의 변환이 계절적 변동을 전체적으로 안정시켰음을 확인할 수 있다. 더 구체적으로, 이 두 종류의 자료를 각각 다음의 가변수 다중회귀모형(dummy variable multiple regression model)

$$x_t = \beta_0 + \beta_1 t + \beta_{s2} d_{s2,t} + \cdots + \beta_{s12} d_{s12,t} + \epsilon_t, \quad \text{단,}\ d_{sk,t} = \begin{cases} 1 & t = k\text{월} \\ 0 & t \neq k\text{월} \end{cases}$$

(단, $i = 1,2,\cdots,N;\ k = 2,3,\cdots,12$)에 적합한다. 그리고 적합 후에 얻어진 두 종류 월별시계열의 특성(그림 [7]-2(SAS-[7]-2))을 비교하고 이상값의 존재여부와 잔차의 형태를 검토한다. 가변수모형을 두 자료에 적합하는 것은 12개의 각 월별 자료를 독립적으로 단순회귀모형 $x_t = \beta_0 + \beta_1 t + \epsilon_t,\ t = 1,2,\cdots,N$에 적합하고 두 계수의 (최소제곱)추정값 $\hat{\beta}_0$, $\hat{\beta}_1$에 대한 변화를 관찰하기 위한 것이다. 표 [7]-1(SAS-[7]-2)은 두 자료에 대한 적합 결과를 나타낸 것이다. 먼저, 귀무가설 'H_0: β_1=0'에 대한 검정은 12개 각 달에서 유의확률 < 0.0001로 강하게 기각된다. 이것은 두 자료에서 선형추세가 존재하고 있음을 의미한다. 더욱이 회귀선의 절편 β_0이 0인지에 대한 가설 'H_0: $\beta_0 = 0$'도 유의확률 < 0.0001로 모두 기각된다. 또 표 [7]-1에 주어진 절편의 추정값 $\hat{\beta}_0$ 들을 통해서 호텔방 수요의 월별 차이가 유의적임을 알 수 있다. 호텔방의 수요는 연중 여름 휴가철로 보이는 6, 7, 8월에 가장 높게 나타난다. 이러한 결과들은 두 자료 모두에 회귀추세와 계절성분이 존재한다는 앞의 분석과도 일치하는 것이다. 결론적으로 주어진 시계열 자료에는 전반적으로 선형의 회귀추세가 존재하고 거기에 강한 계절적 패턴이 동반되며, 계절적 패턴에 의한 주기적 변동은 시간에 따라 규모가 점차 커지고 있음이 확인된다. 이 변동은 자료의 (자연)로그 변환에 의해 어느 정도 완화되었다.

표 [7]-1 원계열(위)과 로그 변환 계열(아래)을 $x_t = \beta_0 + \beta_1 t + \epsilon_t$에 적합한 결과

	1월	2월	3월	4월	5월	6월	7월	8월	9월	10월	11월	12월
$\hat{\beta}_0$	500.6	471.4	496.5	571.1	547.8	619.71	693.92	705.44	562.27	540.026	464.07	508.85
$\hat{\beta}_1$	1.84	1.64	1.53	1.62	1.75	2.01	2.58	2.69	1.89	1.98	1.73	2.06

	1월	2월	3월	4월	5월	6월	7월	8월	9월	10월	11월	12월
$\hat{\beta}_0$	6.234	6.174	6.223	6.361	6.320	6.446	6.564	6.581	6.350	6.314	6.165	6.262
$\hat{\beta}_1$	0.0028	0.0027	0.0024	0.0023	0.0025	0.0025	0.0028	0.0029	0.0026	0.0028	0.0028	0.0030

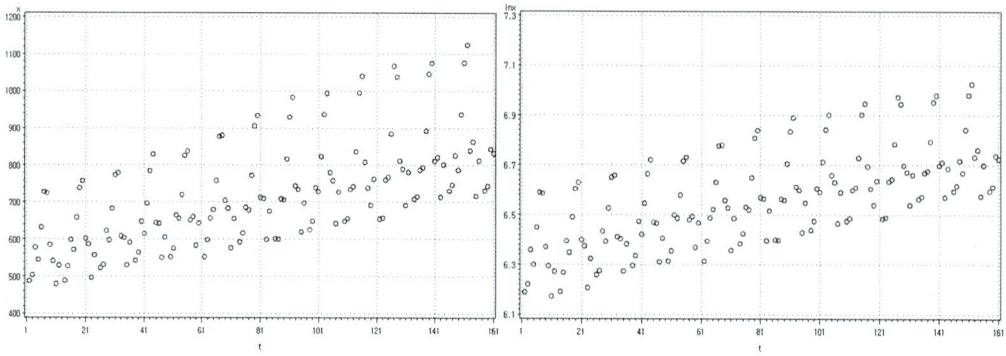

그림 [7]-2 원계열의 월별시계열(왼쪽)과 로그 변환된 월별시계열(오른쪽)의 비교

2. 판별

앞에서 확인된 바와 같이, 변환시계열은 강한 선형의 회귀추세와 안정된 주기성을 포함하고 있다. 이러한 특성들은 그림 [7]-3(SAS-[7]-3)에 주어진 변환 시계열의 표본자기상관함수와 표본편자기상관함수를 통해서도 확인된다. 표본자기상관함수가 천천히 감소하고 또 시차 12(개월)의 배수를 중심으로 그 주변에 강한 돌출이 반복적으로 나타나고 있다. 이러한 특성은 변환 시계열은 강한 회귀추세와 12개월의 강한 주기성을 갖는 비정상시계열임을 시사한다. 또 표본편자기상관함수에서는 시차 1과 12에서 강한 돌출을 보이고 그 사이 시차에서도 빠르게 증가하고 있다. 이것은 변환 시계열의 인접값 사이에는 종속성이 존재하며 또 시차 12(개월)의 강한 주기성의 존재함을 설명한다.

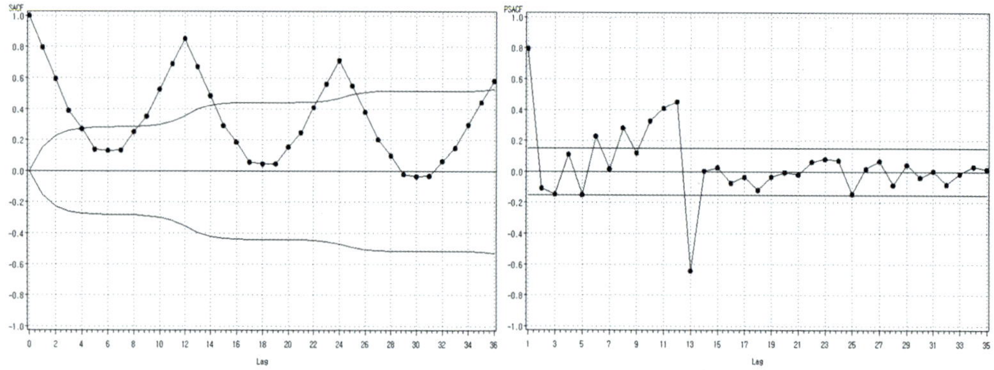

그림 [7]-3 변환 계열의 표본자기상관함수(왼쪽)와 표본편자기상관함수(오른쪽)의 비교

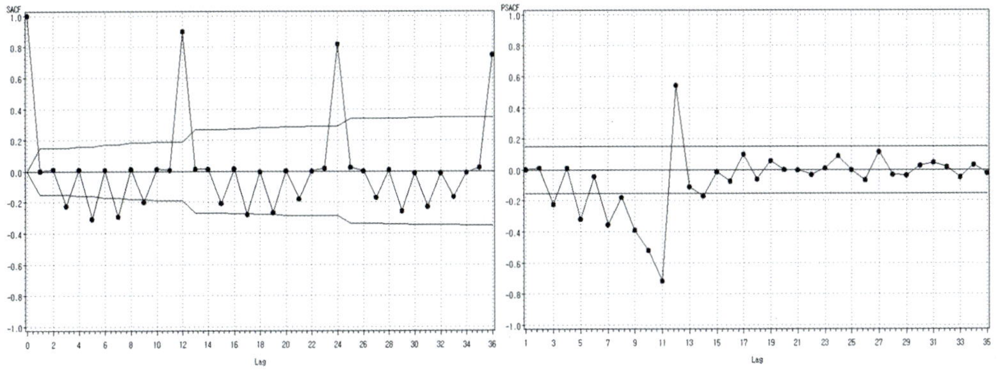

그림 [7]-4 변환 1차-(보통)차분계열의 표본자기상관함수(왼쪽)와 표본편자기상관함수(오른쪽)

변환시계열에 존재하는 회귀추세를 확인하기 위하여 계절차분이 아닌 보통차분 $\{\nabla x_t^*\}$을 생각한다. 이 차분시계열의 표본자기상관함수는 그림 [7]-4(SAS-[7]-3) 왼쪽에서와 같이 시차 12, 24, 36에서 매우 큰 돌출(spike)을 보이고 있고, 다른 시차에서는 비교적 작은 값을 나타내고 있다. 더욱이 변환시계열의 12개월 계절차분 $\{\nabla_{12} x_t^*\}$에서 얻어진 표본자기상관함수와 표본편자기상관함수(그림 [7]-5(SAS-[7]-3))는 이 계열이 정상임을 설명하고 있다. 특히, 이 표본편자기상관함수는 유의적인 자기상관값$(t_{r_k} = -3.511)$을 갖는 시차 12 이후에서는 절사(cut-off)됨을 보이고 있다. 또 표본편자기상관함수(그림 [7]-5 오른쪽)는 유의적인 값을 갖는 계절시차 12와 그 계절시차 근방인 25, 그리고 37(그림에서는 생략)에서는 소멸(die down)되고 있음을 볼 수 있고, 특히 뒤에 나타난 두 돌출은 앞의 것보다 현저히 작아진 것을 볼 수 있다. 이것은 계절차분계열 $\{\nabla_{12} x_t^*\}$이 (계절) 1계 이동평균모형을 따르고 있음을 시사한다. 이 계절차분의 표본자기상관함수 그림 [7]-5 왼쪽을 다른 시각에서 보면, 낮은 시차(3~5)에서 몇 개의 유의적인 자기상관을 보이고 다른 시차에서는 빠르게 소멸되고 있다. 이러한 유의적인 자기상관의 존재는 모형에 어떤 낮은 차수의 자기회귀(AR)나 이동평균(MA)

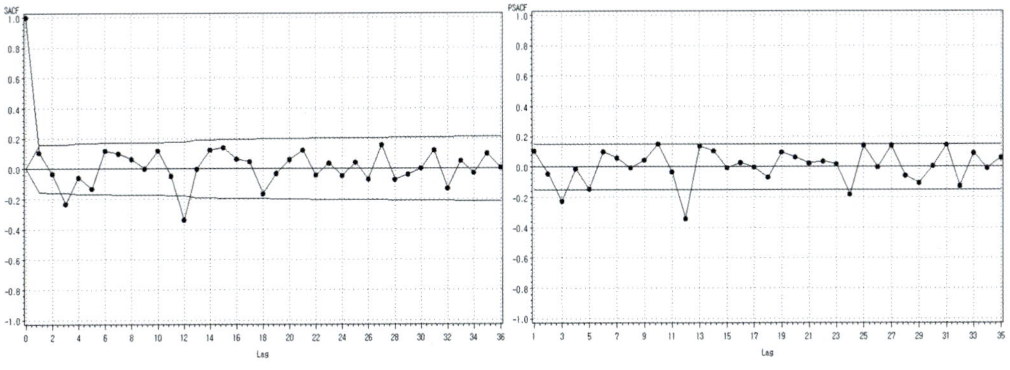

그림 [7]-5 변환 1차-계절차분계열의 표본자기상관함수(왼쪽)와 표본편자기상관함수(오른쪽)

또는 이것들의 결합 항들이 포함되어야 함을 설명하고 있다. 또 계절차분계열 $\{\nabla_{12} x_t^*\}$ 의 표본편자기상관함수의 또 다른 설명은, 계절시차 12, 24, 36에 가까운 시차들에서 무시하면 낮은 시차에서 유의적인 편자기상관은 낮은 시차에서 곧 절사된 것으로 보인다. 이러한 표본자기상관함수나 표본편자기상관함수의 패턴으로부터 많은 추론은 어려워도 자기회귀항이 모형에 필요한 것은 확실하다.

경우에 따라서는 주어진 시계열에 대하여, 물론 비정상의 경우에는 차분된 계열의 표본자기상관함수나 표본편자기상관함수의 간단한 검토만으로 적당한 박스-젠킨스 모형(ARIMA 모형)을 판별할 수 있지만, 대부분의 시계열 특히 계절성을 갖는 시계열의 경우에는 추가적인 비교가 요구되는 몇 개의 예비모형을 설정한다. 여기서 다루고 있는 시계열은 이 경우에 해당한다고 할 수 있다. 여기서는 계절이동평균이나 낮은 계수의 자기회귀의 항들이 필요한 것으로 판단된다. 이런 의미에서, 여기서는 예비모형으로 다음 모형들을 제안하기로 한다.

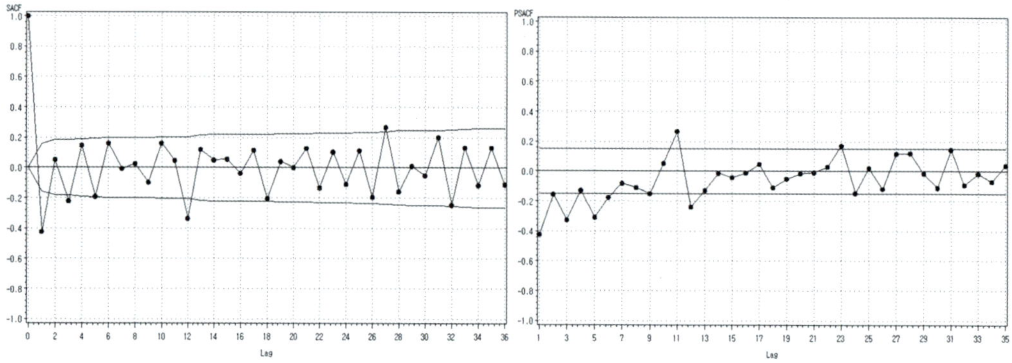

그림 [7]-6 변환 1차-보통 계절 차분계열의 표본자기상관함수(왼쪽)와 표본편자기상관함수(오른쪽)

$$x_t^* = \ln x_t$$

$$(1)\ \{x_t^*\} \sim \text{ARIMA}(0,0,0)\times(0,1,1)_{12} \qquad (2)\ \{x_t^*\} \sim \text{ARIMA}(1,0,0)\times(0,1,1)_{12}$$

$$(3)\ \{x_t^*\} \sim \text{ARIMA}(2,0,0)\times(0,1,1)_{12} \qquad (4)\ \{x_t^*\} \sim \text{ARIMA}(3,0,0)\times(0,1,1)_{12}$$

$$(5)\ \{x_t^*\} \sim \text{ARIMA}(3,0,1)\times(0,1,1)_{12} \qquad (6)\ \{x_t^*\} \sim \text{ARIMA}(0,1,1)\times(0,1,1)_{12}$$

예컨대 위에 주어진 모형 (1)은

$$\{x_t^*\} \sim \text{ARIMA}(0,0,0)\times(0,1,1)_{12}$$

로, 1회의 계절차분으로 정상계열이 된 $\{x_t^*\}$이 1계-계절이동평균을 따르므로 그 차분방정식은

$$(1 - B^{13})x_t^* = \delta + \theta_{0,12}\epsilon_t + \theta_{1,12}\epsilon_{t-12}$$

이다. 여기서 $\theta_{0,12} = 1$로 놓고 이것을 다시 정리하면

$$x_t^* = \delta + x_{t-12}^* + \theta_{1,12}\,\epsilon_{t-12} + \epsilon_t$$

를 얻는다.

모형 (4)의 경우 그 차분방정식을 구하면, 정상시계열 $\{x_t^*\}$이

$$\{x_t^*\} \sim \text{ARIMA}(3, 0, 0)\times(0, 1, 1)_{12}$$

로 1회의 계절차분된 계열이 3계-(비계절)자기회귀와 1계-계절이동평균모형을 따르므로 그 차분방정식은

$$(1 - B^{12})^1\, x_t^* + \phi_{1,1}(1 - B^{12})^1\, x_{t-1}^* + \phi_{2,1}(1 - B^{12})^1\, x_{t-2}^* + \phi_{3,1}(1 - B^{12})^1\, x_{t-3}^* = \delta + \epsilon_t + \theta_{1,12}\,\epsilon_{t-1}$$

이고, 여기서 $\theta_{0,12} = 1$로 놓고, 정리하면

$$x_t^* = \delta - \phi_{1,1}\, x_{t-1}^* - \phi_{2,1}\, x_{t-2}^* - \phi_{3,1}\, x_{t-3}^* + x_{t-12}^* + \phi_{1,1}\, x_{t-13}^* + \phi_{2,1}\, x_{t-14}^* + \phi_{3,1}\, x_{t-15}^* + \theta_{1,12}\epsilon_{t-12} + \epsilon_t$$

를 얻는다.

같은 방법으로 나머지 모형들에 대해서도 차분방정식을 얻을 수 있다.

3. 추정

위에서 주어진 예비모형 중에서 가장 적합한 한 모형을 선택하여야 한다. 모형을 선택하기 위해서는 먼저 각 예비모형의 모수들을 추정해야 한다.

먼저, 모형 (1)의 방정식

$$x_t^* = \delta + x_{t-12}^* + \theta_{1,12}\,\epsilon_{t-12} + \epsilon_t$$

에 주어진 미지 모수 (δ, $\theta_{1,12}$)에 대한 최우추정값을 구하면

$$\underset{(0.0009)}{x_t^* = 0.03287} + x_{t-12}^* - \underset{(0.0760)}{0.5070}\;\epsilon_{t-12} + \epsilon_t$$

(괄호 안의 값은 위 추정값의 표준오차)이다.

다음에, 모형 (4)의 경우에서는 정상시계열 $\{x_t^*\}$이

$$\{x_t^*\} \sim \text{ARIMA}(3,0,0)\times(0,1,1)_{12}$$

이므로

$$\begin{aligned}(1-B^{12})^1 x_t^* + \phi_{1,1}(1-B^{12})^1 x_{t-1}^* + \phi_{2,1}(1-B^{12})^1 x_{t-2}^* + \phi_{3,1}(1-B^{12})^1 x_{t-3}^* \\ = \delta + (1-\theta_{1,12}B^{12})\varepsilon_t\end{aligned}$$

이고, 이것을 정리하면

$$\begin{aligned}x_t^* = \delta - \phi_{1,1}\,x_{t-1}^* - \phi_{1,2}\,x_{t-2}^* - \phi_{1,3}\,x_{t-3}^* + x_{t-12}^* + \phi_{1,1}\,x_{t-13}^* + \phi_{2,1}\,x_{t-14}^* + \phi_{1,3}\,x_{t-15}^* \\ -\theta_{1,12}\,\epsilon_{t-12} + \epsilon_t\end{aligned}$$

이다. 여기서 최우추정원리를 적용하여 계수를 추정하면 다음을 얻는다.

$$x_t^* = -0.0328 - 0.1951\, x_{t-1}^* - 0.1212\, x_{t-2}^* + 0.1927\, x_{t-3}^* + x_{t-12}^* - 0.1951\, x_{t-13}^*$$
$$-0.1212\, x_{t-14}^* + 0.1927\, x_{t-15}^* - 0.5753\, \epsilon_{t-12} + \epsilon_t$$

같은 방법으로, 다른 모형 (2), (3), (5), (6)에 대해서도 미수 계수들에 대한 최우추정값이나 최소제곱추정값들을 구할 수 있다.

4. 진단

예비모형들의 모수를 추정한 후에는 그중 가장 적당한 한 모형을 선택하게 된다. 이때 모형을 선택하는 데는 다음 몇 가지 판정기준을 이용한다. 모수를 추정하고 추정값의 유의성 검토, 잔차계열의 종속성 검토, 추정값과 실제 값을 비교하여 예측오차를 비교, 판정기준 AIC, SBC를 비교, 그리고 절약(parsimony)의 법칙을 검토한다.

먼저 모형 (1)의 방정식 $x_t^* = \delta + x_{t-12}^* + \theta_{1,12}\, \epsilon_{t-12} + \epsilon_t$의 추정식

$$\underset{(0.0009)}{x_t^* = 0.03287} + x_{t-12}^* \underset{(0.0760)}{- 0.5070}\, \epsilon_{t-12} + \epsilon_t$$

(괄호 안의 값은 위 추정값의 표준오차)에서, 먼저 각 추정값들의 유의성을 검토한다. 추정값 $\hat{\delta}$와 $\hat{\theta}_{1,12}$에 대한 유의확률이 각각 < 0.0001, < 0.0001로 둘 다 매우 유의적이다. 즉, 두 항 모두 0으로 볼 수는 없다. 그러나 이 모형의 적합에서 얻어진 잔차계열의 자기상관표(표[7]-2)에 의하면 이 잔차계열이 백색잡음에 대한 검정을 통과하기는 어렵다. 다시 말해, 가설 "$H_0 : \rho(1) = \cdots = \rho(6) = 0$"에 대한 포트만토 검정, 즉 융-박스 검정(Ljung-Box test)의 P-값이 0.0199로 유의수준 $\alpha = 0.05$에 비하여 너무 작게 나타나고 있다. 그 크기로 보아 $\hat{\rho}(1)$과 $\hat{\rho}(3)$의 자기상관값이 검정선 밖에 나갈 수 있다고 판단된다.

표 [7]-2 잔차계열(모형 (1))의 자기상관성 확인

Autocorrelation Check of Residuals									
To Lag	Chi-Square	DF	Pr > ChiSq	Autocorrelations					
6	13.41	5	0.0199	0.173	0.098	−0.155	−0.024	−0.097	0.100
12	20.27	11	0.0417	−0.080	−0.065	0.000	0.161	0.065	0.018
18	34.34	17	0.0076	0.117	0.167	0.135	−0.014	0.006	0.143
24	41.95	23	0.0092	−0.038	−0.051	−0.160	0.012	0.108	0.015
30	52.40	29	0.0049	0.127	0.015	0.178	−0.069	−0.010	−0.045
36	63.26	35	0.0024	−0.124	−0.110	−0.086	−0.025	0.137	0.009

결론적으로 위 내용을 종합하면 모형 (1)을 받아들이기 어렵다.

다음에 모형 (2)의 경우, $\hat{\phi}_{1,1}$과 $\hat{\theta}_{1,12}$의 추정값들은 유의수준 5%에서 받아들일 수 있지만 잔차의 백색잡음검정은 통과하지 못한다. 그리고 모형 (3)의 경우, 자기회귀항의 두 번째 계수 $\phi_{2,1}$은 P-값 = 0.2581로 유의적이지 않다. 다시 말해, 모형 ARIMA(2, 0, 0)×(0, 1, 1)$_{12}$는 적절하지 않다. 더욱이 잔차의 백색잡음검정도 통과하지 못한다. 그 밖에 예비모형 (5)와 (6)도 받아들이기 어렵다. 모형 (5)의 경우 잔차의 백색잡음검정은 받아들일 수 있지만 AR부분의 첫째와 셋째 항이 유의적이 아닌 모형으로 판정된다. 마지막 모형 (6)의 경우, MA부분의 첫째 항은 P-값 = 0.9246으로 유의적이지 않고 잔차계열도 백색잡음검정을 통과하지 못한다. 위 결과는 SAS의 출력(SAS-[7]-4)을 기초로 한 것이다.

마지막으로, 모형 (4)를 검토한다. 모형의 방정식

$$x_t^* = \delta - \phi_{1,1}, x_{t-1}^* - \phi_{2,1}\, x_{t-2}^* - \phi_{3,1}\, x_{t-3}^* + \ x_{t-12}^* + \phi_{1,1}\, x_{t-13}^* + \phi_{2,1}\, x_{t-14}^* + \phi_{3,1}\, x_{t-15}^* \\ -\theta_{1,12}\epsilon_{t-12} + \epsilon_t$$

의 추정식

$$x_t^* = -0.0328 - 0.1951\, x_{t-1}^* - 0.1212\ x_{t-2}^* + \ 0.1927\, x_{t-3}^* + x_{t-12}^* - 0.1951\, x_{t-13}^* \\ -0.1212\, x_{t-14}^* \ + 0.1927\, x_{t-15}^* - 0.5753\, \epsilon_{t-12} + \epsilon_t$$

에서, 추정값 $\hat{\delta}$, $\hat{\phi}_{1,1}$, $\hat{\phi}_{3,1}$, $\hat{\theta}_{1,12}$는 모두 유의수준 5%에서 유의적인지만, 추정값 $\hat{\phi}_{2,1}$ = 0.1212는 P-값이 0.1274로 유의적이지 않다. 잔차의 백색잡음검정은 시차 36까지에서 완벽하지는 않지만 받아들일 수 있는 수준이다. 모형 (4)를 $\{x_t^*\} \sim \text{ARIMA}(2, 0, 0)\times(0, 1, 1)_{12}$로 수정하여 다시 자료에 적합시켜본다. 추정값 $\hat{\delta}$, $\hat{\phi}_{1,1}$, $\hat{\theta}_{1,12}$는 유의수준 5%에서 모두 유의적이나 잔차계열의 백색잡음검정은 다시 받아들이기 어렵다.

앞서 수행된 여러 가지 평가를 종합하여 모형 (4)를 최종모형으로 선택한다.

5. 예측

최종모형을 통해 예측값을 얻기 전 모형의 예측이 오차가 얼마나 발생할지에 대한 평가가 필요할 수 있다. 모형의 결정에서 전반부 자료만을 이용하고, 나머지 자료는 그 예측값을 통해 예측오차를 계산하는 데 사용한다. 오차수준을 평가하는 데는 보통 오차제곱평균(MSE)을 계산한다. 평가가 만족스러울 때는 자료 전체를 기초로 모수를 다시 조정한 후 예측에 이용한다.

그림 [7]-7(SAS-[7]-4)은 최종모형 (4)를 기초로 얻은 5개월 전방의 점예측값과 신뢰도 95%의 구간추정을 동시에 나타낸 것이다.

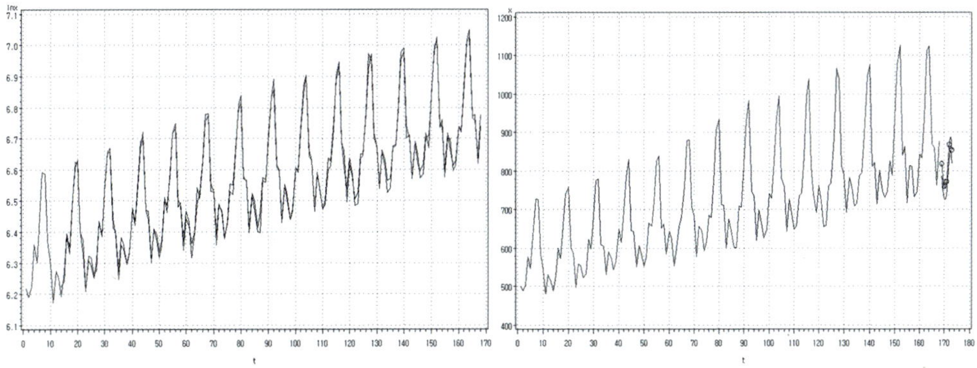

그림 [7]-7 최종모형의 실제 값과 예측값 비교: 로그 변환(왼쪽)과 원계열의 5개월 예측(오른쪽)

참고 2.3 상수항 δ

주어진 시계열에 추세가 존재하고 이 추세를 차분을 통하여 제거할 때, 차분계열의 평균이 (유의적으로) 0이 아니면 상수항 δ를 ARIMA(p,d,q) 모형에 포함시키는 것이 바람직하다. 예측식에 상수의 예측값 $\hat{\delta}$가 포함된다는 것은 과거 추세의 방향과 크기가 미래에도 지속된다는 의미가 된다. 물론 이 가정이 모든 경우에 타당한 것은 아니다.

참고 2.4 SAS에서의 모수 추정

SAS의 PROC ARIMA를 이용하여 모수를 추정하기 위해서는 ARIMA 모형의 입력명제

$$\mathrm{ARIMA}(p, d, q)_1 \times (P, D, Q)_{12}$$

에서 다음과 같이 입력한다.

```
PROC ARIMA DATA = hotel;
IDENTIFY VAR = X(1, 12);
ESTIMATE P = (1, 2, ⋯ , p)(12, 24,  ⋯ ,12P)  Q = (1, 2, ⋯ , q)(12, 24, ⋯ , 12Q);
```

예를 들어 $\mathrm{ARIMA}(p, d, q) \times (P, D, Q)_{12}$ 에서

$$\mathrm{ARIMA}(2,1,1) \times (1,1,2)_{12}$$

이면

```
PROC ARIMA DATA = hotel;
IDENTIFY VAR = X(1, 12);                        (a)
ESTIMATE  P = (1, 2)(12)  Q = (1)(12, 24) ;     (b)
```

(a)에서 X(1, 12)는 X에 비계절차분=1, 계절차분=12를 적용하라는 의미이고,

(b)에 주어진 $\mathrm{ARIMA}(p, d, q) \times (P, D, Q)_{12}$에서 ARIMA(2,1,1)의 $p = 2$는 ESTIMATE $P = (p_1, p_2) = (1,2)$를 뜻하고, $q = 1$은 ESTIMATE $Q=(q_1)=(1)$을 의미한다. $(P, D, Q)_{12} = (1,1,2)_{12}$ 에서 $P = 1$이므로 (12)로 하고, 또 $Q = 2$이므로 (12, 24)로 한다.

또 모형 AR(3): $X_t = \phi_1 X_{t-1} + \phi_2 X_{t-2} + \phi_3 X_{t-3}$ 일 때,

$$\mathrm{ESTIMATE}\ \ P = (1, 2, 3)$$

은 계수 ϕ_1, ϕ_2, ϕ_3를 추정하는 것이고,

$$\mathrm{ESTIMATE}\ \ P = (1, 3)$$

은 위에서 ϕ_2 의 값이 유의적이지 않아(즉, 0이라 할 수 있어) 축소모형 $X_t = \phi_1 X_{t-1} + \phi_3 X_{t-3}$ 을 적용한다는 뜻이다.

결국

```
PROC ARIMA DATA = hotel;
IDENTIFY VAR = X(1, 12);
ESTIMATE P = (1, 2)(12)  Q = (1)(12, 24);
```

은 모형 $\mathrm{ARIMA}(2,1,1) \times (1,1,2)_{12}$, 즉

$$(1 - \phi_1 B - \phi_2 B^2 - \Phi_1 B^{12})(1 - B)(1 - B^{12})X_t = \delta + (1 + \theta_1 B + \Theta_1 B^{12})\epsilon_t$$

아니면

$$(1\text{-}B)^1(1 - B^{12})^1 X_t = \delta + (1 - \theta_{1,1}B)(1 - \Theta_{12,1}B^{12})\epsilon_t$$

를 추정한다는 의미이다.

분석사례 [7]에서, 모형 (1)의 경우: $\{x_t^*\} \sim$ ARIMA(0, 0, 0)×(0, 1, 1)$_{12}$는

```
PROC ARIMA DATA = hotel;
IDENTIFY VAR = lnX(12);
ESTIMATE  Q = (12)  method=ML;
```

분석사례 [7]에서, 모형 (2)의 경우: $\{x_t^*\} \sim$ ARIMA(1, 1, 0)×(0, 1, 1)$_{12}$는

```
PROC ARIMA DATA = hotel;
IDENTIFY VAR = lnX(12);
ESTIMATE  P = (1)  Q = (12)  method=ML;
```

분석사례 [7]에서, 모형 (3)의 경우: $\{x_t^*\} \sim$ ARIMA(2, 0, 0)×(0, 0, 1)$_{12}$는

```
PROC ARIMA DATA = hotel;
IDENTIFY VAR = lnX(12);
ESTIMATE  P = (1,2)  Q = (12)  method=ML;
```

분석사례 [7]에서, 모형 (4)의 경우: $\{x_t^*\} \sim$ ARIMA(3, 3, 0)×(0, 1, 1)$_{12}$는

```
PROC ARIMA DATA = hotel;
IDENTIFY VAR = lnX(1,2,3,12);
ESTIMATE  P = (1,2,3)  Q = (12)  method=ML;
```

분석사례 [7]에서, 모형 (5)의 경우: $\{x_t^*\} \sim$ ARIMA(3, 0, 1)×(0, 0, 1)$_{12}$는

```
PROC ARIMA DATA = hotel;
IDENTIFY VAR = lnX(12);
ESTIMATE  P = (1,2,3)  Q = (1) (12)  method=ML;
```

분석사례 [7]에서, 모형 (6)의 경우: $\{x_t^*\} \sim$ ARIMA(0, 1, 1)×(0, 1, 1)$_{12}$는 다음과 같다.

```
PROC ARIMA DATA = hotel;
IDENTIFY VAR = lnX(1,12);
ESTIMATE  Q = (1) (12)  method=ML;
```

참고 2.5

ARIMA 모형으로 시계열 자료를 효과적으로 모형화하기 위해서는 자료의 크기가 적어도 50은 유지되어야 한다는 시계열분석의 가이드라인이 있다. 그러나 이러한 분석의 지표가 절대적인 것은 아니다. 자료에 포함된 잡음(random noise)의 양이 시계열의 모형화에 더 중요한 역할을 하기도 한다. 자료에 포함된 잡음의 양, 다시 말해 잡음의 분산이 적으면 그 이하의 크기에서도 효과적인 모형화가 가능하기도 하다. 실제로 20을 넘지 않는 크기 14의 시계열로도 유용한 모형이 만들어진 사례를 찾을 수 있다([11] p. 64 참조).

분석사례 [8] 수출량 예측을 위한 확률모형: 비정상◦계절성

1. 예비분석

이 분석의 목적은 어느 한 나라에서 과거 10년간 이루어진 분기별 대외 수출량의 시계열 자료를 기초로 향후 이 나라의 대외 수출량에 대한 예측모형을 개발하려는 데 있다. 분석에 이용된 자료와 내용은 문헌 [15]를 부분적으로 참고하였으나 분석은 독립적으로 수행되었다.

그림 [8]-1(SAS-[8]-1) 왼쪽은 과거 약 10년간(1958년-1968년) 이 나라의 대외 수출량을 분기별로 집계한 시계열 $\{x_t\}_{t=1}^{42}$ 의 시도표이다. 여기서 볼 수 있는 바와 같이, 수출량 계열은 시간에 따라 강한 선형의 증가추세를 보이고 있고 여기에 이 직선추세를 따라 어느 정도 같은 간격으로 비슷한 값들이 반복되는 듯한 패턴도 관찰된다. 이것은 이 자료에 강한 회귀추세 그리고 동시에 어느 정도 분기별 계절성이 존재하고 있음을 암시하고 있다. 또 이러한 계절적 패턴은 그림 [8]-1 오른쪽에서와 같이 (비계절적) 1차 차분을 통해 회귀추세가 제거된 후에도 관찰되고 있다.

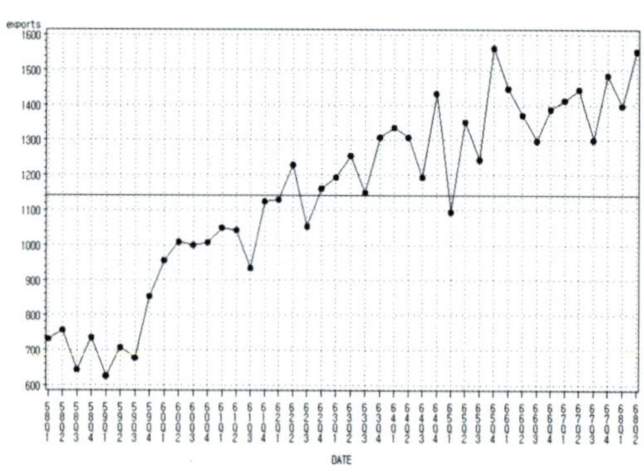

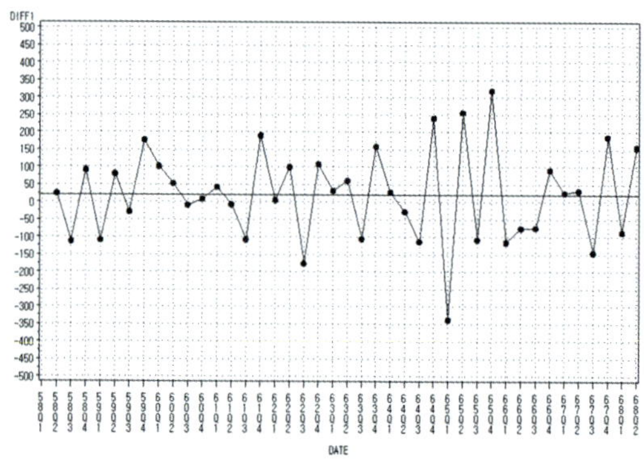

그림 [8]-1 분기별 대외수출량의 원시계열(왼쪽)과 1차 차분계열(오른쪽)

2. 모형적합

위에서 관찰된 자료의 회귀추세와 계절적 패턴은 원시계열 그리고 그것의 1차 차분계열의 표본자기상관함수와 표본편자기상관함수에서도 확인된다. 그림 [8]-2(SAS-[8]-2) 왼쪽은 원시계열의 표본자기상관함수를 나타낸다. 먼저 이 그림에서와 같이 자기상관이 시차에 따라 비교적 느린 속도로 감소하는 것은 원시계열이 비정상임을 말한다. 이것이 매우 당연한 것은 그림 [8]-1에서와 같이 자료에 강한 증가추세가 존재하기 때문이다. 여기서는 시차 36까지 관찰했지만, 일반적인 분석의 가이드라인에 의하면 표본자기상관함수의 계산은 보통 자료 크기의 25% 정도로 여기서는 시차 12까지 관찰하면 충분하다. 그림 [8]-2(SAS-[8]-2) 왼쪽에서 보면 4, 8, 12 등 4의 배수의 시차에서 표본자기상관함수에 약하나마 돌출이 관찰된다. 이것은 이 시차들과 관련되는 계절적 패턴이 원시계열에 존재한다는 의미일 수도 있다. 그러나 계절적 패턴이 추세 등 비계절적 패턴을 불명확하게 할 수도 있다. 다시 말해, 시차 4에서 나타난 비교적 큰 자기상관이 이 시차 주위의 자기상관과 양으로 종속될 수도 있어 이것이 자기상관함수의 빠른 감소를 방해할 수 있는 것이다.

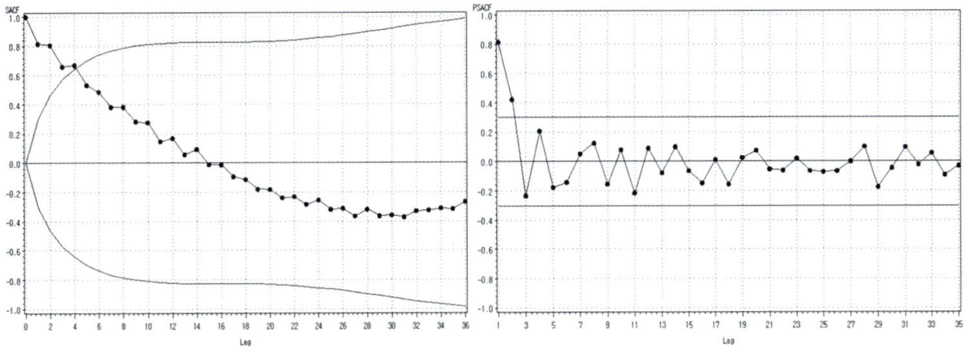

그림 [8]-2 원시계열의 표본자기상관함수(왼쪽)와 표본편자기상관함수(오른쪽)

계절적 패턴은 1차 (비계절)차분계열의 표본자기상관함수와 표본편자기상관함수에서 더 잘 나타날 수 있다. 그림 [8]-3(SAS-[8]-3) 왼쪽에 주어진 이 표본자기상관함수는 1차 차분 계열에 비정상의 계절성패턴이 존재하고 있음을 설명하고 있다.

다시 말해, 시차 4, 8, 12에서의 표본자기상관함수는 1.25보다 큰 t-통계량의 값을 갖고 있고 조금도 감소하지 않는다. 시차 4와 8에서의 표본자기상관계수의 값은 각각 0.41252와 0.40769로 거의 같고, 시차 12의 이 계수는 0.48540으로 시차 4와 8에서보다 더 크다. 보기에는 길이 4의 1차 계절차분이 필요하다. 이것은 그림 [8]-1 오른쪽에 주어진 1차 계절차분 계열의 시도표에서도 확인된다. 이를테면 일년 중 3분기(Q3)의 관측값은 모두 평균값(20.0268) 이하이고, 이에 반하여 4분기(Q4)의 관측값 중 하나는 평균값보다 크게 나타나고 있다.

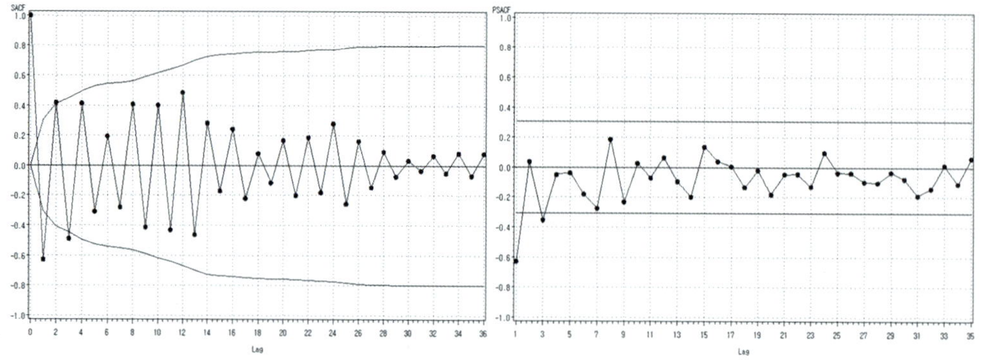

그림 [8]-3 1차 (d=1)차분계열의 표본자기상관함수(왼쪽)와 표본편자기상관함수(오른쪽)

그림 [8]-4(SAS-[8]-4, SAS-[8]-5)는 원시계열을 추세차분(d = 1) 없이 길이 4의 계절차분(D = 1)만을 수행한 차분계열의 표본자기상관함수와 표본편자기상관함수를 나타낸 것이다. 여기에서는 계절차분 후에도 계절성분이 아직 남아있음을 볼 수 있다. 시차 4에서 음의 표본자기상관값이 −0.48375로 매우 큰 t −통계량의 절댓값을 갖는다. 또 표본자기상관함수는 시차 8과 12에서 모두 0 으로 절사(cut off)되고 있어 이것은 남아있는 계절적 패턴이 $MA(1)_4$ 임을 암시한다. 이 결과는 오른쪽 표본편자기상관함수가 시차 4, 8, 12에서 음의 쪽에서 감소되고 있는 사실에서 다시 확인된다.

그림 [8]-4에 주어진 이 표본자기상관함수는 몇 가지 특이한 점을 갖는다. 먼저 자기상관이 0으로 빠르게 감소하고 있어 (비계절성) 1차 차분은 요구되지 않는다. 이것은 그림 [8]-1에 주어진 자료의 뚜렷한 증가추세를 고려하면 예상할 수 없는 결과이다. 그림 [8]-5 (SAS-[8]-4)는 길이 4의 계절차분(D = 1)된 계열을 나타낸 것이다. 이 계열의 값들이 고정된 평균(75.4263) 주위를 오르내리고 있어 이것은 평균을 안정시키는 데 계절차분이 필요하다는 것을 표본자기상관함수가 다시 확인시켜 주는 것이다.

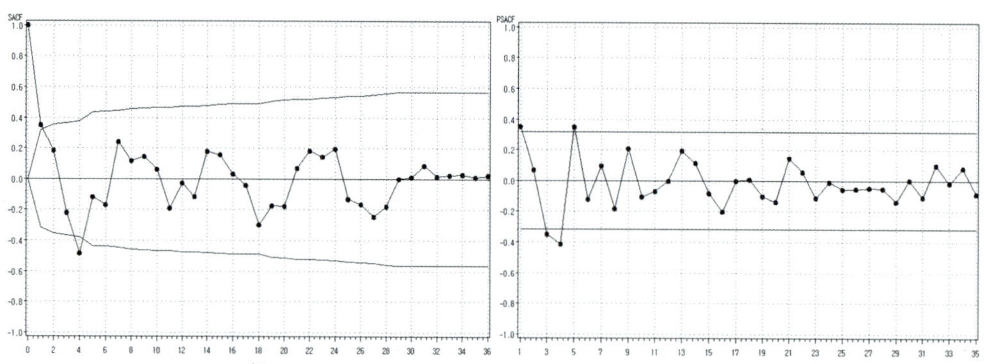

그림 [8]-4 계절차분(D=1)계열의 표본자기상관함수(왼쪽)와 표본편자기상관함수(오른쪽)

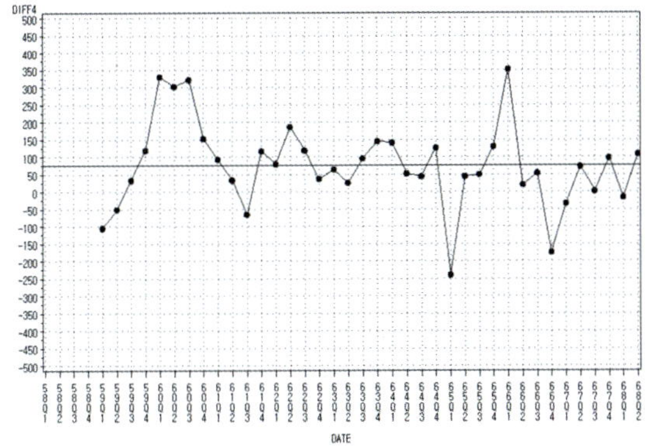

그림 [8]-5 원래 계열의 1차 계절차분(D=1)계열

이 시점에서 자료의 비계절성 부분에 대한 적절한 모형을 판별하기는 쉽지 않다. 그림 [8]-4의 표본자기상관함수가 시차 1에서 (음으로) 돌출되고 시차 2에서 절사되어 비계절성 부분에 대한 모형은 MA(1)로 제안된다. 그러나 시차 4에서 음으로 크게 나타난 자기상관의 값이 주변의 자기상관값들과 연관되어 비계절성 패턴의 형태를 왜곡시킬 수 있다. 그래서 계절성 패턴을 먼저 제거하고 그 잔차의 표본자기상관함수를 기초로 모형의 비계절성 부분에 대한 적절한 형태를 제안하게 된다.

이에 따라 자료의 계절성 부분에 대한 모형은 다음과 같이 $ARIMA(0,1,1)_4$ 로 정한다.

$$(1-B^4)\tilde{x}_t = (1-\Theta_4 B^4)e_t \qquad (\text{단}, \tilde{x}_t = x_t - \hat{\mu}_x) \tag{2.5}$$

3. 추정과 진단

모형 (2.5)를 원자료에 적합(SAS-[8]-6)하여 얻은 추정과 잔차의 진단 결과(여기서는 생략)를 보면 매우 비관적이다. 추정된 계수가 유의적(즉, 계수가 0이라는 귀무가설이 기각)이 아니며 또 잔차의 표본자기상관함수도 시차 4에서 적지 않은 돌출이 나타나기 때문이다. 이것이 어려운 문제가 되는 것은 이 결과가 그림 [8]-4의 표본자기상관함수와 표본편자기상관함수에서 계수 Θ_4가 필요하다는 강한 근거를 제시하기 때문이다.

표 [8]-1 계절성 부분에 대한 ARIMA$(0, 1, 1)_4$ 모형의 계수 추정

모 수	추정값	표준오차	t − 값	P > |t|	시차
δ	3.8890	5.1684	0.75	0.4518	0
Θ_4	0.9998	280.60	0.00	0.9972	4

더욱이, 잔차의 표본자기상관함수는 잔차의 백색잡음에 대한 동시가설 '$\rho(1)=\cdots=\rho(k)=0$'은 시차 k = 6, 12, 18, ⋯ 에서 모두 기각된다. 결국, '융-박스(Lung-Box) 검정'을 포함한 이러한 결과들은 모형 (2.5)가 계절성 패턴을 설명하는 모형으로 적절치 않다는 것을 뜻한다.

한편 그림 [8]-5에 주어진 계절차분 자료도 새로운 단서를 제공한다. 이 자료는 평균이 약 75이고, 모든 값이 −239.8와 352.1 사이에서 움직이고 있어 이 평균이 0과 유의적인 차이를 갖는다고 할 수 있다. 차분계열의 평균이 0 이 아닐 때 이것은 이 자료에 결정적 추세가 존재하고 있음을 뜻한다. 이러한 결론은 그림 [8]-1에 주어진 원계열의 형태에서도 확인된다. 비계절 차분으로는 계열의 증가추세가 설명되지 못하는 것이다. 다시 말하여, 그림 [8]-4에 주어진 표본자기상관함수가 빠르게 0으로 감소하는 것은 비계절의 차분(d = 1)은 필요하지 않다는 의미도 된다. 모형에는 아직 원계열의 증가현상을 설명해 낼 수 있는 다른 무엇이 필요한 것으로 분명한 결정적 추세의 설명이 요구된다. 이 결정적 추세는 (물질과학 이외의 자료에서와 같이) $\mu_w = 0$ 으로 가정되기보다는 그 평균 μ_w와의 편차로 차분변수 w_t를 표시하여 모형에 포함시켜야 될 것 같다. 따라서 모형 (2.5)에 대한 대안으로 다음 모형을 생각한다.

$$\tilde{w}_t = (1 - \Theta_4 B^4)\, e_t \tag{2.6}$$

여기서 $\tilde{w}_t$는 x_t의 계절차분 $w_t = (1 - B^4)\, x_t$와 그 평균 μ_w와의 편차, 즉 $\tilde{w}_t = w_t - \mu_w$이다.

모형 (2.6)의 자료 적합에서 좀 더 나은 결과를 얻는다. 계수와 상수의 추정(SAS-[8]-6) 결과는 표 [8]-2에 주어졌다. 상수의 추정값 $\hat{\delta}$은 유의적이지만 모수의 추정값 $\hat{\Theta}_4$은 그렇지 못하다.

표 [8]-2 모형 (2.6)의 추정결과

모수	추정값	표준오차	t – 값	P – 값	시차
δ	79.315	5.1684	15.35	<0.0001	0
Θ_4	0.9998	280.602	0.00	0.9972	4

표 [8]-3 모형 (2.6)의 적합에 대한 잔차의 자기상관 검정

Autocorrelation Check of Residuals									
To Lag	Chi-Square	DF	Pr > ChiSq	Autocorrelations					
6	21.30	5	0.0007	0.496	0.414	0.162	0.107	0.193	0.108
12	26.61	11	0.0053	0.230	0.117	0.110	0.154	−0.012	0.041
18	34.35	17	0.0076	−0.090	0.061	0.012	−0.110	−0136	−0.252
24	42.80	23	0.0073	−0.176	−0.210	−0.087	−0.070	−0.099	−0.036
30	71.20	29	<0.0001	−0.196	−0.206	−0.250	−0.189	−0.112	−0.110
36	80.50	35	<0.0001	−0.048	−0.024	0.043	0.080	0.074	0.062

여기서 상수의 추정값 $\hat{\delta}$은 추정된 평균 $\hat{\mu}_w$와 같다. 그것은 모형 ARIMA(p, d, q)의 상수항 δ는 $\delta = \mu(1 - \sum \phi_i)$ 이고, 모형 (2.6)은 AR항을 포함하고 있지 않기 때문이다. 잔차의 표본자기상관함수(표 [8]-3)에 남아있는 계절성 패턴의 근거는 없으나 이 잔차의 백색잡음에 대한 검정은 통과되지 못하여 모형 (2.4)를 부정적으로 설명하고 있다.

4. 새 모형의 개발

잔차의 표본자기상관함수는 비계절성 패턴의 모형 판별에 중요한 정보를 제공한다. 계절성 패턴의 제거가 때때로 잔차의 표본자기상관함수에 남아있는 비계절성 패턴의 존재에 대한 좋은 암시를 줄 수 있기 때문이다. 이 분석에서 표 [8]-3에 주어진 잔차의 표본자기상관에 대한 정보가 그림 [8]-4에 주어진 표본자기상관함수와는 다른 비계절성 패턴을 제시하고 있다. 그림 [8]-4는 시차 1에서 한 개의 돌출을 보여 비계절성 패턴을 MA(1)로 설명하고 있지만, 이에

반하여 표 [8]-3은 잔차의 표본자기상관이 시차 1과 2에서 각각 0.496과 0.414로 모두 실제적인 95% 신뢰수준의 값 $\pm\frac{1.96}{\sqrt{38}} \cong \pm 0.317$보다 크게 나타나고, 나머지 시차에서는 표본자가상관이 거의 절사된 것으로 판단된다. 이것은 자료의 비계절성 부분이 모형 MA(2)로 설명되어야 한다는 뜻으로 해석된다. 이 결과를 (2.6)에 추가하여 다시 승법형태로 표시하면 $\text{ARIMA}(0,0,2)_1 \times (0,1,1)_4$를 얻는다. 결과적으로 구하는 모형은

$$\tilde{w}_t = (1 - \Theta_4 B^4)(1 - \theta_1 B - \theta_2 B^2)e_t \qquad (2.7)$$

이다.

표 [8]-3에 있는 시차 1, 2에서의 잔차의 표본자기상관은 서로 종속될 수 있어, θ_1이나 θ_2를 모형 (2.6)에 추가하여 잔차에 존재하는 패턴을 설명해 낼 수 있는 것이다. 그러나 두 계수 중 하나만으로 같은 결과를 얻을 수 있으면 절약의 원리(principle of parsimony)에 의하여 두 계수를 모두 사용할 필요는 없다. 이러한 관점에서, 잔차의 표본자기상관이 시차 1에서 더 크게 나타났음을 감안하여 모형 (2.7) 대신 모형 $\text{ARIMA}(0,0,1)_1 \times (0,1,1)_4$, 즉

$$\tilde{w}_t = (1 - \Theta_4 B^4)(1 - \theta_1 B)e_t \qquad (2.8)$$

가 모형 (2.7)의 대안모형이 될 수 있다.

5. 새 모형의 추정과 진단

표 [8]-4(SAS-[8]-7)는 모형 (2.8)을 자료에 적합하여 얻은 결과로 이 모형도 적당하지 않음을 설명하고 있다. 비계절 계수 θ_1의 추정값은 유의적이지만 상수항 δ와 계절계수 Θ_4의 추정값은 유의적이지 못하다. 또 잔차의 표본자기상관은 시차 2에서 이전의 것보다 더 작은 값을 보인다. 종합적으로 판단하여 최종모형으로 (2.7)을 선택한다.

표 [8]-4 모형 (2.8)의 추정

모수	추정값	표준오차	t – 값	P – 값	시차
δ	79.3591	5.7596	13.73	<0.0001	0
θ_1	0.3216	0.1434	−2.24	0.0250	1
Θ_4	0.9998	320.02	0.00	0.9975	4

표 [8]-5 모형 (2.8)의 적합에 대한 잔차의 자기상관 검정

Autocorrelation Check of Residuals									
To Lag	Chi-Square	DF	Pr > ChiSq	Autocorrelations					
6	9.02	4	0.0606	0.119	0.393	0.044	0.044	0.195	−0.009
12	15.08	10	0.1291	0.243	0.039	0.055	0.173	−0.096	0.118
18	22.81	16	0.1190	−0.161	0.106	0.017	−0.113	−0.042	−0.241
24	28.10	22	0.1724	−0.054	−0.212	−0.006	−0.042	−0.098	0.036
30	43.48	28	0.0313	−0.192	−0.104	−0.195	−0.121	−0.053	−0.095
36	48.70	34	0.0490	−0.010	−0.031	0.045	0.060	0.045	0.050

표 [8]-6(SAS-[8]-7)의 결과는 모형 (2.7)이 원만하게 수행되고 있음을 보여주고 있다. 계수의 추정값들은 대부분 t-검정의 아주 작은 유의적인 P-값을 갖는다. 물론 대역조건도 모두 만족되는지를 확인해야만 한다. 표 [8]-7에서와 같이, 추정된 계수들은 서로 크게 종속되지는 않았다. 더욱이 잔차의 표본자기상관을 나타내는 표 [8]-8에서도 모형 (2.7)의 확률오차가 백색잡음이라는 가정에 부합된다. 다시 말해, 융-박스 검정을 위한 시차 6, 12, 18 ⋯ 등까지 카이-제곱통계량의 P-값들도 모두 만족스럽다. 물론 1965년 1분기에서 나타난 제일 큰 잔차가 자료의 오기에서 왔는지에 대한 확인은 필요하지만, 이 모형에 대한 어떤 문제성도 제기되지 않는다.

표 [8]-6 모형 (2.7)의 계수 추정

모수	추정값	표준오차	t – 값	P – 값	시차
δ	79.0374	6.7948	11.63	<0.0001	0
θ_1	−0.43458	0.1425	−3.050	0.0023	1
θ_2	−0.43647	0.1393	−3.130	0.0017	2
Θ_4	0.9998	223.967	0.000	0.9964	4

표 [8]-7 모형 (2.7)의 계수 추정값에 대한 상관행렬

모수	δ	θ_1	θ_2	Θ_4
δ	1.000	−0.081	−0.013	0.348
θ_1	−0.081	1.000	0.301	−0.232
θ_2	−0.013	0.301	1.000	−0.034
Θ_4	0.348	−0.232	−0.034	1.000

표 [8]-8 모형 (2.7)의 적합에 대한 잔차의 자기상관 검정

Autocorrelation Check of Residuals									
To Lag	Chi-Square	DF	Pr > ChiSq	Autocorrelations					
6	1.30	3	0.7284	−0.014	0.079	0.086	0.018	0.111	−0.052
12	6.55	9	0.6840	0.257	−0.015	−0.021	0.163	−0.067	0.069
18	13.78	15	0.5422	−0.198	0.164	0.057	−0.140	−0.034	−0.141
24	18.97	21	0.5868	−0.032	−0.187	0.042	0.013	−0.110	0.083
30	26.99	27	0.4645	−0.157	0.090	−0.122	−0.065	−0.000	−0.086
36	29.82	33	0.6265	−0.002	0.027	0.034	0.051	0.025	0.037

6. 최종모형에 의한 예측

예측에 사용될 최종 모형 (2.7)을 차분방정식으로 표시하면 다음과 같다.

$$\hat{x}_t = x_{t-4} + \hat{\delta} - \hat{\Theta}_4\hat{e}_{t-4} - \hat{\theta}_1\hat{e}_{t-1} - \hat{\theta}_2\hat{e}_{t-2} + \hat{\theta}_1\hat{\Theta}_4\hat{e}_{t-5} + \hat{\theta}_2\hat{\Theta}_4\hat{e}_{t-6} \quad (2.9)$$

이것을 이용하여, 시점 $t=42$에서 계산하는 전방 1, 2단계의 예측값 $\hat{x}_{42}(1)$, $\hat{x}_{42}(2)$는 다음과 같다.

예측방정식 (2.9)에서 관측값 x_{t-4}들은 원자료를 이용하고, 모수의 추정값들은 표 [8]-6의 결과를 사용하여 계산한다.

$$\begin{aligned}
\hat{x}_{42}(1) &= 1299.3 + 79.0374 - 0.9998(-97.678) + 0.43458(18.531) \\
&\quad + 0.43647(-80.161) + (-0.43458)(0.9998)(-28.536) \\
&\quad + (-0.43647)(0.9998)(-16.852) \\
&= 1468.81, \\
\hat{x}_{42}(2) &= 1485.1 + 79.0374 - 0.9998(-28.894) + 0.43458(0) \\
&\quad + 0.43647(18.531) + (-0.43458)(0.9998)(-97.678) \\
&\quad + (-0.43647)(0.9998)(-28.536) \\
&= 1656.01 \\
\hat{x}_{42}(3) &= 1397.8 + 79.0374 - 0.9998(-80.161) + 0.43458(0) \\
&\quad + 0.43647(0) + (-0.43458)(0.9998)(-28.897) \\
&\quad + (-0.43647)(0.9998)(-97.678) \\
&= 1612.16 \\
\hat{x}_{42}(4) &= 1553.3 + 79.0374 - 0.9998(18.531) + 0.43458(0) \\
&\quad + 0.43647(0) + (-0.43458)(0.9998)(-80.161) \\
&\quad + (-0.43647)(0.9998)(-28.894) \\
&= 1661.25
\end{aligned}$$

그림 [8]-6(SAS-[8]-8)은 원자료와 위에서 계산된 미래 4분기 전방예측을 동시에 표시한 것이다. 예측방정식 (2.9)는 자료가 갖는 계절패턴과 증가추세를 모두 처리하는 방법을 사용하고 있다. 이 모형의 첫 번째 항 x_{t-4}는 고유의 계절수준 전체가 시작되는 일 년 앞선 같은 분기에서부터 각 예측을 시작한다. 또 추정된 상수 $\hat{\delta}$은 상승추세를 설명하는데 한

구간에서 79.03단위까지 예측값을 올려주는 역할을 한다. 그리고 모형의 나머지 항들은 계절과 비계절의 패턴과 이것들의 곱으로 표시되는 교호작용을 설명한다.

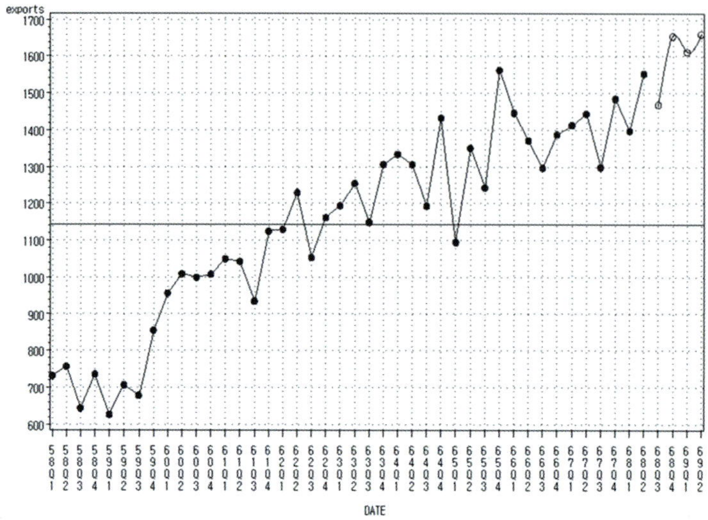

그림 [8]-6 원계열과 미래 4분기(오른쪽 네 점) 전방예측

7. 대안 모형

여기서는 예측에 이용한 최종모형 (2.7)과는 또 다른 대안모형을 생각해 본다. 최종모형 분석의 초기단계에서 계절적 패턴을 무시하고 그림 [8]-2에서 주어진 표본자기상관함수와 표본편자기상관함수에서 시작해 본다. 이 두 표본함수는 AR(2) 모형에 부합된다. 그것은 표본자기상관함수가 감소하여 소멸되고, 표본편자기상관함수는 시차 1과 2에서 두 개의 유의적인 돌출을 갖기 때문이다. 이 모형을 자료에 적합(SAS-[8]-9)시켜 얻은 결과는 표 [8]-9와 같다.

결국 AR(2) 모형은 다음과 같이 정해진다.

$$(1 - 0.386\,B - 0.616\,B^2)\,\hat{x}_t = \hat{e}_t$$

표 [8]-9 모형 AR(2)의 계수 추정

모수	추정값	표준오차	t – 값	P – 값	시차
δ	−16.354	354.075	−0.05	0.9632	0
ϕ_1	0.3806	0.1277	2.98	0.0029	1
ϕ_2	0.5862	0.1309	4.48	<0.0001	2

여기서 두 추정값의 합이 0.9668로 AR(2) 모형의 비정상조건에 근접해 있어 이 계열의 정상화를 위해 주어진 계열에 비계절 및 계절의 1차 차분이 요구된다. 비계절 차분의 결과는 이미 그림 [8]-3 왼쪽의 표본자기상관함수를 통해서 살펴보았고, 또 계절차분에 대해서는 그 정당성이 확인된 그림 [8]-4의 표본자기상관함수와 표본편자기상관함수에서 관찰하였다.

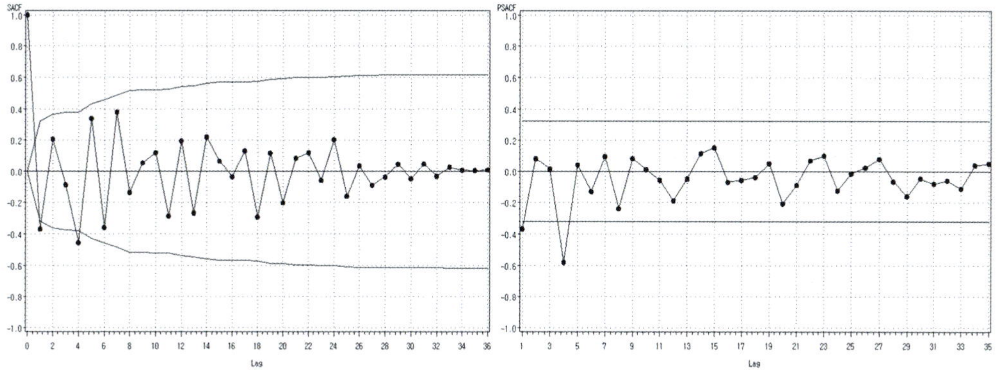

그림 [8]-7 1차 비계절 및 계절 차분계열의 표본자기상관함수(왼쪽)와 편자기상관함수(오른쪽)

1차 계절차분과 1차 비계절차분이 동시에 수행된 차분계열의 표본자기상관함수와 표본편자기상관함수가 그림 [8]-7(SAS-[8]-10)에 주어졌다. 표본자기상관함수가 시차 4에서 돌출되었고 이어서 시차 8과 12에서는 절사(cut-off)되어 있어 이 계열은 길이 4의 계절이동평균인 $MA(1)_4$ 모형을 요구한다. 더욱이 이 표본편자기상관함수의 쇠태는 이러한 요구를 다시 확인시켜 준다. 표본자기상관함수에서 시차 1, 2, 3에서 나타나는 다른 돌출 그리고 시차 1에서 나타나는 한 개의 표본편자기상관함수의 돌출은 계수가 $\phi_1 < 0$ 인 AR(1) 을 제안한다. 결국 다음 모형을 얻는다.

$$(1-\phi_1 B)(1-B)(1-B^4)\hat{x}_t = (1-\Theta_4 B^4)e_t \tag{2.10}$$

이 모형의 적합(SAS-[8]-11)에서 얻어지는 추정과 진단의 결과는 표 [8]-10과 표 [8]-11에 주어졌고 모두 이 모형을 지지한다. 물론 이 모형도 예측에 이용될 수 있다. 그러나 표 [8]-6과 표 [8]-8에 주어진 결과와 비교해 보면, 모형 (2.10)이 모형 선택의 기준인 AIC와 SBC(모수 수가 적은 쪽을 선호)의 값이 다소 작아 유리하지만 반대로 예측의 추정오차(STD)와 모수검정에서 t-통계량의 P-값이 모형 (2.7)보다 약간 불리한 것으로 평가된다.

표 [8]-10 모형 (2.10)의 계수 추정

모수	추정값	표준오차	t – 값	P – 값	시차
$\boldsymbol{\delta}$	6.2480	4.3358	1.44	0.1496	0
$\boldsymbol{\phi_1}$	-0.2968	0.1527	-1.94	0.0520	1
$\boldsymbol{\Theta_4}$	0.9999	849.820	0.00	0.9991	4

표 [8]-11 모형 (2.10)의 적합에 대한 잔차의 자기상관 검정

Autocorrelation Check of Residuals									
To Lag	Chi-Square	DF	Pr > ChiSq	Autocorrelations					
6	3.15	4	0.5325	-0.001	0.166	-0.078	-0.006	0.195	-0.031
12	8.53	10	0.5770	0.234	0.014	0.029	0.172	-0.081	0.115
18	15.73	16	0.4723	-0.148	0.202	0.133	-0.028	0.029	-0.164
24	18.80	22	0.6577	0.051	-0.151	0.059	0.056	0.010	0.052
30	23.87	28	0.6882	-0.097	-0.034	-0.083	-0.067	-0.032	-0.096
36	25.77	34	0.8436	-0.044	-0.068	-0.011	-0.008	0.001	0.005

참고 2.6 표본자기상관계수의 유의성 검정

만약 $\{x_t\}_{t=1}^{N} \sim W.N.$이면, 표본자기상관함수의 확률분포는 $\hat{\rho}_X(h) \dot{\sim} N(0, \frac{1}{N})$, 즉 $\sqrt{N} \cdot \hat{\rho}_X(h) \sim N(0,1)$(단, $h \neq 0$)이다. 따라서 표본자기상관함수의 돌출에 대한 유의성은 $\hat{C}_X(h)$가 $100(1-\alpha)\%$ 신뢰구간 $x_{1-\frac{\alpha}{1}} / \sqrt{N}$의 외부에 존재할 때만 인정한다. 한편 시계열 $\{x_t\}$가 정상정규분포를 따르면, 충분히 큰 N에서 $\hat{\rho}_x(h) \dot{\sim} N(\rho_x(h), Var[\hat{\rho}_x(h)])$이 성립한다. 여기서 $Var[\hat{\rho}_x(h)]$가 미지이므로 귀무가설 $H_0 : \rho_X(h) = 0$의 검정통계량에

$$t = \frac{\hat{\rho}_X(h)}{s(\hat{\rho}_X(h))} \quad 단, S(\hat{\rho}_X(h)) = \frac{1}{\sqrt{N}}(1 + 2\textstyle\sum_{k=1}^{h-1} \hat{\rho}_X(k))^{\frac{1}{2}}$$

이 이용된다. 이 통계량은 H_0하에서 (N(0,1)보다는) t-분포와 매우 유사한 분포를 따른다고 알려졌다. 이 결과에 의하여 만약 $|t_*| > 2$이면, 가설 $\rho_X(h) = 0$을 기각하지 않는다.

참고 2.7 시계열의 결정적 추세와 확률적 추세

[1] 시계열이 증가(또는 감소)추세를 가지면 당연히 정상시계열이 아니므로 ARIMA 모형으로 모형화되지 않는다. 시계열의 증가추세는 결정적 추세(deterministic trend)와 확률적 추세(stochastic trend)로 구분된다. 이 두 추세는 시도표로 구분되지 않고 추세의 종류에 따라 분석의 모형도 달리한다. 확률적 추세는 보통 차분(difference)을 통해 정상화되고 (보조방정식이) 단위근(unit root)을 갖게 된다. 결정적 추세는 확률적 추세와는 달리 시간의 변화에도 증가나 감소의 방향이 바뀌지 않으며, 차분으로도 정상화되지 않는다. 결정적 추세는 상수나 직선 또는 이차식 등 시간의 (규칙적인) 함수로 표현하여 '회귀추세+ARIMA 모형'으로 모형화될 수 있다. 표본자기상관함수도 결정적 추세의 존재를 확인하는 데 도움이 되며, 이 함수의 완만한 감소는 회귀추세의 존재를 암시한다.

[2] 1차 차분시계열의 평균은 원계열에서는 기울기(slope)의 (결정적) 성분이라고 할 수 있다. 따라서 차분된 시계열의 표본평균이 0이 아닐 때, 다시 말해 0과 유의적인 차이를 보일 때는 예측모형에 상수항 δ를 포함시켜야 한다. 그래서 예측방정식에 상수항이 없다는 것은 차분계열의 평균이 0임을 의미한다. 그러나 예측모형에 추정된 상수를 포함시키는 것은 과거에 존재한 추세의 방향이나 비율이 미래에도 지속된다는 의미가 되기 때문에 이것이 꼭 합리적인 생각이라고 하긴 어렵다. 그래서 주어진 시계열에 추세가 존재하여 차분을 통한 정상화로 유도된 예측모형을 이용할 때는 이 점을 유의할 필요가 있다. 결국 예측모형에 상수가 없는 경우는 원계열에서 장기간 같은 확률로 위와 아래로 변해가는 확률현상으로 해석된다. 분석사례 [8]의 두 모형 (2.7)과 (2.10)의 큰 차이점은 상수항 δ가 포함되느냐 아니냐이다. 모형 (2.7)은 모형 (2.10)과 달리 상수항 $\delta(\neq 0)$에 의하여 자료가 갖는 결정적 추세를 설명해 낼 수 있는 것이다. 이에 반하여 모형 (2.10)은 1차 계절차분과 비계절 차분을 모두 포함하면서 상수는 포함하지 않는다. 모형 (2.10)으로 유도되는 추세의 흐름도 순수 확률적인 것이다.

수행분석 4 저축률의 예측모형 개발: 정상◦비계절성

아래 자료는 한 국가에서 과거 27년간(1955년-1981년) 분기별로 관찰된 저축률을 조사한 시계열 자료이다. 이 조사의 목적은 이 자료를 기초로 향후 이 나라의 미래 저축률에 대한 예측모형을 개발하는 데 있다. 자료의 숫자는 국민 총수입 중 저축된 부분의 백분율(%)을 나타내고, 같은 연도에 주어진 네 숫자는 순서대로 1분기, 2분기, 3분기, 4분기의 저축률을 표시한다.

이 시계열을 Box-Jenkins 방법을 통하여 예측모형을 개발하고, 개발된 모형을 이용하여 전방 2년(즉, 8분기) 예측을 수행하시오.

year	quarter	year	quarter	year	quarter	year	quarter	year	quarter
1955	4.8871 5.1700 5.6269 6.1333	1961	5.5418 5.8527 5.6607 5.4330	1967	7.6887 6.7475 6.9931 7.1831	1973	6.5752 5.9166 5.9988 6.8093	1979	4.5031 4.9825 5.9676 5.5341
1956	6.2220 6.8498 6.4436 7.3375	1962	5.4867 5.2661 5.4099 4.1653	1968	7.4559 6.4704 7.5916 7.8580	1974	6.2733 7.5286 8.1217 8.7204	1980	5.4516 4.9052 4.6216 4.5615
1957	6.7716 7.0527 6.4669 6.5346	1963	4.8518 4.5895 4.1637 4.7680	1969	6.8906 7.1452 5.5436 6.1258	1975	7.5800 7.1074 6.8758 7.4850	1981	5.1937 6.0887 4.6162 3.3064
1958	6.4067 6.9097 7.0094 7.5891	1964	4.9636 6.0449 5.6432 6.5351	1970	4.8339 5.2191 6.5910 6.2409	1976	6.2278 9.1738 7.1713 6.9881		
1959	6.1814 6.3912 5.0557 5.5184	1965	5.3886 6.2733 6.9669 6.9847	1971	5.8462 7.5725 8.1123 7.7608	1977	6.5932 10.0191 7.6887 7.1609		
1960	5.4544 4.8865 4.5907 4.5471	1966	6.2206 5.8704 6.2920 7.6135	1972	8.4610 7.9352 7.5786 6.9581	1978	6.0165 6.1066 5.6302 4.9735		

자료파일 SAVING.dat.

수행분석 5 상품 소비량에 대한 예측모형: 비정상◦계절성

아래 시계열 자료는 한 국가에서 과거 8년간(1969년-1976년) 조사된 특정 기호품의 월별 소비량을 나타낸다. 이 분석에서는 이 자료를 기초로 향후 이 기호품 소비량에 대한 예측모형을 개발하는 데 있다. 주어진 값은 실제 값에서 일정한 값을 뺀 나머지 부분만을 나타낸 것이다.

Year	Jan	Feb	Mar	Apr	May	Jun	Jul	Aug	Sep	Oct	Nov	Dec
1969	484	498	537	552	597	576	544	621	604	719	599	414
1970	502	494	527	544	631	557	540	588	593	653	582	495
1971	510	506	557	559	571	564	497	552	559	597	616	418
1972	452	460	541	460	592	475	442	563	485	562	520	346
1973	466	403	465	485	507	483	403	506	442	576	480	339
1974	418	380	405	452	403	379	399	464	443	533	416	314
1975	351	354	372	394	397	417	347	371	389	448	349	286
1976	317	288	364	337	342	377	315	365	354	388	340	264

자료파일 CONSUM.dat.

다음 4단계를 거쳐 예측모형의 개발을 수행하시오.

[단계 1]: 주어진 자료의 시도표를 작성하고 시도표에서 관찰되는 시계열의 직관적인 특징, 즉 회귀추세, 주기성, 계절성, 계열종속성 등을 설명하시오.

[단계 2]: [단계 1]에서 관찰된 통계적 특징들을 표본을 기초로 하는 통계량과 그림 등을 통하여 설명하시오. 또 필요하면 통계적 추론, 즉 추정과 검정의 신뢰도나 유의성 등을 통해 그 타당성을 설명하시오.

[단계 3]: [단계 1], [단계 2]에서 확인된 시계열의 특징들을 기초로 주어진 시계열의 모형화를 박스-젠킨스 모형, 즉 ARIMA(p, d, q) 모형 또는 $\text{ARIMA}(p, d, q) \times (P, D, Q)_S$ 모형으로 모형화하시오.

[단계 4]: 위 예측모형을 이용하여 12개월 전방의 예측을 수행하시오.

제 II 부
시계열의 인공신경망 예측

Statistical Forecasting in the AI era

제3장 인공신경망을 이용한 시계열 예측

Statistical Forecasting in the AI era

이 장에서는 시계열 예측의 새로운 방법으로 인공신경망을 소개한다. 이를 위해 먼저 인공신경망의 수학적인 의미와 기본개념을 이해하고 인공신경망의 예측을 위한 학습 과정 및 오차축소의 알고리즘을 논한다. 또 인공신경망의 여러 형태를 설명하고 그 적용사례를 다룬다. 특히 일반적 인공신경망을 시작으로 입력과 출력 사이의 비선형 관계를 효과적으로 모형화하는 신경망자기회귀모형 그리고 인공신경망과 ARIMA 모형의 혼합모형으로 선형과 비선형 모형의 기능을 겸비한 하이브리드 모형 등을 논한다. 추가적으로, 간편하면서도 예측효과가 높은 비신경망 모형인 홀트-윈터스 모형을 소개하고 실제 시계열 자료를 통하여 그 예측성과를 인공신경망 그리고 박스-젠킨스 방법 등과 비교한다.

3.1 인공신경망의 기본개념

인간이 뇌를 통해 여러 문제를 처리하는 인체구조를 신경망(Neural Network)이라 한다. 또 이와 유사한 구조를 컴퓨터에 적용하여 주어진 문제를 처리하게 하는 절차인 알고리즘이 인공신경망(Artificial Neural Network)이다. 컴퓨터 인공신경망에서는 인간의 뇌가 서로 연결된 신경(Neural)을 통해 문제를 처리해 가는 절차와 유사하게, 입력 자료가 입력층(input layer), 은닉층(hidden layer) 그리고 출력층(output layer)을 순차적으로 통과하는 수학적 모형을 통해 문제를 처리하게 된다.

인공지능(AI: artificial intelligence)이란 컴퓨터 프로그램을 통해 인간의 학습 능력이나 추론 능력을 실현하는 기술을 말한다. 특히 기계학습(머신러닝: machine learning)은 인공지능의 한 분야로 컴퓨터에 자료를 입력하여 반복적인 수행과 학습을 통해 새로운 지식을 얻는 컴퓨터의 학습방법을 말한다. 기계학습에서 은닉층을 여러 개 갖는 다층구조일 때 특별한 효과를 볼 수 있으며 이것을 심층학습(딥러닝: deep learning)이라 한다. 최근 음성인식, 영상인식, 패턴인식 또는 언어처리 등의 발전은 심층학습의 효과라고 할 수 있다. 은닉층에서 이루어지는 계산절차는 밖에서 들여다볼 수 없어 블랙박스와 같다. 그것은 은닉층에서 엄청난 양의 계산이 순간적으로 반복해서 이루어지기 때문에 인간은 인지할 수 없는 것이다.

인공신경망을 도식화한 예로 그림 3-1 오른쪽을 생각해 보자. 이 그림에서는 입력 자료가 3개이다. 따라서 이 인공신경망은 입력층의 연결점인 노드(node) 즉 뉴런(neuron)이 3개, 중간의 두 은닉층에 각각 은닉층 노드가 4개 그리고 마지막 출력층의 노드가 한 개이다. 먼저 시스템 외부로부터 세 입력값 x_1, x_2, x_3 이 입력층에 도달하여 3개의 입력 노드에 각각 들어오면, 각 입력 노드와 은닉 노드들은 각각 가중치 w_1, w_2, w_3 를 갖는 망으로 연결된다. 따라서 은닉층은 모든 입력 노드에서 입력값을 넘겨 받아 여기에 각기 가중치를 곱하고 이것을 다시 합하여 입력값의 선형변환 $w_1x_1+w_2x_2+w_3x_3$을 구한다. 선형변환된 값들에 다시 활성화 함수(activation function) $\sigma: R^1 \to [0,1]$을 적용하여 출력층에 전달하게 된다. 전이함수(transfer function)라고도 하는 이 활성화 함수는 결국 은닉층에 있는 신호를 변환하여 그 결과를 다음 모드인 출력층에 전달하는 역할을 한다. 활성화 함수 σ는 비선형함수로 작은 값은 0의 근방값으로 약화하고 큰 값은 1에 가까운 값으로 강화해 전달한다. 활성화 함수가 비선형 함수로 주어지는 것은 앞의 선형변환이 갖는 한계를 넘을 수 있기 때문이다. 은닉층에서 활성화된 값들은 은닉층과 출력층을 연결하는 새 가중치들에 의하여 선형변환된 후 다음 층으로 전달된다. 출력층에 들어온 후에는 출력층의 활성화 함수를 통하여 다시 활성화되어 그 결과가 출력되게 된다. 활성화 함수는 보통 그림 3-2와 같은 S자 모양의 시그모이드 함수(sigmoid function)나 tanh 함수 또는 렐루(ReLU) 함수가 주로 이용된다. 결국 신경망은 이 활성화 함수를 통해 이상값(outlier)에 대해 강인[4](robust)해진다.

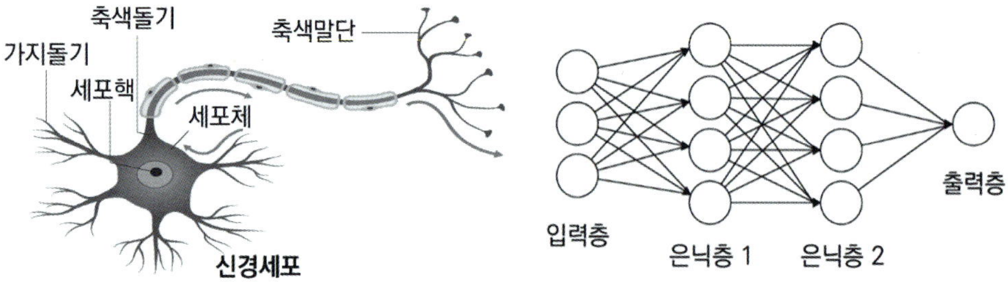

그림 3-1 생물학적 신경망(왼쪽)과 인공신경망(오른쪽)의 개괄적 도형

[4] 정상범위 밖의 값, 즉 이상값의 존재에 대하여 덜 민감함.

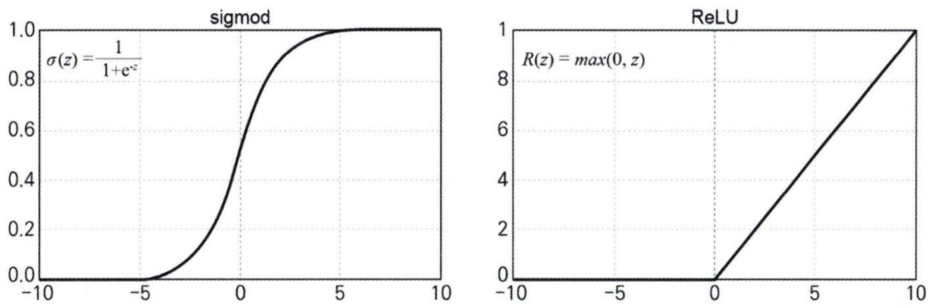

그림 3-2 인공신경망의 활성화 함수: 시그모이드 함수(왼쪽)와 렐루 함수(오른쪽)

이상의 과정에서, 인공신경망은 효과를 더 높이기 위하여 활성화 함수를 좌우로 약간씩 평행이동할 필요가 있다. 이러한 목적으로 상수 $\delta(>0)$를 $w_1x_1+w_2x_2+w_3x_3$에 가감하여 활성화 함수에 적용하게 된다. 즉 $\sigma(w_1x_1+w_2x_2+w_3x_3\pm\delta)$를 이용하게 된다. 이때 평행이동 상수 δ를 바이어스(편향: bias)라 한다. 바이어스란 결국 뉴런의 활성화를 위해 가중치의 합을 얼마나 높이느냐 아니면 내리느냐를 결정하는 상수 값이라 할 수 있다. 입력층과 은닉층의 바이어스의 초기 값은 둘 다 랜덤(보통 1)으로 시작한다. 이 과정에서 결과가 목표에 가까운 값이 나올 때까지 가중치와 바이어스를 수정하게 되며, 이 수정 과정을 인공신경망의 학습(learning)이라 한다. 다시 말하여 신경망을 학습시킨다는 것은, 입력층에 들어온 입력값들에 대하여 출력값(들)을 구하되, 손실함수(loss function) 즉 비용함수(cost function)를 최소로 하는 방향으로 노드 사이의 각 가중치(w_1,w_2,w_3)와 바이어스(δ)를 변화시키는 과정을 말한다. 인공신경망 모형은 예측이론의 회귀모형과 자주 비교된다. 인공신경망 모형에서 만약 은닉층이 없어 가중 합에 활성화 함수의 적용이 없다면 단순히 회귀모형의 알고리즘이 된다고 할 수 있다.

입력값이 입력층에 들어가고 이것이 다시 은닉층을 거쳐 마지막 출력층에서 출력값을 배출하는 과정을 더 구체적으로 기술해 보자. 그림 3-3의 인공신경망에서 x_1, x_2를 두 입력값이라 하고, 입력층의 노드 1과 은닉층의 노드 1을 연결하는 가중치를 $w_{11}^{(1)}$, 입력층의 노드 2와 은닉층의 노드 1을 연결하는 가중치를 $w_{21}^{(1)}$, 같은 방법으로 모두 8개의 가중치들을 $w_{11}^{(1)},w_{21}^{(1)},\cdots,w_{24}^{(1)}$라 하자. 입력값 x_1에 가중치 $w_{11}^{(1)}$을 곱하고, x_2에 가중치 $w_{21}^{(1)}$을 곱하여 이 둘을 합한 값을 z_1, 즉 $z_1=w_{11}^{(1)}\cdot x_1+w_{21}^{(1)}\cdot x_2$라 하자. 이와 같은 방법으로 은닉층의 입력값 z_1, z_2, z_3, z_4를 구한다. 또 이 각 값에 바이어스 b_1, b_2, b_3, b_4를 하나씩 합한 후 다시 활성화 함수 σ를 적용하여 $s_1=\sigma(z_1+b_1)$, $s_2=\sigma(z_2+b_2)$, $s_3=\sigma(z_3+b_3)$, $s_4=\sigma(z_4+b_4)$를 구한다. 다음은 이 값들을 은닉층과 출력층 사이를 연결하는 가중치 $w_{11}^{(2)}$, $w_{21}^{(2)}$, $w_{31}^{(2)}$, $w_{41}^{(2)}$을 이용해 다시 선형화, 즉 일차결합 $z_5=w_{11}^{(2)}\cdot s_1+\ w_{21}^{(2)}\cdot s_2+\ w_{31}^{(2)}\cdot s_3+\ w_{41}^{(2)}\cdot s_4$를 구한다.

마지막으로 z_5에 바이어스 b_5를 합한 후 활성함수 σ를 통하여 다시 활성화한 $s_5 = \sigma(z_5 + b_5)$를 구하면 이것이 최종 출력값 $\hat{y}$이다. 이것을 하나의 식으로 표시하면 다음과 같다.

$$\hat{y} = \sigma\left(\left[\sum_{j=1}^{4} w_{jk}^{(2)} \cdot \sigma\left(\sum_{i=1}^{2} w_{ij}^{(1)} x_{ij} + b_j\right)\right] + b_5\right)$$

물론 위 각 단계에서 적용하는 활성화 함수들은 일반적으로 서로 다르게 정할 수 있다. 이 과정에서 바이어스와 가중치는 처음에 랜덤으로 하고 다음에는 손실이 최소가 되도록 업데이트해 간다.

같은 방법으로, 입력값들이 (x_{1i}, x_{2i}), $i = 1, \cdots, n$으로 주어질 때는 각 i에 대하여 $\hat{y}_i$을 구하여 $\hat{y}_1, \cdots, \hat{y}_n$을 얻는다. 이 n개 추정값 전체에 대하여 손실함수를 적용하고, 손실이 최소가 되도록 바이어스와 가중치들을 변화시킨다. 즉 신경망을 학습시킨다. 이때 자주 사용되는 오류함수의 하나로는 평균제곱오차(MSE: mean squared error)

$$Q\left(x_{1i}, x_{2i};\ w_{11}^{(1)}, w_{21}^{(1)}, \cdots, w_{14}^{(1)}, w_{24}^{(1)};\ w_{11}^{(2)}, \cdots, w_{41}^{(2)}\right) = \frac{1}{n}\sum_{i=1}^{n}(y_i - \hat{y}_i)^2$$

가 있다. 여기서 $\{\hat{y}_i\}$는 신경망의 출력값들이고 $\{y_i\}$는 그것들의 목표값들이다.

위에서 함수 Q는 독립변수들의 복잡한 비선형함수이다. 따라서 선형회귀모형에서와 같이 (편)미분을 통하여 간단히 해를 구할 수는 없다. 그것은 편미분이 0이 되는 지점이 수없이 많을 수 있기 때문이다. 이때 이 해를 찾는 데 경사하강법(gradient descent method)이나 최대경사법(steepest descent method) 등 수치해석방법이 주로 이용된다.

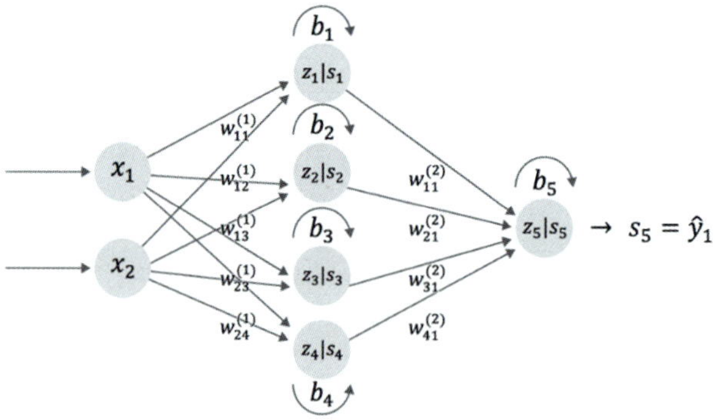

그림 3-3 인공신경망의 가중치와 바이어스

3.2 인공신경망의 적용사례

3.2.1 회귀모형과 인공신경망

인공신경망은 단순한 수학적 뇌신경 모형을 기본으로 하는 예측기법의 하나로 반응변수(종속변수)와 예측변수(독립변수) 사이의 선형과 비선형 관계를 모두 다룰 수 있는 효과적인 모형이다. 이런 의미에서 인공신경망은 패턴인식, 함수의 근사화나 최적화를 포함하여 예측과 관련한 통계적 문제 특이 비선형 회귀모형이나 시계열의 예측문제를 해결하는 데 효과적이다. 비선형 문제의 선형화 이론이 비선형성 자체를 필요로 하는 상황에서는 적용에 한계가 있음을 감안하면 비선형 문제에 대한 인공신경망 모형의 역할은 매우 크다고 할 수 있다.

여기서는 인공신경망의 기본개념들과 원리를 실제 사례를 통해 살펴본다. 특히 신경망의 효과적 학습방법으로 가중치의 최적화를 위한 '오류 백프로퍼게이션(역전파) 알고리즘'의 원리와 절차를 집중적으로 살펴본다.

다음에 주어진 관찰자료를 기초로 하는 예측 문제를 생각한다. 어린이의 '지능점수(Y)'가 집안에서의 '출생순위(X_1)'와 출생 시 '어머니 나이(X_2)'에 어떻게 종속되어 있는가를 파악하고, 어린이의 출생순위와 어머니 나이만을 기초로 이 어린이의 지능지수를 예측하는 문제를 생각해 본다.

표 3-1 어린이들의 지능지수(Y_i)와 출생순위(x_1) 및 어머니 나이(x_2)

어린이	A	B	C	D	E	F	G	H	I	J
지 능	100	104	110	118	115	99	110	93	98	90
출생순위	5	3	2	1	1	4	1	5	4	6
(모)나이	29	24	20	24	24	30	25	30	24	28
어린이	K	L	M	N	O	P	Q	R	S	T
지 능	98	105	108	120	90	111	120	99	90	103
출생순위	3	2	2	1	6	1	1	4	5	3
(모)나이	25	20	20	22	30	28	24	26	29	25

이 문제를 해결하는 데는 보통 두 가지 방법이 적용될 수 있다.

(1) 회귀모형 이용 방법

회귀분석은 관련 자료를 기초로 변수 사이의 종속관계를 파악하고 그 관계를 기초로 독립변수의 값을 이용하여 종속변수의 값을 추정하거나 예측하는 방법과 절차를 말한다. 표 3-1에서와 같이, 어린이 출생순위(x_1)와 어머니 나이(x_2)를 나타내는 두 예측변수와 어린이 지능지수를 나타내는 반응변수(Y_i)와의 관측값을

$$(Y_1, x_{11}, x_{21}), \quad \cdots, \quad (Y_n, x_{1n}, x_{2n})$$

이라 할 때, 먼저 다음을 가정한다.

$$E[Y_i] = \beta_0 + \beta_1 x_{1i} + \beta_2 x_{2i}, \quad Var[Y_i] = \sigma^2 \tag{3.1}$$

가정 (3.1)로부터 다음 2변수 선형회귀모형

$$Y_i = \beta_0 + \beta_1 x_{1i} + \beta_2 x_{2i} + \epsilon_i, \quad i = 1, \cdots, n$$

(단, $\epsilon_i \sim iid\ N(0, \sigma^2)$)을 얻는다. 주어진 자료를 기초로 모수 β_0, β_1, β_2 의 (최소제곱)추정값 b_0, b_1, b_2를 구하여 (최소제곱)추정식

$$y = b_0 + b_1 x_1 + b_2 x_2 \tag{3.2}$$

을 얻고, 여기서 (x_1, x_2)에 대한 y의 예측값 $\hat{y}$을 얻는다. 이때 (3.1)에 주어지는 기본 가정이란, 각 관측값 (x_{1i}, x_{2i})에 대한 Y_i의 확률분포가 하나만 존재하여 그 평균 $E[Y_i]$들이 모두 동일 평면 (3.2)(그림 3-4 왼쪽) 위에 존재하고, 또 그 오차항 $\{\epsilon_i\}$는 상호 독립이고 동일한 정규분포를 따른다고 가정한다. 회귀분석의 이론이나 결과는 모두 이 가정하에서 성립하는 것이다.

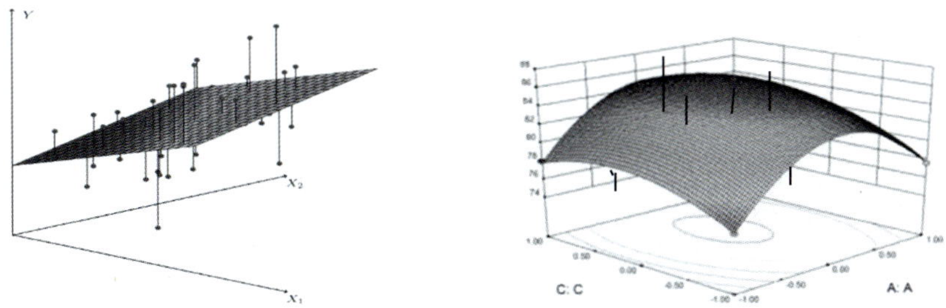

그림 3-4 회귀모형의 반응평면(왼쪽)과 반응곡면(오른쪽)

표 3-1의 자료에서 제안되는 회귀모형은 2변수 선형회귀 모형이며 추정결과(SAS-[3]-1)는 다음과 같다.

$$y = 119.129 - 5.416\,x_1 + 0.0357\,x_2$$
$$(7.907) \quad (0.704) \quad (0.364)$$

여기서 괄호 안의 수는 추정값의 표본오차를 나타낸다. 이 결과를 이용하면 다음을 얻는다.

$$y_0 = 119.129 - 5.416\,x_1 + 0.0357\,x_2 \;|_{(x_1=3,\; x_2=27)} = 109.2609$$

위 회귀식은 $(x_1, x_2) = (3, 27)$, 즉 출생순위 3, 어머니 나이 27세인 어린이의 지능지수를 109.2609로 추정하고 있다. 또 두 독립변수 x_1과 x_2 각각에 대한 축소모형인 일변수 선형모형도 생각할 수 있다. 즉 어린이 지능지수(Y)를 출생순서(x_1)로만 설명하는 모형 또는 어린이 지능지수(Y)를 어머니의 나이(x_2)로만 설명하는 선형모형이다. 전자의 경우

$$y = b_0 + b_1\,x_1,\ \text{즉}\ \ y = 119.88 - 5.368\,x_1$$

로 추정된다.

회귀분석을 수행한 후에는 그 결과를 이용하거나 추가적으로 분석하기에 앞서 모형의 기본가정 (3.1)을 검토할 필요가 있다. 특히 적합 후에 얻어지는 잔차 $\{r_i\}$ $(r_i = y_i - \hat{y}_i)$의 산점도, 이를테면 예측값$(\hat{y}_i)$에 대한 잔차의 산점도, 출생순서(x_1)에 대한 잔차의 산점도 등을 검토하는 것이다. 위에서 수행한 분석의 잔차 산점도에는 모형의 기본가정에 대한 심각한

오류를 크게 암시하는 조직적인 패턴이나 추세는 쉽게 나타나지는 않지만, 출생순서에 대한 잔차 산점도를 더 면밀히 살펴보면 이것을 완전한 랜덤이라 하긴 어렵다. 오히려 위로 오목한 형태의 약한 추세의 존재가 의심된다. 이것은 회귀모형의 반응 곡면이 그림 3-4의 왼쪽과 같이 평면이 아니고 오른쪽과 같이 곡면이 뒤집힌 형태임을 암시하는 것으로, 주어진 자료에는 회귀모형보다 신경망모형이 더 적절하다는 뜻이 되는 것이다. 이것이 사실이면 신경망모형에서 얻어지는 오차, 이를테면 평균제곱오차(MSE)가 회귀모형의 오차보다 더 작아지게 되는 것이다. 이 예측문제에 대한 인공신경망의 결과는 다음 절에서 구체적으로 다루어 회귀분석의 결과를 인공신경망의 것과 비교하기로 한다.

(2) 인공신경망 이용 방법

인공신경망 모형에서는 예측문제를 해결하는 데 회귀모형에서의 조건 (3.1) 등과 같은 어떤 제한 조건이 요구되지 않는다. 회귀모형이 예측에 기본적으로 입력값들의 선형함수만을 이용한다면, 인공신경망은 선형과 비선형의 혼합된 함수형태를 이용한다는 차이점이 있기 때문이다. 여기서는 이 예측문제를 인공신경망을 통하여 다루어 보기로 한다.

여기서 생각하는 인공신경망은 기본적으로 입력층, 은닉층 그리고 출력층으로 구성되고, 입력층에는 다시 2개의 노드[5](즉 뉴런)를 갖게 하여 두 변수인 '출생순위'와 '어머니 나이' 두 값을 받아들이게 한다. 또 중간 은닉층은 4개의 노드를 갖게 하고 또 마지막 출력층은 한 값 $\hat{y}$만을 출력하도록 한 개의 노드를 둔다. 출력값 $\hat{y}$는 출생순위와 어머니 나이에 의해 결정되는 해당 어린이의 지능점수의 예측값을 나타낸다. 이 신경망을 학습시키는 데 필요한 손실함수로는 회귀분석과 같이 평균제곱오차 $\mathrm{MSE} = \frac{1}{n}\sum_{i=1}^{n}(y_i - \hat{y}_i)^2$을 사용하기로 한다. 여기서 y는 실제 값 즉 목표값이고, $\hat{y}$는 예측값으로 손실함수를 최소화하는 데 입력값들의 선형함수만으로는 제한적이기 때문에 비선형함수인 활성화 함수도 사용한다. 또 은닉층과 출력층에서의 바이어스를 각각 b_1, b_2, b_3, b_4, b_5로 주고, 노드와 노드를 연결하는 가중치들은 입력층과 은닉층 사이에서는 $w_{ij}^{(1)}$ 그리고 은닉층과 출력층 사이에서는 $w_{jk}^{(2)}$로 표시하여 모두 $[-0.05, 0.05]$ 위의 균등한 임의 값들로 시작한다. 여기서 입력층에 (x_1, x_2)값을 넣었을 때 원하는 목표값이 출력값으로 나오도록 각 노드를 연결하는 가중치와 바이어스들을 변화시키는 작업(즉, 학습)을 수행한다.

자료를 신경망에 적용하여 학습을 수행시키기에 앞서 변수 값들을 $[0, 1]$ 위의 값으로 표준화하는 절차가 필요하다. 이것은 계산의 간편은 물론이고 학습효과를 높이고 극솟값에

[5] 입력층, 은닉층, 출력층의 노드 개수를 정하는 룰은 존재하지 않고 보통 결과의 평가를 통하여 정한다.

빠지지 않고 최적해를 찾는 데 도움이 된다. 표 3-1에 주어진 자료를 변환 (3.3a)를 통해 표준화한 자료는 표 3-2에 주어졌다. 물론 적용한 선형변환에 의해서는 독립변수와 종속변수 사이의 종속관계가 변하지 않는다.

$$y_1 = (y - 90)/(120 - 90),\ \ x_1 = (x_{11} - 1)/(6 - 1),\ \ x_2 = (x_{12} - 20)/(30 - 20) \tag{3.3a}$$

이 신경망이 만약 지능점수를 항상 0(실제 지능점수 = 90)으로 예측한다면 그 손실을 나타내는 평균제곱오차(MSE)는 다음과 같다.

$$\begin{aligned} MSE &= \frac{1}{n}\sum_{i=1}^{n}(y_i - \hat{y}_i)^2 \\ &= \frac{1}{20}\{(0.3333 - 0)^2 + (0.46667 - 0)^2 + \cdots + (0.46667 - 0)^2\} = 0.32016 \end{aligned}$$

(y_i = 실제 값, $\hat{y}_i$ = 예측값). 또 위 자료가 어린이(A) 한 명만으로 주어졌다면 평균제곱오차로 주어지는 손실함수(L)는 다음과 같이 계산된다.

$$L = MSE = \frac{1}{1}\sum_{i=1}^{1}(y_i - \hat{y}_i)^2 = (y_1 - \hat{y}_1)^2 = (0.33333 - \hat{y}_1)^2 \tag{3.3b}$$

표 3-2 어린이들의 변환된 지능지수, 출생순위 및 어머니 나이

어린이	A	B	C	D	E	F	G	H	I	J
지능	0.33333	0.46667	0.6667	0.93333	0.83333	0.66667	0.1	0.26667	0	0
출생순위	0.8	0.4	0.2	0	0	0	0.8	0.8	0.6	1
나이	0.9	0.4	0	0.4	0.4	0.5	0.4	1	0.4	0.8
어린이	K	L	M	N	O	P	Q	R	S	T
지능	0.26667	0.5	0.6	1	0	0.7	1	0.3	0	0.43333
출생순위	0.4	0.2	0.2	0	0.8	0	0	0.6	0.8	0.4
나이	0.5	0	0	0.2	1	0.6	0.4	0.6	0.9	0.5

이제 이 인공신경망을 통하여 표 3-2의 자료를 기초로 어린이의 출생순위와 어머니 나이만으로 그 어린이의 지능점수를 예측하는 문제를 생각한다.

그림 3-5는 입력층이 맨 왼쪽에 있고 중간에는 한 개의 은닉층이 그리고 오른쪽에 출력층이 있는 순방향 신경망(feedforward neural network)의 구조 도형이다. 이 그림에서 x_1, x_2는 모형의 두 입력값이고, s_1, s_2, s_3, s_4는 내부 은닉층에 있는 노드(node) 즉 뉴런(neuron)의 출력값이며, 마지막 $\hat{y}$은 출력층의 한 출력값을 나타낸다. 일반적인 경우에도, $w_{ij}^{(1)}$는 각각 입력층과 은닉층 사이의 앞 노드 i와 다음 노드 j를 연결하는 가중치를 나타내고, $w_{jk}^{(2)}$는 은닉층과 출력층 사이의 앞 노드 j와 다음 노드 k를 연결하는 가중치들을 의미한다. 또 b_k는 입력층과 은닉층에 주어지는 바이어스 즉 편향으로 그 값은 [0, 1] 사이의 랜덤 수로 택한다. 신경망을 학습시킨다는 것은 입력층에 값들이 입력되었을 때 원하는 출력값이 나오도록 각 가중치를 갱신하는 과정을 뜻한다.

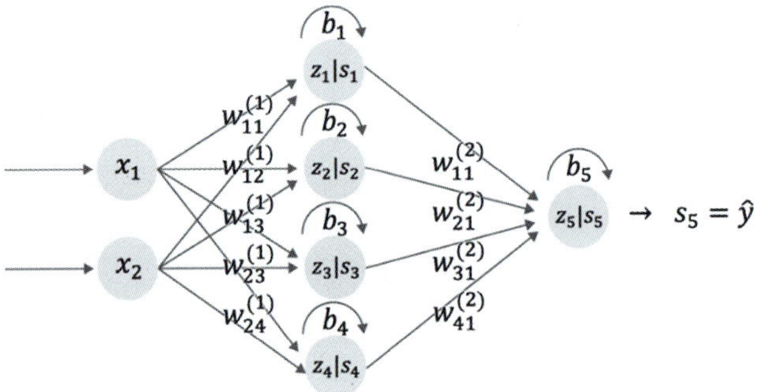

그림 3-5 순방향 신경망 구조

신경망을 학습시키고 평가하기 위해서는 오류와 오류함수를 정의할 필요가 있다. 오류(error) 또는 손실(loss)이란 주어진 인공지능이 결정한 출력값과 목표값(target)(즉, 관측값) 사이의 차를 말하고, 출력값 전체의 오류를 나타내는 함수를 오류함수라 한다. 오류함수로는 앞에서 사용한 평균제곱오차(MSE)가 대표적이다.

이 분석에서는 앞에서와 같이 어린이들의 각 가정에서의 출생 순위와 어머니 나이를 두 입력값으로 하고 마지막 출력층의 출력값은 해당 어린이의 지능점수를 나타낸다.

그림 3-5에서는 입력층의 입력값 x_1, x_2가 첫 번째 가중치들

$$w_{11}^{(1)},\ w_{12}^{(1)},\ w_{13}^{(1)},\ w_{14}^{(1)},\ w_{21}^{(1)},\ w_{22}^{(1)},\ w_{23}^{(1)},\ w_{24}^{(1)}$$

에 의해 선형변환되고, 그것을 다음과 같이 각각 z_1, z_2, z_3, z_4 라 하자.

$$z_1 = w_{11}^{(1)}x_1 + w_{21}^{(1)}x_2, \qquad z_2 = w_{12}^{(1)}x_1 + w_{22}^{(1)}x_2,$$
$$z_3 = w_{13}^{(1)}x_1 + w_{23}^{(1)}x_2, \qquad z_4 = w_{14}^{(1)}x_1 + w_{24}^{(1)}x_2 \tag{3.4}$$

또 z_1, z_2, z_3, z_4 에 각각 바이어스 b_1, b_2, b_3, b_4 를 합한 후 시그모이드 함수 $\sigma(x) = \frac{1}{1+e^{-x}}$ 에 의해 활성화시킨 값들을 각각 s_1, s_2, s_3, s_4라 하자. 즉

$$s_1 = \sigma(z_1 + b_1), \quad s_2 = \sigma(z_2 + b_2), \quad s_3 = \sigma(z_3 + b_3), \quad s_4 = \sigma(z_4 + b_4) \tag{3.5}$$

다음은 활성화된 s_1, s_2, s_3, s_4를 은닉층과 출력층 사이에 주어진 두 번째 가중치 $w_{11}^{(2)}$, $w_{21}^{(2)}$, $w_{31}^{(2)}$, $w_{41}^{(2)}$를 이용하여 다음과 같이 다시 선형화한다.

$$z_5 = w_{11}^{(2)}s_1 + w_{21}^{(2)}s_2 + w_{31}^{(2)}s_3 + w_{41}^{(2)}s_4$$

여기서 구한 z_5에 바이어스 b_5를 합한 다음 다시 시그모이드 함수 $\sigma(x)$로 활성화한 값

$$s_5 = \sigma(z_5 + b_5) \tag{3.6}$$

를 최종 결과인 추정값 $\hat{y}$으로 정의한다. 즉,

$$\hat{y} = s_5 = \sigma\left(w_{11}^{(2)}s_1 + w_{21}^{(2)}s_2 + w_{31}^{(2)}s_3 + w_{41}^{(2)}s_4 + b_5\right)$$

입력값 x_1, x_2를 시작으로 하여 얻어지는 출력값 $\hat{y}$을 하나의 식으로 표시하면 다음과 같다.

$$\hat{y} = \sigma\left(\sum_{j=1}^{4} \left\{ w_{j1}^{(2)} \cdot \sigma\left(\left(\sum_{i=1}^{2} w_{ij}^{(1)} x_i \right) + b_j \right) + b_5 \right\} \right)$$

위 절차를 표 3-2에 주어진 자료에 적용하면 표 3-3의 결과를 얻는다. 첫째 행의 문자는 어린이를 나타내고, 둘째 행은 신경망의 출력 지능점수를 나타낸다.

표 3-3 변환자료에 대한 신경망의 출력값

어린이	A	B	C	D	E	F	G	H	I	J
$\hat{y}$	0.55113	0.49441	0.50475	0.49165	0.51065	0.48752	0.50904	0.46849	0.51544	0.49985
어린이	K	L	M	N	O	P	Q	R	S	T
$\hat{y}$	0.48450	0.51427	0.50577	0.49616	0.51931	0.51707	0.49169	0.52198	0.50750	0.46120

여기서 입력값 x_{1i}, x_{2i}에 대응하는 목표값 y_i의 추정값을 $\hat{y}_i$라 하고, 오차의 손실함수 L의 평균제곱오차(MSE)를 계산(SAS-3-1)하면 $L = \frac{1}{20}\sum_{i=1}^{20}(y_i - \hat{y}_i)^2 = 0.11544$가 되고, 이것을 원래 단위로 환산하면 93.4632가 된다. 이에 반하여 회귀분석(SAS-3-2)의 분산분석표에 주어진 평균제곱오차는 0.01514이고 이것을 원래 단위로 바꾸면 90.4542가 된다. 이 두 결과를 비교해 보면 신경망이 회귀분석에 비하여 평균제곱오차를 오히려 약 3.32% 증가시키고 있다. 그러나 이것은 신경망을 1회만 적용하여 얻은 결과임을 주목할 필요가 있다. 일반적으로 신경망에서 발생하는 오차는 반복되는 알고리즘을 통하여 계속 줄여 나갈 수 있게 된다. 이에 대한 논의는 뒤에서 별도로 하기로 한다.

참고 3.1

인공신경망에서 얻어지는 첫 번째 예측값은 랜덤 가중치들로 결정된다. 따라서 이 예측값은 랜덤 예측값이라 할 수 있다. 그러나 이렇게 시작된 가중치들도 백프로퍼게이션(backpropagation: 역전파) 알고리즘을 통해 반복적으로 업데이트, 즉 학습되면 마지막에는 예측오차를 최소화하는 가중치들로 바뀌게 된다.

참고 3.2

인공신경망의 연산과정(그림3-5)을 다시 요약하면 다음과 같다. 입력층의 입력값들은 가중치를 통해 먼저 일차결합되어 은닉층으로 넘어간다. 은닉층에 넘어온 이 일차결합은 다시 바이어스가 합해진 후 비선형함수를 통해 활성화된다. 활성화된 이 값들은 새 가중치를 통해 다시 일차변환된 후 출력층으로 넘어가고 이것은 다시 새 바이어스가 합해져 한 번 더 활성화된 후 출력값으로 사용된다. 물론 이 출력값은 목표값과의 오차를 평가받은 후에 예측값으로 사용될 수 있다. 이러한 일련의 과정에서 가중치를 계수로 하는 선형변환이 이용되는 것은 선형변환이 오차를 최소화하기 쉽기 때문이다. 또 활성화 과정에서 비선형함수가 사용되는 것은 선형함수로 설명하기 어려운 복잡한 현상에는 유연성이 더 큰 비선형함수가 효과적이기 때문이다. 또 활성화 함수의 형태는 입력된 정보 중에서 유리한 부분을 선별하는 데 적합한 형태를 이용하게 된다. 바이어스도 여기에 도움을 준다. 은닉층의 노드 수가 많은 신경망이 반드시 더 좋은 예측값을 만드는 것은 아니다(분석사례 [12] 또는 [14] 참고). 그러나 경험적으로는 은닉층의 수가 더 많은 심층신경망에서 더 좋은 결과가 기대된다. 결국 은닉층의 노드 수보다는 은닉층의 개수를 늘리는 것이 더 효율적일 수 있다.

참고 3.3

인공신경망의 활성화 함수에는 비선형함수가 사용된다. 활성화 함수에 선형함수가 사용되면 은닉층의 수를 아무리 늘려도 그 증가효과가 없기 때문이다. 이것은 선형함수의 성질로 쉽게 설명된다. 이를테면 입력값 x_1, x_2가 두 가중치에 의해 $z_1 = w_{11}^{(1)}x_1 + w_{21}^{(1)}x_2$로 선형화되고 이것의 활성화에 다시 선형함수 $\sigma(\times) = a \times + b$가 사용된다면,

$$\sigma(z_1 + \delta) = a\left(w_{11}^{(1)}x_1 + w_{21}^{(1)}x_2 + b\right) + \delta = a'x_1 + b'x_2 + \delta'$$

(단, $a' = a\,w_{11}^{(1)}$, $b' = a\,w_{21}^{(1)}$, $\delta' = ab + \delta$)에 의해 그대로 선형화에만 머물고 만다. 결국 신경망의 효율을 높이기 위해 활성화 함수로 선형함수만을 사용하면 은닉층의 수를 추가해도 은닉층 증가효과는 더 이상 발생하지 않는다. 활성화 함수로는 앞에서 언급한 시그모이드 함수, 계단함수 그리고 렐루(Rectified Linear Unit: ReLU) 등이 효과적이다.

3.2.2 인공신경망의 손실함수, 가중치에 관한 손실함수의 변화율

위에서 확인된 바와 같이 신경망의 주요 기능의 하나는 예측이다. 따라서 신경망의 핵심적 역할은 예측값이 실제 값에 가까워지도록 신경망 자신을 학습하는 일이다. 이때 손실함수는 신경망의 학습능력을 평가하는 주요 지표가 된다.

이런 의미에서 여기서는 신경망 손실함수에 대한 수학적 성질인 가중치에 관한 손실함수의 변화율을 살펴본다. 다시 말하여 가중치들을 바꾸어 손실을 감소시킬 수 있는가를 생각해 본다. 손실함수(L)는 예측값과 목표값에 의존하지만 목표값은 정해진 상수이므로 손실은 예측값을 결정하는 가중치와 바이어스에 의존하게 된다. 구체적인 예로, 그림 3-5의 순방향 신경망 구조에서 손실함수 L은 다음과 같이 나타낼 수 있다.

$$L(w_{11}^{(1)}, w_{21}^{(1)}, w_{12}^{(1)}, w_{22}^{(1)}, w_{13}^{(1)}, w_{23}^{(1)}, w_{14}^{(1)}, w_{24}^{(1)};\ w_{11}^{(2)}, w_{21}^{(2)}, w_{31}^{(2)}, w_{41}^{(2)}; b_1, b_2, b_3, b_4, b_5)$$

여기서 손실함수 L이 가중치들에 의하여 어떻게 변하는지를 살펴보자. 만약 가중치의 변화가 손실함수의 크기에 영향을 준다면 가중치의 업데이트에 의해 손실도 조절할 수 있다는 뜻이 된다. 이런 의미에서 먼저 손실함수 L이 가중치 $w_{11}^{(1)}$의 값에 따라 얼마나 변화하는지를 살펴보자. L의 독립변수는 $w_{11}^{(1)}$ 이외에도 여러 개 존재하므로 이 가중치에 대한 손실의 변화는 L에 대한 독립변수 $w_{11}^{(1)}$의 편도함수 $\frac{\partial L}{\partial w_{11}^{(1)}}$로 표시된다. 여기서 L은 예측값 $\hat{y}$의 함수이고 또 $\hat{y}$는 다시 $w_{11}^{(1)}, w_{21}^{(1)}, \cdots$ 등 가중치들의 함수이므로, 편미분의 연쇄법칙(chain rule)에 의하여 다음과 같이 나타낼 수 있다.

$$\frac{\partial L}{\partial w_{11}^{(1)}} = \frac{\partial L}{\partial \hat{y}} \cdot \frac{\partial \hat{y}}{\partial w_{11}^{(1)}} \qquad (3.7)$$

예컨대 (3.3b)의 손실함수 $L = (0.33333 - \hat{y})^2$에 대한 (3.7)의 오른쪽 첫항은 다음과 같다.

$$\frac{\partial L}{\partial \hat{y}} = \frac{\partial (0.33333 - \hat{y})^2}{\partial \hat{y}} = -2\,(0.33333 - \hat{y})$$

다음은 (3.7)의 오른쪽 두 번째 항 $\frac{\partial \hat{y}}{\partial w_{11}^{(1)}}$을 생각해 보자. 먼저 $w_{11}^{(1)}$은 그림 3-5에서와 같이 (z_2, z_3, z_4가 아닌) z_1에 영향을 주고, 또 z_1은 s_1을 통하여 예측값 $\hat{y} = \sigma(z_5 + b_5)$ 즉

$$\hat{y} = \sigma(w_{11}^{(2)}s_1 + w_{21}^{(2)}s_2 + w_{31}^{(2)}s_3 + w_{41}^{(2)}s_4 + b_5) \tag{3.8}$$

에 영향을 준다. 결국 s_1은 예측값 $\hat{y}$에 영향을 주게 된다. 물론 $\hat{y}$에 영향을 주는 s_i들은 여러 개 존재하므로 다음과 같이 편미분식으로 표시된다.

$$\frac{\partial \hat{y}}{\partial w_{11}^{(1)}} = \frac{\partial \hat{y}}{\partial s_1} \cdot \frac{\partial s_1}{\partial w_{11}^{(1)}}$$

여기서 (3.8)의 $\hat{y}$ 식으로부터, 위 식의 오른쪽 첫 번째 항은

$$\frac{\partial \hat{y}}{\partial s_1} = w_{11}^{(2)} \cdot \sigma'(w_{11}^{(2)}s_1 + w_{21}^{(2)}s_2 + w_{31}^{(2)}s_3 + w_{41}^{(2)}s_4 + b_5) \tag{3.9}$$

이다. 또 두 번째 항 $\frac{\partial s_1}{\partial w_{11}^{(1)}}$ 에서도 비슷한 결과를 얻는다. 다시 말하여 $s_1 = \sigma(z_1 + b_1)$ 즉

$$s_1 = \sigma(w_{11}^{(1)}x_1 + w_{21}^{(1)}x_2 + b_1)$$

에서 다음을 얻는다.

$$\frac{\partial s_1}{\partial w_{11}^{(1)}} = x_1 \cdot \sigma'(w_{11}^{(1)}x_1 + w_{21}^{(1)}x_2 + b_1) \tag{3.10}$$

표 3-2에서 x_1은 해당 어린이의 출생 순위이고, x_2는 그 어머니 나이이다. σ'는 시그모이드 함수의 도함수이다. 즉, 시그모이드 함수 $\sigma(x) = \frac{1}{1+e^{-x}}$에서 이것의 도함수는 다음과 같다.

$$\sigma'(x) = \frac{e^{-x}}{(1+e^{-x})^2} = \sigma(x) \cdot (1 - \sigma(x)) \tag{3.11}$$

이 결과는 뒤에서 다시 이용된다.

위 결과를 종합하면 다음 관계를 얻는다.

$$\frac{\partial L}{\partial w_{11}^{(1)}} = \frac{\partial L}{\partial \hat{y}} \cdot \frac{\partial \hat{y}}{\partial s_1} \cdot \frac{\partial s_1}{\partial w_{11}^{(1)}} \tag{3.12}$$

여기서 (3.12)를 합성함수들의 편미분에 대한 연쇄법칙이라 한다.

가중치 $w_{11}^{(1)}$에 대한 손실 변화율을 나타내는 (3.12)에서, $\frac{\partial L}{\partial w_{11}^{(1)}}$은 오른쪽 세 변화량의 곱으로 표시됨을 알 수 있다. 첫째 항 $\frac{\partial L}{\partial \hat{y}}$은 출력층의 예측값 $\hat{y}$에 대한 손실함수 L의 변화율, 둘째 항 $\frac{\partial \hat{y}}{\partial s_1}$은 은닉층의 첫째 활성화 값 s_1에 대한 최종 예측값 $\hat{y}$의 변화율, 그리고 세 번째 $\frac{\partial s_1}{\partial w_{11}^{(1)}}$는 가중치 $w_{11}^{(1)}$에 대한 은닉층의 첫째 활성화 값 s_1의 변화율이다. 일반적으로 (3.12)는 손실함수 L이 신경망의 가중치 $w_{ij}^{(1)}$에 의해 얼마나 영향을 받는지를 설명하고 있다. 또 이 편도함수들의 계산이 후방에서 전방으로 진행된다는 뜻으로 이것을 백프로퍼게이션(backpropagation) 또는 역전파라 하고, 이 역전파 알고리즘은 위 연쇄법칙을 반복적으로 적용하여 가중치의 영향을 계산함으로써 손실함수를 최소화하게 된다. 이것은 함수최적화의 경사하강법(gradient descent)의 개념을 적용한 것이다.

여기서 앞의 자료가 어린이 A만을 포함한다고 가정하면, 모든 가중치와 바이어스를 [0,1]에서 추출한 랜덤 수를 이용하여 다음 식들의 값을 계산할 수 있다.

$$\begin{aligned} z_1 &= w_{11}^{(1)}x_1 + w_{21}^{(1)}x_2, \qquad & z_2 &= w_{12}^{(1)}x_1 + w_{22}^{(1)}x_2 \\ z_3 &= w_{13}^{(1)}x_1 + w_{23}^{(1)}x_2, \qquad & z_4 &= w_{14}^{(1)}x_1 + w_{24}^{(1)}x_2 \end{aligned} \tag{3.13}$$

입력값 $x_1 = 0.8,\ x_2 = 0.9$(원래 값은 $x_{11} = 5,\ x_{12} = 29$)에 대하여

$$s_1 = \sigma(z_1 + b_1),\quad s_2 = \sigma(z_2 + b_2),\quad s_3 = \sigma(z_3 + b_3),\quad s_4 = \sigma(z_4 + b_4)$$

를 계산(SAS-3-3)하면, 랜덤 수로 결정된 가중치 $w_{ij}^{(1)}$들에 의하여

$$s_{10} = 0.48338,\ s_{20} = 0.50602,\ s_{30} = 0.51904,\ s_{40} = 0.53038$$

이 정해지고, 또 랜덤으로 결정된 두 번째 가중치 $w_{jk}^{(2)}$들에 의하여

$$\hat{y}_0 = s_5 = \sigma\left(w_{11}^{(2)} s_{10} + w_{21}^{(2)} s_{20} + w_{31}^{(2)} s_{30} + w_{41}^{(2)} s_{40} + b_5\right) = 0.47466 \quad (3.14)$$

을 얻는다. 신경망의 이 예측값은 (3.3a)에 의해 원래의 지능점수 값으로 변환하면 104.240이다. 이때 어린이 A의 실제 지능이 100이므로 예측오차는 $100 - 104.242 = -4.23974$이다. 물론 이 예측 오차도 랜덤 오차이다.

다음은 $\frac{\partial L}{\partial w_{11}^{(1)}}$의 크기를 (3.12)를 통해 계산해 본다. 이것은 가중치 $w_{11}^{(1)}$의 변화에 대한 손실의 변화율을 설명한다. 어린이(A) 한 명만을 포함하는 경우, 오차의 크기는 오차제곱평균(MSE)을 통하여 계산되므로 오차함수는 $L = (y_1 - \hat{y}_1)^2$이 된다.

여기서 추정값의 기호 $\hat{y}$을 $\hat{y} = s_5$의 기호 s_5로 바꾸어 사용하면, (3.12)는 다음과 같다.

$$\frac{\partial L}{\partial w_{11}^{(1)}} = \frac{\partial L}{\partial s_5} \cdot \frac{\partial s_5}{\partial s_1} \cdot \frac{\partial s_1}{\partial w_{11}^{(1)}} \quad (3.15)$$

이 관계식을 그림 3-5를 통해 설명하면 다음과 같다. 가중치 $w_{11}^{(1)}$이 손실함수 L에 영향을 줄 때, 먼저 $w_{11}^{(1)}$은 z_1에 직접 영향을 주고, z_1은 다시 활성화 함수 σ를 통해 s_1에 영향을 준다. 여기서 s_1은 부분적으로 $w_{11}^{(2)}$의 영향을 받아 다시 z_5에 영향을 주며, 이것은 다시 활성화 함수를 통해 추정값 $\hat{y} = s_5$에 영향을 준다. 결국 $w_{11}^{(1)}$은 손실함수 L에 부분적으로 영향을 주게 된다. 이 과정을 편도함수의 연쇄법칙을 통하여 표현하면 (3.15)를 얻게 되는 것이다.

위 식의 각 항을 구체적으로 나타내면 다음과 같다.

(i) $\frac{\partial L}{\partial s_5} = \frac{\partial L}{\partial \hat{y}} = -2(y - \hat{y})$

(ii) $\frac{\partial s_5}{\partial s_1} = w_{11}^{(2)} \cdot \sigma(z_5 + b_5)\left(1 - \sigma(z_5 + b_5)\right) = w_{11}^{(2)} \cdot s_5 (1 - s_5)$

(iii) $\frac{\partial s_1}{\partial w_{11}^{(1)}} = x_1 \cdot \sigma(z_1 + b_1)\left(1 - \sigma(z_1 + b_1)\right) = x_1 \cdot s_1 (1 - s_1)$

이 결과를 이용하면, (3.12) 즉 (3.15)는 다음과 같이 표시된다.

$$\frac{\partial L}{\partial w_{11}^{(1)}} = -2(y - \hat{y}) \cdot (w_{11}^{(2)} \cdot s_5 \cdot (1 - s_5)) \cdot (x_1 \cdot s_1(1 - s_1)) \quad (3.16)$$

어린이 A만으로 구성된 자료에 이 결과를 적용해 계산한 $\frac{\partial L}{\partial w_{11}^{(1)}}$의 실제 값은 −0.000268이다.

같은 방법으로, 나머지 가중치 $w_{21}^{(1)}$, $w_{12}^{(1)}$, $w_{22}^{(1)}$, $w_{13}^{(1)}$, $w_{23}^{(1)}$, $w_{14}^{(1)}$, $w_{24}^{(1)}$의 업데이트를 위하여 다음 식들을 이용한다.

$$\frac{\partial L}{\partial w_{21}^{(1)}} = \frac{\partial L}{\partial s_5}\cdot\frac{\partial s_5}{\partial s_1}\cdot\frac{\partial s_1}{\partial w_{21}^{(1)}}, \qquad \frac{\partial L}{\partial w_{12}^{(1)}} = \frac{\partial L}{\partial s_5}\cdot\frac{\partial s_5}{\partial s_2}\cdot\frac{\partial s_2}{\partial w_{12}^{(1)}}$$

$$\frac{\partial L}{\partial w_{22}^{(1)}} = \frac{\partial L}{\partial s_5}\cdot\frac{\partial s_5}{\partial s_2}\cdot\frac{\partial s_2}{\partial w_{22}^{(1)}}, \qquad \frac{\partial L}{\partial w_{13}^{(1)}} = \frac{\partial L}{\partial s_5}\cdot\frac{\partial s_5}{\partial s_3}\cdot\frac{\partial s_3}{\partial w_{13}^{(1)}}$$

$$\frac{\partial L}{\partial w_{23}^{(1)}} = \frac{\partial L}{\partial s_5}\cdot\frac{\partial s_5}{\partial s_3}\cdot\frac{\partial s_3}{\partial w_{23}^{(1)}}, \qquad \frac{\partial L}{\partial w_{14}^{(1)}} = \frac{\partial L}{\partial s_5}\cdot\frac{\partial s_5}{\partial s_4}\cdot\frac{\partial z_4}{\partial w_{14}^{(1)}}$$

$$\frac{\partial L}{\partial w_{24}^{(1)}} = \frac{\partial L}{\partial s_5}\cdot\frac{\partial s_5}{\partial s_4}\cdot\frac{\partial s_4}{\partial w_{24}^{(1)}}$$

위와 같은 관계를 통하여, (3.16)에 이어 다음을 얻는다.

$$\begin{aligned}
\frac{\partial L}{\partial w_{21}^{(1)}} &= -2(y-\hat{y})\cdot(w_{11}^{(2)}\cdot s_5\cdot(1-s_5))\cdot(x_2\cdot s_1\cdot(1-s_1))\\
\frac{\partial L}{\partial w_{12}^{(1)}} &= -2(y-\hat{y})\cdot(w_{21}^{(2)}\cdot s_5\cdot(1-s_5))\cdot(x_1\cdot s_2\cdot(1-s_2))\\
\frac{\partial L}{\partial w_{22}^{(1)}} &= -2(y-\hat{y})\cdot(w_{21}^{(2)}\cdot s_5\cdot(1-s_5))\cdot(x_2\cdot s_2\cdot(1-s_2))\\
\frac{\partial L}{\partial w_{13}^{(1)}} &= -2(y-\hat{y})\cdot(w_{31}^{(2)}\cdot s_5\cdot(1-s_5))\cdot(x_1\cdot s_3\cdot(1-s_3))\\
\frac{\partial L}{\partial w_{23}^{(1)}} &= -2(y-\hat{y})\cdot(w_{31}^{(2)}\cdot s_5\cdot(1-s_5))\cdot(x_2\cdot s_3\cdot(1-s_3))\\
\frac{\partial L}{\partial w_{14}^{(1)}} &= -2(y-\hat{y})\cdot(w_{41}^{(2)}\cdot s_5\cdot(1-s_5))\cdot(x_1\cdot s_4\cdot(1-s_4))\\
\frac{\partial L}{\partial w_{24}^{(1)}} &= -2(y-\hat{y})\cdot(w_{41}^{(2)}\cdot s_5\cdot(1-s_5))\cdot(x_2\cdot s_4\cdot(1-s_4))
\end{aligned} \tag{3.17}$$

여기서 s_1, s_2, s_3, s_4는 (3.5)에서 정의되었고, $s_5 = \sigma(z_5 + b_5)$는 (3.6)에 주어졌다.

위 결과를 어린이 A의 자료에 적용(SAS-3-4)한 결과는 다음과 같다[6].

[6] 이 계산값들은 SAS의 랜덤 수의 seed에 따라 약간씩 달라질 수 있다. 학습 과정에서 이 차이는 큰 의미가 없다.

$$\frac{\partial L}{\partial w_{11}^{(1)}} = -0.000268, \quad \frac{\partial L}{\partial w_{21}^{(1)}} = -0.0012569, \quad \frac{\partial L}{\partial w_{12}^{(1)}} = -0.000019, \quad \frac{\partial L}{\partial w_{22}^{(1)}} = 0.001427,$$
$$\frac{\partial L}{\partial w_{13}^{(1)}} = -0.000268, \quad \frac{\partial L}{\partial w_{23}^{(1)}} = -0.001259, \quad \frac{\partial L}{\partial w_{14}^{(1)}} = -0.000019, \quad \frac{\partial L}{\partial w_{24}^{(1)}} = 0.001426$$

예컨대 여기서 가중치 $w_{11}^{(1)}$, $w_{21}^{(1)}$이 손실에 미치는 영향은 각각 약 −0.0268 %와 −0.125 %로 아주 미약함을 알 수 있다. 또 (3.16)과 (3.17)에 주어진 가중치에 대한 손실의 변화율은 오차를 갱신하는 역전파 알고리즘을 설명하는 데 중요한 역할을 한다.

앞에서 제기한 예측문제, 즉 출생순위 3, 어머니 나이 27세인 어린이의 지능지수의 예측값을 구하는 신경망 문제로 돌아가 보자. 먼저 다중회귀분석을 통해 얻어진 회귀평면 $y = 119.129 - 5.416\,x_1 + 0.0357\,x_2$를 이용하면 xy-평면 위의 점 $(x_{10}, x_{20}) = (3,\ 27)$에 대한 예측된 회귀평면상의 값은 다음과 같다.

$$\hat{y}_{(3,25)} = 119.129 - 5.416\,(3) + 0.0357\,(27) = 103.8449$$

이 예측값을 위에서 다룬 신경망을 통해 얻어지는 결과와 비교해 본다. 위에서와 같이

$$s_1 = \sigma\left(w_{11}^{(1)}x_1 + w_{21}^{(1)}x_2 + b_1\right), \qquad s_2 = \sigma\left(w_{12}^{(1)}x_1 + w_{22}^{(1)}x_2 + b_2\right)$$
$$s_3 = \sigma\left(w_{13}^{(1)}x_1 + w_{23}^{(1)}x_2 + b_3\right), \qquad s_4 = \sigma\left(w_{14}^{(1)}x_1 + w_{24}^{(1)}x_2 + b_4\right)$$

이고, 여기에 사용되는 가중치와 바이어스는 모두 [0, 1]에서 랜덤 수로 선택한다. 또 여기에 $(x_1,\ x_2) = (x_{10},\ x_{20}) = (3,\ 27)$을 대입하면

$$s_{10} = \sigma\left(w_{11}^{(1)}x_{10} + w_{21}^{(1)}x_{20} + b_1\right) = \sigma(z_{10} + b_1) = 0.75107$$
$$s_{20} = \sigma\left(w_{12}^{(1)}x_{10} + w_{22}^{(1)}x_{20} + b_2\right) = \sigma(z_{20} + b_2) = 0.51703$$
$$s_{30} = \sigma\left(w_{13}^{(1)}x_{10} + w_{23}^{(1)}x_{20} + b_3\right) = \sigma(z_{30} + b_3) = 0.52960$$
$$s_{40} = \sigma\left(w_{14}^{(1)}x_{10} + w_{24}^{(1)}x_{20} + b_4\right) = \sigma(z_{40} + b_4) = 0.84543$$

이고, 결과적으로

$$\hat{y}_0 = \sigma\left(w_{11}^{(2)} s_{10} + w_{21}^{(2)} s_{20} + w_{31}^{(2)} s_{30} + w_{41}^{(2)} s_{40} + b_5\right) = 0.50137 \quad (3.18)$$

을 얻는다. 이 예측결과를 원래의 단위로 변환한 지능점수는 105.041로 앞 회귀분석의 결과 103.8449보다 약 1.15 % 크게 추정되고 있다.

그러나 이 추정값이나 관련 오차에 큰 의미를 줄 수는 없다. 이 추정값이나 오차는 순전히 [0, 1]에서 랜덤으로 선택된 가중치와 바이어스에 의해 결정되었기 때문이다. 이런 의미에서 이 추정값은 랜덤 추정값이고 오차도 랜덤 오차가 된다. 이 추정값과 오차가 유의미하기 위해서는 역전파 알고리즘을 통하여 오차를 갱신하고 관리해야만 한다. 이에 대한 논의는 다음 절에서 하기로 한다.

3.2.3 오차축소를 위한 역전파 알고리즘

예측오차를 축소하고 관리하는 역전파 알고리즘은 다음의 1단계와 2단계로 구분된다.

(1) 역전파 1단계

입력층에서 입력된 값들은 은닉층을 거쳐 출력층에 이르러 출력값을 배출한다. 이 결과를 예측값으로 사용하기 위해서는 미리 정해 놓은 목표값(target)과 비교하여 예측오차를 계산하고 그 오차가 크다고 판단되면 이것을 감소시키는 절차인 신경망의 학습을 수행한다. 이것을 오차 업데이트 또는 오차갱신이라고 한다.

역전파 알고리즘은 오차갱신의 대표적인 방법의 하나이다. 이것은 함수의 최적화 방법의 하나인 경사하강법을 적용하는 것으로, 최종단계에서 이미 만들어진 오차를 다시 역방향으로 전파시켜 각 노드 즉 뉴런 사이의 가중치를 갱신하는 방법을 말한다. 이 역전파에서는 편미분과 시그모이드 함수의 미분을 순차적으로 수행하며 오차를 각 노드에 동일하게 전파하게 된다.

여기서는 순방향 즉 순전파(feed forward)[7] 과정에서 발생하는 오차를 논하고, 발생한 오차를 역방향으로 전파시켜 오차를 감소시키기는 역전파 과정을 논하기로 한다.

---

[7] 은닉층에서 활성화 함수를 지난 값은 모두 출력층 방향으로만 향하도록 설계된 신경망.

순전파는 입력층에서 출력층으로 진행되었지만, 역전파는 출력층에서 입력층 방향으로 옮겨가며 다시 가중치를 갱신하게 된다. 출력층과 은닉층 사이의 가중치 갱신을 '역전파 1단계' 그리고 은닉층과 입력층 사이의 가중치 갱신을 '역전파 2단계'로 구별하여 설명하기로 하자.

그림 3-5의 역전파 1단계에서 갱신할 가중치는 $w_{11}^{(2)}, w_{21}^{(2)}, w_{31}^{(2)}, w_{41}^{(2)}$이다. 여기서 가중치에 의한 손실함수의 변화율을 설명한 앞 절(3.2.2절) 내용을 다시 참고할 필요가 있다. 다만 역전파 1단계에서는 이 가중치들이 추정값에 미치는 영향이 2단계에 비해 상대적으로 단순하다고 할 수 있다.

먼저 $w_{11}^{(2)}$을 업데이트하기 위해서 $\frac{\partial L}{\partial w_{11}^{(2)}}$을 계산한다. 출력값이 하나라고 생각하면 손실함수는 간단히 $L = (y - \hat{y})^2$이다. 그림 3-5를 대상으로, 경사하강법을 기초로 하는 오차갱신법을 통해 가중치를 바꾸어 보자. 먼저 $\frac{\partial L}{\partial w_{11}^{(2)}}$을 계산하기 위하여 앞 절에서와 같은 원리를 적용하면, 편미분의 연쇄법칙에 의하여

$$\frac{\partial L}{\partial w_{11}^{(2)}} = \frac{\partial L}{\partial s_5} \cdot \frac{\partial s_5}{\partial z_5} \cdot \frac{\partial z_5}{\partial w_{11}^{(2)}} \tag{3.19}$$

로 표시되고, 다시 오른쪽 세 항은 각각

$$\text{(i)}\ \frac{\partial L}{\partial s_5} = -2 \cdot (y - \hat{y}), \quad \text{(ii)}\ \frac{\partial s_5}{\partial z_5} = s_5(1 - s_5), \quad \text{(iii)}\ \frac{\partial z_5}{\partial w_{11}^{(2)}} = s_1$$

이 된다. 이것은 (3.11)에서와 같은 방법으로, $\hat{y} = s_5 = \sigma(z_5 + b_5)$에서

$$\frac{\partial s_5}{\partial z_5} = \sigma'(z_5 + b_5) = \sigma(z_5 + b_5)\left(1 - \sigma(z_5 + b_5)\right) = s_5(1 - s_5)$$

를 얻고, 또 $z_5 = w_{11}^{(2)} s_1 + w_{21}^{(2)} s_2 + w_{31}^{(2)} s_3 + w_{41}^{(2)} s_4 + b_5$에서 $\frac{\partial z_5}{\partial w_{11}^{(2)}} = s_1$을 얻는다. 따라서 (3.19)는 다음과 같다.

$$\frac{\partial L}{\partial w_{11}^{(2)}} = -2 \cdot (y - \hat{y})\ s_5(1 - s_5)\ s_1$$

위와 같은 방법으로, 다음 관계를 얻을 수 있다.

$$\frac{\partial L}{\partial w_{21}^{(2)}} = \frac{\partial L}{\partial s_5}\frac{\partial s_5}{\partial z_5}\frac{\partial z_5}{\partial w_{21}^{(2)}}, \qquad \frac{\partial L}{\partial w_{31}^{(2)}} = \frac{\partial L}{\partial s_5}\frac{\partial s_5}{\partial z_5}\frac{\partial z_5}{\partial w_{31}^{(2)}},$$

$$\frac{\partial L}{\partial w_{41}^{(2)}} = \frac{\partial L}{\partial s_5}\frac{\partial s_5}{\partial z_5}\frac{\partial z_5}{\partial w_{41}^{(2)}}$$

이것들의 계산식은 다음과 같이 주어진다.

$$\frac{\partial L}{\partial w_{21}^{(2)}} = -2\cdot(y-\hat{y})\ s_5(1-s_5)\cdot s_2, \qquad \frac{\partial L}{\partial w_{31}^{(2)}} = -2\cdot(y-\hat{y})\ s_5(1-s_5)\cdot s_3$$

$$\frac{\partial L}{\partial w_{41}^{(2)}} = -2\cdot(y-\hat{y})\ s_5(1-s_5)\cdot s_4$$

또 바이어스 b_5에 대한 L의 변화율은

$$\frac{\partial L}{\partial b_5} = \frac{\partial L}{\partial s_5}\cdot\frac{\partial s_5}{\partial b_5}$$

이므로 위에서와 같이 다음을 얻는다.

$$\frac{\partial L}{\partial b_5} = -2\cdot(y-\hat{y})\ s_5(1-s_5)$$

위 결과를 표 3-1의 어린이 A에 적용해 얻은 결과(SAS-3-4)는 다음과 같다.

$$y = \text{실제 값} = 0.33333,\ \ \hat{y} = \text{추정값} = 0.48224$$

에 대하여, $s_1 = 0.48338, s_5 = 0.48224$이므로

$$\frac{\partial L}{\partial w_{11}^{(2)}} = -2\cdot(y-\hat{y})\cdot\ s_5(1-s_5)\cdot s_1 = 0.03582$$

를 얻는다. 같은 방법으로 다음 결과를 얻는다.

$$\frac{\partial L}{\partial w_{31}^{(2)}} = 0.03926, \quad \frac{\partial L}{\partial w_{31}^{(2)}} = 0.03679, \quad \frac{\partial L}{\partial w_{41}^{(2)}} = 0.03955, \quad \frac{\partial L}{\partial b_5} = 0.07417$$

여기서 학습률 η를 0.05로 하면 $w_{11}^{(2)}$의 갱신값은 다음과 같다.

$$w_{11}^{(2*)} = w_{11}^{(2)} - \eta \cdot \frac{\partial L}{\partial w_{11}^{(2)}} = -0.019864$$

같은 방법으로 다음 결과를 얻는다.

$$w_{21}^{(2*)} = w_{21}^{(2)} - \eta \cdot \frac{\partial L}{\partial w_{21}^{(2)}} = -0.07736, \quad w_{31}^{(2*)} = w_{31}^{(2)} - \eta \cdot \frac{\partial L}{\partial w_{31}^{(2)}} = -0.00316,$$
$$w_{41}^{(2*)} = w_{41}^{(2)} - \eta \cdot \frac{\partial L}{\partial w_{41}^{(2)}} = 0.08385, \quad b_5^{(*)} = b_5 - \eta \cdot \frac{\partial L}{\partial b_5} = 0.06529$$

(2) 역전파 2단계

역전파 1단계가 끝나면 다음은 입력층과 은닉층 사이로 넘어가 그곳의 가중치를 갱신한다. 이 경우에는 은닉층이 한 개이기 때문에 이번 한 단계로 마무리된다.

여기서는 그림 3-5에 주어진 가중치 $w_{11}^{(1)}$, $w_{21}^{(1)}$, $w_{12}^{(1)}$, $w_{22}^{(1)}$, $w_{13}^{(1)}$, $w_{23}^{(1)}$, $w_{14}^{(1)}$, $w_{24}^{(1)}$를 업데이트하게 된다. 앞에서와 같이 여기서도 손실함수 L이 이 가중치들에 의해 어떻게 영향을 받는지를 살펴본다. 이 가중치들의 영향력은 중간 은닉층을 거쳐 출력층까지 전달되기 때문에 좀 더 복잡하다고 할 수 있다.

먼저 $\frac{\partial L}{\partial w_{11}^{(1)}}$의 경우, (3.15)에서와 유사한 방법으로 설명된다. 그림 3-5에 따라 손실함수 L은 부분적으로 s_1에 의존하고, s_1은 그보다 앞서 z_1에 의존하고, 또 이에 앞서 z_1은 부분적으로 $w_{11}^{(1)}$과 $w_{21}^{(1)}$에 의존한다. 이 함수관계를 편미분의 연쇄법칙에 의해 표현하면 다음과 같다.

$$\frac{\partial L}{\partial w_{11}^{(1)}} = \frac{\partial L}{\partial s_1} \cdot \frac{\partial s_1}{\partial z_1} \cdot \frac{\partial z_1}{\partial w_{11}^{(1)}} \tag{3.20}$$

먼저 (3.20)의 오른쪽 첫항은 다음과 같이 표시된다.

$$\frac{\partial L}{\partial s_1} = \frac{\partial L}{\partial z_5} \cdot \frac{\partial z_5}{\partial s_1} = \frac{\partial L}{\partial s_5} \cdot \frac{\partial s_5}{\partial z_5} \cdot \frac{\partial z_5}{\partial s_1}$$

따라서 (3.20)은 다음과 같이 나타낼 수 있다.

$$\frac{\partial L}{\partial w_{11}^{(1)}} = \frac{\partial L}{\partial s_5} \cdot \frac{\partial s_5}{\partial z_5} \cdot \frac{\partial z_5}{\partial s_1} \cdot \frac{\partial s_1}{\partial z_1} \cdot \frac{\partial z_1}{\partial w_{11}^{(1)}}$$

여기서 이 식의 오른쪽 첫 세 항을 각각 구하면

$$\text{(i)} \quad \frac{\partial L}{\partial s_5} = -2(y - \hat{y})$$

$$\text{(ii)} \quad \frac{\partial s_5}{\partial z_5} = \sigma(z_5 + b_5)\big(1 - \sigma(z_5 + b_5)\big) = s_5 \cdot (1 - s_5)$$

$$\text{(iii)} \quad \frac{\partial z_5}{\partial s_1} = w_{11}^{(2)}$$

이고, 또 오른쪽 마지막 두 항은 각각 다음과 같다.

$$\text{(iv)} \quad \frac{\partial s_1}{\partial z_1} = \sigma(z_1 + b_1)\big(1 - \sigma(z_1 + b_1)\big) = s_1 \cdot (1 - s_1) \qquad \text{(v)} \quad \frac{\partial z_1}{\partial w_{11}^{(1)}} = x_1$$

이 두 결과를 종합하면 (3.20)은 다음과 같이 표시된다.

$$\frac{\partial L}{\partial w_{11}^{(1)}} = -2(y - \hat{y}) \cdot (w_{11}^{(2)} \cdot s_5 \cdot (1 - s_5)) \cdot (x_1 \cdot s_1 \cdot (1 - s_1)) \qquad (3.21)$$

여기서 $s_5 = \sigma(z_5 + b_5)$ 그리고 $s_1 = \sigma(z_1 + b_1)$이다.

같은 방법으로, 나머지 가중치 $w_{21}^{(1)}$, $w_{12}^{(1)}$, $w_{22}^{(1)}$, $w_{13}^{(1)}$, $w_{23}^{(1)}$, $w_{14}^{(1)}$, $w_{24}^{(1)}$의 업데이트는 다음을 이용한다.

$$\frac{\partial L}{\partial w_{21}^{(1)}} = \frac{\partial L}{\partial s_5} \cdot \frac{\partial s_5}{\partial z_5} \cdot \frac{\partial z_5}{\partial s_1} \cdot \frac{\partial s_1}{\partial z_1} \cdot \frac{\partial z_1}{\partial w_{21}^{(1)}}, \quad \frac{\partial L}{\partial w_{12}^{(1)}} = \frac{\partial L}{\partial s_5} \cdot \frac{\partial s_5}{\partial z_5} \cdot \frac{\partial z_5}{\partial s_2} \cdot \frac{\partial s_2}{\partial z_2} \cdot \frac{\partial z_2}{\partial w_{12}^{(1)}}$$

$$\frac{\partial L}{\partial w_{22}^{(1)}} = \frac{\partial L}{\partial s_5} \cdot \frac{\partial s_5}{\partial z_5} \cdot \frac{\partial z_5}{\partial s_2} \cdot \frac{\partial s_2}{\partial z_2} \cdot \frac{\partial z_2}{\partial w_{22}^{(1)}}, \quad \frac{\partial L}{\partial w_{13}^{(1)}} = \frac{\partial L}{\partial s_5} \cdot \frac{\partial s_5}{\partial z_5} \cdot \frac{\partial z_5}{\partial s_3} \cdot \frac{\partial s_3}{\partial z_3} \cdot \frac{\partial z_3}{\partial w_{13}^{(1)}}$$

$$\frac{\partial L}{\partial w_{23}^{(1)}} = \frac{\partial L}{\partial s_5} \cdot \frac{\partial s_5}{\partial z_5} \cdot \frac{\partial z_5}{\partial s_3} \cdot \frac{\partial s_3}{\partial z_3} \cdot \frac{\partial z_3}{\partial w_{23}^{(1)}}, \quad \frac{\partial L}{\partial w_{14}^{(1)}} = \frac{\partial L}{\partial s_5} \cdot \frac{\partial s_5}{\partial z_5} \cdot \frac{\partial z_5}{\partial s_4} \cdot \frac{\partial s_4}{\partial z_4} \cdot \frac{\partial z_4}{\partial w_{14}^{(1)}}$$

$$\frac{\partial L}{\partial w_{24}^{(1)}} = \frac{\partial L}{\partial s_5} \cdot \frac{\partial s_5}{\partial z_5} \cdot \frac{\partial z_5}{\partial s_4} \cdot \frac{\partial s_4}{\partial z_4} \cdot \frac{\partial z_4}{\partial w_{24}^{(1)}}$$

위와 같은 방법으로 (3. 21)에 이어 다음을 얻는다.

$$\frac{\partial L}{\partial w_{21}^{(1)}} = -2(y-\hat{y}) \cdot (w_{11}^{(2)} \cdot s_5 \cdot (1-s_5)) \cdot (x_2 \cdot s_1 \cdot (1-s_1))$$

$$\frac{\partial L}{\partial w_{12}^{(1)}} = -2(y-\hat{y}) \cdot (w_{21}^{(2)} \cdot s_5 \cdot (1-s_5)) \cdot (x_1 \cdot s_2 \cdot (1-s_2))$$

$$\frac{\partial L}{\partial w_{22}^{(1)}} = -2(y-\hat{y}) \cdot (w_{21}^{(2)} \cdot s_5 \cdot (1-s_5)) \cdot (x_2 \cdot s_2 \cdot (1-s_2))$$

$$\frac{\partial L}{\partial w_{13}^{(1)}} = -2(y-\hat{y}) \cdot (w_{31}^{(2)} \cdot s_5 \cdot (1-s_5)) \cdot (x_1 \cdot s_3 \cdot (1-s_3))$$

$$\frac{\partial L}{\partial w_{23}^{(1)}} = -2(y-\hat{y}) \cdot (w_{31}^{(2)} \cdot s_5 \cdot (1-s_5)) \cdot (x_2 \cdot s_3 \cdot (1-s_3))$$

$$\frac{\partial L}{\partial w_{14}^{(1)}} = -2(y-\hat{y}) \cdot (w_{41}^{(2)} \cdot s_5 \cdot (1-s_5)) \cdot (x_1 \cdot s_4 \cdot (1-s_4))$$

$$\frac{\partial L}{\partial w_{24}^{(1)}} = -2(y-\hat{y}) \cdot (w_{41}^{(2)} \cdot s_5 \cdot (1-s_5)) \cdot (x_2 \cdot s_4 \cdot (1-s_4))$$

여기서 $s_1 = \sigma(z_1 + b_1)$, $s_2 = \sigma(z_2 + b_2)$, $s_3 = \sigma(z_3 + b_3)$, $s_4 = \sigma(z_4 + b_4)$, $s_5 = \sigma(z_5 + b_5)$이다.

같은 논리로 바이어스 b_1, b_2, b_3, b_4에 대한 L의 변화율은 다음과 같다.

$$\frac{\partial L}{\partial b_1} = \frac{\partial L}{\partial s_5} \cdot \frac{\partial s_5}{\partial z_5} \cdot \frac{\partial s_5}{\partial s_1} \cdot \frac{\partial s_1}{\partial b_1}, \quad \frac{\partial L}{\partial b_2} = \frac{\partial L}{\partial s_5} \cdot \frac{\partial s_5}{\partial z_5} \cdot \frac{\partial s_5}{\partial s_2} \cdot \frac{\partial s_2}{\partial b_2}$$

$$\frac{\partial L}{\partial b_3} = \frac{\partial L}{\partial s_5} \cdot \frac{\partial s_5}{\partial z_5} \cdot \frac{\partial s_5}{\partial s_3} \cdot \frac{\partial s_3}{\partial b_3}, \quad \frac{\partial L}{\partial b_4} = \frac{\partial L}{\partial s_5} \cdot \frac{\partial s_5}{\partial z_5} \cdot \frac{\partial s_5}{\partial s_4} \cdot \frac{\partial s_4}{\partial b_4}$$

$$\frac{\partial L}{\partial b_5} = \frac{\partial L}{\partial s_5} \cdot \frac{\partial s_5}{\partial b_5}$$

여기에서 다음 결과를 얻는다.

$$\frac{\partial L}{\partial b_1} = -2(y-\hat{y})\cdot(w_{11}^{(2)}\cdot s_5\cdot(1-s_5))\cdot(s_1\cdot(1-s_1))$$
$$\frac{\partial L}{\partial b_2} = -2(y-\hat{y})\cdot(w_{21}^{(2)}\cdot s_5\cdot(1-s_5))\cdot(s_2\cdot(1-s_2))$$
$$\frac{\partial L}{\partial b_3} = -2(y-\hat{y})\cdot(w_{31}^{(2)}\cdot s_5\cdot(1-s_5))\cdot(s_3\cdot(1-s_3))$$
$$\frac{\partial L}{\partial b_4} = -2(y-\hat{y})\cdot(w_{41}^{(2)}\cdot s_5\cdot(1-s_5))\cdot(s_4\cdot(1-s_4))$$
$$\frac{\partial L}{\partial b_5} = -2(y-\hat{y})\cdot s_5(1-s_5)$$

위 결과를 표 3-1에서 어린이 A만을 포함하는 자료에 적용(SAS-3-4)하면 다음과 같다.

$$\frac{\partial L}{\partial w_{11}^{(1)}} = -0.000268,\quad \frac{\partial L}{\partial w_{21}^{(1)}} = -0.001260,\quad \frac{\partial L}{\partial w_{12}^{(1)}} = -0.000019,\quad \frac{\partial L}{\partial w_{22}^{(1)}} = 0.001435$$
$$\frac{\partial L}{\partial w_{13}^{(1)}} = -0.000268,\quad \frac{\partial L}{\partial w_{23}^{(1)}} = -0.001259,\quad \frac{\partial L}{\partial w_{14}^{(1)}} = -0.000019,\quad \frac{\partial L}{\partial w_{24}^{(1)}} = 0.001430$$
$$\frac{\partial L}{\partial b_1} = -0.000334,\quad \frac{\partial L}{\partial b_2} = -0.001393,\quad \frac{\partial L}{\partial b_3} = -0.000024,\quad \frac{\partial L}{\partial b_4} = 0.001584$$
$$\frac{\partial L}{\partial b_5} = 0.000332$$

이 결과를 이용하면 입력층과 은닉층 사이의 가중치 $w_{11}^{(1)}$ 등을 다음과 같이 갱신할 수 있다.

$$w_{11}^{(1*)} = w_{11}^{(1)} - \eta\cdot\frac{\partial L}{\partial w_{11}^{(1)}} = -0.094004,\quad w_{21}^{(1*)} = w_{21}^{(1)} - \eta\cdot\frac{\partial L}{\partial w_{21}^{(1)}} = 0.051943$$
$$w_{12}^{(1*)} = w_{12}^{(1)} - \eta\cdot\frac{\partial L}{\partial w_{12}^{(1)}} = 0.093856,\quad w_{22}^{(1*)} = w_{22}^{(1)} - \eta\cdot\frac{\partial L}{\partial w_{22}^{(1)}} = -0.006410$$
$$w_{13}^{(1*)} = w_{13}^{(1)} - \eta\cdot\frac{\partial L}{\partial w_{13}^{(1)}} = -0.013300,\quad w_{23}^{(1*)} = w_{23}^{(1)} - \eta\cdot\frac{\partial L}{\partial w_{23}^{(1)}} = 0.004837$$
$$w_{14}^{(1*)} = w_{14}^{(1)} - \eta\cdot\frac{\partial L}{\partial w_{14}^{(1)}} = 0.013438,\quad w_{24}^{(1*)} = w_{24}^{(1)} - \eta\cdot\frac{\partial L}{\partial w_{24}^{(1)}} = 0.059367$$
$$b_1^{(*)} = b_1 - \eta\cdot\frac{\partial L}{\partial b_1} = 0.038003,\quad b_2^{(*)} = b_2 - \eta\cdot\frac{\partial L}{\partial b_2} = 0.045471$$
$$b_3^{(*)} = b_3 - \eta\cdot\frac{\partial L}{\partial b_3} = -0.082552,\quad b_4^{(*)} = b_4 - \eta\cdot\frac{\partial L}{\partial b_4} = -0.057524$$
$$b_5^{(*)} = b_5 - \eta\cdot\frac{\partial L}{\partial b_5} = 0.012001$$

위 결과에 의하여 어린이 출생순위와 어머니 나이를 기초로 추정된 어린이들의 지능 추정값들도 갱신할 수 있다. 예컨대 어린이 A의 경우 두 독립변수의 값 $(x_{11}, x_{12}) = (5, 29)$ 또는 그 변환 자료 $(x_1, x_2) = (0.3333,\ 0.8)$을 기초로 얻어지는 신경망의 새 추정값 $\hat{y}_1$는 다음과 같이 계산된다. 먼저 z_1, z_2, z_3, z_4를 다음 식

$$z_1^* = w_{11}^{(1*)} \cdot x_1 + w_{21}^{(1*)} \cdot x_2, \quad z_2^* = w_{12}^{(1*)} \cdot x_1 + w_{22}^{(1*)} \cdot x_2$$
$$z_3^* = w_{13}^{(1*)} \cdot x_1 + w_{23}^{(1*)} \cdot x_2, \quad z_4^* = w_{14}^{(1*)} \cdot x_1 + w_{24}^{(1*)} \cdot x_2$$

를 통해

$$z_1^* = -0.02846, \quad z_2^* = 0.06931, \quad z_3^* = -0.00628, \quad z_4^* = 0.06418$$

로 바꾸고, 다시 이것들을

$$s_1^* = \sigma(z_1^* + b_1^*), \quad s_2^* = \sigma(z_2^* + b_2^*), \quad s_3^* = \sigma(z_3^* + b_3^*), \quad s_4^* = \sigma(z_4^* + b_4^*)$$

를 통해 바꾸면 다음을 얻는다.

$$s_1^* = 0.51484, \quad s_2^* = 0.51603, \quad s_3^* = 0.51868, \quad s_4^* = 0.52542$$

여기서

$$z_5^* = w_{11}^{2*} \cdot s_1^* + w_{21}^{2*} \cdot s_2^* + w_{31}^{2*} \cdot s_3^* + w_{41}^{2*} \cdot s_4^* = -0.04122$$

를 얻을 수 있고, 이것에서 새 추정값

$$\hat{y}_1^* = \sigma(z_5^* + b^*) = 0.47976$$

을 얻는다. 이것을 원래 단위로 환산하면 104.393이다. 이것의 실제 관측값은 100이다.

(3) 오차감소 확인절차

마지막 단계로 갱신된 가중치를 이용하여 다시 순전파를 수행하여 오차가 감소되었는지를 확인한다. 여기서 발생한 오차는 $\hat{y}_1^* - y = 0.49178 - 0.33333 = 0.15845$이고, 이것을 본래 단위로 환산하면 94.7535가 된다. 또 20개 자료 전체의 평균제곱오차는 다음과 같다.

$$L = \frac{1}{20}\sum_{i=1}^{20}(y_i - \hat{y}_i)^2 = 0.09555$$

이것을 본래 단위로 환산한 전체 평균제곱오차는 92.8665이다. 이것은 역전파 알고리즘을 수행하기 이전의 전체오차 93.080163보다 0.6130263, 약 0.66% 감소한 것이다.

기존의 전체오차에 비하여 한 번의 역전파 수행으로 오차가 다소 감소되었음을 확인할 수 있다. 오차의 감소가 만족스러우면 신경망의 학습은 여기서 종결하게 된다. 만약 그렇지 않으면 학습을 더 진행하게 된다.

참고 3.4

위 오차갱신에서는 약 0.66% 감소되었다. 이것이 만족스럽지 않으면 이 갱신 과정을 약 100 번이나 1,000 번 반복수행하여 오차를 $\frac{1}{10}$ 이나 $\frac{1}{100}$ 또는 그 이하로 감소시킬 수 있다.

참고 3.5

오류의 역전파 학습은 오차함수의 1차 미분, 즉 기울기만을 이용하므로 학습속도가 느리고 극소점(local minimum point)에 빠질 수 있다. 이러한 단점들을 보완하는 함수최적화 방법에는 새로 개발된 비선형 최소제곱방법의 공액경사법(conjugate gradient method)이나 레벤버그-마쿼드(Levenberg-Marquardt: LM) 방법 등이 이용될 수 있다.

3.2.4 여러 출력 노드를 갖는 역전파 알고리즘

여기서는 출력층 노드를 여러 개 갖는 순방향 신경망의 역전파 알고리즘을 생각한다.

그림 3-6에서와 같이, 한 입력층에 두 개의 입력 노드를 갖고 출력층의 출력 노드가 두 개인 경우를 생각해 본다.

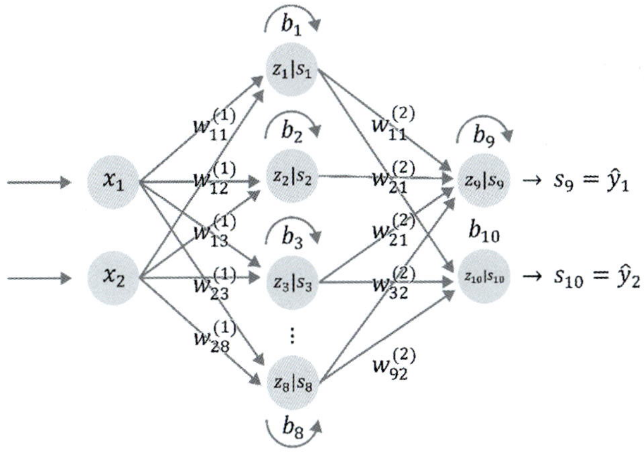

그림 3-6 출력노드를 2개 갖는 순방향 신경망 구조

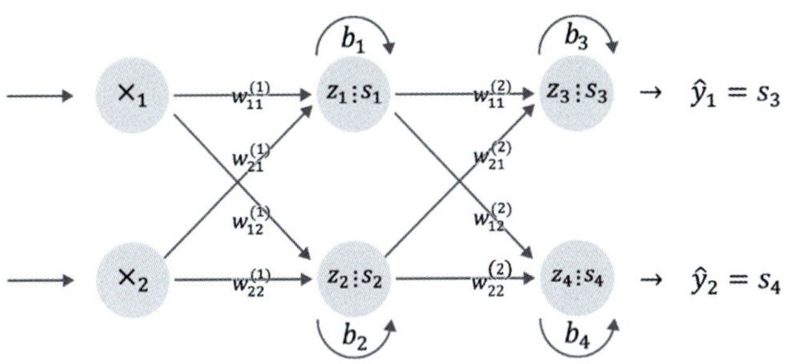

그림 3-7 출력노드가 2개인 신경망 구조

그러나 설명을 간편하게 하기 위해서 여기서는 그림 3-7에 주어진 하나의 은닉층에 2개의 노드를 갖는 순방향 신경망을 생각하자. 이 도형에서는 입력층의 입력값 x_1, x_2가 4개의 가중치 $w_{11}^{(1)}$, $w_{12}^{(1)}$, $w_{21}^{(1)}$, $w_{22}^{(1)}$에 의해 z_1, z_2 로 선형변환되어

$$z_1 = w_{11}^{(1)}x_1 + w_{21}^{(1)}x_2, \qquad z_2 = w_{12}^{(1)}x_1 + w_{22}^{(1)}x_2$$

를 얻고, z_1와 z_2에 각각 바이어스 b_1, b_2를 합한 후 다시 시그모이드 함수를 통해 활성화시킨 값을 각각 s_1, s_2라 하자. 즉,

$$s_1 = \sigma(z_1 + b_1), \qquad s_2 = \sigma(z_2 + b_2)$$

더욱이 활성화된 s_1, s_2를 두 번째 가중치 $w_{11}^{(2)}$, $w_{12}^{(2)}$, $w_{21}^{(2)}$, $w_{22}^{(2)}$을 통해 다시 선형변환한다.

즉

$$z_3 = w_{11}^{(2)} s_1 + w_{21}^{(2)} s_2, \qquad z_4 = w_{12}^{(2)} s_1 + w_{22}^{(2)} s_2 \tag{3.22}$$

여기서 얻은 z_3, z_4에 각각 바이어스 b_3, b_4를 합하고 다시 같은 시그모이드 함수로 활성화시킨 두 값

$$s_3 = \sigma\,(z_3 + b_3), \qquad s_4 = \sigma\,(z_4 + b_4) \tag{3.23}$$

을 최종의 추정값 $\hat{y}_1 = s_3$, $\hat{y}_2 = s_4$로 한다. 즉 다음과 같다.

$$\hat{y}_1 = \sigma(w_{11}^{(2)} s_1 + w_{21}^{(2)} s_2 + b_3), \qquad \hat{y}_2 = \sigma(w_{12}^{(2)} s_1 + w_{22}^{(2)} s_2 + b_4) \tag{3.24}$$

위 계산과정을 종합하여 다음 두 식으로 표시할 수 있다.

$$\hat{y}_1 = \sigma\left(\sum_{j=1}^{2}\left\{w_{j1}^{(2)} \cdot \sigma\left(\left(\sum_{i=1}^{2} w_{ij}^{(1)} x_i\right) + b_j\right)\right\} + b_3\right),$$

$$\hat{y}_2 = \sigma\left(\sum_{j=1}^{2}\left\{w_{j2}^{(2)} \cdot \sigma\left(\left(\sum_{i=1}^{2} w_{ij}^{(1)} x_i\right) + b_{2+j}\right)\right\} + b_4\right)$$

위 순전파 과정은 결국 다음과 같이 요약된다. 먼저 입력층에 들어온 x_1, x_2를 그 가중치를 계수로 하여 선형화한 다음에 다시 은닉층으로 넘긴다. 은닉층에서는 앞에서 넘어온 각 값에 바이어스를 합하여 같은(또는 다른) 활성화 함수를 통해 활성화시킨다. 다음은 그곳의 가중치를 이용하여 다시 선형화한 후 출력층으로 보낸다. 출력층에서는 이렇게 들어온 값에 바이어스를 합하여 다시 한 번 활성화시킨 후 이것들을 추정값들로 출력시킨다. 이때 출력값 $\hat{y}_1$과 목표값 y_1 그리고 출력값 $\hat{y}_2$와 목표값 y_2 사이에 예측오차가 생기면 오차함수인 평균제곱오차(MSE)를 통해 그 오차를 계산한다. 두 오차가 각각 $L_1 = (y_1 - \hat{y}_1)^2$, $L_2 = (y_2 - \hat{y}_2)^2$이면, 전체오차 L_{total}은 둘의 평균으로 한다. 즉

$$L_{total} = \frac{1}{2}\{(y_1 - \hat{y}_1)^2 + (y_2 - \hat{y}_2)^2\} = \frac{1}{2}\sum_{i=1}^{2}(y_i - \hat{y}_i)^2 \quad (3.25)$$

이 과정에서도 추정오차는 가중치와 바이어스의 함수임을 알 수 있다. 오차가 작지 않다고 판단되면 손실을 더 줄이기 위해 가중치 w_{ij}와 바이어스 b_j를 계속 바꿔가며 신경망을 학습시킨다.

(1) 역전파 1단계

앞에서 논의한 바와 같이, 입력층에서 시작하여 은닉층을 거쳐 출력층에서 예측치를 배출하는 과정을 순전파라 하고, 다시 출력층에서 입력층 방향으로 가중치를 바꾸어 가는 과정을 역전파라 하였다.

역전파를 수행하는 목적은 출력값과 목표값 사이의 오차를 가급적 줄이는 방향으로 가중치 $w_{11}^{(2)}$, $w_{21}^{(2)}$, $w_{12}^{(2)}$, $w_{22}^{(2)}$와 바이어스 b_3, b_4들을 갱신하는 데 있다. $w_{11}^{(2)}$을 학습하기 위해서는 전체손실 L_{total}이 가중치 $w_{11}^{(2)}$에 의해 얼마나 영향을 받는지를 먼저 계산하여야 한다. 이를 위해 먼저 이 가중치에 대한 전체손실함수의 변화인 편도함수 $\frac{\partial L_{total}}{\partial w_{11}^{(2)}}$을 다음과 같이 계산한다.

$$\frac{\partial L_{total}}{\partial w_{11}^{(2)}} = \frac{\partial L_{total}}{\partial s_3} \cdot \frac{\partial s_3}{\partial z_3} \cdot \frac{\partial z_3}{\partial w_{11}^{(2)}} \quad (3.26)$$

결국 가중치 $w_{11}^{(2)}$이 전체손실 L_{total}에 미치는 영향을 나타내는 $\frac{\partial L_{total}}{\partial w_{11}^{(2)}}$은 먼저 오른쪽 세 항의 곱으로 표시된다. 또 이 세 항은 각각 다음과 같이 주어진다.

$$\text{(i)}\ \frac{\partial L_{total}}{\partial s_3} = -(y_1 - \hat{y}_1) \qquad \text{(ii)}\ \frac{\partial s_3}{\partial z_3} = s_3(1 - s_3) = \hat{y}_1(1 - \hat{y}_1) \qquad \text{(iii)}\ \frac{\partial z_3}{\partial w_{11}^{(2)}} = s_1$$

이 결과를 확인해 보면, 먼저 (i)은 (3.24)에서 $\frac{\partial L_{total}}{\partial s_3} = \frac{\partial L_{total}}{\partial \hat{y}_1} = -(y_1 - \hat{y}_1)$이 성립한다. 다음 (ii)는 (3.23)에서 얻어진다. 다시 말하여, (3.11)의 시그모이드 함수의 도함수 성질에 의하면

$$\frac{\partial s_3}{\partial z_3} = 1 \cdot \sigma'(z_3 + b_3) = \sigma(z_3 + b_3)\big(1 - \sigma(z_3 + b_3)\big) = s_3(1 - s_3) = \hat{y}_1(1 - \hat{y}_1)$$

이다. 마지막 (iii) 은 (3.22)에서 $\frac{\partial z_3}{\partial w_{11}^{(2)}} = s_1$이 성립한다. 결국 구하는 결과는 다음과 같다.

$$\frac{\partial L_{total}}{\partial w_{11}^{(2)}} = -(y_1 - \hat{y}_1) \cdot \hat{y}_1(1 - \hat{y}_1) \cdot s_1 \tag{3.27}$$

같은 방법으로, (3.26)과 관련한 나머지 다음 세 식은

$$\frac{\partial L_{total}}{\partial w_{21}^{(2)}} = \frac{\partial L_{total}}{\partial s_3} \cdot \frac{\partial s_3}{\partial z_3} \cdot \frac{\partial z_3}{\partial w_{21}^{(2)}}, \qquad \frac{\partial L_{total}}{\partial w_{12}^{(2)}} = \frac{\partial L_{total}}{\partial s_4} \cdot \frac{\partial s_4}{\partial z_4} \cdot \frac{\partial z_4}{\partial w_{12}^{(2)}}$$

$$\frac{\partial L_{total}}{\partial w_{22}^{(2)}} = \frac{\partial L_{total}}{\partial s_4} \cdot \frac{\partial s_4}{\partial z_4} \cdot \frac{\partial z_4}{\partial w_{22}^{(2)}}$$

이고, 이것에서 (3.27)과 유사한 다음 결과들을 얻는다.

$$\frac{\partial L_{total}}{\partial w_{21}^{(2)}} = -(y_1 - \hat{y}_1) \cdot \hat{y}_1(1 - \hat{y}_1) \cdot s_2, \qquad \frac{\partial L_{total}}{\partial w_{12}^{(2)}} = -(y_2 - \hat{y}_2) \cdot \hat{y}_2(1 - \hat{y}_2) \cdot s_1$$

$$\frac{\partial L_{total}}{\partial w_{22}^{(2)}} = -(y_2 - \hat{y}_2) \cdot \hat{y}_2(1 - \hat{y}_2) \cdot s_2$$

또 두 바이어스에 관한 L_{total}의 변화율 $\frac{\partial L_{total}}{\partial b_3}$와 $\frac{\partial L_{total}}{\partial b_4}$은 각각

$$\frac{\partial L_{total}}{\partial b_3} = \frac{\partial L_{total}}{\partial s_3} \cdot \frac{\partial s_3}{\partial b_3}, \qquad \frac{\partial L_{total}}{\partial b_4} = \frac{\partial L_{total}}{\partial s_4} \cdot \frac{\partial s_4}{\partial b_4}$$

로 주어지고, 이것을 구체적으로 나타내면 다음과 같다.

$$\frac{\partial L_{total}}{\partial b_3} = \frac{\partial L_{total}}{\partial s_3} \cdot \frac{\partial s_3}{\partial b_3} = -(y_1 - \hat{y}_1) \cdot \hat{y}_1(1 - \hat{y}_1)$$

$$\frac{\partial L_{total}}{\partial b_4} = \frac{\partial L_{total}}{\partial s_4} \cdot \frac{\partial s_4}{\partial b_4} = -(y_2 - \hat{y}_2) \cdot \hat{y}_2(1 - \hat{y}_2)$$

여기서 L_{total}은 $L_{total} = L_{01} + L_{02}$이고, $L_{01} = \frac{1}{2}(y_1 - \hat{y}_1)^2$, $L_{02} = \frac{1}{2}(y_2 - \hat{y}_2)^2$ 이다.

결국 전체오차 L_{total} 의 크기는 가중치와 바이어스의 변화를 통해 조절될 수 있다. 이런

의미에서 가중치의 갱신값은 가중치 $w_{11}^{(2)}$에서 그 가중치에 대한 오차의 변화율인 $\frac{\partial L_{total}}{\partial w_{11}^{(2)}}$을 뺀 값으로 표현된다. 이때 $\frac{\partial L_{total}}{\partial w_{11}^{(1)}}$의 앞에 스칼라 $\eta \in (0,\ 1)$을 곱하여 빼 주는 것이 더 타당하다고 할 수 있다. 이를테면 $w_{11}^{(2)} - \frac{\partial L_{total}}{\partial w_{11}^{(2)}}$ 대신에 $w_{11}^{(2)} - \eta \cdot \frac{\partial L_{total}}{\partial w_{11}^{(2)}}$을 사용하는 것이다. 여기서 학습률(learning rate)이라고 하는 η는 기울기 감소속도를 늦추어 손실함수의 최저점을 놓치지 않고 찾는 데 도움이 된다. 즉

$$w_{11}^{(2*)} \ .= w_{11}^{(2)} - \eta \cdot \frac{\partial L_{total}}{\partial w_{11}^{(2)}} \tag{3.28}$$

이다. 여기서 기호 $.=$는 왼쪽 값을 오른쪽 값으로 대체한다는 뜻이다. 실제 $\eta > 0$ 이므로, L_{total}을 간단히 L로 나타내어

만약 $\frac{\partial L}{\partial w_{11}^{(2)}} > 0$이면, $w_{11}^{(2)}$은 감소하고 결국 L을 감소시키고,

만약 $\frac{\partial L}{\partial w_{11}^{(2)}} < 0$이면, $w_{11}^{(2)}$은 증가하고 결국 L을 감소시킨다.

주어진 신경망의 모든 가중치는 물론이고 바이어스에 대해서도 이 과정을 거치면 손실함수는 점차 감소하여 결국 신경망을 개선하게 된다. (3.28)에서와 같은 방법으로, 은닉층과 출력층 사이의 갱신된 나머지 가중치들은 다음과 같다.

$$w_{21}^{(2*)} = w_{21}^{(2)} - \eta \cdot \frac{\partial L_{total}}{\partial w_{21}^{(2)}}, \qquad w_{12}^{(2*)} = w_{12}^{(2)} - \eta \cdot \frac{\partial L_{total}}{\partial w_{12}^{(2)}}$$
$$w_{22}^{(2*)} = w_{22}^{(2)} - \eta \cdot \frac{\partial L_{total}}{\partial w_{22}^{(2)}} \tag{3.29}$$

물론 두 바이어스 b_1과 b_2에 대해서도 같은 절차를 통해 얻어지는 갱신값은 다음과 같다.

$$b_1^{(1*)} .= b_1^{(1)} - \eta' \cdot \frac{\partial L_{total}}{\partial b_1}, \qquad b_2^{(1*)} .= b_2^{(1)} - \eta' \cdot \frac{\partial L_{total}}{\partial b_2}$$

(2) 역전파 2단계

역전파의 다음 단계는 입력층과 은닉층 사이로 이동하여 위와 같은 갱신과정을 수행하는 것이다. 여기서 학습을 통해 바꾸어야 할 가중치는 입력층과 은닉층 사이에 있는 가중치 $w_{11}^{(1)}$, $w_{21}^{(1)}$, $w_{12}^{(1)}$, $w_{22}^{(1)}$와 바이어스 b_1, b_2이다. 여기서도 역전파 1단계에서와 유사한 방법을 적용한다. 그러나 한 가지 차이점이 있다면, 그림 3-7에서 보는 바와 같이 각 은닉층 노드의 출력이 출력층의 두 가지 출력 노드를 통하여 오차에 영향을 준다는 사실을 감안해야 하는 것이다. 다시 말하여 이 그림에서 은닉층의 출력 s_1은 출력층의 첫 번째 입력값 z_3을 통하여 출력값 s_3에 영향을 줄 뿐 아니라 또 출력층의 두 번째 입력값 z_4를 통하여 출력값 s_4에도 영향을 주는 것이다. 더욱이 여기서 수행되는 역전파 알고리즘을 수행할 때는 갱신된 가중치들을 사용하지 않고 갱신 이전의 원래 가중치를 사용해야 함을 유의하여야 한다.

그림 3-7에서와 같이, s_3이 오차에 두 가지 통로로 영향을 받기 때문에 합의 법칙에 따라 다음이 성립한다.

$$\frac{\partial L_{total}}{\partial w_{11}^{(1)}} = \frac{\partial L_{total}}{\partial s_3}\cdot\frac{\partial s_3}{\partial z_3}\cdot\frac{\partial z_3}{\partial s_1}\cdot\frac{\partial s_1}{\partial z_1}\cdot\frac{\partial z_1}{\partial w_{11}^{(1)}} + \frac{\partial L_{total}}{\partial s_4}\cdot\frac{\partial s_4}{\partial z_4}\cdot\frac{\partial z_4}{\partial s_1}\cdot\frac{\partial s_1}{\partial z_1}\cdot\frac{\partial z_1}{\partial w_{11}^{(1)}}$$

$$\frac{\partial L_{total}}{\partial w_{21}^{(1)}} = \frac{\partial L_{total}}{\partial s_3}\cdot\frac{\partial s_3}{\partial z_3}\cdot\frac{\partial z_3}{\partial s_1}\cdot\frac{\partial s_1}{\partial z_1}\cdot\frac{\partial z_1}{\partial w_{21}^{(1)}} + \frac{\partial L_{total}}{\partial s_4}\cdot\frac{\partial s_4}{\partial z_4}\cdot\frac{\partial z_4}{\partial s_1}\cdot\frac{\partial s_1}{\partial z_1}\cdot\frac{\partial z_1}{\partial w_{21}^{(1)}} \quad (3.30a)$$

$$\frac{\partial L_{total}}{\partial w_{12}^{(1)}} = \frac{\partial L_{total}}{\partial s_3}\cdot\frac{\partial s_3}{\partial z_3}\cdot\frac{\partial z_3}{\partial s_2}\cdot\frac{\partial s_2}{\partial z_2}\cdot\frac{\partial z_2}{\partial w_{12}^{(1)}} + \frac{\partial L_{total}}{\partial s_4}\cdot\frac{\partial s_4}{\partial z_4}\cdot\frac{\partial z_4}{\partial s_2}\cdot\frac{\partial s_2}{\partial z_2}\cdot\frac{\partial z_2}{\partial w_{12}^{(1)}}$$

$$\frac{\partial L_{total}}{\partial w_{22}^{(1)}} = \frac{\partial L_{total}}{\partial s_3}\cdot\frac{\partial s_3}{\partial z_3}\cdot\frac{\partial z_3}{\partial s_2}\cdot\frac{\partial s_2}{\partial z_2}\cdot\frac{\partial z_2}{\partial w_{22}^{(1)}} + \frac{\partial L_{total}}{\partial s_4}\cdot\frac{\partial s_4}{\partial z_4}\cdot\frac{\partial z_4}{\partial s_2}\cdot\frac{\partial s_2}{\partial z_2}\cdot\frac{\partial z_2}{\partial w_{22}^{(1)}}$$

이 식들은 다음과 같이 표현할 수도 있다.

$$\frac{\partial L_{total}}{\partial w_{11}^{(1)}} = \frac{\partial L_{total}}{\partial s_3}\cdot\frac{\partial s_3}{\partial z_3}\cdot\frac{\partial z_3}{\partial w_{11}^{(1)}} + \frac{\partial L_{total}}{\partial s_4}\cdot\frac{\partial s_4}{\partial z_4}\cdot\frac{\partial z_4}{\partial w_{11}^{(1)}}$$

$$\frac{\partial L_{total}}{\partial w_{21}^{(1)}} = \frac{\partial L_{total}}{\partial s_3}\cdot\frac{\partial s_3}{\partial z_3}\cdot\frac{\partial z_3}{\partial w_{21}^{(1)}} + \frac{\partial L_{total}}{\partial s_4}\cdot\frac{\partial s_4}{\partial z_4}\cdot\frac{\partial z_4}{\partial w_{21}^{(1)}} \quad (3.30b)$$

$$\frac{\partial L_{total}}{\partial w_{12}^{(1)}} = \frac{\partial L_{total}}{\partial s_3}\cdot\frac{\partial s_3}{\partial z_3}\cdot\frac{\partial z_3}{\partial w_{12}^{(1)}} + \frac{\partial L_{total}}{\partial s_4}\cdot\frac{\partial s_4}{\partial z_4}\cdot\frac{\partial z_4}{\partial w_{12}^{(1)}}$$

$$\frac{\partial L_{total}}{\partial w_{22}^{(1)}} = \frac{\partial L_{total}}{\partial s_3}\cdot\frac{\partial s_3}{\partial z_3}\cdot\frac{\partial z_3}{\partial w_{22}^{(1)}} + \frac{\partial L_{total}}{\partial s_4}\cdot\frac{\partial s_4}{\partial z_4}\cdot\frac{\partial z_4}{\partial w_{22}^{(1)}}$$

위와 같이 얻어지는 역전파 2단계의 갱신된 가중치들은 다음과 같다.

$$w_{11}^{(1*)} .= w_{11}^{(1)} - \eta' . \frac{\partial L_{total}}{\partial w_{11}^{(1)}}, \qquad w_{21}^{(1*)} .= w_{21}^{(1)} - \eta' \cdot \frac{\partial L_{total}}{\partial w_{21}^{(1)}}$$
$$w_{12}^{(1*)} .= w_{12}^{(1)} - \eta' \cdot \frac{\partial L_{total}}{\partial w_{12}^{(1)}}, \qquad w_{22}^{(1*)} .= w_{22}^{(1)} - \eta' \cdot \frac{\partial L_{total}}{\partial w_{22}^{(1)}}$$

다음에 두 바이어스 b_1와 b_2의 갱신값은 다음과 같다.

$$\frac{\partial L_{total}}{\partial b_1} = \frac{\partial L_{total}}{\partial s_3} \cdot \frac{\partial s_3}{\partial z_3} \cdot \frac{\partial z_3}{\partial s_1} \cdot \frac{\partial s_1}{\partial b_1} + \frac{\partial L_{total}}{\partial s_4} \cdot \frac{\partial s_4}{\partial z_4} \cdot \frac{\partial z_4}{\partial s_1} \cdot \frac{\partial s_1}{\partial b_1}$$
$$\frac{\partial L_{total}}{\partial b_2} = \frac{\partial L_{total}}{\partial s_3} \cdot \frac{\partial s_3}{\partial z_3} \cdot \frac{\partial z_3}{\partial s_2} \cdot \frac{\partial s_2}{\partial b_2} + \frac{\partial L_{total}}{\partial s_4} \cdot \frac{\partial s_4}{\partial z_4} \cdot \frac{\partial z_4}{\partial s_2} \cdot \frac{\partial s_2}{\partial b_2} \qquad (3.30c)$$

그리고

$$b_1^{(1*)} .= b_1^{(1)} - \eta' \cdot \frac{\partial L_{total}}{\partial b_1}, \qquad b_2^{(1*)} .= b_2^{(1)} - \eta' \cdot \frac{\partial L_{total}}{\partial b_2}$$

이제 위 식들을 구체적인 값으로 표현해 본다. 먼저 (3.30b)의 첫항 $\frac{\partial L_{total}}{\partial w_{11}^{(1)}}$에서

$$\frac{\partial L_{total}}{\partial s_3} = -(y_1 - \hat{y}_1), \quad \frac{\partial s_3}{\partial z_3} = \hat{y}_1(1 - \hat{y}_1), \quad \frac{\partial z_3}{\partial w_{11}^{(1)}} = w_{11}^{(2)} \cdot s_1(1 - s_1) \cdot x_1 \qquad (3.30d)$$

이다. 또 $\frac{\partial L_{total}}{\partial s_3} = \frac{\partial L_{total}}{\partial \hat{y}_1} = -(y_1 - \hat{y}_1)$, $\frac{\partial s_3}{\partial z_3} = \sigma(z_3 + b_3)\big(1 - \sigma(z_3 + b_3)\big) = s_3(1 - s_3) = \hat{y}_1(1 - \hat{y}_1)$ 그리고 $\frac{\partial z_3}{\partial w_{11}^{(1)}} = \frac{\partial z_3}{\partial s_1} \frac{\partial s_1}{\partial z_1} \frac{\partial z_1}{\partial w_{11}^{(1)}}$에서 (3.30d)의 세 번째 값이 구해진다. 또 $z_3 = w_{11}^{(2)} s_1 + w_{21}^{(2)} s_2$에서 $\frac{\partial z_3}{\partial s_1} = w_{11}^{(2)}$이 되고, $s_1 = \sigma(z_1 + c_1)$에서 $\sigma(z_1 + b_1)\big(1 - \sigma(z_1 + b_1)\big) = s_1(1 - s_1)$이다. 더욱이 $z_1 = w_{11}^{(1)} x_1 + w_{21}^{(1)} x_2$에서 $\frac{\partial z_1}{\partial w_{11}^{(1)}} = x_1$을 얻는다. 따라서 (3.30b)의 첫째 식은 다음과 같다.

$$\frac{\partial L_{total}}{\partial w_{11}^{(1)}} = \frac{\partial L_{total}}{\partial s_3} \cdot \frac{\partial s_3}{\partial z_3} \cdot \frac{\partial z_3}{\partial w_{11}^{(1)}} + \frac{L_{total}}{\partial s_4} \cdot \frac{\partial s_4}{\partial z_4} \cdot \frac{\partial z_4}{\partial w_{11}^{(1)}}$$
$$= -(y_1 - \hat{y}_1)\, \hat{y}_1(1 - \hat{y}_1) \cdot w_{11}^{(2)} \cdot s_1(1 - s_1) \cdot x_1 - (y_2 - \hat{y}_2)\, \hat{y}_2(1 - \hat{y}_2) \cdot w_{11}^{(2)} \cdot s_1(1 - s_1) \cdot x_1$$

같은 방법으로 처리하여 다음 결과를 얻는다.

$$\frac{\partial L_{total}}{\partial w_{21}^{(1)}} = \frac{\partial L_{total}}{\partial s_3} \cdot \frac{\partial s_3}{\partial z_3} \cdot \frac{\partial z_3}{\partial w_{21}^{(1)}} + \frac{L_{total}}{\partial s_4} \cdot \frac{\partial s_4}{\partial z_4} \cdot \frac{\partial z_4}{\partial w_{21}^{(1)}}$$
$$= -(y_1 - \hat{y}_1)\,\hat{y}_1(1-\hat{y}_1) \cdot w_{21}^{(2)} \cdot s_1(1-s_1) \cdot x_1 - (y_2 - \hat{y}_2)\,\hat{y}_2(1-\hat{y}_2) \cdot w_{21}^{(2)} \cdot s_1(1-s_1) \cdot x_2$$

또

$$\frac{\partial L_{total}}{\partial w_{12}^{(1)}} = \frac{\partial L_{total}}{\partial s_3} \cdot \frac{\partial s_3}{\partial z_3} \cdot \frac{\partial z_3}{\partial w_{12}^{(1)}} + \frac{L_{total}}{\partial s_4} \cdot \frac{\partial s_4}{\partial z_4} \cdot \frac{\partial z_4}{\partial w_{12}^{(1)}}$$
$$= -(y_1 - \hat{y}_1)\,\hat{y}_1(1-\hat{y}_1) \cdot w_{12}^{(2)} \cdot s_1(1-s_1) \cdot x_1 - (y_2 - \hat{y}_2)\,\hat{y}_2(1-\hat{y}_2) \cdot w_{12}^{(2)} \cdot s_2(1-s_2) \cdot x_1$$

마지막 식은 다음과 같다.

$$\frac{\partial L_{total}}{\partial w_{22}^{(1)}} = \frac{\partial L_{total}}{\partial s_3} \cdot \frac{\partial s_3}{\partial z_3} \cdot \frac{\partial z_3}{\partial w_{11}^{(1)}} + \frac{L_{total}}{\partial s_4} \cdot \frac{\partial s_4}{\partial z_4} \cdot \frac{\partial z_4}{\partial w_{22}^{(1)}}$$
$$= -(y_1 - \hat{y}_1)\,\hat{y}_1(1-\hat{y}_1) \cdot w_{22}^{(2)} \cdot s_1(1-s_1) \cdot x_1 - (y_2 - \hat{y}_2)\,\hat{y}_2(1-\hat{y}_2) \cdot w_{22}^{(2)} \cdot s_2(1-s_2) \cdot x_2$$

같은 방법으로, (3.30c)의 두 결과는 다음과 같다. 먼저 앞 두 항의 곱은 각각

$$\frac{\partial L_{total}}{\partial s_3} \cdot \frac{\partial s_3}{\partial z_3} = -(y_1 - \hat{y}_1) \cdot s_3(1-s_3), \qquad \frac{\partial L_{total}}{\partial s_4} \cdot \frac{\partial s_4}{\partial z_4} = -(y_2 - \hat{y}_2) \cdot s_4(1-s_4)$$

이고, 나머지 두 항 $\frac{\partial z_3}{\partial b_1}$과 $\frac{\partial z_4}{\partial b_1}$ 그리고 $\frac{\partial z_3}{\partial b_2}$과 $\frac{\partial z_4}{\partial b_2}$는

$$z_3 = w_{11}^{(2)} s_1 + w_{21}^{(2)} s_2, \quad z_4 = w_{12}^{(2)} s_1 + w_{22}^{(2)} s_2, \quad s_1 = \sigma(z_1 + b_1), \quad s_2 = \sigma(z_2 + b_2)$$

에서 다음을 얻고

$$\frac{\partial z_3}{\partial b_1} = w_{11}^{(2)} \cdot \sigma(z_1 + b_1) \cdot (1 - \sigma(z_1 + b_1)) = w_{11}^{(2)} \cdot s_1(1 - s_1)$$

$$\frac{\partial z_4}{\partial b_1} = w_{12}^{(2)} \cdot \sigma(z_1 + b_1) \cdot (1 - \sigma(z_1 + b_1)) = w_{12}^{(2)} \cdot s_1(1 - s_1)$$

같은 방법으로 다음을 얻는다.

$$\frac{\partial z_3}{\partial b_2} = w_{21}^{(2)} \cdot \sigma(z_2 + b_2)\,(1 - \sigma(z_2 + b_2)) = w_{21}^{(2)} \cdot s_2(1 - s_2)$$

$$\frac{\partial z_4}{\partial b_2} = w_{22}^{(2)} \cdot \sigma(z_2 + b_2)\,(1 - \sigma(z_2 + b_2)) = w_{22}^{(2)} \cdot s_2(1 - s_2)$$

위 결과에서 (3.30c)는 다음과 같이 주어진다.

$$\frac{\partial L_{total}}{\partial b_1} = -(y_1 - \hat{y}_1) \cdot \hat{y}_1(1 - \hat{y}_1) \cdot w_{11}^{(2)} \cdot b_1(1 - b_1) - (y_2 - \hat{y}_2) \cdot \hat{y}_2(1 - \hat{y}_2) \cdot w_{12}^{(2)} \cdot b_1(1 - b_1)$$

$$\frac{\partial L_{total}}{\partial b_2} = -(y_1 - \hat{y}_1) \cdot \hat{y}_1(1 - \hat{y}_1) \cdot w_{21}^{(2)} \cdot b_2(1 - b_2) - (y_2 - \hat{y}_2) \cdot \hat{y}_2(1 - \hat{y}_2) \cdot w_{22}^{(2)} \cdot b_2(1 - b_2)$$

지금 위에서 다루고 있는 신경망의 계산은 은닉층이 하나임을 전제로 하였다. 인공신경망의 은닉층이 여러 층으로 이루어진 심층 인공신경망에서는 추가된 은닉층의 개수에 따라 입력층 방향으로 몇 단계 더 계산해야 함을 유의해야 한다. 마지막 단계로, 역전파를 통하여 가중치가 모두 갱신된 후에는 바뀐 가중치를 사용해 다시 순전파를 수행하여 새 오차를 구하고 그 결과들을 비교할 필요가 있다.

참고 3.6

신경망 모형을 개발한 후에는 그 모형의 예측 수행을 평가할 필요가 있다. 이 경우 관측된 표본자료를 학습집합(train set)과 검사집합(test set)으로 구분한 후, 학습표본은 신경망 모형을 개발하고 학습하는 데, 검사표본은 완성된 모형의 예측 능력을 평가하는 데 이용한다. 이에 대한 논의는 다음 절에서 다시 하기로 한다.

참고 3.7

위에서 수행한 가중치의 갱신은 학습률 η' 에 따라 신경망의 오차가 차이를 보일 수 있다. 그러나 대개의 경우 반복과정을 100번, 500번, 1,000번 등으로 확대하면 오차를 더 감소시킬 수 있다. 여기서 입력자료 전체를 사용하여 신경망을 따라 (순전파와 역전파를 포함하여) 입력층부터 출력층까지 순서대로 변수들을 계산하고 저장하는 과정을 한 에폭(epoch)이라 한다. 반복과정 100번이란 100에폭을 뜻한다.

참고 3.8 신경망모형과 회귀모형의 비교

그림 3-8의 왼쪽은 표 3-2에 주어진 20명 어린이 지능 자료에 적합한 (2변수) 회귀평면의 잔차 산점도를 나타낸 것이다. 또 오른쪽 그림은 인공신경망에서 얻어진 잔차의 산점도이다. 인공신경망의 오차의 크기는 일반적으로 학습속도를 나타내는 학습률 그리고 역전파 알고리즘의 반복 횟수에 의존한다. 오른쪽 그림은 적정한 학습률에서 역전파 알고리즘을 1,000회 반복하여 얻어진 잔차의 평균을 나타낸 것이다. 이 산점도를 통해 볼 때, 적정한 학습률에 충분한 크기의 역전파 알고리즘의 반복을 통하여 기존의 회귀모형을 상회하는 효과를 기대할 수 있다.

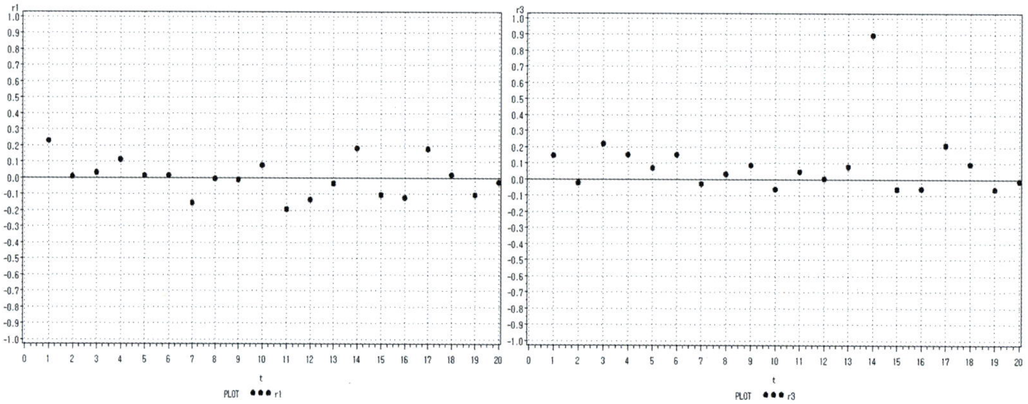

그림 3-8 모형 적합 후 두 잔차 시도표: 선형회귀모형(왼쪽)과 인공신경망모형(오른쪽)

참고 3.9

회귀모형과 신경망모형은 동일한 문제를 서로 다른 방법으로 접근한다. 먼저 (선형)회귀모형은 모집단에서 추출한 표본의 각 값에서 평면까지의 잔차(residuals)의 합을 최소화하는 평면을 찾는다. 이에 반하여 신경망모형의 기계학습은 같은 문제를 가중치(weight)를 반복적으로 변경하면서 오차(errors)를 최소화하는 평면을 찾는 최적화 문제로 생각한다.

앞(3.2.1절)에서 언급한 바와 같이, 입력값 (x_{1i}, x_{2i})에 대응하는 목표값 y_i를 추정할 때, 선형회귀분석에서는 회귀평면(그림 3-4 왼쪽)(1변수에서는 회귀직선) 위의 점으로 추정하게 된다. 이에 반하여 인공신경망은 목표값의 추정값을 곡면(그림 3-4 오른쪽) 위의 점으로 추정하게 된다. 이 선형회귀모형과 인공신경망에서의 MSE를 각각 MSE_{REG}, MSE_{ANN}이라 할 때, 만약 $MSE_{REG} > MSE_{ANN}$이면 선형회귀모형의 기본가정 (3.1)이 성립한다고 하기 어렵다. 실제 계산된 결과(SAS-3-5)에서 $MSE_{REG} = (0.12304)^2 = 0.02834$ 인 반면에 MSE_{ANN}은 학습률 0.05 에서 반복횟수에 따라, 1회에서 0.0063520, 2회에서 0.0028228, 100 회에서는 0.000050906 그리고 1,000회 반복에서는 $MSE_{ANN} = 1.9059369E-6$이다. 이것은 회귀분석에서 가정된 조건 (3.1)은 적절하지 않다는 뜻이 된다. 결국 이 추정문제는 회귀모형보다 ANN모형을 통해 해결하는 것이 오차를 더 줄일 수 있다.

3.3 시계열 예측을 위한 여러 인공신경망

선형 통계모형(linear statistical model)에 의한 통계 예측에서, 미래의 관측값을 결정하는 데 있어 과거와 현재 관측값들을 일차결합하는 선형(linear) 조건이 완화될 수 있다면, 이 모형의 적용범위는 한없이 확대될 수 있다. 자연이나 사회현상이 거의 선형보다는 비선형으로 기술되기 때문이다.

인공신경망(artificial neural network: ANN 또는 NN, 간단히 신경망)은 다양한 분야의 관찰자료에 내재된 여러 비선형 현상을 본래의 비선형에 가깝게 설명해 낼 수 있는 효과적인 모형이다. 그것은 인공신경망이 선형이나 비선형의 다양한 현상을 비교적 정확하게 근사화할 수 있는 매우 유연한 모형으로 설계되었기 때문이다. 기본적으로 이 모형은 모든 함수를 대상으로 정확한 근삿값을 제공하는 비선형 모형의 접근법을 적용하고 있고, 더욱이 이 모형은 자료에 모형을 적합하는 방법에서도 통계기법과 유사하게 오차를 최소화하는 반복학습과 일반화의 절차를 갖춘 예측력 높은 방법이라 할 수 있다.

인공신경망은 본래 과학분야의 여러 문제를 해결하는 컴퓨터 과학의 한 분야로 시작되었다. 근래 이것은 분류(classification), 언어나 패턴 인식(recognition) 그리고 예측(forecasting) 등 통계를 포함한 여러 분야의 문제들을 효과적으로 해결하고 있다. 이 신경망모형은 기존

방법과는 달리 선형이냐 비선형이냐 하는 모형의 함수형태에 의존하지 않고 관련 함수의 형태에 대한 제한이나 가정이 없이 자료가 갖는 비선형 구조를 효과적으로 설명해 내는 장점을 갖는다.

앞에서 논한 시계열의 ARIMA 모형은 시계열의 미래 값이 현재나 과거의 자기 값들과 여기에 추가된 확률오차들의 일차결합, 즉 선형결합으로 주어졌다는 가정하에서 출발하였다. 따라서 ARIMA 모형에서 생성되는 계열은 선형의 확률과정이라 할 수 있다. 이런 관점에서 보면, 관련 현상의 역학구조가 비선형 형태로 주어질 때는 여기에 ARIMA 모형을 적용하기는 적절치 않을 수 있다. 따라서 실제 비선형 체계가 주도하는 현상에서는 관련 변수 사이에 존재하는 비선형 형태를 설명해 낼 수 있는 더 유연한 형태의 모형이 요구되는 것이다.

한편 시계열 자료와 같이 인접한 값들 사이에 종속관계가 존재하거나 또는 문장이나 음절과 같이 앞뒤 문맥이 서로 연관되어 있어 순서를 고려해야 하는 자료를 효과적으로 처리하는 모형으로 순환신경망(recurrence neural network: RNN)이 개발되고 있다. 이 모형은 자료의 과거 정보를 알기 위하여 은닉층 내부에 순환구조를 두어 은닉층을 지나간 과거의 정보를 되돌려 새로 입력되는 자료와 연결시키는 방법을 적용하는 것이다.

이 장에서는, 앞으로 시계열 예측에서 모형의 약점을 보완할 수 있는 방법으로 인공신경망 모형을 포함한 몇 가지 새로운 방법들을 소개하고 그 효과를 비교하여 평가하기로 한다. 이를 위해 먼저 인공신경망(ANN) 모형을 소개하고 또 여기에 시계열의 시차 값들을 이용하는 신경망자기회귀(NNAR) 모형 그리고 선형 및 비선형 모형의 기능을 겸비한 혼합모형(Hybrid model) 등을 소개한다. 또 신경망모형은 아니지만 간편하면서 예측효과가 뛰어난 홀트-윈터스(Holt-Winters) 모형을 추가하여 실제 시계열 자료에 이것을 적용하고 예측성과를 기존의 박스-젠킨스 방법 그리고 신경망모형과 비교하기로 한다.

3.3.1 인공신경망: ANN 모형

인공신경망은 관찰 자료에 내재된 모든 형태의 함수 패턴을 대부분 설명해 낼 수 있는 유연한 비선형 모형의 모임이다. 특히 시계열 자료에서 그 계열을 지배하는 종속구조가 미지이거나, 아니면 수식으로 기술하기 어려운 복잡한 경우일지라도 인공신경망은 그 구조를 설명해 내는 장점을 갖는다. 시계열의 전통적인 예측에서는 과거 관측값들의 종속관계를 ARIMA 모형과 같은 선형함수를 통해 설명해 내고 또 그것을 기초로 미래의 값을 예측한다. 결국 시계열의 박스-젠킨스 방법은 기본적으로 시계열 자료의 시차 값 사이에 존재하는 자기상관에 기초하므로 이 방법은 시차 사이의 선형상관에 의존하는 것이다.

그러나 실제 현상에서는 변수나 변량 사이의 종속관계가 비선형일 경우가 더 많으며, 이 현상들을 모두 박스-젠킨스 모형을 통해 모형화하기는 매우 어렵다. 이에 반하여 ANN 모형은 위에서 설명한 바와 같이 자료 내에 존재하는 비선형 관련을 파악하고 설명해 내는 데 탁월한 효과를 갖는다. 이런 관점에서 ANN 모형의 중요성은 어떤 현상을 설명하는 데 특별히 선형으로 한정하지 않고 여러 가지 복잡한 비선형 관련들도 설명해 낸다는 데 있다. 이런 의미에서 ANN 모형을 비선형 회귀모형의 한 종류로 생각하기도 한다.

ANN 모형은 예측의 기능 면에서 다음과 같은 특징들로 요약된다. 첫째, 수학적 모형을 기초로 하는 전통적 기법을 탈피하고 최소한의 가정만으로 자료의 특징을 스스로 처리하는 자체 적응력을 갖는다. 따라서 이 모형에서는 기존 모형들과는 다르게 강한 수학적 가정이나 제한을 배제한다. 둘째, ANN 모형은 분석결과를 일반화하는 능력이 탁월하며, 이 모형은 표본에서 얻어진 학습결과를 모집단으로 비교적 정확하게 추론한다. 셋째, ANN 모형은 일반적인 기능적 근사식 역할을 하는 모형이며, 모든 연속함수를 비교적 정확하게 근사화할 수 있다. 마지막으로, ANN 모형은 비선형 (회귀)모형이라 할 수 있다.

박스-젠킨스 방법이나 ARIMA 모형을 기초로 하는 전통적인 시계열 분석에서는 관련 시계열이 선형의 확률과정에서 생성된 것으로 가정하고 있다. 그러나 실제 시스템이 대부분 비선형임을 감안하면 시계열의 ARIMA 모형은 이러한 비선형 역학구조의 환경에 적용하기는 적절하지 않을 수 있다. 이러한 관점에서, ANN 모형은 시계열 예측에서 선형의 ARIMA 모형과 같은 강한 전제조건이나 정상조건 등을 제거하고 스스로 자료에 적응해 가는 장점을 갖는 효과적인 방법으로 평가된다. 더욱이 ANN 모형의 특징은 단순한 비선형 모형에 그치지 않고 다양한 비선형 함수를 아우르는 일반적인 비선형 함수를 예측모형에 이용할 수 있는 데 있다. 이런 의미에서 ANN 모형은 독립인 입력변수와 반응변수 사이에 존재하는 복잡한 비선형 관계를 모형화하는 데 효과적이다.

인공신경망의 효과는 어디에서 오는가? 기본적으로 신경망의 효과는 입력된 자료에 선형과 비선형 변환을 반복 적용하여 예측값을 만들고, 이 예측값과 목표값 사이에서 발생하는 오차를 역으로 분산시켜 오차가 최소가 되도록 가중치들을 반복하여 수정하는 데서 온다고 할 수 있다.

(1) ANN 모형의 예측

종속관계나 인과관계를 설명하기 위한 예측문제에서, ANN 모형의 입력값들은 보통 독립변수나 예측변수가 된다. 이런 의미에서 ANN에 의한 추정은 다음과 같은 함수관계로 표시될 수 있다.

$$y = f(x_1, x_2, \cdots, x_p)$$

여기서 $x_1, x_2, \cdots, x_p$는 p개의 독립변수이고, y는 한 개의 종속변수이며 또 f는 비선형관계를 나타내는 함수이다. 결국 ANN 모형은 비선형 회귀모형(nonlinear regression model)의 한 종류로 생각할 수 있다. 특히 시계열의 경우 추정이나 예측에서 과거 값들이 입력값이 되고, 출력값은 미래의 예측값이 된다. 따라서 ANN 모형은 다음의 관계식으로 나타낼 수 있다.

$$x_t = f(x_{t-1}, x_{t-2}, \cdots, x_{t-p}\,;\, W) + \epsilon_t$$

여기서 x_t는 시간 t에서의 관측값이고, W는 가중치들의 벡터를 나타낸다. 또 f는 신경망 구조와 그 연결 가중치들에 의해 결정되는 비선형 함수이고, ϵ_t는 평균이 0이고 분산이 σ_ϵ^2인 백색잡음을 나타낸다. 결국 시계열의 ANN 모형도 시계열 예측에 대한 비선형 회귀모형으로 볼 수도 있다. 특히 은닉층이 하나인 시계열의 ANN 모형은 p개의 과거 관측값 $x_{t-1}, x_{t-2}, \cdots, x_{t-p}$를 입력값으로 하고, 한 개의 출력값인 x_t의 예측값을 계산하는 일반적인 예측식은 다음과 같이 표시된다.

$$\hat{x}_t = \sigma\left(\textstyle\sum_{j=1}^{q} w_{jk}^{(2)} \cdot \sigma\left(\sum_{i=1}^{p} w_{ij}^{(1)} \cdot x_{t-i} + b_j\right) + b \right) \qquad (3.31)$$

여기서 $w_{ij}^{(1)}$는 입력층과 은닉층 사이를 연결하는 가중치들이고 또 $w_{jk}^{(2)}$는 은닉층과 출력층 사이를 연결하는 가중치들이다. 그리고 b_j와 b는 바이어스 즉 편향을 나타낸다. 더욱이 p는 입력층 노드의 개수 그리고 q는 은닉층 노드의 개수이다. 여기서 (3.31)의 $\hat{x}_t$는 일단계 예측을 위해 사용되는 출력층의 한 출력 노드의 값을 의미한다.

예측 식 (3.31)에서 사용한 σ(x)는 활성화 함수로 비선형함수가 주어지며, 이 함수는 입력값들의 지나친 영향을 완화하여 신경망을 이상값(outlier)으로부터 강인(robust)하게 하는 역할을 한다. 활성화 함수는 유계함수로 미분가능한 단조증가함수로 정한다. 이 조건들을 만족하는 활성화 함수에는 시그노이드(로지스틱)함수, 쌍곡선 탄젠트함수(tanh function) 등이 있다. 한 신경망에서 서로 다른 활성화 함수를 사용할 수 있으나 같은 층의 노드에서는 보통 같은 활성화 함수를 사용한다. 대부분의 분석에서는 은닉층 노드와 출력층 노드에서 로지스틱 활성화 함수를 사용한다. 활성화 함수를 적용할 때는 상수 바이어스를 합한 후에 적용하고, 이 과정에서 활성화 함수는 가중치가 너무 커지는 것을 제한한다. 이때 감쇠모수라는 [0, 1] 사이의 임의 상수를 가중치에 곱하기도 한다.

(2) ANN 모형의 입력층과 은닉층

신경망 (3.31)을 실제 자료에 적용하기 위해서는 p와 q가 미리 정해져야 한다. ANN 모형의 성과에 영향을 주는 인자는 특히 은닉층 크기를 나타내는 은닉층 노드의 개수 q이다. 이것을 결정하는 일반적인 룰이나 법칙은 없다. 그러나 q가 충분히 클 때 임의의 함수에서 근사화의 효과가 큰 사례도 있고, q가 작아도 표본 외의 예측결과가 좋은 경우도 있다. 작은 q에서 나타난 효과는 과잉적합에 기인한다는 분석결과도 있다. 일반적으로 과잉적합인 경우 적합에 직접 사용된 표본 내에서는 적합이 좋을 수 있지만 표본 외에서는 그 반대인 경우도 나타난다. 결국 q값의 선택은 자료에 따라 다를 수 있을 뿐 체계적인 원칙은 존재하지 않는다고 할 수 있다.

은닉층의 크기 q와 더불어 입력값의 개수인 p를 적절히 결정하는 것도 중요하다. 그것은 입력값의 개수 p가 주어진 시계열의 비선형 자기상관구조를 결정하는 역할을 하기 때문이다. 이런 의미에서 적절한 p뿐 아니라 q를 결정하기 위한 실험을 수행하기도 한다. 일반적으로 신경망 모형은 비선형 모형이므로 비교적 많은 모수를 갖는다. 은닉층이 하나인 신경망의 경우 모수의 총 개수는 대체로 $(n_i + 2)n_h + 1$이다. 여기서 n_i는 상수를 포함한 입력값의 개수, n_h는 은닉층의 노드 개수를 나타낸다. 이 경우 p가 너무 크면 추정해야 할 모수가 증가하여 과잉학습(overlearning)이 우려되기도 한다.

위에서 언급한 바와 같이, 많은 모수가 추정된 모형의 알고리즘을 사용하게 되면 자료의 과잉학습으로 인하여 정확한 예측이 어려울 수 있다. (3.32)에 정의되는 두 정보규준은 신경망 모형에서 불필요한 모수를 관리하는 데 도움이 된다. BIC는 AIC보다 불필요한 모수를 더 엄격하게 관리한다.

$$AIC = n\ \ln\left(\frac{SSE}{n}\right) + 2k, \qquad BIC = n\ \ln\left(\frac{SSE}{n}\right) + k\ \ln(n) \tag{3.32}$$

여기서 SSE는 학습자료의 (1단계) 오차제곱합, n은 차분으로 줄어든 값들을 제외한 모형적합에 사용한 학습자료의 개수 그리고 k는 적합모형의 모수, 즉 가중치와 바이어스의 개수이다.

(3) ANN 모형의 학습과 검토

신경망 구조를 결정하는 p, q가 확정되면, 다음은 신경망의 모수인 가중치들의 최적화를 위한 학습이 수행된다. (3.31) 에서 가중치는 물론이고 바이어스도 추정해야 하는 모수에 포함시켜야 한다. 추정방법으로는 시계열의 학습자료 위에서 다음 일단계 예측의 오차제곱합

$$SSE = \sum_{t=1}^{q} \epsilon_t^2 = \sum_{t=1}^{q} (x_t - \hat{x}_t)^2$$

을 최소화하는 비선형 최소제곱방법(nonlinear least square method)이 이용될 수 있다. 이 경우 가중치의 값이 크거나 목표함수가 극솟값을 가지면 해를 구하기 어려울 수 있다. 여기에 여러 알고리즘이 이용될 수 있으나 어떤 방법도 반복계산과 시행착오 없이 해가 쉽게 구해지지는 않는다. 목표함수의 1계편도함수를 이용하는 역전파 알고리즘이 효과적이다. 경사하강법(gradient descent method) 그리고 최대경사법(steepest descent method) 등도 이용될 수 있다.

ANN 모형을 통해 예측을 수행할 때, 관찰된 표본자료를 학습집합(train set)과 검사집합(test set)으로 구분한다. 학습집합과 검사집합을 각각 표본 내 자료(in sample data)와 표본 외 자료(out of sample data)라고도 한다. 학습집합은 ANN 모형의 개발, 즉 신경망 가중치의 학습에 사용되고, 검사집합은 완성된 모형의 예측능력을 검증하고 평가하는 데 이용된다. 이와 같이 학습과정에서 사용되지 않은 별도의 표본을 통하여 개발된 모형을 평가하는 것은 과적합(overfitting)이나 선택편향[8](selection bias)을 피하는 데 도움이 된다. ANN 모형에서는 기존의 다른 모형과는 달리 비선형 모형의 형태뿐 아니라 차수까지도 자료로부터 추정해야 하기 때문에 과잉적합의 가능성이 높다고 할 수 있다. 이에 비하면 회귀분석이나 시계열분석에서는 선형이나 비선형 함수 또는 ARIMA 모형과 같이 모형의 함수적 형태와 차수가 모두 사전에 정해지고 모수만을 추정하기 때문에 이러한 어려움이 줄어들 수 있다. 신경망을 만드는 과정을 신경망 학습(network training)이라 하며, 학습집합과 검사집합은 개발된 모형의 성과에 영향을 줄 수 있다. 이 두 표본을 구분하는 일반적인 규정은 없지만,

[8] 표본이 특정집단이나 극단집단 등 편향된 집단에서 선택되어 통계분석이 왜곡되는 현상.

보통 전체 표본의 약 70~80%를 학습집합에, 나머지는 검사집합에 이용한다.

ANN 모형을 다루는 데에는 ARIMA 모형과 공통점이 몇 가지 있다. 먼저 두 모형은 모두 차수를 다양하게 이용할 수 있고, 또 효율을 높이기 위하여 적절한 변환도 이용할 수 있다. 또 표본이 클수록 더 나은 모형을 얻는 데 도움이 되고, 반복실험의 결과도 모형화 과정에서 이용될 수 있다. 마지막으로, 주관적인 판단도 모형을 개선하는 데 도움이 되며, 과잉적합에 의해 모형이 여러 개 제안되면 적절한 예측모형을 선택하는 데 '절약의 원리'를 이용할 수도 있다.

한 개의 은닉층을 갖는 순방향 ANN 모형(간단히 FANN 모형)은 시계열의 모형화와 예측에 가장 널리 이용되는 모형이다. 특히 역전파 알고리즘을 가진 순방향 신경망은 실제 여러 분야에서 다양하게 적용되어 효과를 보고 있다.

(4) ANN 모형의 예측

ANN 모형을 통해 다음 단계의 관측값들을 예측하는 장기예측(long-term forecasting)의 경우 모형의 출력 노드 수에 따라 두 가지 방법이 적용된다. 그 하나는 출력 노드를 한 개만 사용하여 다음 관측값을 한 단계만 예측하는 방법으로, 그다음 예측값들을 위해서 앞의 예측값이 다시 입력값으로 반복 사용되는 소위 다단계 전방예측(multistep ahead forecast)이다. 이것을 반복예측(iternative forecasting)이라고도 한다. 또 다른 하나는 출력 노드의 수를 예측거리만큼 정하여 미래의 관측값들을 신경망의 출력값들로 한 번에 일괄 예측하는 일단계 예측(one-step forecast)이다. 이것을 직접예측(direct forecasting)이라고도 한다. 여기서 다단계 예측, 즉 반복예측은 앞의 예측오차가 다음 예측에 반복적으로 사용되어 예측오차가 더 커질 수 있다. 이에 반하여 일단계 예측에서는 유효 자릿수 조정의 반올림에서 오는 예측오차가 발생하게 된다.

(5) ANN 모형의 평가

예측모형이 완성된 후에는 표본 외 예측의 정확성을 검토할 필요가 있다. 적용된 모형에 대한 평가는 설계 시간이나 학습 시간 등을 포함시켜 다양하게 할 수 있으나, 가장 중요한 것은 학습자료 밖에서 이루어지는 예측의 정확성이다. 이런 관점에서 ANN 모형의 예측력의 평가에도 목표값과 예측값 사이의 차를 바탕으로 하는 통계량들이 이용된다. 문헌에 가장 많이 나타나는 평가 통계량(evaluation statistics)은 오차제곱합(SSE), 평균제곱오차(MSE), 평균제곱근오차(RMSE), 평균절대오차(MAE), 평균절대백분율오차(MAPE), 평균절대척도오차

(MASE) 그리고 결정계수 R^2 등이다. 계산된 오차의 개수를 N이라 할 때, 각 통계량은 다음과 같이 정의된다.

$$SSE = \sum_{t=1}^{N}(x_t - \hat{x}_t)^2, \quad MSE = \frac{1}{N}\sum_{t=1}^{N}(x_t - \hat{x}_t)^2, \quad RMSE = \sqrt{\frac{1}{N}\sum_{t=1}^{N}(x_t - \hat{x}_t)^2},$$
$$MAE = \frac{1}{N}\sum_{t=1}^{N}|x_t - \hat{x}_t|, \quad MAPE = \frac{1}{N}\sum_{t=1}^{N}\left|\frac{x_t - \hat{x}_t}{x_t}\right| \times 100,$$
$$MASE = mean\left(\frac{|e_j|}{\frac{1}{N-m}\sum_{t=m+1}^{N}|x_t - x_{t-m}|}\right) = \frac{MAE}{\frac{1}{N-m}\sum_{t=m+1}^{N}|x_t - x_{t-m}|} \quad \text{단, } m = \text{(계절)시계열의 계절주기} \tag{3.33}$$

추정의 성취도를 측정하는 데, 각 통계량에 대한 사용 상황이 정해진 것은 없지만, MSE는 정확도의 절대측도로 보통 동일한 자료에 대한 서로 다른 방법을 비교하는 데 적당하다. RMSE는 MSE의 장점을 그대로 갖지만 MSE에 비해 큰 오차의 값에 덜 민감한 장점을 갖는다. 이에 비하여 MAPE는 정확도의 상대측도로 서로 다른 단위의 자료를 비교하는 데 더 적당하다. 특히 이 MAPE는 정확도를 오차의 백분율(%)로 나타낸 것으로, 분자의 절대오차 $|x_t - \hat{x}_t|$를 실제 값의 절댓값 $|x_t|$의 분모로 나눈 값이기 때문에 x_t가 0에 가까운 값에 대해서는 상대적으로 너무 큰 값을 나타내는 경향이 있다. 또 MASE는 예측의 정확도를 나타내는 통계량 중에서 관측값의 단위에 무관한 척도(unit-free measure)로 단위가 다른 두 자료 사이의 예측값을 비교하여 평가하는 데 적당하다. 시계열이 비계절성이면 MASE는 $m = 1$을 사용한다. 더욱이 이 통계량은 아주 크고 작은 예측값에 더 불리한 척도라 할 수 있다.

결정계수 R^2의 의미는 다음과 같다. 주어진 관측값 $\{(x_1, Y_1), \cdots, (x_n, Y_n)\}$을 기초로 얻어진 회귀식 $\hat{Y} = \hat{\beta}_0 + \hat{\beta}_1 x_1 + \cdots + \hat{\beta}_p x_p$를 평가할 때, 등식 $\sum_{i=1}^{n}(Y_i - \bar{Y})^2 = \sum_{i=1}^{n}(\hat{Y}_i - \bar{Y})^2 + \sum_{i=1}^{n}(Y_i - \hat{Y}_i)^2$, 즉 $SSTO = SSR + SSE$에서 'Y의 전변동(SSTO)' 중 '회귀식에 의해 설명되는 변동(SSR)'의 비를 결정계수 R^2이라 한다. 즉 $R^2 = \frac{SSR}{SSTO} = 1 - \frac{SSE}{SSTO}$ (그림 3-4 왼쪽 참조). 이것을 성분으로 나타내면 다음과 같다.

$$R^2 = 1 - \frac{\sum_{i=1}^{n}(Y_i - \hat{Y}_i)^2}{\sum_{i=1}^{n}(Y_i - \bar{Y})^2} = 1 - \frac{n\,(MSE)}{(n-1)S_y^2}$$

결국 $100R^2$은 종속변수 값들의 전변동(SSTO) 중에서 회귀식, 즉 독립변수에 의하여 설명되는 부분(SSR)의 백분율을 말한다. 모든 관측값 y_i가 그 예측값 $\hat{y}_i$와 일치하면, $SSE = 0$, 즉 $R^2 = 1$이다. 또 R^2이 1에 가까울수록 추정된 회귀식이 관측값을 잘 설명해 준다고 할 수 있고,

반대로 R^2 이 0 에 가까울수록 그 추정된 회귀식은 관측값을 제대로 설명해 주지 못한다는 의미가 된다.

3.3.2 신경망 자기회귀모형: NNAR 모형

신경망 자기회귀(neural network autoregressive: NNAR) 모형은 입력변수와 출력변수 사이의 복잡한 비선형관계를 모형화하는 데 효과적이다. 모형은 시계열에 적용한 ANN 모형의 한 형태로 시계열의 시차 값들이 이 모형의 입력변수(predictor)로 사용되고 또 이 모형의 출력값들이 이 시계열의 예측값(predicted value)이 되는 경우를 말한다. 따라서 NNAR 모형은 ANN 모형에 ARIMA 모형이 서로 결합된 혼합모형(hybrid model)으로 볼 수 있고, 특히 시계열에 선형과 비선형 패턴을 모두 갖춘 모수가 존재할 때는 더욱 유용하다. 여기서 NNAR과 ARIMA 모형의 주요한 차이점의 하나는 NNAR에서는 정상(stationary)에 대한 AR 계수의 제한조건을 요구하지 않는다는 것이다. 결국 NNAR 모형도 입력값들의 선형변환 그리고 거기에 비선형 활성화 함수가 적용되는 세 개 층의 순방향 신경망으로 구성된다고 할 수 있다.

ARIMA 모형은 변수의 미래 값들을 과거의 여러 관측값들과 확률오차들의 선형함수로 가정한다. 결국 ARIMA 모형은 관련 계열이 선형의 확률과정으로부터 생성된 것으로 가정하게 된다. 따라서 관련 계열이 비선형인 경우에는 ARIMA 모형은 적절치 않을 수 있으며, 실제 자연이나 사회현상은 다양하고 복합적인 요인으로 발생하고 있음을 감안하면 관찰된 시계열을 포함한 모든 자료에 선형이나 비선형 어느 한쪽 모형만을 적용하는 것은 적절치 않을 수 있다.

NNAR 모형은 다음 몇 가지 상황에서 시계열 예측에 적용된다. 먼저 주어진 시계열이 선형보다는 비선형 확률과정을 통해 생성되었을 가능성 높다고 판단되는 경우, 다음은 시계열에 선형과 비선형 속성이나 패턴이 둘 다 관찰되는 경우, 마지막으로 자료를 ARIMA 모형이나 ANN 모형 어느 방법으로도 분석 결과가 만족스럽지 않은 경우 등이다.

NNAR 모형은 보통 $\text{NNAR}(p,P,k)_m$ 으로 나타낸다. 여기서 p와 P는 각각 AR과정 시계열의 비계절 차수와 계절 차수를 나타내고, k는 은닉층에 있는 노드(즉, 뉴런)의 개수를 그리고 m은 계절주기를 나타낸다. $\text{NNAR}(p,P,k)_m$ 의 구조는 그림 3-9와 같다. $\text{NNAR}(p,P,k)_m$ 에서 $P=0$ 이면, 이것은 비계절성 인공신경망 자기회귀모형을 의미하며, 간단히 $\text{NNAR}(p,k)$로 표시한다. $\text{NNAR}(p,k)$는 비선형함수를 갖는 AR 과정으로 볼 수 있다. 또 은닉층이 없는, 즉 $k=0$ 인 $\text{NNAR}(p,P,0)_m$은 계절 ARIMA 모형, 즉 $\text{SARIMA}(p,0,0)\times(P,0,0)_m$과 유사하다. 주어진 시계열의 비계절 시차의 적절한 수는 아케이케(AIC)나 슈바르츠(SBC)의 접합규준을 통해 결정된다.

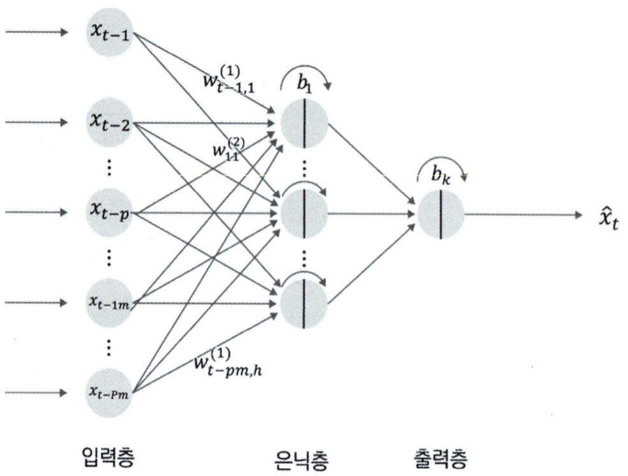

그림 3-9 NNAR 신경망 구조의 도형

NNAR 모형을 모형화하는 또 다른 중요 과제는 입력계열에 대한 AR 모형과 관련한 차수 p와 P의 값을 정하는 일이다. 먼저 주어진 시계열이 정상인지 아니면 정상을 위해 차분이나 변환이 필요한지를 검토한 후 정상이면 표본편자기상관함수를 기초로 비계절성 차수 p를 정한다. 물론 이 과정에서 표본자기상관함수가 지수적(또는 사인형) 감소를 하면 이 시계열을 정상으로 판정한다. 다음에 표본편자기상관함수가 어떤 시차부터 절사하는지를 확인하여 p의 값을 정한다. 또 계절성 주기도 같은 방법으로 표본자기상관함수와 표본편자기상관함수를 기초로 결정한다. 계절성 표본자기상관함수와 표본편자기상관함수가 어떤 시차 s의 배수 s, 2s, ⋯ 에서 0과 유의적 차이가 있는지를 관찰하여 계절성 주기 P를 결정한다. 계절성 시차가 관찰되지 않으면 $P = 0$인 NNAR(p, k) 모형을 도입한다.

NNAR 모형도 ANN 모형과 같은 종류임을 감안하면, NNAR 모형의 예측성과도 은닉층의 노드의 적정한 개수를 통해 얻어질 수 있다. NNAR 모형의 성과는 은닉층 크기인 노드 개수의 증가로 오히려 감소한다는 분석결과도 있다. 은닉층 노드의 적절한 개수는 $\frac{p+P+1}{2}$로 제안되기도 한다.

NNAR 모형이 시계열의 예측모형이 되기 위해서는 은닉층이 하나인 순방향 신경망이 되어야 한다. 물론 이 신경망이 예측을 위해서는 선형변환 함수와 비선형함수인 활성화 함수를 가져야 한다. 입력값들이 입력층에 들어가 가중치와 바이어스(즉, 편향)에 의하여 일차 결합되어 선형변환된 후 은닉층으로 넘어가고, 또 이 값들은 여기서 다시 활성화된 후 이곳의 가중치에 의하여 다시 선형변환되어 출력층으로 넘어간다. 선형변환된 값은 출력층에서 다시 활성화된 후 추정값으로 출력된다. 물론 이 경우에도 역전파 알고리즘을 통하여 가중치와 바이어스들은 자료와 시계열의 시차 값들에 의해 학습되고 다시 수정된다.

마지막으로 여기서도 예측방법을 생각한다. ANN 모형에서 논한 바와 같이, 특히 장기예측에서는 출력 노드의 개수에 따라 예측방법이 달라진다. 먼저 출력 노드가 하나인 경우, 앞의 추정값(들)이 다음 값 예측을 위해 다시 입력값으로 사용된다. 이것을 다단계 예측(multistep forecast)이라 한다. 이에 반하여 출력 노드의 개수가 예측 전망의 길이와 같으면 출력값이 곧 미래의 예측값이 된다. 이것은 한 번에 일괄 예측한다는 뜻에서 일단계 예측(one-step forecast)이라 한다. 또 이것을 직접예측(direct forecast)이라고도 한다. 예측오차는 전자인 다단계 예측에서 더 많이 발생한다. 앞에서 발생한 예측오차가 다음 단계에 다시 개입되기 때문이다. 후자인 직접예측 방법에서는 출력값이 많아 계산양이 늘기 때문에 주로 반올림 오차가 발생한다. 시계열의 경우 출력 노드의 개수는 예측 전망의 길이에 의존하기 때문에 출력 노드의 개수는 결국 일단계 예측이냐 아니면 직접 예측이냐에 따라 달라지는 것이다. 박스-젠킨스 모형에서와 같이, 예측값이 다음 예측을 위하여 다시 입력값으로 사용되는 다단계 예측에서는 하나의 출력 노드만으로 충분한 것이다. 각 단계를 직접 예측하는 직접예측방법에서는 자연히 신경망에 여러 개의 출력 노드를 갖게 되는 것이다.

3.3.3 혼합모형: Hybrid 모형

앞에서 논한 ARIMA 모형과 ANN 모형은 각각 선형과 비선형 형태의 시계열 모형화에 좋은 평가를 받고 있다. 그러나 이 모형의 어느 한쪽도 선형과 비선형 모두에 적용할 수 있는 것은 아니다. 복잡한 비선형 현상에는 ARIMA 모형의 근사적합이 적절치 않기 때문이다. 한편 비선형에 적절한 ANN 모형을 선형문제에 적용하면 실제와 상반되는 결과를 내기도 한다. 자료 속에 이상값이나 다중 공선성[9](multicollinearity)이 존재하는 경우, 신경망에도 선형회귀모형에서 발생하는 문제 이상의 어려움이 나타난다는 실험 결과도 있다. 더욱이 선형회귀문제에 대한 ANN 모형의 결과는 자료의 규모나 잡음 크기의 영향을 크게 받는다는 사실도 알려져 있다. 이러한 사실들을 보면, 신중한 검토 없이 어떤 자료에나 ANN 모형을 적용하는 것은 현명한 일이 아니다.

실제 문제에서 보면 관련 자료의 특성을 사전에 완전히 알기는 어려운 일이기 때문에 선형과 비선형의 모형 능력을 겸비한 혼합모형을 개발하는 것은 가치 있는 일이다. 서로 상이한 두 방법을 결합하여 근본 패턴의 다른 측면들을 찾아낼 수 있기 때문이다.

선형의 자기상관 구조에다 비선형 성분까지 갖는 시계열을 생각하는 것이 적절할지는 모르지만, 시계열 $\{x_t\}$를 $x_t = L_t + N_t$로 가정해 보자. 여기서 L_t와 N_t를 각각 선형성분과 비선형성분을 나타낸다고 하고, 이 두 성분을 이 자료로부터 각각 추정한다고 하자. 먼저

[9] 둘 또는 그 이상의 예측변수 즉 독립변수들 사이에 서로 높은 종속관계를 갖는 경우를 말한다.

AR 모형이나 ARIMA 모형으로 이 선형성분을 모형화하면, 그 선형모형에서 얻어지는 잔차는 비선형과 관련된 추세만을 포함할 것으로 판단된다. 여기서 r_t를 시간 t에서 선형모형으로부터 주어지는 잔차라 하면 $r_t = x_t - \hat{L}_t$ 이다. 여기서 $\hat{L}_t$ 은 $\{x_t\}$ 에 ANN 모형 (3.31) 을 적합하여 얻는 시간 t 에서의 예측값을 나타낸다. 잔차는 선형모형의 타당성을 진단하는 데 중요한 역할을 하므로, 만약 이 잔차 속에 아직 선형의 종속구조가 존재한다면 여기에 이용된 선형모형의 역할은 충분하지 않다는 뜻이 된다. 그러나 잔차 분석에서는 선형추세와는 달리 자료에 존재하는 어떠한 비선형 종속관계의 존재도 밝혀 내기 힘들다. 그것은 아직 비선형 자기상관관계에 대한 일반적인 진단 통계량이 존재하지 않기 때문이다. 따라서 비록 한 모형이 진단을 통과했더라도 비선형관련성이 적절히 모형화되지 않았다는 점에서 이 모형은 아직 충분하다고 할 수 없다. 잔차에 존재하는 어떠한 유의적인 비선형 패턴도 ARIMA 모형의 적용의 한계를 의미한다.

이러한 경우 ANN 모형을 이용한 잔차 $\{r_t\}$의 모형화에 의해서만 비선형 관련성이 밝혀질 수 있다. n개 입력 노드를 갖는 잔차들에 대한 ANN 모형은 다음과 같다.

$$r_t = f(r_{t-1}, r_{t-2}, \cdots, r_{t-q}) + \epsilon_t \tag{3.34}$$

여기서 f는 인공신경망에 의하여 결정되는 비선형 함수이고, ϵ_t는 확률오차 그리고 q는 입력지연(input delays)의 수이다. 만약 f가 적절치 않았다면 오차항들이 확률오차가 되지 않게 된다. 따라서 정확한 모형 판별이 정말 중요하다. (3.34)로 얻어지는 예측을 $\hat{N}_t$ 로 나타내면, 결합된 예측은 다음과 같다.

$$\hat{x}_t = \hat{L}_t + \hat{N}_t, \qquad \text{즉} \;\; x_t = \hat{L}_t + \hat{N}_t + \epsilon'_t$$

여기서 ϵ'_t는 혼합모형의 오차를 나타낸다. 선형모형인 AR 모형이나 ARIMA 모형은 비선형성을 모형화하지 못하기 때문에 선형성분의 잔차 ϵ'_t에는 ANN과 같은 비선형성이 포함되게 되고 이것은 잔차 ϵ'_t에 의해 모형화되어야 한다.

다시 정리하면, ARIMA와 ANN의 혼합모형 시스템에서 제안되는 방법은 두 단계로 구성된다. 첫 단계에서는 문제의 선형부분을 분석하는 데 ARIMA 모형을 적용하고, 두 번째 단계에서는 ARIMA 모형에서 얻어진 잔차를 모형화하는 데 적용할 신경망 모형을 개발한다. ARIMA 모형은 자료에 포함한 비선형 구조를 잡아내지 못하기 때문에 선형모형의 잔차는 비선형성에 대한 정보를 포함하게 된다. 결국 신경망에서 얻어진 결과는 ARIMA 모형의 오차항을 예측하는 데 사용하게 된다. 이 혼합모형은 자료가 갖는 서로 다른 패턴을 결정하는 데 ARIMA 모형뿐 아니라 ANN 모형의 고유 기능과 장점을 이용하게 된다. 이와 같이 혼합모형은 서로 다른 모형을 사용하여 선형과 비선형 패턴을 분리해서 모형화하는 데 유리하며 결국 종합적인 모형과 예측수행을 개선하는 데 두 예측을 결합하는 것이다.

앞에서 언급한 바와 같이 ARIMA 모형에 더하여 ANN 모형을 세우는데, 모형의 차수는 물론 모형의 적절성에 대한 주관적 판단도 자주 요구된다. 그것은 최적이 아닌 모형이 혼합모형으로 사용될 수 있기 때문이다. 이를테면 박스-젠킨스 방법에서 지금의 관행은 '절약의 법칙'에 의하여 가능하면 낮은 차수의 자기상관을 주목하는 것이다. 비록 높은 차수의 유의적인 자기상관이 아직 존재할지라도 낮은 차수의 자기상관이 유의적이 아니면 그 모형이 적당하다고 생각하게 된다. 최적이 아닌 차선의 모형이 혼합모형에 사용될 수는 있는 것이다.

3.3.4 홀트-윈터스 모형: HW 모형

홀트-윈터스(Holt-Winters) 방법은 단변수 시계열의 예측에서 간편하면서도 효과가 높은 비신경망 예측기법의 하나이다. 이 방법은 특히 시계열에 포함된 추세(trend)와 계절성(seasonality)을 동시에 설명해 내는 데 탁월한 효과를 갖는 것으로 평가되고 있다. 본래 이 방법은 단변수 시계열에서 미래 값을 예측할 때 과거의 값들보다 최근의 값에 더 큰 가중치를 부여하며 가중평균을 전체적으로 계산해 가는 지수평활법(exponential smoothing method)을 추세와 계절성에까지 확대 적용하는 예측기법이다. 이 모형은 형식이 단순한 데 비해 예측의 정확성과 효과가 뛰어나 특히 산업이나 경제분야의 시계열에서 상대적으로 복잡한 박스-젠킨스 방법의 대안으로 이용된다.

계절시계열이 순환변동이나 계절변동을 갖는 경우, 이것은 시계열의 다항식 모형을 통해서는 쉽게 예측되지 않는다. 여기서 계절변동이란 연, 월, 계절, 분기 등의 주기를 뜻하고, 순환변동이란 계절변동보다 더 큰 주기를 갖는 변동을 의미한다.

홀트-윈터스 모형은 계절시계열에 포함된 추세성분과 계절성분을 모두 고려하면서도 이 두 성분이 가법적이나 승법적 어느 것으로 주어지든 관계없이 적용되는 효과적인 예측모형으로 알려져 있다. 이 모형은 주어진 계절시계열의 예측에 그 시계열의 절편(intercept)과 수평(level) 그리고 추세(trend)와 계절성(seasonality) 등을 파악하고 이것들의 지수평활을 통하여 예측값을 결정하게 된다. 결국 이 평활에서는 미래 값의 예측에서 가중치에 지수적 평균을 적용하여 최근 관측값에 그 이전 값들보다 더 많은 가중치를 부여하게 된다.

HW 모형에서는 시계열 $\{x_t\}$의 각 항을 그 계열의 수평성분, 기울기 그리고 계절성분 등의 가법 또는 승법을 통하여 가법계절모형(additive seasonal model)과 승법계절모형(multiplicative seasonal model)을 각각 다음과 같이 나타낸다.

$$x_t = (\beta_0 + \beta_1 t) + c_t + \epsilon_t \text{ : 가법계절모형}$$
$$x_t = (\beta_0 + \beta_1 t) \cdot c_t + \epsilon_t \text{ : 승법계절모형}$$

여기서 β_0은 주어진 시계열의 수평성분(level component)을 나타낸다. 또 β_1은 선형추세성분(linear trend component)을, c_t는 계절인자(seasonal factor)를 나타내며 마지막 ϵ_t는 확률오차성분(random error component)을 나타낸다.

여기서 이 계절시계열의 계절주기(seasonal periods)의 길이가 L이라 가정하자. 물론 시계열에 선형추세가 존재하지 않으면 β_1항은 생략될 수도 있다. 계절시계열에서 가법모형과 승법모형의 적용은 다음과 같이 구분된다. 즉, 만약 계절패턴의 진폭이 그림 3-10의 왼쪽과 같이 계열의 평균수평(average level)의 변화에 일정하게 유지되면 가법모형이 적용된다. 이에 반하여 계절패턴의 진폭이 오른쪽 그림과 같이 그 계열의 평균수평에 비례하여 증가하면 그 시계열에는 승법모형이 적용된다.

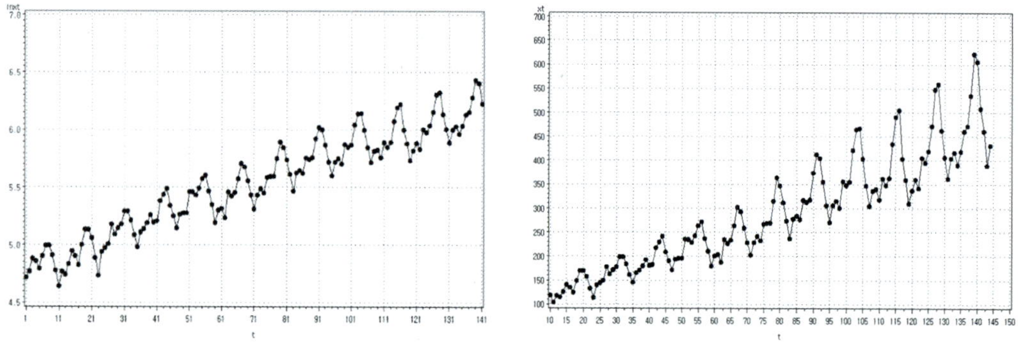

그림 3-10 계절 시계열의 가법모형형(왼쪽)과 승법모형형(오른쪽)

먼저 이 계절의 길이가 L(주기)이면, 위 가법모형은 계절패턴의 진폭이 그 계열의 평균수준에 독립적인 시계열로 보는 것이 타당하다. 이런 시계열의 형태에 비추어, 계절 인자 c_t들은 그 합을 0, 즉 $\sum_{i=1}^{L} c_i = 0$으로 정의하는 것이 타당하다. 이에 반해서, 승법모형에서는 계절 인자들을 그것들의 합이 계절의 길이가 되도록 정의, 즉 $\sum_{i=1}^{L} c_i = L$로 한다. 물론 두 모형에서 추세성분이 필요하지 않다면 모형에서 생략될 수도 있다.

여기서는 계절시계열의 가법모형을 집중적으로 다루어 보기로 한다. 다시 말하여 계절시계열이 평균수평의 변화에도 계절변동의 진폭이 일정하다고 가정하자. 이 가법의 계절모형이 적당한 시계열은 그림 3-10의 왼쪽과 같은 경우이다. 이 시계열의 경우 평균수평이 증가하는 경우에도 계절변동의 크기는 일정하게 유지된다.

임의의 시간주기, 이를테면 T의 끝에서 이 가법모형의 추세성분 β_1과 계절인자 c_t의 추정값을 각각 $b_1(T)$, $\hat{c}_1(T)$라 하자. 수평성분 β_0은 현재의 원점 기준에서 설정되고, 또 통상적인 방법에 따라 주기 T의 끝에서 그 추정값을 $b_0(T)$로 표시하자. 이 모형의 모수 추정값들을 주기적으로 수정하고 예측하기 위한 절차는 비교적 간단하다. 가법계절모형에서, 현 주기 T의 끝에서 새 관측값이 추가되어 세 계수 β_0, β_1, c_t의 추정값 $b_0(T)$, $b_1(T)$, $\hat{c}_T(T)$를 수정하게 될 때 모형의 세 성분인 수평성분, 추세성분, 계절성분을 아래 네 단계에 따라 평활한 후에 모형에 사용한다.

현 주기 T의 끝에서, 그 주기 동안의 실현 값 x_T를 관찰한 후에 다음 계산을 수행한다.

(1) 수평성분 추정값의 갱신

$$b_1(T) = \alpha\,[x_T - \hat{c}_T(T-L)] + (1-\alpha)\,[b_1(T-1) + b_2(T-1)]$$

여기서 $\alpha(0 < \alpha < 1)$는 평활상수이다. 위 식 오른쪽 첫항에서, 차 $x_T - \hat{c}_T(T-L)$을 생각하는 것은 현 관측값에서 계절성을 분리하는 것으로, 수평성분에 대한 갱신을 수평성분과 추세의 이전 추정값들만을 기초로 한다는 것이다. 결국 시간의 원점을 현 주기의 끝으로 옮기는 것을 뜻한다.

(2) 추세성분 추정값의 갱신

$$b_2(T) = \beta[b_1(T) - b_1(T-1)] + (1-\beta)\,b_2(T-1)$$

여기서 $\beta\,(0 < \beta < 1)$ 는 두 번째 평활상수이다. 여기서 추세성분의 추정값은 단순히 수평성분의 두 연속되는 추정값 사이의 평활된 차가 되는 것이다.

(3) 계절인자 추정값의 갱신

$$\hat{c}_T(T) = \gamma\,[x_T - b_1(T)] + (1-\gamma)\,\hat{c}_T(T-L)$$

여기서 $\gamma\,(0<\gamma<1)$는 세 번째 평활상수이다. 이 수정과정은 현재 관찰된 계절변동 $[x_T - b_1(T)]$를 평활하는 것으로, L주기 이전에 계산된 주기 T에 대한 계절인자의 추정값을 가지고 현 주기에 대한 계절 인자의 갱신 추정값을 얻는다.

(4) 현 시점 $t = T$에서 미래 시점 $t = T + \tau$의 관측값에 대한 추정

$$\hat{x}_{T+\tau}(T) = [\,b_1(T) + b_2(T)\,\tau\,] + \hat{c}_{T+\tau}\,(T+\tau-L)$$

여기서 시점 $t = T + \tau$에 대한 예측에서는 계절주기 L 이전에 계산된 주기의 계절 인자를 사용하는 것을 유의할 필요가 있다. 그 주기는 계절 패턴에서 그 부분에 대한 가장 최근의 관찰 시간이기 때문이다. 한 계절 이상 떨어진 주기에 대한 예측은 적당한 계절 요인들을 재사용하여 이루어질 수 있다.

위에서 설명한 가법계절모형의 예측시스템의 개발에는 모수의 추정값 $b_0(0)$, $b_1(0)$, $\hat{c}_t(0)(t = 1,\cdots,L)$에 대한 초기 추정값들의 결정이 요구된다. 초기 모수값들에 대한 최소제곱 추정값은 과거자료의 분석을 통하여 얻어질 수 있다. 시계열에 이용될 수 있는 m개의 완전한 계절이 존재한다고 하고, 이 mL 관측값들을

$$x_1,\ x_2, \cdots,\ x_{L-1},\ x_L,\ x_{L+1}, \cdots,\ x_{mL}$$

로 나타내자. 이 초기 값들은 주기 mL보다 큰 시간의 주기에서 예측에 사용된다. 다시 말하여 초기 추정값들이 얻어진 후에는 주기 mL이 시간의 새 원점이 되는 것이다.

가법모형을 이용하여, mL 관측값들은 다음과 같이 나타낼 수 있다.

$$x_t = \beta_0 + \beta_1 t + c_t + \epsilon_t, \quad t = 1,2\,\cdots, mL$$

그러나 여기에 다만 L개의 서로 다른 계절인자가 존재하게 된다. 그것은

$$c_t = c_{t+L} = c_{t+2L} = \cdots = c_{t+(m-1)L}$$

이기 때문이다. 이것은 계절인자가 $c_{t-L[t/L]}$로 표시되기 때문이다. 여기서 괄호 $[t/L]$은 t/L을 넘지 않는 최대정수를 나타낸다. 결국 위 식은

$$x_t = \beta_0 + \beta_1 t + c_{t-[t/L]} + \epsilon_t\,, \quad t = 1,2 \cdots, mL$$

로 표시되고 최소제곱법은 다음 식을 최소화한다.

$$SSE = \sum_{t=1}^{mL} \epsilon_t{}^2 = \sum_{t=1}^{mL}(x_t - \beta_0 - \beta_1 t - c_{t-[t/L]})^2$$

여기서 $j = t - L[t/L]$라 놓고, SSE를 β_0, β_1 그리고 c_i, $i = 1,2,\cdots, L$ 에 관하여 미분하여 0으로 놓으면 다음 수직방정식(normal equation)을 얻는다.

$$(mL)\, b_0 + b_1 \sum_{t=1}^{mL} t + m \sum_{t=1}^{mL} \hat{c}_t = \sum_{t=1}^{mL} x_t$$
$$b_0 \sum_{t=1}^{mL} t + b_1 \sum_{t=1}^{mL} t^2 + \sum_{t=1}^{mL} [mt + (m-1)L]\ \hat{c}_t = \sum_{t=1}^{mL} t\, x_t$$
$$m\, b_0 + b_1 \sum_{j=0}^{m-1} (t + j\, L) + m\, \hat{c}_t = \sum_{j=0}^{m-1} x_{t+jL}\,, \quad t = 1, 2, \cdots, L$$

위 마지막 식에 대한 해는 다음과 같다.

$$\hat{c}_t = \frac{1}{m}\left[\sum_{j=0}^{m-1} x_{t+jL} - m\, b_0 - b_1 \left[mt + \frac{m(m-1)}{2}\right]\right] \tag{3.35}$$

이 결과를 위 두 번째 식에 대입하고, 여기서

$$\sum_{t=1}^{L}[mt + (m-1)L]\, \hat{c}_t = \frac{1}{m} \sum_{t=1}^{mL} t\,(x_t - b_0 + b_1 t)$$

을 이용하면, 수직방정식의 두 번째 식은 다음과 같이 주어진다.

$$b_0 \sum_{t=1}^{mL} t + b_1 \sum_{t=1}^{mL} t^2 = \sum_{t=1}^{mL} t\, x_t \tag{3.36}$$

또 (3.35)로부터, $\hat{c}_t$는 주기 $t + jL\ \ (j = 0,1,\cdots,m-1)$ 안에서 회귀 직선에서 얻어지는 잔차들의 평균이 된다. 모든 회귀 직선에서 얻어지는 잔차 합이 0이라는 사실로부터 $\sum_{t=1}^{L} \hat{c}_t = 0$이 되고, 첫 번째 수직방정식은 다음과 같이 주어진다.

$$(mL)\, b_0 + b_1 \frac{(mL+1)mL}{2} = \sum_{t=1}^{mL} x_t \tag{3.37}$$

방정식 (3.36)과 (3.37)은 단순 선형회귀직선의 보통 수직방정식이 된다. 여기서 b_0, b_1에 대하여 직접 풀 수 있고, 따라서 이 모수들의 초깃값은 다음과 같다.

$$\begin{aligned} &b_1(0) = b_1 \\ &b_0(0) = b_1 + mLb_1(0) \\ &\hat{c}_t(0) = \hat{c}_t, \quad t = 1,2,\cdots,L \end{aligned}$$

여기서 $b_0(0)$은 시간의 새 원점에서 주기가 mL인 수평성분임을 유의할 필요가 있다.

또 평활 모수 α, β, γ의 추정값들은 일단계 전방 예측의 오차제곱평균을 최소화하여 얻는다. 시계열의 예측 방법의 평가는 기본적으로 간편성, 정확성 그리고 안정성에 달려 있다. 가법모형의 HW 방법은 시계열 예측의 여러 분석 사례에서 좋은 평가를 받고 있다. 특히 이 방법은 ANN 모형, NNAR 모형 등 비교적 새로운 신경망 예측모형과 비교된다.

제4장

인공신경망을 이용한 시계열 예측 사례

Statistical Forecasting in the AI era

이 장에서는 인공신경망의 기본개념과 그 예측 절차의 이해만으로 접근할 수 있는 5개의 분석 사례를 다룬다. 특히 3장에서 논의한 여러 인공신경망의 예측절차가 시계열 자료에 실제 어떻게 적용되는지를 확인한다. 분석에 적용된 시계열은 현장에서 얻어진 실제 자료만을 대상으로 하였고, 적용된 신경망의 정확도는 같은 자료를 적합한 박스-젠킨스 SARIMA 모형에서 계산된 MAPE, MSE, RMS, MAD 등 평가규준의 비교로 평가된다. 신경망들은 대체로 SARIMA 모형에 비해 정확성, 신뢰성 그리고 예측력 등에서 우수한 것으로 나타난다. 심층신경망의 순환신경망은 특히 순서를 고려하는 시계열 자료를 더 효과적으로 처리하는 모형으로 평가되고, 비신경망 모형인 홀트-윈터스 모형은 간편하면서 예측 효과가 높은 모형으로 비교적 우수한 예측 성과를 보인다. 마지막으로, 한 개의 출력 노드를 갖는 신경망을 통해 장기예측을 수행할 때, 다단계 반복예측에서 발생하는 과도한 반올림 오차나 예측오차를 피하는 새 교차검증방법을 소개하고 그 효과에 대한 실험적 성과를 확인한다.

분석 사례는 난이도에 따라 쉬운 것부터 도전적인 것으로 배열되었고, 여기서 익숙해진 독자는 인공신경망을 사용할 준비가 된 것으로 판단한다.

분석 사례

[9] 항공사 자료에 대한 예측모형: ARIMA vs. ANN(NNAR) vs. HW

[10] 항공사 자료 예측에 대한 홀트-윈터스 모형: SARIMA vs. NNAR vs. HW

[11] 개인 평균소득에 관한 예측모형: SARIMA vs. NNAR

[12] 시계열 예측을 위한 심층신경망 모형: DNN vs. RNN vs. SARIMA

[13] 전방확대 교차검증을 이용한 시계열 예측: ANN vs. AUTOREG

분석사례 [9] 항공사 자료에 대한 예측모형: ARIMA vs. ANN(NNAR) vs. HW

국제선 항공사 월별 승객 자료(간략히, 항공사 자료 [2])는 잘 알려진 시계열 자료이다. 이 자료의 효과적인 예측모형은 시계열의 전통적 분석 방법인 박스-젠킨스 ARIMA 모형을 통하여 개발(분석사례 [3])되었다. 여기서는 이 예측모형의 몇 가지 대안으로 같은 시계열 자료에 대한 신경망(ANN) 모형, 즉 신경망 자기회귀(neural network autoregressive: NNAR) 모형과 비신경망 모형인 홀트-윈터스(HW) 모형을 개발하고 이 모형들의 예측효과를 서로 비교한다. 여기서 NNAR 모형은 시계열의 시차 값들이 이 모형의 입력변수로 사용되고 그 출력값들이 이 시계열의 예측값이 되는 ANN 모형을 뜻한다. 특히 이 분석에서는 ANN 모형이나 NNAR 모형이 다른 모형으로 해결되기 힘든 독립변수와 반응변수 사이의 비선형관계를 효과적으로 분석해 내는 효과적인 모형임을 밝힌다. 입력변수의 선택 과정에서 자기공분산 방법을 이용하였고, 최적화 알고리즘에는 경사하강법을 기초로 하는 백프로퍼게이션을 적용하였다. HW 모형의 개발에는 가법모형과 승법모형을 둘 다 적용한 후 그 결과를 비교하여 선택하였다.

1. 항공사 자료의 ARIMA 모형

분석사례 [3]에서 다룬 항공사 월별 승객수 시계열에는 그림 [3]-1에서 보는 바와 같이 몇 가지 직관적 특징이 관찰된다. 먼저 시간에 따른 근사적 직선이나 약한 곡선형의 증가 추세가 관찰되고 여기에 추가적으로 강한 연 주기와 상대적으로 약한 분기별 주기로 구성된 계절 패턴도 나타난다. 결국 이 시계열은 변동 폭이 시간에 따라 점차 확대되어 계열의 평균 수준에 비례하는 계절변동의 승법계절성(multiplicative seasonality) 계열로 판단된다. 이러한 형태의 시계열을 다루는 통상적인 방법은 이 계열에 먼저 자연로그 등을 포함한 적절한 변환을 통하여 승법계절성을 가법계절성(additive seasonality) 계열로 변환하는 것이다.

그러나 여기서 다룰 ANN 모형이, 만약 어떠한 변환도 적용하지 않고 승법계절성 계열에 존재하는 비선형성을 다룰 수 있어 원래 자료를 그대로 분석에 이용할 수만 있다면, 이것은 통상적인 시계열 분석의 어려운 단계 하나를 제거하는 매우 의미 있는 일이 될 수 있다.

여기서는 통상적인 변환과 계절 및 비계절 차분을 적용하여 계열을 우선 정상화하였고, 이 정상계열에 다시 차수가 $(0,1,1)\times(0,1,1)_{12}$ 인 계절 ARIMA, 즉 SARIMA$(0,1,1)\times(0,1,1)_{12}$ 모형을 적용하였다. 더 구체적으로 (자료를 소문자로 표시하여) $z_t = \ln x_t$라 하면 $\{z_t\} \sim$ ARIMA$(0,1,1)\times(0,1,1)_{12}$ 가 된다. 이 분석에서 얻어진 결과는 전체 144개의 월별 자료 중 전반부 132개월의 자료만을 모형 적합을 위한 학습자료로 사용하였고 나머지 12개월의 자료는 예측값과 실제 값을 비교하는 검사자료로 이용하기로 한다.

이 분석에서는 예측 시점에서 이용할 수 있는 132개의 학습자료를 기초로 반복예측, 즉 다단계 예측이 이루어졌다. 이 예측은 각 시점에서 미래 한 값만을 예측하고 추가로 미래 값을 예측할 때에는 앞의 예측값을 반복적으로 이용한다. 예측이 계속 진행되면 과거 관측값들이 줄어 미래 값 예측에는 앞의 예측값이 사용된다. 물론 이 방법은 예측전망의 거리가 커질수록 각 단계에서 발생하는 예측오차가 다시 개입되어 예측의 정확도가 떨어질 수는 있다. 반면에 일단계 예측을 적용한다면 예측 시점에서 여러 미래 값들을 동시에 예측하게 된다. 일단계 예측을 계산할 때 각 단계에서 모수들은 다시 추정하지 않는다. 물론 일단계 예측도 가끔 다단계 예측보다 정확도가 다소 떨어질 수 있다.

2. 항공사 자료의 ANN (NNAR) 모형

여기서는 앞에서 다룬 항공사 자료에 직접예측 방법을 이용한 단일 출력 노드의 인공신경망(ANN) 모형을 적용하고 그 예측 성과를 앞의 ARIMA 모형의 결과와 비교 평가한다. 이를 위해 ANN 모형에서는 주어진 시계열 자료에, 그림 [9]-1과 같이 2개의 노드를 갖는 입력층, 2개의 노드를 갖는 한 개의 은닉층 그리고 여기에 한 개의 노드를 갖는 출력층으로 구성된 세 개 층 순방향 신경망(three layer feedforward neural network)[10]을 적용하기로 한다. 시계열의 예측에 적용되는 이 ANN 모형의 대표적인 특징은 예측에 적용하는 함수가 선형함수로 제한되지 않고, 적합에 유연한 비선형자기회귀모형(nonlinear autoregressive model)의 형태로 주어진다는 것이다. 일반적으로 ANN 모형은 시계열의 모형화 능력이 뛰어나고 예측효과도 탁월한 것으로 평가되고 있다.

앞에서 설명한 바와 같이, 주어진 항공사 월별 자료에는 시간에 따라 나타나는 약한 지수적 증가 추세와 또 여기에 시간에 따라 점차 증가하는 진폭의 주기적 계절변동이 존재한다. 일반적으로 추세와 주기성 등을 갖는 시계열의 예측을 위해서는 분석에 앞서 추세와 변동성 등을 먼저 제거하여 계열을 안정시켜야 한다. 사전처리[11](preprocessing)도 여기에 도움을 줄 수 있다. 정상화된 시계열의 표본자기상관함수(SACF)나 표본편자기상관함수(SPACF)는 계열의 주기성 파악을 통하여 ANN 모형의 입력변수 선택과 모형구조의 결정에 도움을 준다. 결국

[10] 이것은 다계층 퍼셉트론(Multilayer Perceptron: MLP)의 일종이다.

[11] 자료의 본질적인 정보를 위해 사전에 자료에서 잡음과 추세 또는 주기성 등을 제거하고 표준화하는 과정.

시계열의 전통적인 분석 개념을 ANN 모형에 결합하여 시계열 분석의 효과를 높이고 또 예측능력을 개선하는 것이다. 분석사례 [3]에서와 같이, 자료에 자연로그를 취하고 여기에 다시 비계절 차분인 일차 차분을 적용하여 주어진 계열을 정상화할 수 있다. 즉 $\{z_t\}$, $z_t = \ln x_t$ 그리고 추가적으로 이 월별 자료에 1개월 차분 $\{\nabla z_t\}$, $\nabla z_t = z_t - z_{t-1}$ 을 적용하여, 그림 [3]-2와 같은 $\{\nabla z_t\}$의 시도표와 SACF를 얻는다. 결과적으로 이 두 변환을 통해 항공사 월별 자료가 (공분산)정상이 되었다고 할 수 있다.

계산시스템 구조의 결정에는 기본적으로 체험에 의존해야 하는 몇 가지 주제가 동반된다. 그것은 입력변수와 출력변수의 개수, 은닉층의 수, 은닉과 출력의 활성화 함수 그리고 학습 알고리즘의 조절이나 결정 등을 말한다.

여기에 일률적으로 적용되는 공식이나 법칙은 존재하지 않는다. 특히 은닉 노드 수에 대한 일정한 규칙은 없고 보통 시행착오를 거치며 경험을 통해 결정한다. 은닉 노드의 수가 너무 적으면 과소적합이 될 수 있고, 너무 많으면 과도적합의 원인이 될 수 있다.

그림 [9]-1은 항공사 시계열 자료의 예측에 이용될 수 있는 계산시스템 구조를 예시한 것이다. 위에서 얻은 정상시계열 $\{x_t\}$, $x_t = \nabla z_t$를 이 신경망 시스템에 적용하고, ANN 모형에서 입력변수들을 선택하는 데 이 시계열의 SACF 특징을 이용하게 된다. 그림 [3]-2 오른쪽은 사전처리된 자료 $\{x_t\}$의 SACF를 나타낸 것이다. 시차 1, 4, 8, 12와 그 배수에서 유의적인 돌출을 보이고 있다. 이것은 사전처리된 $\{x_t\}$의 자기상관이 주로 이 시차에 존재하고 있음을 뜻한다. 여기서는 양의 자기상관을 갖는 시차 1과 12에 주목한다.

그림 [9]-1에서와 같이, 시간 t에서의 값 x_t는 시차 1과 12에서의 관측값 x_{t-1}, x_{t-12}를 이용하여 예측된다. 이때 두 관측값 x_{t-1}, x_{t-12}는 입력값이고 출력값 $\hat{x}_t$는 x_t의 예측값이 된다. 여기서 입력변수 개수의 결정은 시차 1과 12에서 자기상관이 강하게 보이는 SACF를 참작하였고, 결과에 따라 시행착오를 거칠 수도 있다. 또 예시된 신경망 구조는 두 개의 노드를 갖는 하나의 은닉층으로 구성된다. 대부분의 신경망은 실제 하나의 은닉층을 갖는다. 그것은 경험적으로 임의 함수의 모형화에는 대부분의 경우 하나의 은닉층으로 충분하다는 것이다.

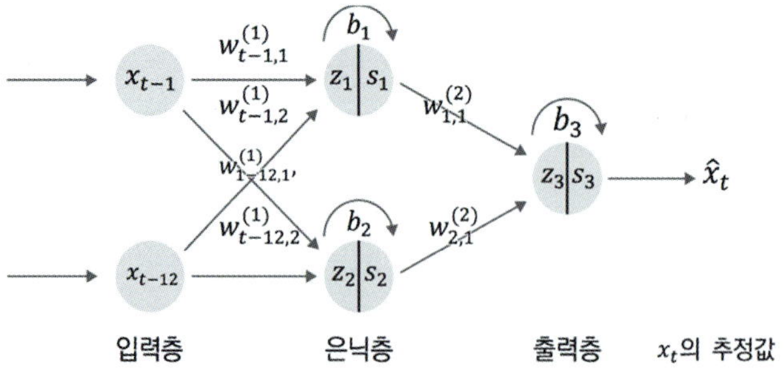

그림 [9]-1 순방향 신경망의 계산시스템 구조 예시

그림 [9]-1에서 보면, 편리상 1을 공통의 초깃값으로 택할 수도 있는 세 개의 입력 상수, 즉 바이어스 b_1, b_2, b_3가 주어졌다. 각 입력값은 은닉 노드에 연결되어 있고, 은닉층의 이 두 노드의 값은 다시 출력값에 연결되어 있다. 각 연결의 강도는 가중치로 측정되고, 그 값은 각 노드에 대하여 다음과 같이 계산된다. 먼저 입력값들의 선형함수, 이를테면 $z_j = \sum_i w_{ij}^{(1)} x_i$ $(j = 1,2)$를 계산한다. 여기서 $w_{ij}^{(1)}$는 i-번째 입력값 x_i와 은닉층의 j-번째 노드 사이를 연결하는 가중치를 나타낸다. 다음에 이 선형 합 z_j는 한 바이어스를 합한 후에 비선형함수인 (공통의) 활성화 함수 σ를 통해 다시 $s_j = \sigma(z_j + b_j)$로 변환된다. 이 활성화 함수는 통상적으로 $(0,1)$ 위에서 값을 갖는 로지스틱 함수, 다시 말하여 시그모이드 함수 $\sigma(z_j) = \frac{1}{1+e^{-z_j}}$을 이용한다. 여기서 얻어지는 s_1, s_2에서 위와 같은 방법으로 $z_3 = \sum_i w_{ij}^{(2)} s_i$를 얻고, 여기에 바이어스 b_3를 합한 후 다시 활성화 함수를 적용하여 예측값 $\hat{x}_t = \sigma(z_3 + b_3)$를 얻는다. 그러나 시계열 예측의 경우 출력 단계에서 그 값들이 $(0,1)$ 위에 고르게 배열되지 않는 한 로지스틱 함수를 사용하지 말아야 한다. 그것은 그 값들이 한자리에 뭉치게 되면 학습효과가 떨어지기 때문이다. 대신 출력단계에서 항등의 활성화 함수를 뜻하는 로드 값들의 선형함수가 사용될 수는 있다.

그림 [9]-1에 주어진 ANN 모형의 구조를 더 일반화하여 주기성 등을 참작하여 선별된 과거 k개의 관측값 $x_{t-j_1}, \cdots, x_{t-j_k}$를 입력값으로 하여 한 개의 은닉층에 h개 노드를 갖고 하나의 출력값 x_t의 예측값 $\hat{x}_t$를 구하는 예측식은 다음과 같이 표시된다.

$$\hat{x}_t = \sigma_2\left(\left[\sum_{j=1}^{h} w_{j1}^{(2)} \cdot \sigma_1\left(\sum_{i=j_1}^{j_k} w_{ij}^{(1)} x_{t-i} + b_j\right)\right] + b_{h+1}\right) \tag{4.1}$$

여기서 $\{w_{ij}^{(1)}\}$와 $\{w_{jk}^{(2)}\}$는 각각 입력층과 은닉층 노드 사이의 가중치들 그리고 은닉층과 출력층 노드 사이의 가중치들을 나타낸다. 또 b_j는 입력층에서 은닉층으로 들어가는 노드에 하나씩 합해지는 바이어스이고, 또 b_{h+1}은 은닉층에서 출력층으로 들어갈 때 사용하는 바이어스를 나타낸다. 그리고 두 함수 σ_1과 σ_2는 각각 은닉층과 출력층 사이에서 사용되는 활성화 함수이다. 여기서 시차 $j_1, \cdots, j_k$에서 입력값들을 갖고 그리고 하나의 은닉층에서 h개의 노드를 갖는 ANN 모형을 기호 $\text{ANN}(j_1, \cdots, j_k: h)$로 나타내면, 그림 [9]-1의 구조를 갖는 ANN 모형은 ANN(1,12; 2)로 표시된다. 또 입력값들이 시계열의 시차 값들로 주어지기 때문에 이것을 신경망 시계열(NNAR) 모형의 기호로 나타내면 $\text{NNAR}(1,1,k)_{12}$이고 여기서 k는 2가 된다. 일반적으로 $\text{NNAR}(p,P,k)_{12}$는 SARIMA 모형의 $\text{ARIMA}(p,0,0)(P,0,0)_k$에 대응되고 또 k는 은닉층 노드의 개수를 나타낸다.

ANN 모형에서 모수의 개수는 일반적으로 시계열 모형에서의 모수의 개수보다 많다. 은닉층이 하나인 모형에서 추정해야 하는 모수의 수는 $(n_i + 2)\,n_u + 1$이다. 여기서 n_i는 (바이어스를 포함하지 않은) 입력값의 개수 그리고 n_u는 은닉층 노드의 개수이다. 예를 들면 그림 [9]-1의 구조는 (단, n_i와 n_u는 둘 다 2) 9개의 연결 그리고 9개 모수 즉 9개의 가중치를 포함한다. 많은 가중치는 알고리즘으로 하여금 자료를 과도하게 학습하게 하여 결국 좋은 예측을 저해하는 허구적 적합을 하게 되고, 이것은 결국 불필요한 모수의 개입에 불이익을 주는 BIC와 같은 비교규준을 도입하는 계기가 되는 것이다.

앞에서 언급한 바와 같이, 사전 처리된 144개 자료 전체를 학습집합 132개와 검사집합 12개로 분리한다. 검사집합의 자료 12개는 예측의 목표값이 된다. ANN 모형에서 사용되는 가중치들은 표본 내 일단계 예측의 평균오차제곱합, 다시 말하여 주어진 시계열의 학습집합에서 계산된 $\mathrm{MSE} = \frac{1}{n}\sum_t (x_t - \hat{x}_t)^2$을 최소화하여 추정된다. 여기서 x_t는 실제 값(목표값), $\hat{x}_t$는 x_t의 예측값 그리고 n은 표본의 크기이다. 시계열의 시차 값들은 모형의 입력값이 되고, 또 출력값은 시계열의 예측값이 된다. 물론 이 작업은 가중치의 개수가 많고 또 목적함수가 국솟값을 가질 수 있어 쉽게 해결되지는 않는다. 목적함수에 편도함수를 이용하는 백프로퍼게이션(즉, 역전파) 알고리즘을 포함하여 여러 알고리즘이 제안되지만 수렴하는 데는 모두 수십이나 수백 번 또는 그 이상의 반복계산과 시행착오가 요구될 수 있다.

모든 가중치가 학습되고 추정이 이루어지면 각 모형에 대한 예측능력을 평가한다. 더욱이 실제 자료를 가지고 각 모형을 비교하는데 특히 (3.33)에서 정의된 평균절대백분율오차(MAPE)가 많이 이용된다. 검사집합인 자료의 마지막 부분에서 표본 외 예측이 이루어지면 그 예측값을 실제 관측값과 비교하게 된다.

예측식 (4.1)은 모든 시차의 실제 관측값을 입력값으로 사용하기 때문에 일단계 예측이 효율적이다. 그러나 만약 다단계 예측이 요구되면 다음 두 가지 방법 중 하나를 수행하게 된다. 그 한 가지 방법은 여러 출력값 $\hat{x}_t$, $\hat{x}_{t+1}$, $\hat{x}_{t+2}, \cdots$을 줄 수 있는 알고리즘을 새로 구성하고, 여기서 각 출력값은 노드와의 연결에서 별도의 가중치들을 갖도록 한다. 또 다른 한 가지 방법은, 일단계 예측값을 입력변수의 하나로 시차 1의 값을 대체하도록 피드백하고, 그다음 2단계, 3단계 등의 예측을 구성하는 데 같은 알고리즘을 사용한다. 이 분석에서는 후자를 채택하기로 한다. 그것은 이 방법이 계산이 간편하고 추정해야 하는 가중치의 개수가 적기 때문이다. 분석에 따라서는 자료의 학습집합보다 검사집합에 더 좋은 예측을 갖는 ANN 모형을 적합하기도 한다. 이 경우에는 자료의 세 번째 부분인 교차검사집합을 남겨 두어 실제의 표본 외 예측결과를 평가하기도 한다.

이 분석에서는 ANN 모형을 항공사 승객수 예측에 적용해 본다. 이 분석에서 역전파에 적용될 수 있는 알고리즘으로는 경사하강법, 레벤버그-마쿼트 방법 그리고 베이즈적 규제 등이 있으나, 여기서는 경사하강법이 적용되었고 결과는 ANN 모형의 성과에 긍정적으로 나타났다.

그림 [9]-1에 주어진 순방향 신경망의 손실함수는 앞에서 언급한 학습집합 내의 일단계 예측의 평균제곱오차 $MSE = \frac{1}{n}\sum_{i=1}^{n}(\hat{x}_i - x_i)^2$으로 정의한다. 이것을 간단히 L이라 하면 다음과 같이 다변수함수로 표시된다.

$$L\left(w_{11}^{(1)}, w_{21}^{(1)}, w_{12}^{(1)}, w_{22}^{(1)};\ w_{11}^{(2)}, w_{21}^{(2)};\ b_1, b_2, b_3\right) \tag{4.2}$$

여기서 모수 $w_{11}^{(1)}, w_{21}^{(1)}, w_{12}^{(1)}, w_{22}^{(1)}, w_{11}^{(2)}, w_{21}^{(2)};\ b_1, b_2, b_3$는 손실함수 L이 최소화되도록 하여 자료를 기초로 학습된다. 이 과정에서 최적화 알고리즘으로 경사하강법을 적용하여 이 가중치와 바이어스들을 업데이트하고 손실함수를 최소화하게 된다. 이것은 다음의 갱신방정식

$$w_{11}^{(1)} .= w_{11}^{(1)} - \eta \frac{\partial L}{\partial w_{11}^{(1)}}\ (\text{단, } \eta > 0) \tag{4.3}$$

으로 설명된다. 여기서 기호 .=은 왼쪽 값을 오른쪽 값으로 대체한다는 뜻이고, 상수 η는 학습속도를 조절하는 학습률을 나타낸다. 이 식은 가중치의 변화를 통해 신경망의 손실을 조절한다는 뜻으로, 만약 가중치 $w_{1,1}^{(1)}$이 커질수록 손실함수 L도 커지면(즉, $\frac{\partial L}{\partial w_{11}^{(1)}} > 0$이면), 가중치 $w_{1,1}^{(1)}$을 작게 하여 손실을 줄이고, 반대로 가중치 $w_{1,1}^{(1)}$이 커질수록 손실함수 L이 작아지면(즉, $\frac{\partial L}{\partial w_{11}^{(1)}} < 0$이면) 가중치 $w_{1,1}^{(1)}$을 크게 하여 손실을 줄인다는 뜻이다. 결국 (4.3)은, 만약 $\frac{\partial L}{\partial w_{11}^{(1)}} > 0$이면 $w_{11}^{(1)}$에서 $\frac{\partial L}{\partial w_{11}^{(1)}}$을 빼서 $w_{11}^{(1)}$을 더 작은 값으로 갱신하고, 반대로 $\frac{\partial L}{\partial w_{11}^{(1)}} < 0$이면 $w_{11}^{(1)}$에서 $\frac{\partial L}{\partial w_{11}^{(1)}}$을 합하여 $w_{11}^{(1)}$을 더 큰 값으로 바꾸어 손실을 줄인다는 뜻이다. 이 신경망의 모든 가중치와 바이어스에 대하여 이 과정을 거치면서 이 손실함수는 점차 감소하여 결국 신경망을 개선하게 되는 것이다.

학습과정은 다음과 같다. 먼저 자료에서 한 표본을 선택하고 여기에 경사하강법을 한 번 적용한다. 다음은 가중치나 바이어스에 관한 손실함수의 모든 편도함수, 즉 $\frac{\partial L}{\partial w_{11}^{(1)}}, \frac{\partial L}{\partial w_{21}^{(1)}}$ 등을 계산한다. 마지막으로, 업데이트된 방정식을 이용하여 가중치와 바이어스를 갱신한다. 위 과정을 오차의 크기가 만족스러울 때까지 계속 반복한다.

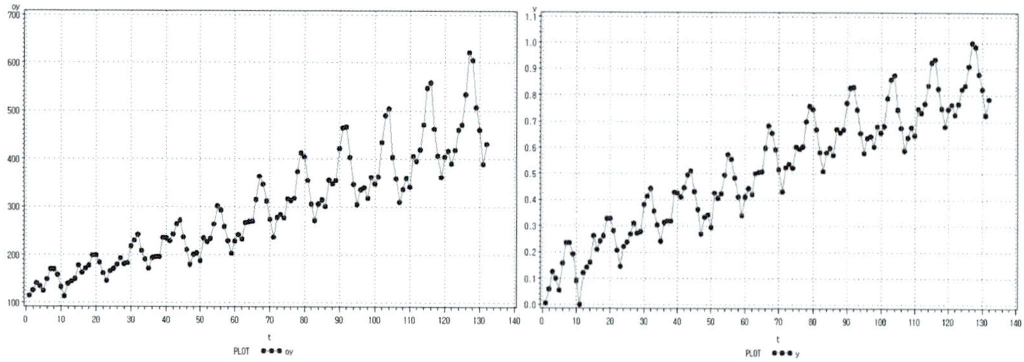

그림 [9]-2 원자료 $\{x_t\}$(왼쪽)와 로그 변환 및 [0,1] 위로 정규화된 자료(오른쪽)

그림 [9]-1의 순방향 신경망 계산시스템에 따라, 입력자료 (x_1, x_{12}), (x_2, x_{13}),$\cdots$ 등을 기초로 미래 값 x_{13}, x_{14},$\cdots$에 대한 예측값 $\hat{x}_{13}$, $\hat{x}_{14}$,$\cdots$ 등을 계산한다. 자료를 신경망에 적용하기에 앞서 계산의 간편성은 물론이고 학습효과의 향상 등을 위하여 그림 [9]-2 오른쪽에서와 같이 자료의 진폭을 $(0,1)$ 에서 일정하게 유지하도록, 자료의 정규화[12] (normalization)인 선형변환 $x_t' = (x_t - x_{min})/(x_{max} - x_{min})$을 자료에 적용한다.

주어진 시계열 자료에서, 선택된 두 시차 변수를 입력값으로 하고 출력층이 하나인 다층 순방향 신경망 계산시스템인 ANN 모형(즉 NNAR 모형)을 적용한다. 144개의 자료 중 마지막 12개 값을 예측의 검사집합으로 남기고 나머지 132개 자료를 학습에 이용하는 학습집합으로 사용한다. 은닉층과 출력층 사이의 활성화 함수에 시그모이드를 사용하여 경사하강법을 통한 역전파 알고리즘을 적용하였다. 손실함수에 평균제곱오차(MSE)를 이용하여 이것이 최소가 되도록 신경망을 학습하였다. 학습은 수렴 신호로 MSE가 일정한 값에 도달할 때까지 반복한다. 수렴기준은 보통 다음과 같다. 모든 i 에 대하여 $|\hat{x}_{i+1} - \hat{x}_i| < \delta$[13]가 될 때까지 학습을 계속 반복한다. 여기서 δ는 미리 정해진 어떤 작은 양수로 보통 $\delta = 10^{-3}$을 사용하기도 한다. 또 AIC와 BIC가 최소가 되는지 선택된 시차에서 관찰하는 것도 도움이 된다.

[12] 자료의 정규화 또는 정상화는 자료의 특정 값이 자료 전체의 특징을 지배하지 못하게 하는 자료 변환을 말하며, 특히, 이상치(outlier)의 영향을 줄이는 정규화에는 Z-score 정규화, 즉 $x_t' = (x_t - \bar{x}_n)/s_n$을 사용한다.

[13] 수렴기준의 수렴조건으로 $|(\hat{x}_{i+1} - \hat{x}_i)/\hat{x}_i| < \delta^*$, $\delta^* = 10^{-5}$을 이용하기도 한다.

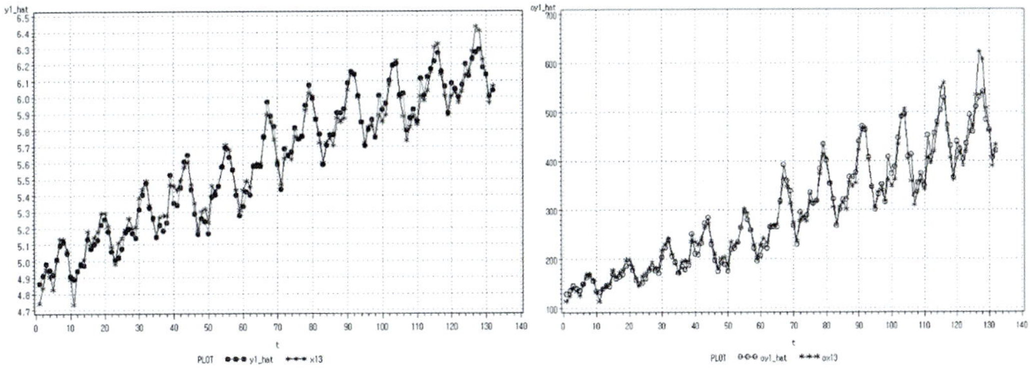

그림 [9]-3 로그 변환 자료 $\{x_t\}$와 그 추정치 $\{\hat{x}_t\}$(왼쪽)와 지수변환된 원자료와 그 추정치(오른쪽)

ANN, 즉 NNAR 모형을 자료에 적합하는 순서를 요약하면 다음과 같다. 먼저 자료를 (자연)로그 함수를 통해 변환하고, 다음은 변환된 자료를 $(0,1)$ 위의 값들로 다시 정규화한다. 여기서 얻은 자료의 전반부 약 80%를 학습자료로 이용하여 이 시계열에 AR-항이 존재하면 그 차수를 확인한다. 분석하는 이 자료의 경우, 앞에서 계산된 SACF와 SPACF를 기초로 AR-항의 차수를 $p = 1$로 판별하였다. 또 SACF에 시차 12(개월)와 그 배수에서 나타나는 유의적인 돌출을 주목한다. 이것은 자료 속에 12개월의 계절성분이 존재하고 있음을 의미하기 때문이다. 이 분석 결과를 기초로 하면 NNAR 모형의 두 모수 p와 P는 둘 다 1(둘째 $P = 1$은 12개월 계절주기)로 정해지고, 결국 주어진 계열은 ANN(1,12; k), 즉 $\text{NNAR}(1,1,k)_{12}$로 판별된다. 여기서 k는 이 모형의 은닉층 노드 수를 나타낸다.

표 [9]-1은 $\text{NNAR}(1,1,k)_{12}$, $k = 2$에 대하여, 에폭 수를 증대해 가며 역전파 알고리즘의 평가 통계량 MSE와 MAE를 계산(SAS-[9]-1)하고 그 결과를 ARIMA 모형의 결과와 비교한 것이다. 이 결과로 보면, 신경망 모형 $\text{NNAR}(1,1,k)_{12}$은 적당한 은닉 노드의 수 k에서 역전파 알고리즘을 통하여 SARIMA 모형보다 더 효과적일 수 있음을 설명하고 있다. 이 표의 오른쪽 부분은 분석사례 [4]의 SARIMA 모형에 대하여 크기 119의 학습자료(여기서 검사자료는 크기 12)에 대하여 같은 평가 통계량 MSE와 MAE의 평균을 계산한 것이다. 학습자료의 크기가 여기서 119인 것은 SARIMA 분석의 비계절과 계절 차분에 기인한 것이다.

한편 $\text{NNAR}(1,1,k)_{12}$에서 은닉 로드 수 k의 크기는 학습에 영향을 주어 예측성과에 변화를 줄 수 있다. 그것은 k의 증가가 학습해야 할 가중치와 바이어스 개수를 증가시켜 표본 외 예측의 적합을 악화시킬 수 있기 때문이다. 표 [9]-2는 신경망에서 은닉 로드 수인 k가 예측성과에 어떤 영향을 미치는지를 관찰한 결과이다.

표 [9]-1 모형 NNAR$(1,1,k)_{12}$, k = 2의 수행평가 통계량

Numbers.of backpropagations	NNAR$(1,1,2)_{12}$ n = 132		SARIMA$(0,1,1)(1,1,1)_{12}$ n = 119	
epoch	MSE	MAE	MSE	MAE
1	0.0571601	0.2028601	0.0013822	0.0292117
2	0.0011791	0.0311747		
3	0.000182619	0.0098438		
4	0.000178982	0.0097434		
⋮	⋮	⋮		

표 [9]-2 은닉 노드 수 k에 따른 모형 NNAR$(1,1,k)_{12}$의 평가 통계량 변화

Numbers.of hidden nodes	Neural nets	NNAR $(1,1,k)_{12}$ n = 132		Convergence rate
k	I × H × O	MSE	MAE	η
1	2 × 1 × 1	0.000186064	0.0045755	4.01
2	2 × 2 × 1	0.000178982	0.0097434	7.01
4	2 × 4 × 1	0.000312593	0.0012255	3.05
6	2 × 6 × 1	0.000484149	0.0100900	3.05
⋮	⋮	⋮	⋮	⋮

표 [9]-2 [14] 에서는 학습자료와 검사자료를 구분하지 않고 크기 132의 자료 전체에 대하여 신경망 모형 ANN(1,12; k), 즉 NNAR$(1,1,k)_{12}$의 은닉 노드 수 k를 1, 2, 4, 6 등으로 학습 환경을 조금씩 변화시켜 얻어진 예측오차의 평가 통계량 MSE, MAE들을 계산한 것이다. 또 여기서 사용된 학습률 η는 통상적 디폴트 값인 0.1이나 0.01을 시작으로 각 k에서 오차의 평균인 MSE가 최소가 되도록 변화시켰다. 그것은 오차함수 L이 k에 따라 달라지기 때문에 η도 여기에 맞게 조절하는 것이다. 또 여기서 평가 통계량 MASE나 MAPE를 사용하지 않는 것은 자료를 표본 내·외로 구분하지 않았고, 또 자료의 단위가 모두 같은 동질이기 때문이다.

신경망 모형에서 은닉 노드의 개수의 효과는 기본적으로 계열의 상태, 다시 말하여 관련 시계열의 추세나 종속성 또는 주기성에 따라 다를 수 있다. 표 [9]-2에 의하면, 주어진 자료에서

[14] 이 표의 계산은 SAS-[9]-5a, SAS-[9]-5b, SAS-[9]-5c, SAS-[9]-5d를 참고할 수 있다.

은닉 노드 수에 따른 학습효과의 차이가 크지는 않지만, MSE를 기준으로 하여 $k = 2$에서는 $k = 1$에서보다 약간 감소하고, $k = 4$, 6에서는 $k = 2$에서보다 다소 증가하는 현상을 보인다. 이러한 현상은 관련 계열에 은닉 노드의 최적수가 중간에 존재할 수 있음을 암시하는 것이다. 이와 같은 관점에서 k가 2나 3이 적절한 것으로 판단된다. 여기서도 '절약의 법칙'을 적용하여 k를 2로 선택하면 관련 신경망 모형은 ANN(1,12; 2) 즉 $NNAR(1,1,2)_{12}$로 정해진다.

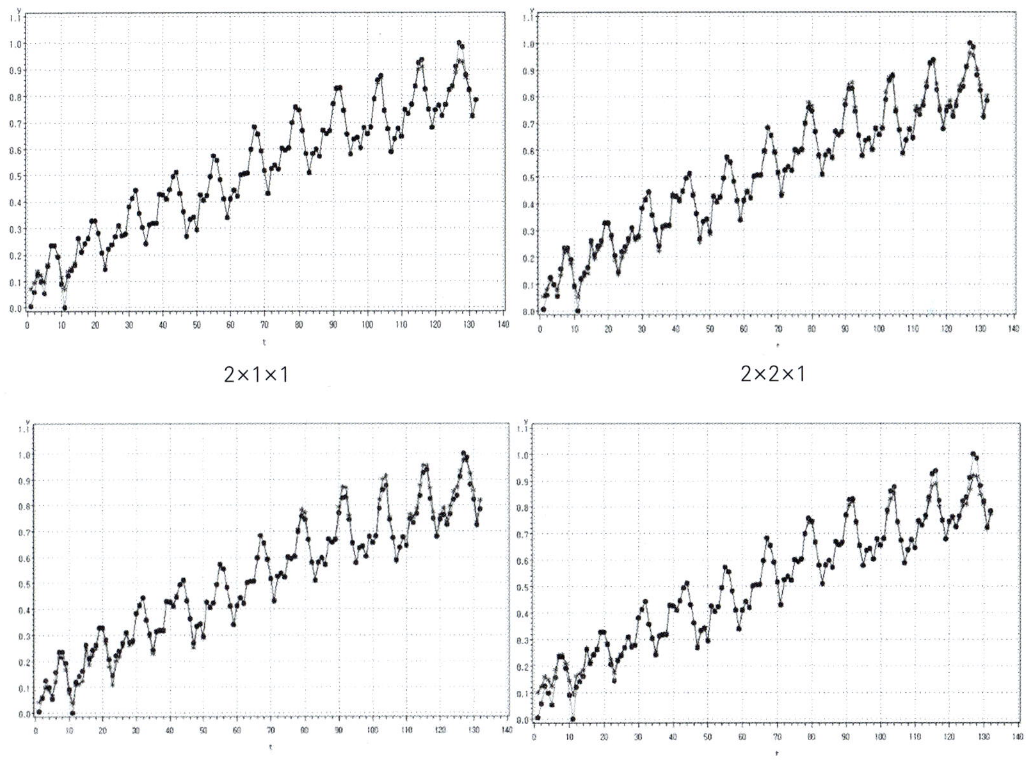

그림 [9]-4 은닉 노드 수 k에 따른 모형 $NNAR(1,1,k)_{12}$의 적합성 변화

위의 결과는 너무 적은 은닉 노드 수로는 학습집합의 근본적인 패턴을 학습할 수 없는 과소적합인 반면에 너무 많은 은닉 노드의 수도 과잉적합일 가능성이 있다는 뜻이 된다. 물론 이러한 결론이 일반성을 갖기 위해서는 분석에 동원되는 자료의 가짓수가 충분히 커야 한다. 일반적으로 신경망 모형은 서로 다른 설정, 이를테면 학습률 η를 포함한 학습모수, 역전파 알고리즘의 반복횟수인 학습길이 등과 같이 신경망 모형의 성취에 영향을 주는 인자들 사이에는 상호 보완의 기능이 존재하는 것으로 보인다. 은닉 노드의 수나 학습률이 다소 적당치 않으면 알고리즘의 반복횟수의 증가로 이것을 만회할 수도 있는 것이다. 그림 [9]-4는

은닉 노드 수 k에 따라 변하는 예측값을 실제 값과 동시에 나타낸 것이다. 시각적으로는 은닉 노드 수에 따른 학습환경의 변화가 예측 결과에 그리 큰 영향을 주지 못한 것으로 보인다.

한편 신경망 모형은 비선형 모형이므로 비교적 많은 모수를 갖는다. 추정된 모수가 많은 모형의 알고리즘은 자료의 과잉학습으로 인하여 정확한 예측이 어려울 수 있다. 이 경우 모수의 선택규준인 AIC 또는 BIC 등을 적용하여 불필요한 모수를 제거하는 것도 고려해볼 만하다.

다음은 앞에서 유도한 신경망 모형을 이용하여 주어진 계열의 미래 관측값을 예측한다. 앞에서 유도한 신경망 NNAR$(1,1,2)_{12}$를 이용하면 그림 [9]-5를 얻는다. 출력 노드가 하나인 계산시스템으로 미래 관측값을 한 단계씩만을 예측하는 방법이다. 추가되는 그다음의 값을 예측하기 위해서는 앞의 예측값이 다시 입력값으로 사용되는 반복예측(즉, 다단계)을 적용하게 된다. 이 반복예측은 앞에서 발생한 예측오차가 다음 단계의 예측에 반복 사용되어 예측오차가 커질 수는 있다. 물론 예측오차를 좀 더 줄이려면 출력 노드의 개수를 예측전망의 길이와 같게 하여 출력값이 그대로 미래 예측값이 되는 일단계 예측을 이용할 수 있다. 이 경우에는 그림 [9]-1의 계산시스템 구조를 다소 바꾸어야 한다.

위에서 사용한 신경망의 자료집합은 크기 120의 학습집합과 크기 12의 검사집합으로 구성하였다. 학습집합은 오차를 최소화하는 가중치를 찾아 모형을 학습하는 자료이고, 검사집합은 학습이 끝난 후의 모형 성능, 다시 말해 예측의 정확성을 평가하는 자료이다. 그림 [9]-5(SAS-[9]-7)의 왼쪽은 변환된 원래 계열과 NNAR$(1,1,2)_{12}$에 의해 추정된 예측값들을 동시에 나타낸 것이다. 오른쪽 그림은 특히 검사집합의 실제 값들과 그 예측값들을 별도로 나타낸 것이다.

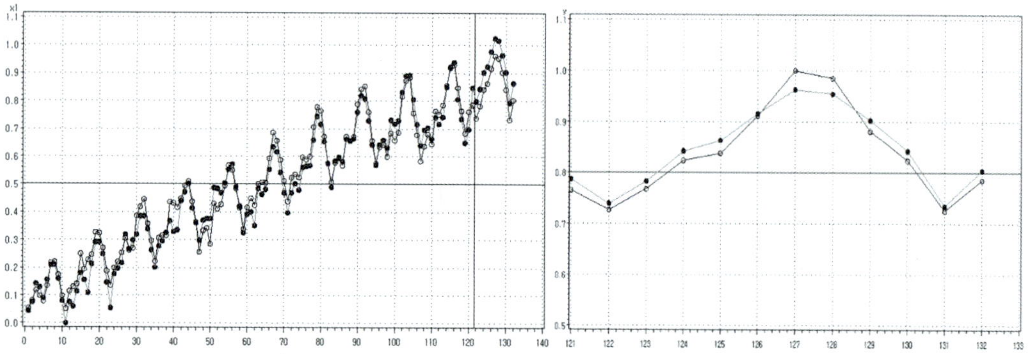

그림 [9]-5 최종모형 NNAR$(1,1,k)_{12}$, k=2의 반복 4에 의한 예측 결과

위에서 개발된 신경망의 예측효과가 학습집합과 검사집합에서 어느 정도 차이가 발생하는지를 확인할 필요도 있다. 다시 말하여 서로 다른 이 두 집합에서 오차의 평균을 비교해 볼 필요가 있는 것이다. 분산비가 F-분포를 따른다는 사실에 의거하여, 두 집합의 분산이 동일한지 아닌지를 먼저 확인한 후 그 결과에 따라 서로 다른 방법으로 두 집합의 평균 오차가 동일한지 여부를 검정하게 된다. 표 [9]-3(SAS-[9]-7)에 의하면 두 분산이 동일하다는 가설이 P-값 0.0057로 유의수준 1%에서도 기각된다. 따라서 두 분산이 같지 않은 상황에서 두 표본의 독립 t-검정을 실시하면 P-값 0.2277로 학습과 검사 두 독립집합의 평균에 유의적인 차이가 없다는 결론을 얻는다. 실제 계산된 두 평균은 크기 120인 학습집합과 크기 12인 검사집합이 각각 $-79E-5$와 -0.009로 검사집합의 오차가 약 9% 정도 크게 나타났다(SAS-[9]-2).

표 [9]-3 모형 $NNAR(1,1,k=2)_{12}$와 SARIMA의 수행평가 비교

TTEST PROCEDURE

Statistics

Variable	group	N	Mean	Std Dev	Std Err	Minimum	Maximum
Error	test	12	−0.009	0.0206	0.006	−0.026	0.0368
Error	train	120	−79E−5	0.0123	0.0011	−0.052	0.023
Error	Diff(1−2)		−0.008	0.0132	0.004		

T-Tests

Variable	Method	Variances	DF	t-Value	Pr > |t|
Error	Pooled	Equal	130	−1.92	0.0566
Error	Satterthwaite	Unequal	11.8	−1.27	0.2277

Equality of Variances

Variable	Method	Num DF	Den DF	F-Value	Pr > F
Error	Folded F	11	119	2.79	0.0057

3. 결론

항공사 시계열 자료를 대상으로 예측을 수행한 두 가지 방법: (1) 선형예측 방법인 박스-젠킨스 SARIMA 모형, (2) 비선형예측 방법인 신경망(ANN) 모형의 실험분석을 통해 얻은 결론은 다음과 같다.

(1) ANN 모형(즉 NNAR 모형)의 예측력은 계산 구조인 입력층, 은닉층, 출력층 등의 노드 수의 영향을 받으며, 특히 입력층의 적정한 노드 수는 관련 계열의 표본편자기상관함수를 통한 자기종속구조에 의존한다. 더욱이 단일 은닉층의 노드 수는 표본 내외의 예측력에 특히 영향을 준다.

(2) ANN 모형(즉 NNAR 모형)을 항공사 시계열에 적용하는 경우, 은닉 노드의 수가 적을수록 과잉적합은 줄어들고 예측 효과는 높아지는 경향이 있으며, 이 자료의 분석에서 적정한 은닉 노드의 수는 한 개 또는 두 개이다.

(3) 신경망 모형은 시계열의 비선형 예측모형으로 그 예측효과는 대체로 선형 예측모형인 SARIMA 모형을 능가하는 것으로 평가된다.

분석사례 [10] 항공사 자료 예측에 대한 홀트-윈터스 모형: SARIMA vs. NNAR vs. HW

이 분석에서는 시간에 따라 변동성이 증가하는 항공사 시계열 자료의 예측에 홀트-윈터스(Holt-Winters: HW)의 승법계절모형을 적용하고 그 예측효과를 평가한다. HW-승법계절모형은 한 예측식에 그 시계열의 수준과 추세 그리고 계절 성분에 대한 3개 평활식으로 구성된다. 또 항공 시계열 자료의 또 다른 모형으로 시계열의 SARIMA 모형과 신경망의 NNAR 모형을 적용하고 그 예측효과의 비교에 MSE, RMSE, MAD, MAPE 등의 성과규준을 이용하였다. 이 비교를 통하여, HW-승법계절모형이 특히 계절설 변동이 강한 시계열에서 SARIMA 모형이나 신경망의 NNAR 모형보다 더 정확한 예측을 제공할 수 있음을 확인하였다. 더욱이 주어진 시계열 자료에 HW-승법계절모형을 적합할 때 그 오차계열이 이분산(heteroscedastic)임을 확인하였다.

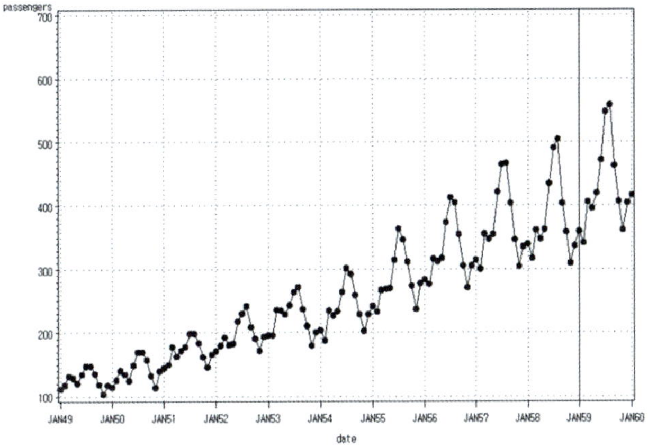

그림 [10]-1 항공사 월별 승객수의 시도표(수직선은 학습과 검사 자료의 구분선)

1. 항공사 자료의 홀트-윈터스(HW) 모형

이 분석에서는 분석사례 [3]에서 다룬 항공사 시계열 자료를 대상으로, 이 항공사의 월별 승객수 예측에 HW의 승법계절모형을 적용하기로 한다. 시계열에서 HW의 승법계절모형은 계절 패턴의 진폭이 계열의 평균 수준에 비례하여 커지는 경우에 HW의 가법계절모형보다 더 적절한 것으로 판단된다. 더욱이 이 HW의 승법계절모형은 지수평활의 간편한 한 변형이지만 예측효과가 뛰어난 것으로 알려져 있는 선형모형이다. 또 이 방법은 시계열의 계절성분이 가법성분인지 승법성분인지에 따라 평활모형을 가법계절모형과 승법계절모형으로 구분하고, 승법계절모형은 계절변동의 크기가 주변 평균값에 비례할 때 효과적이다. 이 승법모형은 계절성분을 동반하는 시계열의 단기추세를 예측하는 데 특히 효과적인 것으로 알려져 있다. 여기서 개발되는 이 예측모형은 박스-젠킨스 계절 ARIMA 모형은 물론이고 ANN 모형과도 예측성과를 비교하기로 한다.

그림 [10]-1에서와 같이, 이 시계열에는 시간에 따라 점차 오른쪽으로 증가하는 근사적 직선추세가 존재하고 또 여기에 약 12개월의 강한 주기성도 관찰된다. 더욱이 이 시도표에는 시간이 경과할수록 진동 폭이 다소 커지는 변동의 증대 현상도 관찰된다. 이러한 현상을 고려하면 이 시계열에는 가법계절모형보다는 승법계절모형의 적용이 더 적절한 것으로 판단된다. 그러나 변동의 증가 폭이 아주 큰 편이 아님을 참작하여 이 분석에서는 위 두 가지 평활 모형을 모두 적용하고 그 결과를 비교한 후 최종 모형을 하나 결정하기로 한다.

표 [10]-1 HW승법모형과 HW가법모형의 추정값 비교

Obs	_TYPE_	date	passengers	Obs	_TYPE_	date	passengers
1	N	DEC60	132	1	N	DEC60	132
2	NRESID	DEC60	132	2	NRESID	DEC60	132
3	DF	DEC60	118	3	DF	DEC60	118
4	WEIGHT1	DEC60	0.1055728	4	WEIGHT1	DEC60	0.1055728
5	WEIGHT2	DEC60	0.1055728	5	WEIGHT2	DEC60	0.1055728
6	WEIGHT3	DEC60	0.25	6	WEIGHT3	DEC60	0.25
7	SIGMA	DEC60	17.82406	7	SIGMA	DEC60	21.662236
8	CONSTANT	DEC60	443.90877	8	CONSTANT	DEC60	447.33396
9	LINEAR	DEC60	3.5726413	9	LINEAR	DEC60	3.4474099
10	S_1_01	DEC60	0.8974387	10	S_1_01	DEC60	−32.12147
11	S_1_02	DEC60	0.8643955	11	S_1_02	DEC60	−47.13440
12	S_1_03	DEC60	1.0010834	12	S_1_03	DEC60	−8.035004
13	S_1_04	DEC60	0.9694000	13	S_1_04	DEC60	−9.502115
14	S_1_05	DEC60	0.9841103	14	S_1_05	DEC60	−1.688415
15	S_1_06	DEC60	1.1247264	15	S_1_06	DEC60	47.696157
16	S_1_07	DEC60	1.2542229	16	S_1_07	DEC60	87.256025

Obs	_TYPE_	date	passengers	Obs	_TYPE_	date	passengers
17	S_1_08	DEC60	1.2460770	17	S_1_08	DEC60	83.935781
18	S_1_09	DEC60	1.0548261	18	S_1_09	DEC60	17.475688
19	S_1_10	DEC60	0.9165583	19	S_1_10	DEC60	-32.00629
20	S_1_11	DEC60	0.7976607	20	S_1_11	DEC60	-70.99810
21	S_1_12	DEC60	0.8895008	21	S_1_12	DEC60	-39.87786
22	SST	DEC60	1489347	22	SST	DEC60	1489347
23	SSE	DEC60	25930.848	23	SSE	DEC60	55371.792
24	MSE	DEC60	219.75295	24	MSE	DEC60	469.25247
25	RMSE	DEC60	17.824066	25	RMSE	DEC60	21.662236
26	MAPE	DEC60	3.9620939	26	MAPE	DEC60	5.2917209
27	MPE	DEC60	0.5918044	27	MPE	DEC60	0.1291386
28	MAE	DEC60	10.352084	28	MAE	DEC60	17.741199
29	ME	DEC60	2.1058639	29	ME	DEC60	1.683618
30	RSQUARE	DEC60	0.9825891	30	RSQUARE	DEC60	0.9628214
HW 승법계절모형				HW 가법계절모형			

모형의 선택은 자료 분석에서 실제로 주요한 문제이다. 먼저 두 모형을 비교하는 데 도움이 될 수 있는 여러 통계량들을 표 [10]-1(SAS-[10]-1)에 나타내었다. 또 그림 [10]-2에서는 이 두 HW 모형으로 계산된 미래 12개월의 실제 값, 예측값 그리고 95% 신뢰구간의 상한과 하한 그리고 잔차 계열을 동시에 나타내었다. 이 표의 통계량 중에서 특히 HW 승법계절모형에 의한 MSE는 219.75로 가법계절모형을 통해 얻어진 값 489.25보다 약 55% 감소되었음을 알 수 있다. 결정계수 R^2을 비교해 보아도 승법모형이 가법모형보다 약 1.8 % 정도 더 높은 것으로 나타난다. 더욱이 이 표에 주어진 평가 통계량 MAE와 MAPE를 비교해 보아도 모두 HW의 승법계절모형이 가법계절모형보다 우수한 것으로 나타나고 있다. 이러한 결과를 종합하여 보면 이 시계열 자료에는 가법모형보다 승법모형에 의한 예측력이 더 우월하다는 결론을 얻는다.

2. 홀트-윈터스(HW) 모형과 SARIMA 모형

다음은 HW 모형의 예측성과를 SARIMA 모형의 성과와 비교하는데, HW 승법계절모형(간단히, HW 승법모형)을 SARIMA 모형과 비교하기로 한다. 구체적으로 표본 외 집합에서 두 방법이 만들어 내는 예측오차의 평균에 유의적인 차이가 있는지를 검토한다. 원래 자료를 로그 변환하여 계산된 표 [10]-3(SAS-[10]-3)은 표본 외 집합에서 이 두 방법에 의해 만들어진 예측오차에 대한 통계량들이다. 이 표에 의하면, HW 승법모형의 오차가 SARIMA 모형의 오차보다 약간 크게 나타나고 있다. 그러나 이에 대한 더 자세한 결과는 표 [10]-4에 주어지는 두 표본에 대한 독립 t-검정에 의해 확실히 설명된다. 표의 아래에 주어진 t-검정의 유의확률(P-value)이 0.0763이므로 유의수준 5%에서 두 모집단의 분산이 동일하다는 가설이 기각되지 않는다. 따라서 t-검정에서는 가운데("Equal") 라인에서 유의확률 0.0001(≪0.05)로 1%의 유의수준에서 두 독립표본의 예측오차의 평균이 동일하다는 결론을 얻는다. 이 결과에 의하면 표본 외 집합에서 계산된 예측오차의 평균과 표준오차를 기초로 할 때, HW 승법모형과 SARIMA 모형의 예측 효과에는 유의적인 차이가 없다고 판단된다.

표 [10]-3에서 HW 승법모형의 예측오차 평균이 양의 값을 갖는 것은 대체로 예측값이 실제 값 아래로 주어지고, 음의 평균을 보이는 SARIMA 모형에서는 이와 반대로 예측값이 실제 값 위로 온다는 의미이다. 이 현상은 그림 [10]-3(SAS-[10]-3)에서도 관찰된다.

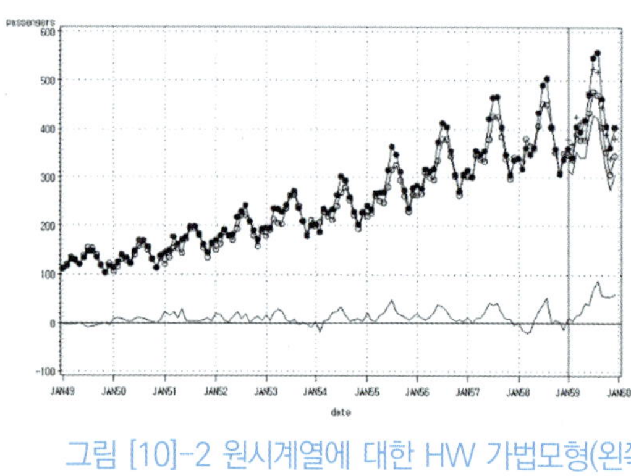

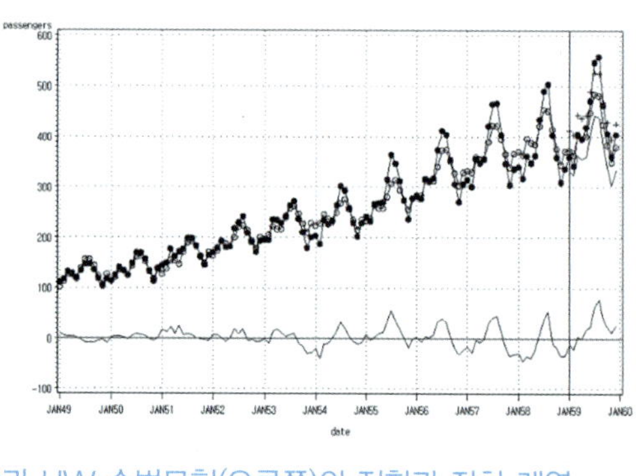

그림 [10]-2 원시계열에 대한 HW 가법모형(왼쪽)과 HW 승법모형(오른쪽)의 적합과 잔차 계열

표 [10]-2 HW 승법모형과 SARIMA 모형의 평가 통계량 비교

통계량	HW 승법모형	HW 가법모형
MSE	219.7529	469.2524
MAE	10.3520	17.7411
MAPE	3.9620	5.2917

표 [10]-3 HW 승법모형과 SARIMA 모형에 의한 표본 외 집합에서의 예측오차

모 형	크기(개월)	평균	표준편차	최솟값	최댓값
HW 승법모형	12	0.0926402	0.0519498	−0.0056533	0.1742243
SARIMA 모형	12	−0.0785608	0.0296729	−0.1245100	−0.0337600

표 [10]-4 HW 승법모형과 SARIMA 모형의 두 표본 독립 t-검정

T-Tests					
Variable	Method	Variances	DF	t-Value	Pr > | t |
ERROR	Pooled	Equal	22	9.91	<.0001
ERROR	Satterthwaite	Unequal	17.5	9.91	<.0001
Equality of Variances					
Variable	Method	Num DF	Den DF	F Value	Pr > F
ERROR	Folded F	11	11	3.07	0.0763

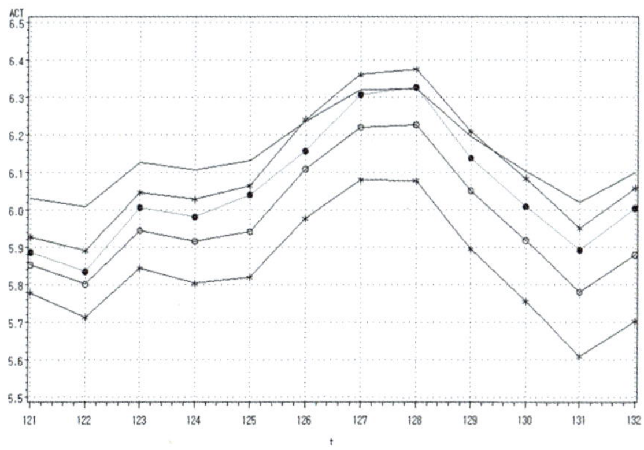

그림 [10]-3 검사집합의 실제 값(− · −), 추정값(− ◦ −), 95%신뢰구간(− * −), HW추정값(맨 위 선)

그림 [10]-3은 검사집합에서 실제 값(위에서 3번째), 추정값(위에서 4번째), 95% 구간추정(위에서 2번째와 맨 아래) 그리고 맨 위에 HW 승법모형의 값을 보여주고 있다.

한편 HW 승법모형과 SARIMA 모형을 다른 관점에서 평가하기 위하여 슈바르츠 베이즈적 정보규준(SBC)을 비교하는 것도 의미가 있다. 수식 $SBC = -2[\ln\hat{L} + k * \ln(n)]$을 계산하여 그 값이 작은 쪽을 선택한다. 여기서 n은 표본크기, k는 추정한 모수의 개수, $\hat{L}$은 추정된 모형(M)의 우도함수로 $\hat{L} = p(x|\hat{\theta}, M)$, x는 관찰된 자료의 수 그리고 θ는 추정된 모형의 모수(벡터)이다. 표 [10]-5에서와 같이, 최대우도 추정과 상최소제곱추정(OLS)에 의해 계산된 SBC에서 둘 다 작은 값을 가진 HW 승법모형이 다소 우월한 것으로 나타나고 있다.

표 [10]-5 HW 승법모형과 HW 가법모형의 SBC 값의 비교

		MLE	OLSE
HW 승법모형	**SBC**	1010.2935	998.7623
		1073.4798	1010.2935
SARIMA 모형	**AIC**	1253.3301	1241.8353
		1311.4777	1308.6025

표 [10]-6 HW 승법모형과 SARIMA 모형의 예측값과 신뢰구간 비교

	HW 승법모형		SARIMA 모형	
년 월	예측값	95% 신뢰구간	예측값	95% 신뢰구간
60.1	415.660	(373.203, 458.117)	419.348	(390.255, 450.609)
60.2	407.094	(367.349, 449.840)	398.936	(366.134, 437.719)
60.3	457.641	(411.552, 497.730)	466.660	(423.181, 517.554)
60.4	448.621	(405.130, 492.131)	457.501	(407.769, 506.538)
60.5	459.883	(415.927, 503.838)	473.381	(420.607, 532.722)
60.6	509.715	(465.228, 557.201)	547.247	(481.931, 621.416)
60.7	555.722	(510.637, 600.806)	622.411	(543.538, 712.657)
60.8	555.849	(510.096, 601.603)	630.366	(546.208, 727.490)
60.9	489.836	(443.342, 536.331)	526.947	(453.185, 612.654)
60.10	446.802	(399.493, 497.111)	462.478	(397.927, 541.585)
60.11	411.257	(363.059, 459.455)	406.791	(345.019, 479.623)
60.12	445.825	(396.663, 497.987)	452.144	(381267, 537.001)

항공사 월별 승객수 계열에 대한 잠정적 모형으로 HW 승법모형과 SARIMA 모형을 적합한 후에는 이 두 모형의 적합성에 대한 진단이 요구된다. 먼저 SARIMA 모형의 경우, 시계열 $\{X_t\}$는 로그 변환 $Z_t = \ln X_t$를 통하여 $\{Z_t\} \sim ARIMA(0,1,1) \times (0,1,1)_{12}$를 적합하고, 예측오차 즉 잔차를 분석하면 표 [4]-1(분석사례 [4])에서와 같이 모든 시차에서 유의적인 자기상관이 존재하지 않음을 확인할 수 있다. ARIMA 모형이나 회귀모형에서는 모형의 오차항이 서로 독립이고 분산이 일정한 백색잡음이라는 조건이 요구된다. 따라서 이 경우에는 오차가 서로 독립이고 분산이 일정해야 하는 이 조건이 성립하지 않으면 상최소제곱추정인 경우 추정량의 효율이 떨어져 분산이 커지고 신뢰구간 신뢰도의 정확한 계산을 어렵게 할 수 있다.

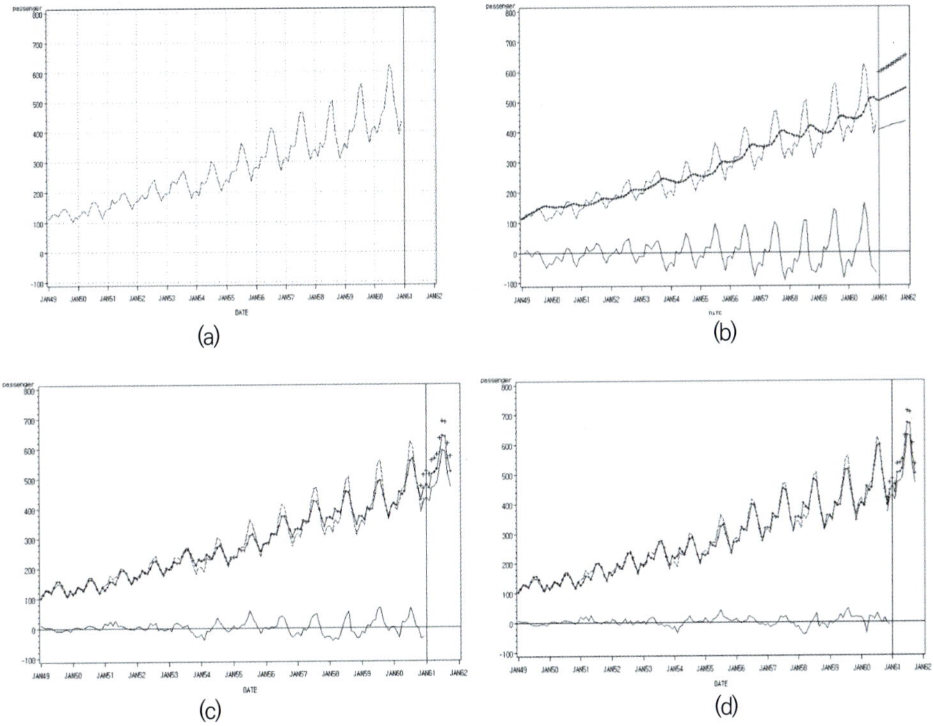

그림 [10]-4 원시계열(a)에 단순평활(b), 가법계절(c), 승법계절(d) 모형을 적합한 예측값과 그 잔차

3. 시계열 HW 승법모형의 오차모형

시계열의 승법모형은 시계열이 갖는 시간추세에 계절변동까지 고려하여 계절성을 가진 시계열의 분석에 사용되는 효과적인 모형이다. HW 승법모형의 경우에도 진폭이 수시로 변하는

순환이나 계절변동을 갖는 시계열을 직선이나 다항식으로 모형화하기는 적절치 않게 된다. 따라서 HW 승법모형에 시계열을 적합하는 경우 그 잔차가 서로 독립이고 평균 0에 일정한 분산을 갖는 백색잡음이라는 조건을 만족하긴 어렵게 된다. 분산이 시간에 따라 항상 일정한 계열을 등분산(homoscedastic)계열이라 하고 또 분산이 시간에 따라 수시로 변하는 계열을 이분산(heteroscedastic)계열이라 한다. 회귀모형이나 시계열 모형을 자료에 적합할 때 주요 가정의 하나는 그 오차들이 등분산이 되어야 하는 것이다. 그러나 실제 그 잔차들은 자기상관이나 이분산이 되는 경우 추정값의 효율을 높이기 위해서 새로운 모형이 요구된다.

오차계열에 적용할 수 있는 이분산 모형에는 오차 분산을 과거 오차 값들의 제곱의 선형함수 형태로 표현하는 (조건부) ARCH(p)모형이나 그것의 일반화 모형이 있다[15]. 특히 잔차의 (과거 값들이 주어졌다는) 조건부 평균과 조건부 분산이 과거 값들에 의존하면, 이 특징을 설명하기 위해 AR 모형과 ARCH 모형을 합성한 AR-ARCH 모형을 이용하기도 한다.

그림 [10]-4(SAS-[10]-4)는 주어진 자료에 서로 다른 세 가지 모형, 즉 단순평활모형, 가법계절모형, 승법계절모형을 적용하고 그 예측값과 오차(즉, 잔차)를 통해 그 효과를 비교한 것이다. 이 잔차들은 모두 등분산이 아님을 알 수 있다. 여기서는 적합 효과가 비교적 높게 보이는 HW 승법모형의 잔차(d)에 대한 조건부 이분산성, 다시 말하여 ARCH 효과의 존재와 그 차수를 확인해 보기로 한다.

표 [10]-7(SAS-[10]-5)은 위 잔차에 ARCH 효과가 있는지를 검정하는 Q-검정과 LM-검정을 수행한 결과이다. 이 검정은 승법계절모형의 잔차 $\{r_t\}$가 조건부 이분산을 갖는지, 다시 말하여 $\{r_t^2\}$가 적당한 차수(p)의 자기회귀모형 $r_t^2 = a_0 + a_1 r_{t-1}^2 + \cdots + a_p r_{t-p}^2 + \epsilon_t$, $\epsilon_t \sim WN(0, \sigma_W^2)$를 따르는지를 확인하는 것이다. 여기서 특히 LM-검정의 검정 통계량은 $LM_p = N \cdot R^2 \sim \chi^2(p)$로, R^2은 선형회귀모형의 최소제곱 적합에서 결정계수를 나타내고 N은 표본의 크기를 나타낸다. 표 [10]-7에 주어진 1부터 12까지의 시차 창을 따라 ARCH의 두 가지 검정 Q와 LM의 유의수준이 모두 < 0.0001임을 보이고, 이것은 이 계열에 (조건부) 이분산인 ARCH 효과가 있음을 뜻한다. 다시 말해 $r_{t-1}^2, \cdots, r_{t-p}^2$ 중 적어도 하나는 r_t^2의 변동에 영향을 준다는 의미이다. 물론 여기서 p개 모두가 영향을 준다는 뜻은 아니며, 처음 몇 개가 영향을 주는지 차수 p를 최소로 줄일 필요가 있다. '절약의 법칙'에 의하여 p를 가급적 작은 값으로 정한다. 차수의 결정에는 LM-검정이 효과적이다. 먼저 $p = 1$을 인정하고, $p = 2$를 검토한다. 두 경우의 통계량의 차가 유의적으로 크지 않는 한 $p = 2$를 받아들이지 않는다. $LM_{p+1} - LM_p \sim \chi^2(1)$인 사실에 기초하면, 실제 계산되는 차

15 시계열의 이분산 모형 ARCH(p) 식을 포함하여 AR-ARCH, LM-검정 등에 대한 상세한 설명은 제6장에서 다룬다.

$$\mathrm{LM}_2 - \mathrm{LM}_1 = 45.2550 - 33.9732 = 11.2818 > \chi^2_{0.95}(1) = 3.841$$

은 유의수준 5%에서 유의적인 차가 되지 못한다. 따라서 다음 과정을 계속하면

$$\begin{aligned} \mathrm{LM}_3 - \mathrm{LM}_2 &= 65.6408 - 45.2550 = 20.3858 > \chi^2_{0.95}(1) = 3.841 \\ \mathrm{LM}_4 - \mathrm{LM}_3 &= 68.3038 - 65.6408 = 2.66300 < \chi^2_{0.95}(1) = 3.841 \\ &\vdots \end{aligned}$$

로, 같은 유의수준 5%에서 유의적인 차를 보이고 있다.

표 [10]-7 ARCH 효과를 위한 Q-검정과 LM-검정 결과

SSE=333857.142	MSE=2335	Root MSE=48.31837
SBC=1529.43045	AIC=1526.46064	Durbin-Watson=0.5511

Ordor	Q	Pr > Q	L M	Pr > L M
1	34.3455	<0.0001	33.9732	<0.0001
2	34.3618	<0.0001	45.2550	<0.0001
3	36.8777	<0.0001	65.6408	<0.0001
4	44.8764	<0.0001	68.3038	<0.0001
5	45.8266	<0.0001	68.7741	<0.0001
6	45.8376	<0.0001	69.0491	<0.0001
7	46.1103	<0.0001	69.8501	<0.0001
8	50.9514	<0.0001	75.5967	<0.0001
9	53.4699	<0.0001	80.1436	<0.0001
10	53.4704	<0.0001	86.2040	<0.0001
11	74.6662	<0.0001	121.1639	<0.0001
12	153.7710	<0.0001	126.7657	<0.0001

이와 같이 두 검정 Q와 LM의 유의확률(P-값)이 모두 <0.0001로, HW 승법모형의 오차계열에는 조건부 이분산성이 존재한다는 결론을 얻는다. 이 분석은 이 오차계열이 백색잡음이라는

가정하에서 HW 승법모형을 적용하여 표 [10]-8(SAS-[10]-5)의 결과 (A)를 얻는다. 여기서 결정계수 $R^2 = 0.0000$으로 이 적합은 예측기능이 아주 낮다는 사실을 뜻한다.

다음은 오차의 ARCH 효과에 대한 유의성을 검토한다. 오차계열에 ARCH 모형의 하나인 AR(2)-ARCH(1)을 적합하여 결과 (B)를 얻는다. 여기서 AIC=1366.97776은 결과 (A)에서 얻어진 AIC=1526.46064보다 작아 적합이 향상되었음을 뜻한다.

같은 방법으로, 오차계열에 ARCH(1), AR(1)-ARCH(1) 등 몇 가지 ARCH 모형을 검토(SAS-[10]-6)하면 오차의 ARCH 모형은 우선 AR(2)-ARCH(1)로 정해진다. 모형 AR(2)-ARCH(1)은 다음 의미를 갖는다. 먼저 $a_t \sim ARCH(1)$이므로

$$a_t = \epsilon_t \cdot \sqrt{\alpha_0 + \alpha_1 a_{t-1}^2}, \quad \epsilon_t \sim WN(0,1) \tag{4.4}$$

이고, 또 $u_t \sim AR(2)$이므로

$$u_t - \mu = \theta_1(u_{t-1} - \mu) + \theta_2(u_{t-2} - \mu) + a_t \tag{4.5}$$

이다. 결국 계열 $\{u_t\}$는 AR(3)로 보이지만, 오차 $\{a_t\}$는 독립인 백색잡음이 아니고 ARCH(1)이 된다.

표 [10]-8의 결과 (B)는 주어진 AR(2)-ARCH(1)모형을 자료에 적합한 결과로, 먼저 두 통계량 AIC와 SBC는 이 모형을 신경망 등 다른 모형과 비교 평가하는 데 이용된다. 또 정규성 검정은 '조건부 분포가 정규분포'라는 귀무가설하에서 이 정규성 가설은 P-값=0.1637로 채택된다.

다음에, a_t의 두 ARCH-모수 α_0, α_1의 추정값들과 그 표준오차들은

$$\hat{\alpha}_0 = -1.1125(0.0656), \qquad \hat{\alpha}_1 = 0.5625(0.0816)$$

(괄호 안은 추정값의 표준오차)이다. 따라서 $a_t \sim ARCH(1)$의 추정모형은

$$a_t = \epsilon_t \cdot \sqrt{-1.1125 + 0.5625\ a_{t-1}^2}, \quad \epsilon_t \sim WN(0,1)$$

이고, 또 표 [10]-8 결과 (B)에 주어진 P-값을 기초로 하면, u_t의 AR-모수 중에서 μ, θ_1, θ_2의 추정값들과 그 표준오차들을 참고하여 모형 $u_t + 318.0971 = a_t$가 선택된다.

표 [10]-8 AR(1)-ARCH(2) 모형의 적합결과

(A)

```
                      AUTOREG Procedure
     Dependent Variable = RESIDUAL: Ordinary Least Squares Estimates
                SSE   333857.142   DFE        143
                MSE   2335         Root MSE   48.31837
                SBC   1529.43045   AIC        1526.46064
                Reg-Square 0.0000  Total R-Square 0.0000
                Durbin-Watson 0.5511
                                    Standard            Approx
 Variable  DF   Estimate            Error    t Value    Pr > |t|
 Intercept  1   -0.5770             4.0265   -0.14      0.8863
                 Estimates of Autocorrelations
 Lag Covariance Correlation -1 9 8 7 6 5 4 3 2 1 0 1 2 3 4 5 6 7 8 9 1
 0    2318.5      1.000000    |                   |****************|
 1    1662.6      0.717104    |                   |***********     |
 2    589.2       0.254115    |                   |****            |

                 Preliminary MSE          803.3
              Estimates of Autoregressive Parameters
                                     Standard
     Lag      Coefficient            Error            t Value
     1        -1.101110              0.071123         -15.48
     2         0.535495              0.071123           7.53
Algorithm converged.
```

(B)

```
                         GARCH Estimates
 SSE               114149.092       Observations          144
 MSE               792.70203        Uncond Var     1017.24376
 Log Likelihood    -677.48888       Total R-Square     0.6581
 SBC               1384.79664       AIC            1366.97776
 Normality Test    3.6197           Pr > ChiSq         0.1637

                                    Standard                Approx
Variable     DF    Estimate         Error      t Value      Pr > |t|
Intercept    1     -0.2188          4.5115     -0.05        0.9613
AR1          1     -1.1125          0.0656     -16.96       <.0001
AR2          1      0.5625          0.0816      6.89        <.0001
ARCH0        1     318.0971         109.4914    2.91        0.0037
ARCH1        1      0.2340          0.1315      1.78        0.0750
ARCH2        1      0.4533          0.2348      1.93        0.0536
```

1949년 1월-1960년 12월 기간에 HW 승법모형의 잔차는 시간에 따라 일정하지 않음을 설명하고 있다. 이 결과는 두 모형에 대한 잔차의 시도표(그림 [10]-4)에서도 직관적으로 확인된다.

계절적 인자들은 표 [10]-9에 주어졌다. 이 결과에 의하면 전체 기간 1949년-1960년의 항공사 승객 계열에는 불규칙성이 나타나고 있다. 이 추정값들은 표가 보여주는 바와 같이 월별로 달라지고 또 이 순환패턴은 표본 외 예측에서도 일어날 것으로 판단된다.

표 [10]-9 항공사 승객의 월별 및 계절별 통계량

Month	Jan.	Feb.	Mar.	Apr.	May.	Jun.
MEAN	10.4153	16.3445	11.4815	10.7478	10.1232	17.9184
S.D.	9.1893	17.4391	12.3840	10.8437	9.2465	11.9551
MIN.	0.9880	3.7180	0.5790	0.9160	0.0540	3.2960
MAX.	30.0240	45.1930	37.9170	39.9020	27.4980	33.7780
Month	**Jul.**	**Aug.**	**Ser.**	**Oct**	**Nov.**	**Dec.**
MEAN	31.3929	28.1033	8.3442	7.9860	19.1040	17.5955
S.D.	22.6800	20.4163	6.0239	8.1173	13.8423	13.0897
MIN.	6.1480	5.9910	0.5620	0.7280	2.7360	0.2590
MAX.	65.8660	68.1610	20.4180	21.6680	38.3310	37.2770

4. HW-승법모형과 NNAR 모형의 비교

마지막으로 항공사승객의 월별 자료에 대한 신경망 ANN 모형(즉, $NNAR(1,1,2)_{12}$)과 HW-승법모형의 예측효과를 비교하여 평가하기로 한다.

표 [10]-10 학습집합과 검사집합에서 두 모형의 오차 비교

	Training Set					Test Set				
Model/Error	N	MSE	MAE	RMSE	MAPE	N	MSE	MAE	RMSE	MAPE
NNAR 모형	120	0.01206	0.07565	0.10982	748.7709	12	0.02564	0.12227	0.16012	14.2900
HW 승법모형	120	0.00744	0.06839	0.08625	382863.64	12	0.02487	0.09756	0.15772	12.7145

예측은 일단계 예측을 수행하였고, 표 [10]-10은 NNAR 모형과 HW 승법모형 각각에 대하여 학습집합과 검사집합에서 실제 값과 예측값의 차를 기초로 계산한 평가통계량 MSE, MAE, RMSE, MAPE를 나타낸 것이다. 특히 신경망 NNAR 모형에 대한 통계량의 계산은 수렴속도 $\eta = 0.01$에서 많은 반복의 결과이다. 두 모형의 통계량들을 계산하기에 앞서 두 자료는 모두 로그 변환하고 또 정규화를 수행하였다. 비교평가에 의하면 HW 승법모형은 학습집합과 검사집합에서 NNAR 모형을 미세하게 앞선다고 할 수 있다.

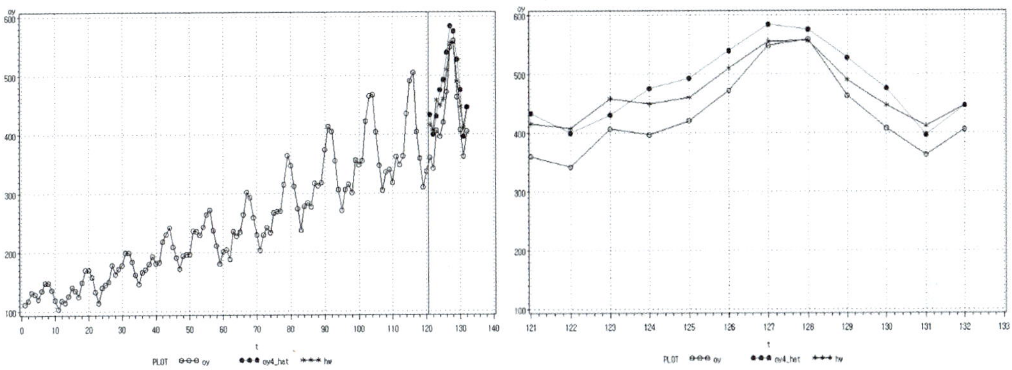

그림 [10]-5 계열의 학습집합(전반부)과 검사집합(후반부)(왼쪽) 그리고 확대된 추정부분(오른쪽)

그림 [10]-5 왼쪽(SAS-[10]-7)의 전반부 120개월은 관측값만을 나타낸 것이고, 후반부 12개월은 관측값을 포함하여 NNAR 모형의 추정값과 HW 승법모형의 추정값을 동시에 나타낸 것이다. 오른쪽 그림은 왼쪽 그림의 마지막 부분을 확대한 것으로, 맨 아래 (-∘-) 선은 실제 선, 중간 (-∗-)은 HW 승법모형의 예측 선 그리고 맨 위 선(-·-)은 NNAR 모형의 예측 선을 나타낸 것이다. 이 그림의 검사집합에서도 HW 승법모형의 예측 결과가 NNAR 모형의 예측 결과보다 다소 우월함을 볼 수 있다.

더욱이 표 [10]-10에서는 NNAR 모형과 HW 승법모형의 각 학습집합과 검사집합에서 만들어진 오차의 크기를 비교할 수 있다. 먼저 검사집합에서의 NNAR 모형의 오차는 학습집합에서의 오차보다 1.5배 정도 크게 나타나고, 이에 반하여 검사집합에서의 HW 승법모형의 오차는 학습집합에서의 오차보다 2배 정도 크게 나타난다.

5. 결론

항공사 승객의 월별 시계열 자료를 대상으로 하여 예측을 실시한 다음 세 가지 모형

(i) 선형의 박스-젠킨스의 ARIMA 모형

(ii) 비선형의 신경망(ANN) 모형(즉, $\text{NNAR}(1,1,2)_{12}$)

(iii) 전통적 평활 방법의 홀트-윈터스의 HW 승법모형

에 대한 실험 결과는 다음과 같이 요약된다.

(1) 시계열의 HW-승법모형은 시간에 따른 직선추세와 계절성 변동을 동반하는 시계열의 분석에 효과적이다.

(2) 시계열의 HW-승법모형과 SARIMA 모형은 시간에 따른 직선추세와 계절성 변동을 동반하는 시계열의 분석에서 유의적 차이는 보이지 않는다.

(3) HW 승법모형의 예측력은 학습집합과 검사집합에서 NNAR 모형의 예측력을 다소 앞선다.

(4) NNAR 모형에서는 검사집합에서의 오차가 학습집합에서의 오차보다 약 1.5배 크고, HW 승법모형에서는 검사집합에서의 오차가 학습집합에서의 오차보다 약 2배 정도 크게 나타난다.

(5) HW-승법모형을 시간에 따른 직선추세와 계절성 변동을 동반하는 시계열에 적용할 때, 그 오차계열은 백색잡음이 아니며 분산이 시간에 따라 변하는 이분산 계열로 나타난다.

분석사례 [11] 개인 평균소득에 관한 예측모형: SARIMA vs. NNAR

이 분석의 목적은 한 국가의 분기별 개인 소득 자료를 기초로 미래의 소득 추정을 위한 예측모형을 개발하는 데 있다. 분석에 이용된 자료는 1960년 – 1987년에 조사된 크기 112(분기)의 개인 분기별 소득 시계열(참고문헌 [22])이다. 이를 위해 먼저 박스-젠킨스 방법의 일변수 계절 ARIMA 모형을 통해 예측모형을 완성하고, 또 이 모형의 대안으로 시계열의 인공신경망(ANN)인 NNAR 모형을 개발하였다. ANN 모형의 적정한 입력 노드의 수를 결정하는 데 이 시계열의 주기성과 종속성의 정보를 이용하였고, 개발된 신경망 NNAR 모형의 성취도를 박스-젠킨스 방법의 결과와 비교하였다. 그런 다음에 신경망 모형의 은닉 노드 수와 출력 노드 수의 학습효과에 대한 실험적 분석을 수행하였고, 시계열의 장·단기 예측에 대한 ARIMA 모형과 신경망 모형의 예측성과를 비교 평가하였다. 마지막으로 학습이 충분이 큰 신경망 모형은 성취도에서 ARIMA 모형을 능가할 수 있음을 확인하였다.

1. ARIMA 모형

1.1 예비 분석과 모형 판별

그림 [11]-1(SAS-[11]-1)에 주어진 분기별 평균 소득 시계열 $\{X_t\}$는 다음과 같은 직관적인 특징을 갖는다. 이 계열은 양의 기울기를 갖는 한 직선을 근사적으로 따라 움직이되 비교적 짧은 주기를 갖고 상하 진동하며 그 진폭이 시간이 갈수록 점차 증가하는 비정상 시계열의 특징을 보인다. 이것은 평균과 분산이 모두 정상이 아닌 시계열의 직관적인 특징이기도 하다. 그림 [11]-2(SAS-[11]-2)에 주어진 이 계열의 표본자기상관함수는 이러한 비정상 시계열의 특징을 뒷받침하고 있다. 시계열이 정상인지에 대한 더 정확한 판단은 표본자기상관함수의 수치로 설명된다. 그림 [11]-2의 왼쪽 그림이 보이는 표본자기상관함수의 느린 직선형 감소는 이 시계열이 정상이 아님을 다시 확인시켜 준다. 이 값들이 0 으로 빠르게 (지수적)감소를 한다면 물론 이 시계열은 정상으로 판단할 수도 있다.

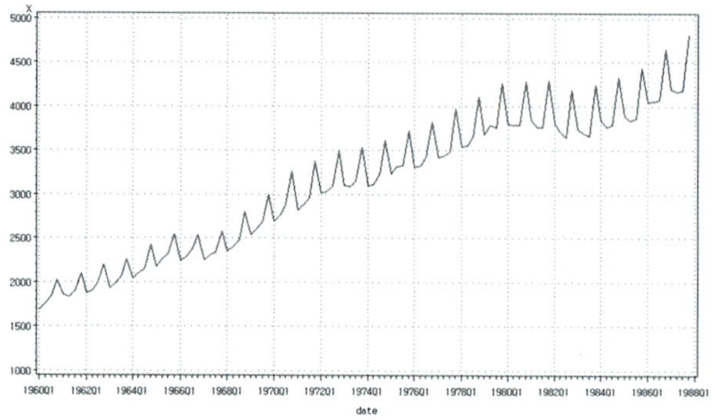

그림 [11]-1 분기별 개인 평균 수입 시계열 $\{X_t\}$

한편 시계열 $\{X_t\}$의 다른 특징의 하나는 주기성이다. 이 주기성은 그림 [11]-1에서 직관적으로도 관찰된다. 연속적으로 반복되는 톱니바퀴 형태의 작은 봉우리들은 이 시계열이 주기적으로 빠르게 증가와 감소를 되풀이하며 진동하고 있음을 말해 준다. 이러한 주기성은 그림 [11]-2 오른쪽에 주어진 이 시계열의 표본편자기상관함수에서도 나타나며 대략 4분기(즉 1년) 주기와 그리고 약한 2분기(즉 반년)주기도 관찰된다. 이러한 관찰 내용을 종합해 보면 주어진 분기별 평균소득 시계열 $\{X_t\}$의 특징은 다음 세 가지로 요약된다. (1) 시간에 따라 수준이 증가하는 평균비정상, (2) 시간에 따라 분산이 증가하는 분산비정상, (3) 1년(4분기) 주기와 또 여기에 대략 1사분기와 2사분기에는 낮아지고 3사분기와 4사분기에서는 다시 높아지는 반년(2분기) 주기의 주기성이 존재한다. 물론 이러한 비정상에 대한 수치적 설명은 뒤에서 다시 적합 모형(예 AR)의 계수 추정값을 통하여 이루어진다.

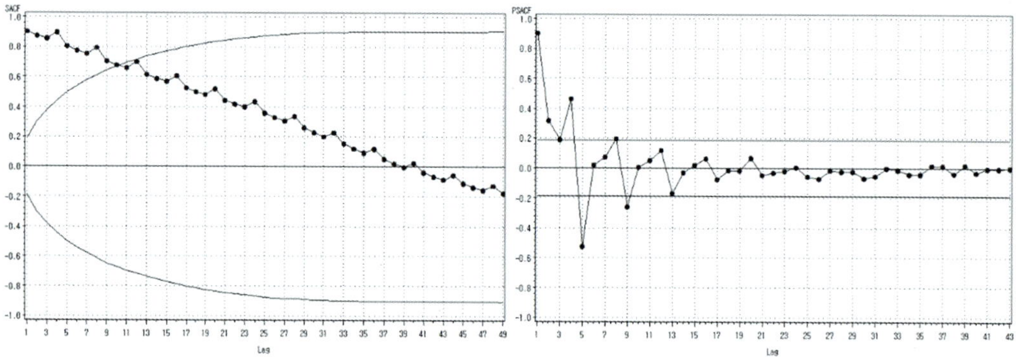

그림 [11]-2 분기별 평균수입 시계열 $\{X_t\}$의 표본 자기상관함수(왼쪽)와 표본편자기상관함수(오른쪽)

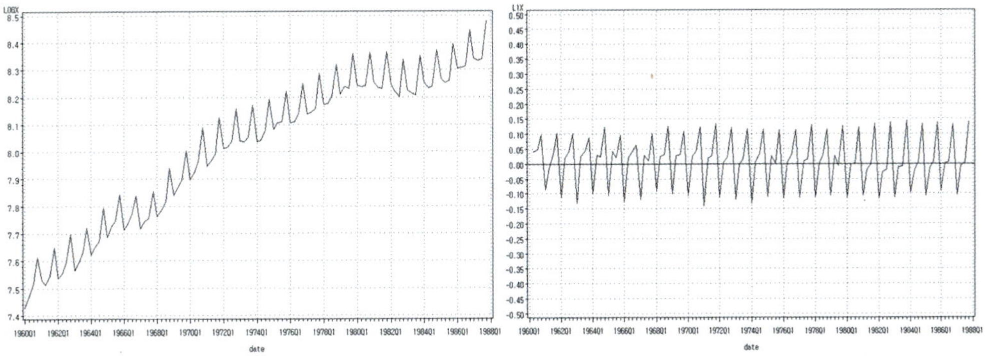

그림 [11]-3 로그 변환된 평균 수입 시계열 $\{\ln X_t\}$(왼쪽)와 그 1차 차분 시계열$\{\nabla \ln X_t\}$(오른쪽)

먼저 시계열 $\{X_t\}$가 분산비정상이면 이것을 정상화하기 위하여 (자연)로그 변환을 적용한다. 시간에 따른 분산의 증가가 특히 평균값에 비례하는 경우 로그 변환이 효과적이다. 그림 [11]-3 왼쪽(SAS-[11]-3)은 주어진 시계열이 로그 변환된 $\{\ln X_t\}$ 의 시도표이다. 변환된 이 시계열은 오른쪽으로 상승해 가는 직선을 대략적으로 따라가되 분산은 거의 일정하게 유지하고 있음을 볼 수 있다. 또 그림 [11]-4(SAS-[11]-4)는 로그 변환된 계열 $\{\ln X_t\}$의 표본자기상관함수와 표본편자기상관함수를 나타낸 것이다. 표본자기상관함수는 처음 대략 10개의 시차에서 완만한 감소를 보이고 있어 로그 변환된 계열도 아직 평균에 대해서는 비정상임을 알 수 있다. 로그 변환은 본래 분산만을 안정시키는 역할을 하기 때문이다.

그림 [11]-3 왼쪽과 같이, 평균이 시간에 따라 변하는 소위 평균비정상 계열에는 비계절(보통) 1차 차분이 효과적이다. 로그 변환된 계열 $\{\ln X_t\}$를 다시 비계절 1차 차분한 시계열 $\{\nabla \ln X_t\}$, $\nabla \ln X_t = \ln X_t - \ln X_{t-1}$ [16]은 그림 [11]-3의 오른쪽과 같이 주어진다. 이 차분계열 $\{\nabla \ln X_t\}$에는 $\{\ln X_t\}$에 존재하던 오른쪽 상승추세가 더 이상 나타나지 않아 비계절의 평균정상화가 이루어졌음을 알 수 있다. 또 그림 [11]-5에 주어진 계열 $\{\nabla \ln X_t\}$의 표본자기상관함수(SAS-[11]-4)에서도 이 계열의 비계절 부분이 평균정상임을 다시 확인시켜 준다.

---

16 $\nabla = (1-B)$이고, B는 후진연산자. $\nabla Z_t = (1-B)Z_t = Z_t - Z_{t-1}$을 나타낸다.

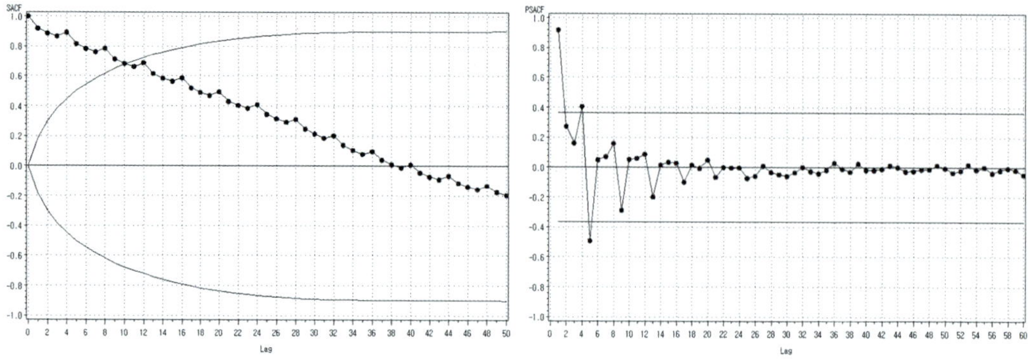

그림 [11]-4 로그 변환 계열 $\{\ln X_t\}$의 표본자기상관함수(왼쪽)와 표본편자기상관함수(오른쪽)

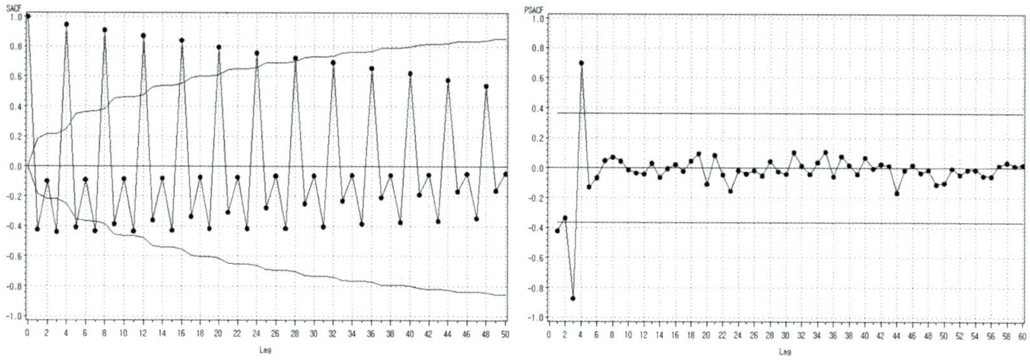

그림 [11]-5 $\{\nabla \ln X_t\}$의 표본자기상관함수(왼쪽)와 표본편자기상관함수(오른쪽)

그러나 $\{\nabla \ln X_t\}$의 시도표(그림 [11]-3 오른쪽)에는 물론이고 그 표본자기상관함수(그림 [11]-5 왼쪽)에도 이 계열의 계절비정상 특징이 아직 남아있다. 여기서는 특히 4분기(1년)와 2분기(반년)의 두 가지 계절성 주기가 관찰된다. 서로 다른 두 주기를 갖는 확연한 직선적 감소는 이 두 가지 시차의 계절차분을 요구한다. 2의 배수와 4의 배수에 나타나는 표본자기상관의 큰 돌출은 이 시계열에 강한 연(4분기)주기와 비교적 약한 반년(2분기)주기가 공존하고 있음을 설명한다. 그러나 여기서 강한 계절성은 표본자기상관함수에서 허구의 부분 계절성을 만들어 낼 수도 있다는 사실을 유의할 필요가 있다. 그것은 두 계절 시차 사이에 존재하는 강한 자기상관이 약한 자기상관에 영향을 줄 수 있기 때문이다. 강한 자기상관이 약한 자기상관을 상승시키기도 하고 또 강한 자기상관이 아래로 떨어지는 약한 자기상관을 방해할 수도 있는 것이다. 그러나 이 부분계절성은 계절차분이나 적당한 계절모형의 적합을 통해 얻어지는 잔차의 자기상관함수에서는 없어지는 것이 보통이다.

그림 [11]-6(SAS-[11]-5)은 계절 차분연산자 $\nabla_4 = (1 - B^4)$를 계열 $\nabla \ln X_t$에 다시 적용하여 얻은 새 계열 $\nabla_4 \nabla(\ln X_t) = (1 - B^4)\nabla \ln X_t = \nabla \ln X_t - \nabla \ln X_{t-4}$의 시도표이다. 여기서 다시

$w_t = \nabla_4 \nabla(\ln X_t)$라 하면 $\{w_t\}$는 4분기 주기가 제거된 정상시계열임을 알 수 있다. 그림 [11]-6에 주어진 이 시도표는 $\{w_t\}$가 더 이상 모형화가 필요하지 않은 백색잡음과 같이 보이고 있다. 이것이 계열 종속되지 않은 백색잡음인지에 대한 확인은 통계패키지의 백색잡음에 대한 자기상관 검사에서 이루어진다. 그러나 모든 시차에서 유의확률이 0.01보다 작아 $\{w_t\}$는 백색잡음이 아닌 모형화가 필요한 비정상계열로 판단된다.

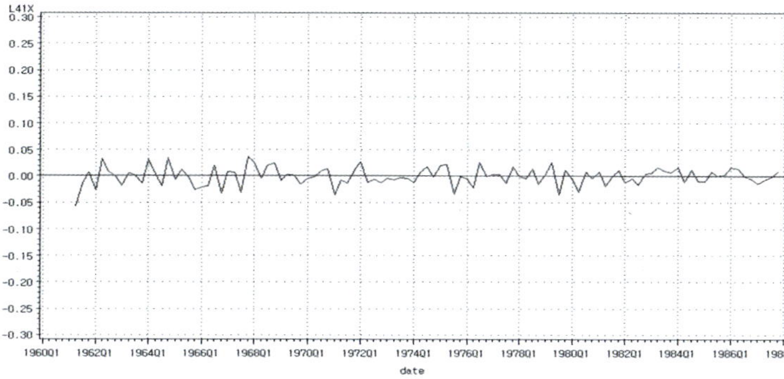

그림 [11]-6 $\{\nabla \ln X_t\}$에서 4분기(1년) 주기가 제거된 계열 $\{w_t\}$의 시도표

그림 [11]-7(SAS-[11]-6)은 $\{w_t\}$의 표본자기상관함수와 표본편자기상함수를 나타낸 것이다. 여기서 $\{w_t\}$가 계절정상시계열임을 확인할 수 있다. 표본자기상관이 계절주기 4에서 (아래로) 돌출을 보이지만 이 주기의 배수에서는 표본자기상관이 소멸되기 때문이다. 결국 계절정상시계열 $\{w_t\}$, 즉 $\{\nabla_4 \nabla(\ln X_t)\}$의 모형화를 위한 판별이 요구된다. 모형 판별을 위해서는 여기서도 이 계열의 표본자기상관함수와 표본편자기상관함수를 검토해야 한다. 판별 방법에 있어 계절정상 시계열과 비계절정상 시계열에서 근본적인 차이점은 없다. 비계절정상인 경우 표본자기상관함수와 표본편자기상관함수는 자료의 약 25%인 시차 20~25 정도 검토면 되고, 계절정상인 경우에는 계절주기의 3, 4배 정도의 검토로 충분하다. 계절주기가 4(분기)인 이 분석에서는 표본자기상관함수와 표본편자기상관함수에서 4의 배수 시차 사이에 유사성을 관찰하게 된다. 표본자기상관이 4분기 이후에 모두 절사되고 이것은 자기상관값이 시차 8, 12 등에서 비유의적이라는 뜻이 된다. 결국 4분기 계절부분에서 MA, 즉 SMA(4)가 적용된다.

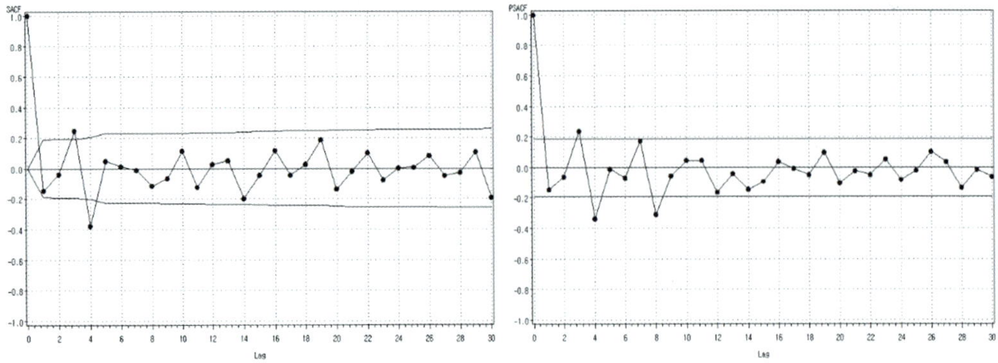

그림 [11]-7 $\{w_t\}$의 표본자기상관함수(왼쪽)와 표본편자기상관함수(오른쪽)

다음은 비계절 부분을 검토한다. 계절주기 4 이하인 시차 3에서 유의적인 자기상관이 관찰되고, 그 이전의 시차에서는 표본자기상관이 소멸되고 있음을 볼 수 있다. 이에 비하여 그림 [11]-7 오른쪽에 주어진 표본편자기상관함수에서는 앞쪽 일부를 제외하고 꼬리부분은 모두 소멸되어 있다. 이 사실들을 종합하면 비계절부분은 MA(3) 그리고 계절부분은 $SMA(1)_4$로 설명된다고 판단된다.

계절모형과 비계절모형의 결합을 통하여 $\{\nabla_4\nabla(\ln X_t)\}$의 합성모형을 얻는다. 4분기 주기의 계절부분 $SMA(1)_4$은 $\nabla_4\nabla(\ln X_t) = b_t + \Theta_1 b_{t-4}$로 나타낼 수 있고, 또 비계절부분 MA(3)은 $b_t = e_t + \theta_1 e_{t-1} + \theta_2 e_{t-2} + \theta_3 e_{t-3}$로 나타낼 수 있다. 이때 Θ_1과 b_t는 각각 모수와 오차항을 나타낸다. 여기서 오차항은 백색잡음일 필요는 없고 시간에 따라 종속될 수 있다. 그것은 계절 잔차에 비계절 자기종속이 존재할 수 있기 때문이다. 또 모형 $SMA(1)_4$는 시차 4의 유의적인 자기종속에 의해 설명되는 분기 계절동력을 모형화하는 것이라 할 수 있다. 위 두 모형을 결합하면

$$\begin{aligned} w_t &= \nabla_4\nabla(\ln X_t) = b_t + \Theta_1 b_{t-4} \\ &= (e_t + \theta_1 e_{t-1} + \theta_2 e_{t-2} + \theta_3 e_{t-3}) + \Theta_1(e_{t-4} + \theta_1 e_{t-5} + \theta_2 e_{t-6} + \theta_3 e_{t-7}) \\ &= e_t + \theta_1 e_{t-1} + \theta_2 e_{t-2} + \theta_3 e_{t-3} + \Theta_1 e_{t-4} + \Theta_1\theta_1 e_{t-5} + \Theta_1\theta_2 e_{t-6} + \Theta_1\theta_3 e_{t-7} \end{aligned} \tag{4.6}$$

을 얻는다. 이것을 계절 ARIMA 모형의 기호로 표시하면 다음과 같다.

$$w_t = \nabla_4\nabla(\ln X_t) \sim ARIMA(0,0,3) \times (0,0,1)_4$$

또 위 식에 $\nabla_4\nabla(\ln X_t) = \ln X_t - \ln X_{t-1} - \ln X_{t-4} + \ln X_{t-5}$ 를 대입하면, 이 모형은 다음과 같이 나타낼 수 있다.

$$\ln X_t = \ln X_{t-1} + \ln X_{t-4} - \ln X_{t-5} \\ +e_t + \theta_1 e_{t-1} + \theta_2 e_{t-2} + \theta_3 e_{t-3} + \Theta_1 e_{t-4} + \Theta_1\theta_1 e_{t-5} + \Theta_1\theta_2 e_{t-6} + \Theta_1\theta_3 e_{t-7}$$

계절 ARIMA 모형 (4.6)을 $\{\nabla_4\nabla(\ln X_t)\}$에 적합(SAS-[11]-7)한 모수의 추정값은 표 [11]-10과 같다. 변환된 자료 $\nabla_4\nabla(\ln X_t)$에 4계 비계절 MA 모형을 적합하였다. 그러나 이 표에서 보는 바와 같이, 상수를 포함하여 8개의 모수 중 유의적인 것은 θ_3와 Θ_1이고 나머지는 그렇지 못하다. 이 적합에서 얻어진 잔차의 자기종속성 검토는 표 [11]-11에서 이루어진다. 첫 번째 행에서, 잔차의 첫 여섯 개 자기상관계수가 모두 0이라는 동시가설은 융-박스 카이-제곱 검정에 의해 기각된다. 유의확률이 0.0001 이하로 이 시차 사이에 유의적인 자기종속이 존재하여 잔차의 백색잡음검정이 통과되지 못하는 것이다. 결국 다른 모형이 요구된다.

이 문제를 해결하는 방법으로는 위 모형에서 유의하지 않은 항들을 제외한 후 다시 자료에 적합(SAS-[11]-8)하는 것이다. 표 [11]-12와 표 [11]-13은 여기서 얻어진 새 결과들이다. 이 모형에서는 비계절 항과 계절 항이 모두 유의적일 뿐 아니라 잔차에 대한 카이-제곱 검정도 무난히 통과하여 결국 잔차의 모든 시차에서 유의적인 자기상관의 잔여 징후가 없음이 확인된다.

표 [11]-10 원래 모형에 대한 모수의 (조건부) 최소제곱추정

Parameter	Estimate	Standard Error	t Value	Pr >|t |	
MU	-0.0007808	0.0004458	-1.75	0.0834	μ
MA1,1	0.07187	0.10507	0.68	0.4958	θ_1
MA1,2	0.13003	0.10551	1.23	0.2211	θ_2
MA1,3	-0.26300	0.10659	-2.47	0.0156	θ_3
MA1,4	0.65003	0.08721	7.45	<.0001	Θ_1
MA1,5	0.01129	0.10810	0.10	0.9171	$\Theta_1\theta_1$
MA1,6	-0.04133	0.10870	-0.38	0.7047	$\Theta_1\theta_2$
MA1,7	0.20610	0.10863	1.90	0.0611	$\Theta_1\theta_3$
AIC	-516.7	SBC	-496.269	Number of Residuals	95

표 [11]-11 원래 모형에 의한 잔차의 자기상관 검토

To Lag	Chi-Square	DF	Pr > Chl Sq	Autocorrelations					
6	0.00	0	<.0001	0.015	0.026	0.007	0.049	0.061	0.022
12	3.38	5	0.6415	0.040	−0.091	−0.100	0.007	−0.045	0.048
18	6.77	11	0.8173	−0.033	−0.155	−0.017	0.055	0.037	0.004
24	10.95	17	0.8591	0.120	−0.088	−0.009	0.097	−0.047	0.016
30	15.10	23	0.8911	−0.011	0.089	−0.088	0.021	−0.008	−0.117

잔차의 추가적인 분석은 잔차의 독립성을 확인하는 더빈-왓슨(Durbin-Watson)검정, 잔차의 히스토그램과 정규확률도 그리고 적합 값에 대한 잔차도 등이다. 로그 변환 값들의 잔차는 거의 정규분포를 이루고 있고, 분산도 대체로 안정되어 평균에 대해 독립도 확인된다. 특히 더빈-왓슨 검정의 유의확률도 0.4963으로 최종모형을 받아들일 수 있다. 더욱이 표 [11]-10과 표 [11]-12에 주어진 모형선택 규준인 AIC와 SBC를 비교해보면 원래의 모형보다 수정된 최종모형이 더 적절한 것으로 판단된다.

표 [11]-12 수정된 모형에 대한 모수의 (조건부) 최소제곱추정

Parameter	Estimate	Standard Error	t Value	Pr > |t|	
MU	−0.000697	0.0009999	−0.70	0.4875	μ
MA1,3	−0.18669	0.08375	−2.23	0.0282	θ_3
MA1,4	0.56444	0.08447	6.68	<.0001	Θ_1
AIC	−522.279	SBC	−514.618	Number of Residuals	95

표 [11]-13 수정 모형의 잔차에 관한 자기상관 검토

To Lag	Chi-Square	DF	Pr > ChI Sq	Autocorrelations					
6	1.47	4	0.8324	-0.040	-0.064	0.0087	0.000	0.035	-0.010
12	6.94	10	0.7311	-0.058	-0.125	-0.098	0.030	-0.143	0.029
18	11.16	16	0.7992	-0.022	-0.153	-0.047	0.100	-0.019	0.018
24	16.56	22	0.7873	0.125	-0.089	-0.016	0.134	-0.042	-0.006
30	21.96	28	0.7830	-0.011	0.100	-0.087	0.007	0.016	-0.145

추정과 진단을 통해 얻어지는 로그 변환 시계열 자료 $\{\ln X_t\}$의 최종모형은 다음과 같다.

$$\begin{aligned} \ln X_t &= \ln X_{t-1} + \ln X_{t-4} - \ln X_{t-5} \\ &+e_t + \theta_1 e_{t-1} + \theta_2 e_{t-2} + \theta_3 e_{t-3} + \Theta_1 e_{t-4} + \Theta_1\theta_1 e_{t-5} + \Theta_1\theta_2 e_{t-6} + \Theta_1\theta_3 e_{t-7} \end{aligned} \tag{4.7}$$

다음은 (4.7)을 이용하여 미래 값을 예측한다. 계절모형에서의 예측방법은 기본적으로 비계절 모형의 경우와 큰 차이는 없다. 관측값 112개 중 차분에 의해 5개를 제외하고 나머지 107(분기) 전반부 자료에서 평가용 자료 후반부 4분기를 다시 제외한 95(분기) 자료를 예측에 이용하였다. 표 [11]-14는 전방 약 1년(4분기)의 예측값과 95% 신뢰구간 등의 결과를 나타낸 것이다. 그림 [11]-8은 $\{\ln X_t\}$를 $e^{\ln x_t}$에 의해 환원한 원 시계열 $\{X_t\}$에 예측부분을 추가한 것이다. 또 오른쪽 그림은 12개월 예측부분의 실제 값과 예측값 그리고 95% 신뢰구간을 동시에 나타낸 것이다. 이 예측결과는 직관적으로 타당한 것으로 평가된다.

표 [11]-14 SARIMA 모형의 4분기 전방 예측값, 표준오차 그리고 95% 신뢰구간

시점(분기)	예측값	표준오차(S.E.)	95 % 신뢰구간
101	8.2639	0.0152	(8.2340, 8.2938)
102	8.2451	0.0216	(8.2029, 8.2874)
103	8.3426	0.0264	(8.1998, 8.2945)
104	8.2802	0.0320	(8.3172, 8.4427)
105	8.2709	0.0405	(8.1911, 8.4970)
106	8.3509	0.0474	(8.1580, 8.3439)
107	8.2478	0.0535	(8.1430, 8.3526)
108	8.3844	0.0602	(8.2664, 8.5023)
109	8.2741	0.0692	(8.1384, 8.4098)
110	8.2539	0.0772	(8.1026, 8.4053)

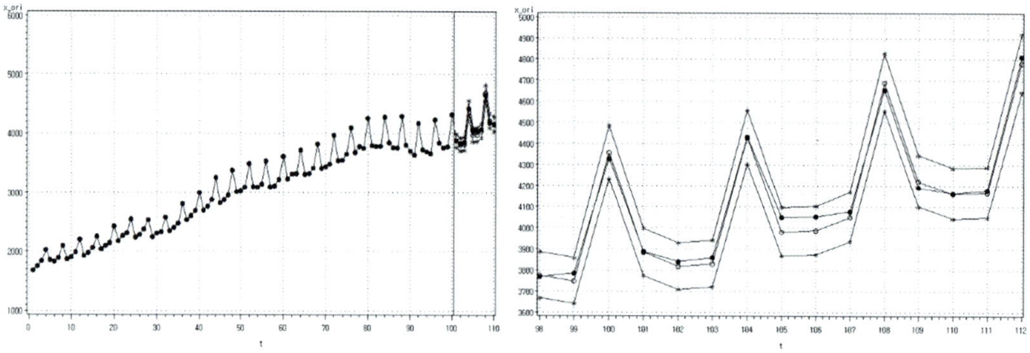

그림 [11]-8 SARIMA 모형의 107(분기)의 목표값(-·-), 예측값(-◦-)(약 4분기) 그리고 95% 신뢰구간

예측모형이 완성된 후에는 예측의 정확성을 검토할 필요가 있다. 평가 통계량에는 평균제곱근오차(RMSE), 평균절대오차(MAE), 평균절대백분율오차(MAPE), 평균절대척도오차(MASE) 등이 이용된다. 특히 ARIMA 모형의 예측결과에 자료의 변환이 수반되는 ANN이나 NNAR 등의 예측 결과를 비교할 때는 자료의 척도변환에 독립인 MAPE와 MASE가 더 효과적이다.

표 [11]-15 예측오차의 주요 평가 통계량

	N	RMSE	MAE	MAPE	N	MASE
표본 내	95	43.1661	33.9105	1.1458	91	0.9324
표본 외	12	34.9063	27.7108	0.6671	8	0.1945

표 [11]-15에서 보면, 표본 내 평가 값들이 표본 외 평가 값들보다 다소 큰 값을 보이고 있다. 이것은 계절 진폭이 표본 내보다 표본 외에서 더 크다는 의미로 해석된다.

결론적으로 주어진 시계열 자료에는 계절효과와 관련한 $m = 2$의 주기적 성분이 존재하고 있음이 확인되었다.

2. 신경망 자기회귀(NNAR) 모형

여기서는 앞에서 다룬 분기별 개인 소득 시계열 자료(그림 [11]-1)에 ANN 모형인 NNAR 모형을 개발하고 그것을 예측모형으로 적용한다. 또 이 NNAR 모형의 성과를 앞의 ARIMA 모형의 것과 몇 가지 평가 통계량을 통해 비교하기로 한다. ARIMA 모형이 시간에 따라 종속된 변수들의 미래 값을 과거 값들의 선형함수로 예측한다면, ANN 모형은 변수 사이에 존재하는 비선형 관계를 어떤 제한이나 가정 없이 모형화하여 예측하는 일종의 통계모형이라 할 수 있다.

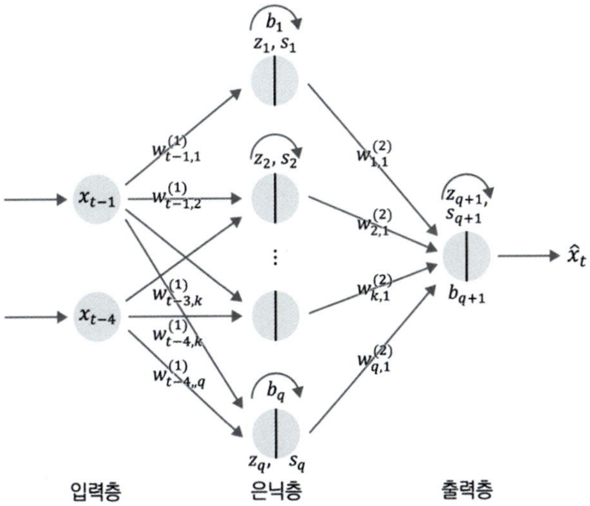

그림 [11]-9 순방향 다층신경망의 계산시스템 구조 예시

ANN 모형에서 효과적인 모형의 형태는 순방향 다층신경망과 이와 관련한 학습알고리즘이다. 그림 [11]-9는 순방향 다층신경망의 대표적인 구조의 하나이다. 이 그림과 같이 신경망은 처리 절차의 기본 단위인 신경(즉, 노드)들의 입력과 은닉 그리고 출력을 처리하는 모두 3개의 층으로 구성된다. 이 신경망에서 입력층, 은닉층 그리고 출력층의 각 노드 개수가 각각 l, h, o이면 '구조 l × h × o 신경망'이라 하자. 이를테면 순방향 신경망의 입력 노드가 2개, 은닉 노드가 4개, 출력 노드가 1개인 3개층으로 구성되면 '구조 2 × 4 × 1 신경망'이 된다. 그림 [11]-9에서와 같이, $w_{ij}^{(1)}$은 입력값 x_i를 은닉층의 j-번째 노드 사이를 연결하는 가중치이고, $w_{jk}^{(2)}$는 은닉층의 j-번째 출력값과 출력층의 k-번째 노드 사이를 연결하는 가중치를 나타낸다.

2.1 순방향 다층신경망의 설계와 수행

위에서 주어진 개인소득 시계열 자료에 대한 예측문제는 위 그림과 같은 순방향 다층신경망에 대응시킬 수 있다. 자료의 마지막 약 10% 를 모형의 예측성과를 확인하는 검사집합으로 사용하기로 한다. 여러 신경망 구조에서 가중치, 즉 학습모수(training parameters)를 바꿔가며 오차의 크기를 검토한다. 보통 입력 노드의 개수는 입력 자료의 개수에 대응되고, 이 입력자료의 개수는 관련 시계열의 종속구조나 주기성에 의존한다. 그래서 비계절성 시계열에서는 보통 1이나 2이고 더 커도 3이나 4 정도일 수밖에 없다. 물론 계절성 시계열에서는 이 입력자료의 개수가 더 커지게 된다. 다층 신경망에서 입력 노드의 개수는 거의 ARIMA 모형의 AR항 개수와 같으나 출력 노드의 개수는 예측방법에 따라 하나로 정하거나 예측기간만큼 정할 수 있다.

이와 같이 다층신경망의 실험 설계에서 입력 노드의 개수, 은닉 노드의 개수 그리고 학습을 수행하는 횟수인 표본크기는 실험인자(experimental factors)의 중요한 세 가지 요소이다. 일단계 예측은 하나의 출력 노드를 갖는 신경망으로 수행되고, 여러 단계 예측은 같은 개수의 출력 노드를 갖는 신경망으로 수행되게 된다. 그림 [11]-9에 주어진 신경망 예측모형에서는 일단계 전방 값을 예측하는 데 약간 시차를 갖는 이 계열의 과거 두 값 x_{t-1}, x_{t-4}를 입력값으로 사용하게 된다. 설계된 신경망에 시계열 자료를 적용하기에 앞서 학습효과를 높일 목적으로 자료를 $(0,1)$[17] 위로 정규화(normalization)하는 것이 필요하다. 예측 수행에 있어 은닉 노드와 출력 노드의 효과는 뒤에서 별도로 논하기로 한다.

그림 [11]-9에 주어진 순방향 신경망에서의 계산은 먼저 입력 노드에 주어진 입력값 x_{t-1},

[17] 자료의 일반화 범위는 (0, 1)보다 (0.2, 0.8)이 신경망 학습에 효과적이라는 주장도 있다.

x_{t-4}에 대응하는 랜덤 가중치 $w^{(1)}_{t-1,1}$, $w^{(1)}_{t-4,1}$을 곱하고 이것들을 합하여 일차결합

$$z_1 = w^{(1)}_{t-1,1} \cdot x_{t-1} + w^{(1)}_{t-4,1} \cdot x_{t-4} \quad (4.8)$$

을 만든다. 입력층 노드는 z_1을 은닉층의 첫 번째 노드로 넘긴다. 같은 방법으로, 은닉층의 각 노드는 $z_1, z_2, \cdots, z_q$를 하나씩 얻는다. 다음은 은닉층의 $z_1, z_2, \cdots, z_q$에 랜덤 바이어스를 하나씩 합한 후에 활성화 함수인 시그모이드 $\sigma(z) = \frac{1}{1+e^{-z}}$을 통하여 비선형 변환하고 여기서 얻어진 값들을 $s_1, s_2, \cdots, s_q$라 하자. 은닉층에 주어진 $s_1, s_2, \cdots, s_q$에 z_1, $z_2, \cdots, z_q$에서와 같은 연산과정을 적용하면 하나의 출력 노드로부터 한 개의 출력값을 얻는다. 이것을 z_{q+1}이라 표시하고 여기에 다시 랜덤 바이어스를 합한 후 활성화 함수의 변환으로 얻어진 값을 s_{q+1}이라 하면 이것은 목표값 x_t의 예측값이 된다. 즉, $\hat{x}_t = s_{q+1}$이다. 물론 이때 얻어진 추정값은 랜덤 추정값임을 유의할 필요가 있다. 그것은 가중치와 바이어스가 모두 랜덤으로 주어졌기 때문이다.

신경망의 출력값 s_{q+1}은 은닉층의 결과 값들을 바탕으로 계산되었고 출력값 $\hat{x}_t$는 목표값 x_t의 예측값이 된다. 추정값 $\hat{x}_t$는 학습의 목표값 x_t와 비교하게 되고, 성과의 규준함수도 $\hat{x}_t$와 x_t의 차이를 바탕으로 정의된다. 손실함수 L은 통상적으로 오차제곱합 $SSE = \frac{1}{n}\sum_{t=1}^{n}(x_t - \hat{x}_t)^2$을 사용한다.

2.2 백프로퍼게이션 알고리즘

위에서 계산된 추정값은 랜덤이기 때문에 그 예측오차의 크기도 랜덤이다. 출력층에서 계산된 오차를 줄이는 방법으로 오차를 역방향으로 분산시켜 오차함수에 대한 기여 정도에 따라 가중치를 재조정하는 오차 백프로퍼게이션(backpropagation: 역전파) 알고리즘을 적용한다. 이 방법은 출력층에서 계산된 오차를 이 신경망을 통해 역으로 전파할 때, 오차함수 기울기의 절댓값을 낮은 쪽으로 이동시켜 극솟값에 이를 때까지 반복하는 경사하강법의 개념을 이용하는 것이다.

신경망에서 발생되는 손실은 가중치의 변화를 통해 조절될 수 있기 때문에, 만약 가중치 $w^{(2)}_{1,1}$이 커질수록 손실함수 L도 커지면 가중치 $w^{(2)}_{1,1}$을 음의 방향으로 옮겨 손실을 줄이고, 반대로 가중치 $w^{(2)}_{1,1}$이 커질수록 손실함수 L이 작아지면 가중치 $w^{(2)}_{1,1}$을 양의 방향으로 옮겨

손실을 줄이게 된다. 이것은 수식으로 표현하면 $w_{1,1}^{(2)} \,.\!= w_{1,1}^{(2)} - \eta \cdot \frac{\partial L}{\partial w_{1,1}^{(2)}}$ $(\eta > 0)$이다. 여기서 기호 $.=$는 왼쪽 값을 오른쪽 값으로 대체한다는 뜻이다. 그리고 η는 가중치 갱신속도를 결정하는 상수, 즉 학습률이다. 이 갱신과정은 가중치 $w_{1,1}^{(2)}, \cdots$ 그리고 $w_{1,1}^{(1)}, \cdots$에는 물론이고, 바이어스 $b_1 \cdots, b_q$와 b_{q+1}에도 적용된다. 보통 $[-0.5,\ 0.5]$에서 랜덤으로 주어진 가중치와 바이어스는 정해진 정지규준(stopping criterion)이 만족될 때까지 반복하여 수정한다. 이와 같이 가중치들을 바꿔가며 손실을 줄이는 과정이 신경망의 학습(training)인 것이다.

2.3 신경망의 세 가지 주요 요소

주어진 비선형 시계열에 순방향 다층 신경망을 대응시키고 이것을 이 시계열의 예측에 이용할 때는 이 신경망에 이 시계열이 갖는 확률적 패턴이나 주기성 또는 종속구조 등에 관한 정보를 제공하게 된다. 이때 신경망의 3개 층, 즉 입력층, 은닉층, 출력층의 역할은 매우 중요하다. 특히 세 층의 노드 수, 즉 입력 노드 수, 은닉 노드 수, 출력 노드 수의 기능은 신경망 모형의 구조에는 물론이고 예측성과나 예측오차에도 크게 영향을 준다. 여기서 입력 노드 수는 특히 중요한 역할을 한다. 주어진 시계열이 갖는 함수적 패턴이나 자기종속구조 그리고 주기성 등의 정보를 신경망에 제공해 주는 것이 입력 노드의 역할이기 때문이다. 입력 노드의 수는 관련 시계열의 종속구조에 의존하기 때문에 일률적으로 말할 수는 없으나, 적정한 입력 노드 수는 인공망의 학습 능력과 예측 능력에 유의적인 영향력을 줄 수 있다. 경험적으로, 관련 시계열의 기본적 주기 패턴을 설명하는 데 필요한 시차의 수가 입력 노드 수로 적당할 때가 많다. 앞에서 논한 분기별 개인소득 자료에서는, 4분기(1년)와 2분기(반년)의 계절주기가 존재하므로 입력 노드 수도 4나 2가 적당할 것으로 판단된다. 입력 노드 수가 너무 적으면 학습부족이 될 수 있고, 반대로 그 개수가 너무 많으면 과잉적합을 가져올 수 있기 때문이다. 이와 같이 입력 노드 수는 미래 값 예측에 필요한 입력값의 시차 수를 정하는 역할을 하므로 결국 입력 노드는 표본 내 적합과 표본 외 예측에서 주요한 역할을 하게 된다.

다음에 은닉 노드는 입력층을 통해 전달된 시계열의 주기성이나 자기종속구조 등을 기초로 그 시계열의 비선형 구조를 설명해 내는 역할을 한다. 은닉 노드의 적정 수도 기본적으로 입력 시계열의 패턴이나 종속구조에 의존하기 때문에 일률적으로 정하기 어렵고, 다만 경험이나 시행착오를 거쳐 결정된다. 물론 이론적으로는 은닉 노드 수가 많을수록 비선형 시계열의 함수관계를 근사적으로 기술하는 데 유리할 수는 있으나 이것도 과잉적합의 원인이 될 수 있다.

또 이것은 결국 표본 내 자료를 잘 적합할 수는 있으나 그 결과를 표본 외 자료로 일반화하거나 예측하기는 미흡할 수도 있다. 결국 은닉 노드 수는 예측성과에 중요한 역할을 한다. 이에 대한 논의는 뒤에서 실험 분석을 통하여 다루기로 한다.

일반적으로 과잉적합 문제는 다른 통계적 모형보다 신경망 모형에서 더 잘 나타난다. 그것은 추정해야 할 모수의 개수가 신경망 모형에는 더 많기 때문이다. 여기서 과적합, 즉 과잉적합이란 신경망이나 통계모형이 자료가 갖는 체계적인 특징뿐 아니라 우연적 특징까지 설명할 정도로 지나치게 복잡하여 결과가 편기되거나 빈약한 예측값을 도출하게 되는 것을 말한다. 과적합을 다루는 체계적인 방법은 존재하지 않지만, 신경망에서도 자료를 효과적으로 적합하는 대표적인 방법은 '절약의 원리'를 적용하는 것이다. 일반적으로 절약모형은 자료를 효과적으로 기술해 줄 뿐 아니라, 더 중요하게는 일반화 능력을 갖는다. 따라서 절약의 원리는 강조되어야 하며 또 은닉 노드 수를 정하는 데 도움이 될 수 있다.

통계모형에서도 마찬가지이지만, 신경망 모형에서도 가능하면 적은 개수의 모수를 가져야 한다. 모수는 결국 자료를 통해 추정되어야 하고, 추정에는 반드시 불확실성을 증가시키는 추정오차가 동반되기 때문이다. 신경망 모형에서 과잉적합 문제를 다루는 또 다른 방법은 시계열 자료를 학습의 세 집합, 즉 학습집합, 검사집합, (교차)검증집합으로 나누어 사용하는 것이다. 학습집합은 모형의 학습, 다시 말하여 모형의 오차를 최소화하는 가중치 등을 찾는 데 이용되는 부분 집합이고, 검사집합은 학습 후 모형의 예측 성능을 평가하는 데 이용되는 부분 집합이며, 검증집합은 학습효과를 높이기 위하여 학습 중간에 수정하는 모수, 이를테면 학습률, 배치사이즈 등 소위 초모수의 결정에 이용되는 별도의 부분 집합이다(참고 4.2). 최선의 신경망 모형은 검사집합에서 가장 좋은 결과를 내는 모형이다. 그러나 이 모형은 큰 규모의 자료를 요구해서 자료가 제한적일 때는 적용하기 어렵다.

마지막으로, 신경망의 출력 노드는 예측에 기여한다. 신경망의 입력 항의 수는 입력 노드 수로 정해지고, 신경망의 예측 기간은 출력 노드 수로 결정된다. 일단계 예측은 한 개의 출력 노드를 갖는 신경망으로 이루어지고, k-단계 예측은 k개의 출력 노드로 구성된 신경망으로 수행된다. 그림 [11]-9의 신경망은 시차를 고려한 시계열의 과거 두 값을 기초로 일단계 전방 값을 예측하도록 설계되었다. 반면에 장기예측의 경우에는 출력 노드를 하나 이용할 수도 있고 또 여러 개 이용할 수도 있다. 장기예측에서 출력 노드를 하나만 사용하는 경우에는 앞에서 예측한 값을 다음 예측의 입력값으로 반복하여 사용하게 되며 이 과정에서 예측오차가 커질 수 있다. 이에 반하여 장기예측에서 직접예측을 하는 경우에는 출력 노드 수를 예측기간의 길이와 같게 하여 신경망의 출력값들로 미래 값들을 직접 예측하게 하는 방법이다. 전자에서는 예측오차가 만들어지고 후자에서는 반올림 오차가 발생할 수 있다. 결국 신경망의 출력 노드 수는 예측방법에 따라 결정된다. 장기예측에서 출력 노드를 하나씩 반복하여 사용하는 경우와 출력 노드 수를 예측기간만큼 확보하여 직접예측을 수행하는 경우에 대한 예측오차 비교는 별도로 다루기로 한다. 또 신경망 예측에서 이러한 예측오차들을 발생시키지 않는 새로운 교차검증방법에 대해서는 분석 사례 [13]에서 논하기로 한다.

2.4 신경망의 예측성과 평가

예측이 수행된 후에는 표본 내와 표본 외 예측에 대한 정확성을 평가하게 된다. 적용된 모형에 대한 평가는 다양할 수 있으나 가장 중요한 것은 학습자료 밖인 표본 외 예측에서 이루어지는 정확성이다. 신경망 모형의 예측력 평가에는 목표값과 예측값 사이의 차를 바탕으로 하는 통계량들이 이용된다. 분석 평가에 이용되는 통계량은 다수 정의되어 있으나 모든 분석에 적용되도록 합의된 통계량은 존재하지 않는다. 여기서는 신경망 모형과 박스-젠킨스 모형의 성과를 비교하는 데 아래 주어진 평균제곱오차(MSE)와 평균절대오차(MAE) 통계량을 적용한다. 이 통계량들은 정확도에 대한 절대측도를 나타내는 것으로 같은 자료에 다른 모형을 적용할 때 이용된다. 서로 다른 자료에 서로 다른 모형을 적용할 때는 정확도에 대한 상대측도인 평균절대백분율오차(MAPE) 통계량이 더 적당하다.

$$\mathrm{MSE} = \frac{1}{N}\sum_{t=1}^{N}(x_t - \hat{x}_t)^2, \quad \mathrm{MAE} = \frac{1}{N}\sum_{t=1}^{N}|x_t - \hat{x}_t|, \quad \mathrm{MAPE} = \frac{1}{N}\sum_{t=1}^{N}\left|\frac{x_t - \hat{x}_t}{x_t}\right| \times 100$$

2.5 은닉 노드 수의 효과: 실험적 분석

신경망의 은닉 노드는 시계열의 비선형 구조를 기술하는 중요한 역할을 한다. 앞에서 언급한 바와 같이, 은닉 노드 수의 결정에 대한 이론적 기초는 성립되어 있지 않고 다만 경험과 시행착오를 통해 결정된다. 여기서는 신경망 예측에서 은닉층의 구조, 특히 은닉 노드 수가 예측성과에 어떤 영향을 미치는지를 실험을 통해 확인해 본다.

분석 실험은 신경망 구조를 결정하는 요건인 학습모수에 약간씩 변화를 주어 수행되었다.

이때 학습모수에는 은닉 노드 수와 학습속도를 나타내는 학습률[18] 그리고 학습길이(training length)를 나타내는 반복횟수 등을 포함시켰다. 입력 노드 수는 입력항의 개수로 이것은 ARIMA 모형의 AR항 개수로 정하고, 출력층의 출력 노드 수는 예측기간에 의해 결정된다. 학습속도인 학습률은 0.01에서 조금씩 증가시켜서 최적 값을 정하고, 학습길이도 1, 10, 100, 500, 1,000(에폭) 등으로 확대하여 계산된 평가 통계량 MSE, MAE 등을 표 [11]-16에 나타냈다. 표의 마지막 열에는 박스-젠킨스 방법의 ARIMA 모형에서 계산된 통계량들도 비교를 위해 주어졌다. 물론 시계열 자료가 신경망에 입력되기 전에 먼저 자료의 범위를 (0, 1)로 제한하는 자료의 규격화 즉 정규화를 거쳤다. 또 신경망을 통하여 얻어진 예측값은 예측오차를 계산하기 전에 원래 단위로 환원했고, 이것은 분석결과를 ARIMA 모형 등 다른 결과들과 비교하는 데 도움이 된다.

적용된 신경망은 입력 노드 수와 출력 노드 수를 각각 2와 1로 고정하고, 은닉 노드 수를 2, 4, 8로 변화시켜서 얻은 3가지 구조 2 × 2 × 1, 2 × 4 × 1, 2 × 8 × 1 신경망들에 대한 예측오차를 계산하였다. 출력 노드가 하나인 신경망에서 예측기간이 1인 예측의 오차가 은닉 노드 수에 따라 어떻게 달라지는가를 비교하였다.

표 [11]-16 신경망 구조와 학습률에 따른 여러 평균 예측오차

Speed rate		η = 5.19						SARIMA
Structure	Epoch / Statistics	1	10	…	100	500	1000	
2 × 2 × 1	MSE	0.0015216	0.0446933	…	0.2645967	0.3537319	0.374919	MSE = 1887.46
	MASE	0.4919580	4.1102351		125.16441	767.34591	1598.340	
	MAE	0.0201183	0.1385844		0.4205900	0.5155536	0.536917	
	MAPE	3.5583415	35.753453		116.55683	147.45153	154.7747	MASE = 1.0013
Speed rate		η = 0.01						
Structure	Epoch / Statistics	1	10	…	100	500	1000	RMSE = 3.9552
2 × 4 × 1	MSE	0.100615	0.10011	…	0.07728	0.031245	0.018377	MAE = 33.9552
	MASE	835.4061	81.88731		72.92493	200.6855	292.2652	
	MAE	0.280630	0.279931		0.254049	0.134833	0.098178	MAPE = 1.1568
	MAPE	86.09386	85.87928		75.17416	41.41911	28.05320	

[18] 최선의 학습률을 사전에 정하는 일반적인 방법은 없고, 보통 약 1.0보다 작고 10^{-6}보다 큰 값으로 정한다.

Speed rate		$\eta = 0.01$					
Structure	Epoch Statistics	1	10	…	100	500	1000
$2 \times 8 \times 1$	MSE	0.100334	0.100334	…	0.067360	0.021941	0.001060
	MASE	6.834598	8.088752		14.80680	2.186110	2.079490
	MAE	0.279495	0.278454		0.226960	0.105053	0.100758
	MAPE	87.33139	87.00475		70.82416	31.70575	27.34764

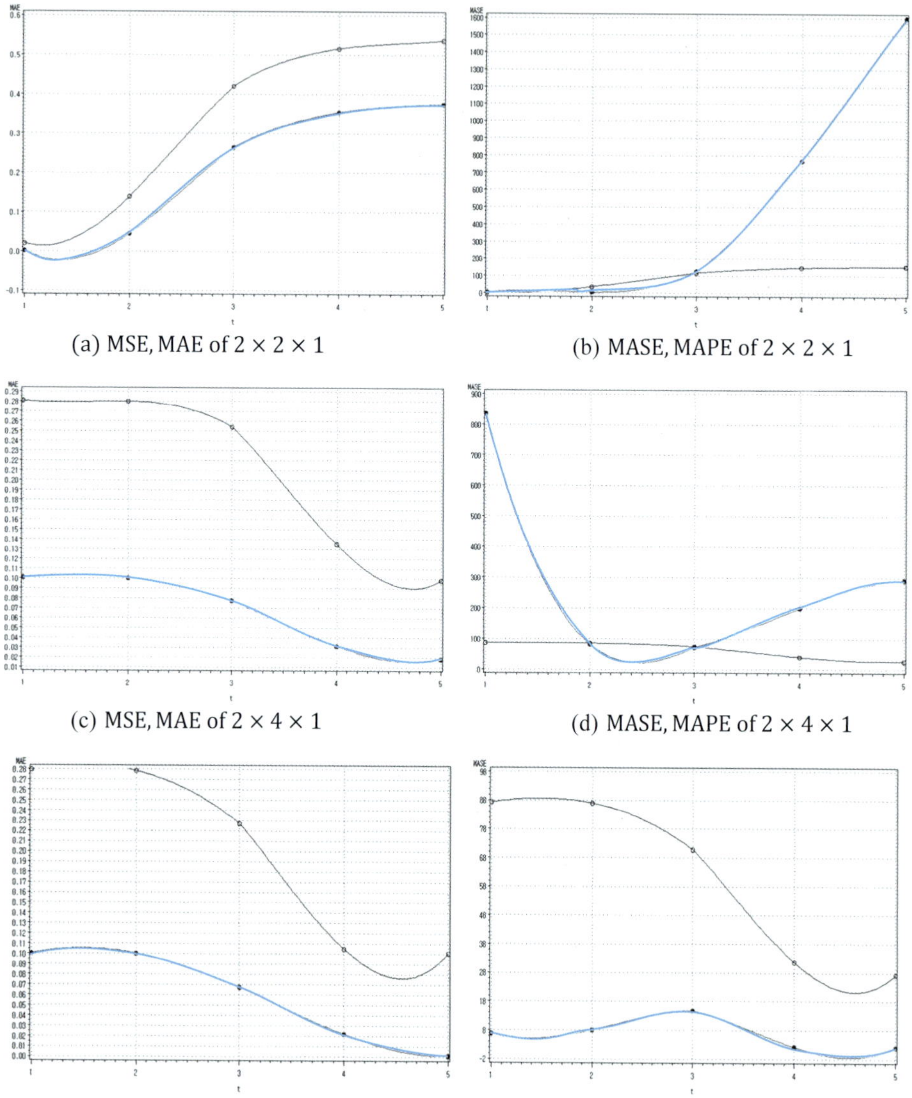

(a) MSE, MAE of $2 \times 2 \times 1$

(b) MASE, MAPE of $2 \times 2 \times 1$

(c) MSE, MAE of $2 \times 4 \times 1$

(d) MASE, MAPE of $2 \times 4 \times 1$

(e) MSE, MAE of $2 \times 8 \times 1$

(f) MASE, MAPE of $2 \times 8 \times 1$

그림 [11]-10 은닉층 노드 수와 에폭 수에 따른 신경망의 예측오차의 변화 그림 [11]-10[19]은 입력 노드와 출력 노드의 개수를 각각 2와 1로 고정하고, 단일 은닉층 노드 수를 1, 4, 8로 변화시킨 3가지 다중 퍼셉트론 구조 $2 \times 2 \times 1$, $2 \times 4 \times 1$, $2 \times 8 \times 1$ 신경망에서 에폭 수를 1, 10, 100, 1000으로 변화시켜 얻은 평가 통계량 MSE, MAE, MASE, MAPE를 나타낸 것이다. 이 그림의 x-축에서 숫자 1, 2, 3, 4는 각각 $1 \equiv 1$(epoch), $2 \equiv 10$(epoch), $3 \equiv 100$(epoch), $4 \equiv 1{,}000$(epoch)을 나타낸다. 분기별 개인소득 시계열 자료의 위 분석을 기초로 할 때, 단일 은닉층 순방향 신경망에서 나타나는 은닉 노드 수의 예측효과는 다음과 같이 요약된다. 첫째, 신경망 모형의 학습효과는 은닉 노드 수에 비례하지는 않는다. 위 신경망에서 가장 높은 학습효과를 갖는 은닉층 노드 수는 '절약의 법칙'을 감안하여 2나 8이 아닌 4이다. 둘째, 신경망 모형의 학습효과는 대체로 반복횟수인 학습길이에 비례한다. 즉, 신경망 모형의 학습효과는 반복횟수가 증가할수록 예측오차는 감소한다. 셋째, 신경망 모형의 학습효과는 학습길이인 반복횟수가 충분이 크면(약 500 에폭 이상) ARIMA 모형의 학습효과를 능가한다. 마지막으로, 최적의 학습속도 즉 학습률은 은닉 노드 수의 신경망 구조에 따라 달라질 수 있다. 그것은 각 층의 노드 수에 의하여 목적함수가 달라지기 때문이다.

2.6 출력 노드 수의 효과: 실험적 분석

여기서는 신경망 모형에서 출력 노드의 수에 대한 학습효과의 실험적 분석을 수행한다. 이를 위해 그림 [11]-11에서와 같이 예측기간에 맞는 출력 노드 수를 갖는 다중 퍼셉트론 신경망을 설계하여 예측을 수행하고 그 결과에 대한 학습효과를 관찰한다.

신경망 모형을 통해 미래의 관측값들을 예측할 때 모형의 출력 노드 수에 따라 보통 두 가지 방법이 적용된다. 먼저 그림 [11]-11(c)에서와 같이 출력 노드를 한 개만 사용하여 다음 관측값을 한 단계만 예측하고 그다음 값의 예측을 위해서는 앞의 예측값을 다시 입력값으로 반복 사용하는 반복예측, 즉 다단계 예측이다. 또 다른 하나는 그림 [11]-11(a) 또는 (b)에서와 같이 출력 노드의 수를 예측거리만큼 정하여 미래의 관측값들을 신경망의 출력값들로 한 번에 일괄 예측하는 직접예측, 즉 일단계 예측이다. 여기서 반복예측인 다단계 예측은 앞의 예측오차가 다음 예측에 반복적으로 사용되어 예측오차가 더 커질 수 있고, 이에 반해 직접예측인 일단계에서는 유효 자릿수 조정의 반올림에서 오는 예측오차가 발생할 수 있다.

신경망의 출력 노드 수의 효과를 비교하기 위하여, 먼저 같은 그림 (c)와 같이 한 개의 출력

---

[19] 이 그림은 SAS-[11]-PLOT를 통해 얻을 수 있다.

노드를 통해 다단계 예측을 출력 노드 수만큼 반복 적용하고 그 예측오차를 계산한다. 다음은 그림 (b)와 같이 입력 노드와 은닉 노드의 수를 같은 2 로 하고, 출력 노드 수는 필요한 예측기간만큼 정한다. 만약 필요한 예측기간이 4라 하면, 관련 신경망은 그림 (a)와 같이 출력 노드가 4개인 다중 퍼셉트론 신경망 구조를 갖게 한다.

위 실험을 통하여 얻어진 예측오차의 평균값을 계산하여 표 [11]-18에 나타내었다. 물론 그림 [11]-11의 (a)나 (b)와 같이 출력 노드가 2나 4인 경우에는 역전파를 통하여 전체오차를 분산시킬 때, 출력 노드가 하나인 (c)와는 달리 가중치나 바이어스가 출력 노드의 출력에 의한 오차에 영향을 주는 경로가 한 가지가 아니고 각기 2가지나 4가지인 사실을 유의하여야 한다. 이를테면 다층 퍼셉트론의 하나인 그림 (b)에서 은닉층의 출력 s_1은 출력층의 첫 번째 입력값 z_3을 통하여 출력값 s_3에 영향을 줄 뿐 아니라 출력층의 두 번째 입력값 z_4를 통하여 출력값 s_4에도 영향을 준다. 따라서 전체오차(Ltotal)를 모든 가중치와 바이어스에 분산시키는 역전파 알고리즘을 수행할 때는 각 가중치와 바이어스가 전체오차에 영향을 주는 모든 경로에 대하여 빠짐없이 계산하여 합해 주어야 한다. 예컨대 가중치 $w_{11}^{(1)}$에 대한 전체오차의 변화율 $\frac{\partial \text{Ltotal}}{\partial w_{11}^{(1)}}$을 계산할 때는 출력 노드가 두 개인 경우는 두 가지 경로로, 출력 노드가 네 개인 경우에는 네 가지 경로를 통한 변화율을 각각 계산하여 모두 합하여야 한다.

다음은 그림 [11]-11(c)의 구조 2 × 2 × 1 신경망과 같이 출력 노드 하나인 한 단계 예측기간을 갖는 신경망 모형을 반복 적용하여 단계적으로 예측을 수행한다. 다시 말하여 일단계 예측방법인 구조 2 × 2 × 1 신경망을 1회, 2회, (3회,) 4회 등 순차적으로 적용하여 예측값을 확보하되, 이 예측에서는 미리 정해진 예측거리 안에 있는 값들을 예측하는 데 이미 얻어진 예측값들을 다시 입력값으로 사용한다. 여기서 이전의 예측오차가 반복적으로 개입되어 예측오차가 커질 수 있는 것이다.

한편 여기서 학습률과 학습의 길이를 약간씩 변화시키며 오차의 변화를 관찰한다. 이러한 과정에서 발생하는 예측오차의 평균을 계산하되, 학습속도인 학습률을 0.01부터 시작하여 좌우로 약간씩 변화시키고 또 학습길이인 학습횟수도 1, 10, 100, 500, 1,000(에폭) 등으로 변화시킨다. 여기서 관찰된 결과인 표 [11]-18을 앞의 결과와 비교하게 된다.

먼저, 구조 2 × 2 × 2 신경망의 역전파 1 단계에서 가중치에 관한 변화율 $\frac{\partial \text{Ltotal}}{\partial w_{11}^{(2)}}$ 을 계산하면

(1) $$\frac{\partial \text{Ltotal}}{\partial w_{11}^{(2)}} = \frac{\partial \text{Ltotal}}{\partial s_3} \cdot \frac{\partial s_3}{\partial z_3} \cdot \frac{\partial z_3}{\partial w_{11}^{(2)}} = -(y_1 - \hat{y}_1) \cdot s_3(1 - s_3) \cdot s_1$$

이다. 이것은

$$\text{Ltotal} = \frac{1}{2}[(y_1 - \hat{y}_1)^2 + (y_2 - \hat{y}_2)^2], \quad s_3 = \hat{y}_1, \quad s_3 = \sigma(z_3 + b_3), \quad z_3 = w_{11}^{(2)} s_1 + w_{21}^{(2)} s_2$$

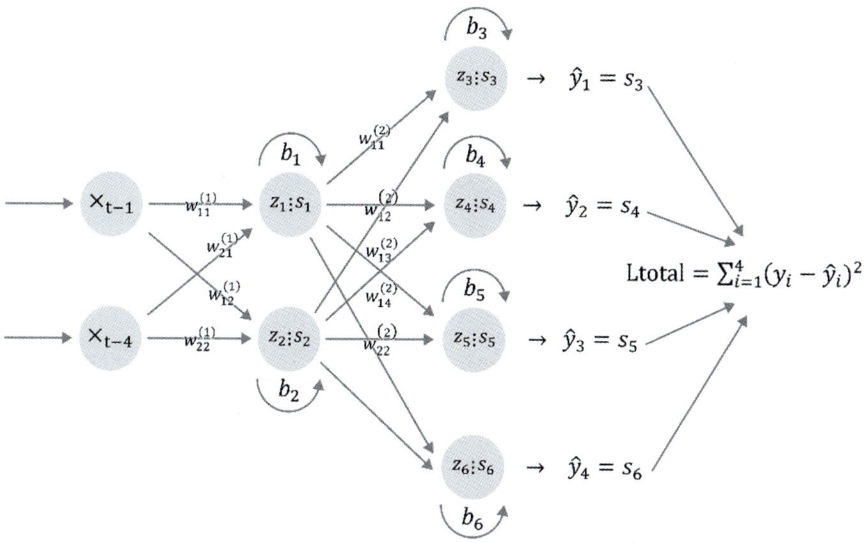

(a) 출력 노드가 4개인 다중 퍼셉트론 신경망 구조

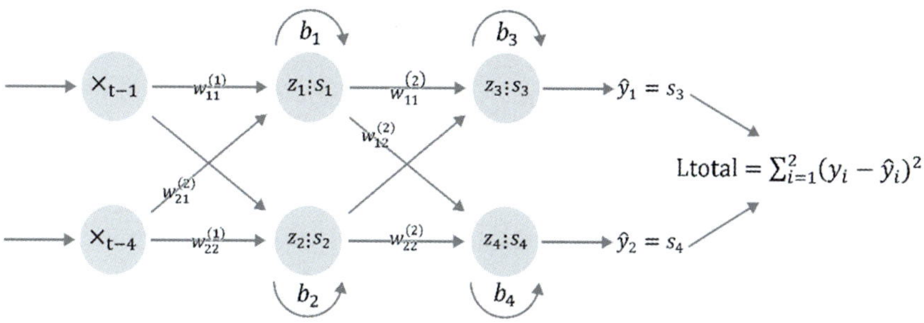

(b) 출력 노드가 2개인 다중 퍼셉트론 신경망 구조

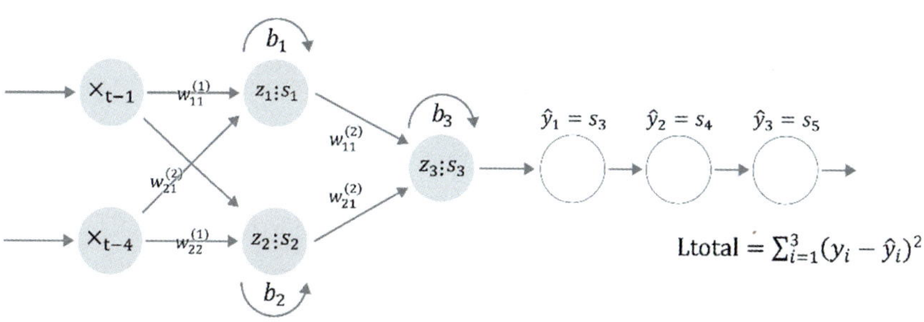

(c) 출력 노드가 1개인 다중 퍼셉트론 신경망 구조

그림 [11]-11 출력 노드의 개수에 따른 여러 다중 퍼셉트론 신경망 구조에서 얻어진다. 같은 방법으로 다음을 얻는다.

$$(2)\quad \frac{\partial Ltotal}{\partial w_{21}^{(2)}} = -(y_1 - \hat{y}_1) \cdot s_3(1 - s_3) \cdot s_2,$$
$$(3)\quad \frac{\partial Ltotal}{\partial w_{12}^{(2)}} = -(y_2 - \hat{y}_2) \cdot s_4(1 - s_4) \cdot s_1,$$
$$(4)\quad \frac{\partial Ltotal}{\partial w_{22}^{(2)}} = -(y_2 - \hat{y}_2) \cdot s_4(1 - s_4) \cdot s_2$$

또 역전파 2단계에서 가중치에 관한 변화율 $\frac{\partial Ltotal}{\partial w_{11}^{(1)}}$, $\frac{\partial Ltotal}{\partial w_{21}^{(1)}}$, $\frac{\partial Ltotal}{\partial w_{12}^{(1)}}$, $\frac{\partial Ltotal}{\partial w_{22}^{(1)}}$ 을 계산한다.

$$(5)\quad \frac{\partial Ltotal}{\partial w_{11}^{(1)}} = \frac{\partial Ltotal}{\partial s_3} \cdot \frac{\partial s_3}{\partial z_3} \cdot \frac{\partial z_3}{\partial s_1} \cdot \frac{\partial s_1}{\partial z_1} \cdot \frac{\partial z_1}{\partial w_{11}^{(1)}} + \frac{\partial Ltotal}{\partial s_4} \cdot \frac{\partial s_4}{\partial z_4} \cdot \frac{\partial z_4}{\partial s_1} \cdot \frac{\partial s_1}{\partial z_1} \cdot \frac{\partial z_1}{\partial w_{11}^{(1)}}$$
$$= -(y_1 - \hat{y}_1) \cdot s_3(1 - s_3) \cdot w_{11}^{(2)} \cdot s_1(1 - s_1) \cdot x_t - (y_2 - \hat{y}_2) \cdot s_4(1 - s_4) \cdot w_{21}^{(2)} \cdot s_1(1 - s_1) \cdot x_{t-1}$$

같은 방법으로 다음을 얻는다.

$$(6)\quad \frac{\partial Ltotal}{\partial w_{21}^{(1)}} = -(y_1 - \hat{y}_1) \cdot s_3(1 - s_3) \cdot w_{11}^{(2)} \cdot s_1(1 - s_1) \cdot x_{t-4}$$
$$-(y_2 - \hat{y}_2) \cdot s_4(1 - s_4) \cdot w_{12}^{(2)} \cdot s_1(1 - s_1) \cdot x_{t-4}$$
$$(7)\quad \frac{\partial Ltotal}{\partial w_{12}^{(1)}} = -(y_1 - \hat{y}_1) \cdot s_3(1 - s_3) \cdot w_{21}^{(2)} \cdot s_2(1 - s_2) \cdot x_{t-1}$$
$$-(y_2 - \hat{y}_2) \cdot s_4(1 - s_4) \cdot w_{22}^{(2)} \cdot s_2(1 - s_2) \cdot x_{t-1}$$
$$(8)\quad \frac{\partial Ltotal}{\partial w_{22}^{(1)}} = -(y_1 - \hat{y}_1) \cdot s_3(1 - s_3) \cdot w_{21}^{(2)} \cdot s_2(1 - s_2) \cdot x_{t-4}$$
$$-(y_2 - \hat{y}_2) \cdot s_4(1 - s_4) \cdot w_{22}^{(2)} \cdot s_2(1 - s_2) \cdot x_{t-4}$$

다음은 역전파 1단계와 2단계에서 바이어스에 관한 변화율 $\frac{\partial Ltotal}{\partial b_3}$, $\frac{\partial Ltotal}{\partial b_4}$와 $\frac{\partial Ltotal}{\partial b_1}$, $\frac{\partial Ltotal}{\partial b_2}$을 계산한다.

$$(9)\quad \frac{\partial Ltotal}{\partial b_3} = \frac{\partial Ltotal}{\partial s_3} \cdot \frac{\partial s_3}{\partial z_3} \cdot \frac{\partial z_3}{\partial b_3} = \frac{\partial Ltotal}{\partial s_3} \cdot \frac{\partial s_3}{\partial b_3} = -(y_1 - \hat{y}_1) \cdot s_3(1 - s_3)$$

같은 방법으로 다음을 얻는다.

$$(10)\quad \frac{\partial Ltotal}{\partial b_4} = -(y_2 - \hat{y}_2) \cdot s_4(1 - s_4)$$

또 역전파 2단계에서 $\frac{\partial Ltotal}{\partial b_1}$, $\frac{\partial Ltotal}{\partial b_2}$을 계산하면 다음과 같다.

$$(11)\quad \frac{\partial Ltotal}{\partial b_1} = \frac{\partial Ltotal}{\partial s_3}\cdot\frac{\partial s_3}{\partial z_3}\cdot\frac{\partial z_3}{\partial s_1}\cdot\frac{\partial s_1}{\partial b_1} + \frac{\partial Ltotal}{\partial s_4}\cdot\frac{\partial s_4}{\partial z_4}\cdot\frac{\partial z_4}{\partial s_1}\cdot\frac{\partial s_1}{\partial b_1}$$
$$= -(y_1 - \hat{y}_1)\cdot s_3(1-s_3)\cdot w_{11}^{(2)}\cdot s_1(1-s_1)$$
$$-(y_2 - \hat{y}_2)\cdot s_4(1-s_4)\cdot w_{12}^{(2)}\cdot s_1(1-s_1)$$
$$(12)\quad \frac{\partial Ltotal}{\partial b_2} = -(y_1 - \hat{y}_1)\cdot s_3(1-s_3)\cdot w_{21}^{(2)}\cdot s_2(1-s_2)$$
$$-(y_2 - \hat{y}_2)\cdot s_4(1-s_4)\cdot w_{22}^{(2)}\cdot s_2(1-s_2)$$

위와 같은 방법으로, 구조 $2\times2\times4$ 신경망의 역전파 1단계에서 변화율 $\frac{\partial Ltotal}{\partial w_{11}^{(2)}}$ 등을 계산한다.

$$(13)\quad \frac{\partial Ltotal}{\partial w_{11}^{(2)}} = \frac{\partial Ltotal}{\partial s_3}\cdot\frac{\partial s_3}{\partial z_3}\cdot\frac{\partial z_3}{\partial w_{11}^{(2)}} = -(y_1 - \hat{y}_1)\cdot s_3(1-s_3)\cdot s_1$$

같은 방법을 적용하여 다음을 얻는다.

$$(14)\quad \frac{\partial Ltotal}{\partial w_{21}^{(2)}} = -(y_1 - \hat{y}_1)\cdot s_3(1-s_3)\cdot s_2$$
$$(15)\quad \frac{\partial Ltotal}{\partial w_{12}^{(2)}} = -(y_2 - \hat{y}_2)\cdot s_4(1-s_4)\cdot s_1$$
$$(16)\quad \frac{\partial Ltotal}{\partial w_{22}^{(2)}} = -(y_2 - \hat{y}_2)\cdot s_4(1-s_4)\cdot s_2$$
$$(17)\quad \frac{\partial Ltotal}{\partial w_{13}^{(2)}} = -(y_3 - \hat{y}_3)\cdot s_5(1-s_5)\cdot s_1$$
$$(18)\quad \frac{\partial Ltotal}{\partial w_{12}^{(2)}} = -(y_3 - \hat{y}_3)\cdot s_5(1-s_5)\cdot s_2$$
$$(19)\quad \frac{\partial Ltotal}{\partial w_{22}^{(2)}} = -(y_4 - \hat{y}_4)\cdot s_6(1-s_6)\cdot s_1$$
$$(20)\quad \frac{\partial Ltotal}{\partial w_{22}^{(2)}} = -(y_4 - \hat{y}_4)\cdot s_6(1-s_6)\cdot s_2$$

또 역전파 2단계에서 $\frac{\partial Ltotal}{\partial w_{11}^{(1)}}$, $\frac{\partial Ltotal}{\partial w_{21}^{(1)}}$, $\frac{\partial Ltotal}{\partial w_{12}^{(1)}}$, $\frac{\partial Ltotal}{\partial w_{22}^{(1)}}$ 을 계산하면 다음과 같다.

$$(21)\quad \frac{\partial Ltotal}{\partial w_{11}^{(1)}} = \frac{\partial Ltotal}{\partial s_3}\cdot\frac{\partial s_3}{\partial z_3}\cdot\frac{\partial z_3}{\partial s_1}\cdot\frac{\partial s_1}{\partial w_{11}^{(1)}}\cdot\frac{\partial s_1}{\partial w_{11}^{(1)}} + \frac{\partial Ltotal}{\partial s_4}\cdot\frac{\partial s_4}{\partial z_4}\cdot\frac{\partial z_4}{\partial s_1}\cdot\frac{\partial s_1}{\partial w_{11}^{(1)}}\cdot\frac{\partial s_1}{\partial w_{21}^{(1)}}$$
$$+ \frac{\partial Ltotal}{\partial s_5}\cdot\frac{\partial s_5}{\partial z_5}\cdot\frac{\partial z_5}{\partial s_1}\cdot\frac{\partial s_1}{\partial w_{11}^{(1)}}\cdot\frac{\partial s_1}{\partial w_{11}^{(1)}} + \frac{\partial Ltotal}{\partial s_6}\cdot\frac{\partial s_6}{\partial z_6}\cdot\frac{\partial z_6}{\partial s_1}\cdot\frac{\partial s_1}{\partial w_{11}^{(1)}}\cdot\frac{\partial s_1}{\partial w_{11}^{(1)}}$$
$$= -2\cdot(y_1 - \hat{y}_1)\cdot s_3(1-s_3)\cdot w_{11}^{(2)}\ s_1(1-s_1)\cdot x_{t-1}$$
$$-2\cdot(y_2 - \hat{y}_2)\cdot s_4(1-s_4)\cdot w_{12}^{(2)}\ s_1(1-s_1)\cdot x_{t-1}$$

$$-2 \cdot (y_3 - \hat{y}_3) \cdot s_5(1-s_5) \cdot w_{13}^{(2)}\ s_1(1-s_1) \cdot x_{t-1}$$
$$-2 \cdot (y_4 - \hat{y}_4) \cdot s_6(1-s_6) \cdot w_{14}^{(2)}\ s_1(1-s_1) \cdot x_{t-1}$$

같은 방법으로 다음을 얻는다.

(22) $$\frac{\partial Ltotal}{\partial w_{21}^{(1)}} = -2 \cdot (y_1 - \hat{y}_1) \cdot s_3(1-s_3) \cdot w_{11}^{(2)}\ s_1(1-s_1) \cdot x_{t-4}$$
$$-2 \cdot (y_2 - \hat{y}_2) \cdot s_4(1-s_4) \cdot w_{12}^{(2)}\ s_1(1-s_1) \cdot x_{t-4}$$
$$-2 \cdot (y_3 - \hat{y}_3) \cdot s_5(1-s_5) \cdot w_{13}^{(2)}\ s_1(1-s_1) \cdot x_{t-4}$$
$$-2 \cdot (y_4 - \hat{y}_4) \cdot s_6(1-s_6) \cdot w_{14}^{(2)}\ s_1(1-s_1) \cdot x_{t-4}$$

(23) $$\frac{\partial Ltotal}{\partial w_{12}^{(1)}} = -2 \cdot (y_1 - \hat{y}_1)\ \cdot s_3(1-s_3) \cdot w_{21}^{(2)} \cdot s_2(1-s_2) \cdot x_{t-1}$$
$$-2 \cdot (y_2 - \hat{y}_2) \cdot s_4(1-s_4) \cdot w_{22}^{(2)} \cdot s_2(1-s_2) \cdot x_{t-1}$$
$$-2 \cdot (y_3 - \hat{y}_3) \cdot s_5(1-s_5) \cdot w_{23}^{(2)} \cdot s_2(1-s_2) \cdot x_{t-1}$$
$$-2 \cdot (y_4 - \hat{y}_4) \cdot s_6(1-s_6) \cdot w_{24}^{(2)} \cdot s_2(1-s_2) \cdot x_{t-1}$$

(24) $$\frac{\partial Ltotal}{\partial w_{22}^{(1)}} = -2 \cdot (y_1 - \hat{y}_1)\ \cdot s_3(1-s_3) \cdot w_{21}^{(2)} \cdot s_2(1-s_2) \cdot x_{t-4}$$
$$-2 \cdot (y_2 - \hat{y}_4) \cdot s_4(1-s_4) \cdot w_{22}^{(2)} \cdot s_2(1-s_2) \cdot x_{t-4}$$
$$-2 \cdot (y_3 - \hat{y}_3) \cdot s_5(1-s_5) \cdot w_{23}^{(2)} \cdot s_2(1-s_2) \cdot x_{t-4}$$
$$-2 \cdot (y_4 - \hat{y}_4) \cdot s_6(1-s_6) \cdot w_{24}^{(2)} \cdot s_2(1-s_2) \cdot x_{t-4}$$

다음은 같은 구조 2 × 2 × 4 신경망의 역전파 1단계에서 바이어스들에 관한 변화율 $\frac{\partial Ltotal}{\partial b_3}$, $\frac{\partial Ltotal}{\partial b_4}$, $\frac{\partial Ltotal}{\partial b_5}$, $\frac{\partial Ltotal}{\partial b_6}$ 을 계산한다.

(25) $$\frac{\partial Ltotal}{\partial b_3} = \frac{\partial Ltotal}{\partial s_3} \cdot \frac{\partial s_3}{\partial z_3} \cdot \frac{\partial z_3}{\partial b_3} = -2 \cdot (y_1 - \hat{y}_1) \cdot s_3(1-s_3)$$

같은 방법으로 다음을 얻는다.

(26) $$\frac{\partial Ltotal}{\partial b_4} = -2 \cdot (y_2 - \hat{y}_2) \cdot s_4(1-s_4)$$
(27) $$\frac{\partial Ltotal}{\partial b_5} = -2 \cdot (y_3 - \hat{y}_3) \cdot s_5(1-s_5)$$
(28) $$\frac{\partial Ltotal}{\partial b_6} = -2 \cdot (y_4 - \hat{y}_4) \cdot s_6(1-s_6)$$

또 같은 신경망의 역전파 2단계에서 $\frac{\partial Ltotal}{\partial b_1}$, $\frac{\partial Ltotal}{\partial b_2}$을 계산하면 다음과 같다.

$$(29)\quad \frac{\partial Ltotal}{\partial b_1} = \frac{\partial Ltotal}{\partial s_3}\cdot\frac{\partial s_3}{\partial z_3}\cdot\frac{\partial z_3}{\partial s_1}\cdot\frac{\partial s_1}{\partial b_1} + \frac{\partial Ltotal}{\partial s_4}\cdot\frac{\partial s_4}{\partial z_4}\cdot\frac{\partial z_4}{\partial s_1}\cdot\frac{\partial s_1}{\partial b_1} + \frac{\partial Ltotal}{\partial s_5}\cdot\frac{\partial s_5}{\partial z_5}\cdot\frac{\partial z_5}{\partial s_1}\cdot\frac{\partial s_1}{\partial b_1} + \frac{\partial Ltotal}{\partial s_6}\cdot\frac{\partial s_6}{\partial z_6}\cdot\frac{\partial z_6}{\partial s_1}\cdot\frac{\partial s_1}{\partial b_1}$$
$$= -2\cdot(y_1-\hat{y}_1)\cdot s_3(1-s_3)\cdot w_{11}^{(2)}\cdot s_1(1-s_1) -2\cdot(y_2-\hat{y}_2)\cdot s_4(1-s_4)\cdot w_{12}^{(2)}\cdot s_1(1-s_1) -2\cdot(y_3-\hat{y}_3)\cdot s_5(1-s_5)\cdot w_{13}^{(2)}\cdot s_1(1-s_1) -2\cdot(y_4-\hat{y}_4)\cdot s_6(1-s_6)\cdot w_{14}^{(2)}\cdot s_1(1-s_1)$$

같은 방법으로 다음을 얻는다.

$$(30)\quad \frac{\partial Ltotal}{\partial b_2} = -2\cdot(y_1-\hat{y}_1)\cdot s_3(1-s_3)\cdot w_{21}^{(2)}\cdot s_2(1-s_2) -2\cdot(y_2-\hat{y}_2)\cdot s_4(1-s_4)\cdot w_{22}^{(2)}\cdot s_2(1-s_2) -2\cdot(y_3-\hat{y}_3)\cdot s_5(1-s_5)\cdot w_{23}^{(2)}\cdot s_2(1-s_2) -2\cdot(y_4-\hat{y}_4)\cdot s_6(1-s_6)\cdot w_{24}^{(2)}\cdot s_2(1-s_2)$$

여기서 역전파 알고리즘을 수행할 때는 갱신된 가중치들을 사용하지 않고 갱신 이전의 가중치를 사용해야 함을 유의하여야 한다.

표 [11]-17은 앞에서 논한 두 가지 예측 방법인 그림 [11]-11의 일단계 예측과 다단계 예측을 통해서 얻어진 결과를 요약한 것이다.

표 [11]-17 출력노드가 4인 다중 퍼셉트론 신경망의 예측오차

	one step ahead forecast			multistep ahead forecast		
structures	2 × 2×4			2 × 2×1		
Statistics	N	MEAN	S.D.	N	MEAN	S.D.
MSE	4	51.3006	59.8743	4	3441548.43	6881701.09
MAE	4	5.47000	5.33912	4	943,639	1844.30
MAPE	4	0.13206	0.12816	4	514.124	230 525

표 [11]-18 신경망구조와 예측기간에 따른 여러 평균 예측오차

Speed rate		η = 5.19						SARIMA
Structure	Epoch Statistics	1	10	h	100	500	1000	
2×2×1	MSE	0.0022822	0.0449810	1	0.2627580	0.3510370	0.3720224	MSE = 1887.46 MASE = 1.0013 RMSE = 3.9552 MAE = 33.9552 MAPE = 1.1568
	MASE	0.5500724	4.0721609	1	122.435928	749.746030	1561.37	
	MAE	0.0226102	0.1398490	1	0.4190737	0.5130977	0.5342517	
	MAPE	3.7401281	35.6266835	1	115.668272	146.272076	153.5265568	
		η = 8.05						
Structure	Epoch Statistics	1	10	h	100	500	1000	
2×2×2	MSE	0.00027472	0.00013279	1	0.00002820	7.15360 E−6	3.86026 E−6	
		0.00025520	0.00012028	2	0.00002488	6.34459 E−6	3.44694 E−6	
	MASE	0.2689109	0.1436050	1	0.4263366	0.7466694	0.9345164	
		0.2662819	0.1386614	2	0.3944929	0.6774057	0.8565807	
	MAE	0.0097711	0.0043022	1	0.0012730	0.00044574	0.00027893	
		0.0092891	0.0040409	2	0.0011458	0.00039337	0.00024870	
	MAPE	58280.01	44829.90	1	21779.46	10862.22	7861.72	
		58371.18	45503.23	2	22422.90	11214.26	8117.06	
		η = 14.19						
Structure	Epoch Statistics	1	10	h	100	500	1000	
2 × 2 × 4	MSE	0.00031472	0.00025197	1	0.00012946	0.0000414	0.00002383	
		0.00027540	0.00023711	2	0.00012302	0.0000417	0.00002469	
		0.00023802	0.00021947	3	0.00013219	0.0000437	0.00002385	
		0.00048465	0.00036182	4	0.00015635	0.0000499	0.00002909	
	MASE	0.279393	2.9476652	1	22.8673701	50.433704	66.1240015	
		0.255788	2.8787348	2	22.4430284	51.974217	69.7130257	
		0.299008	2.9923984	3	22.2142344	51.198196	67.1263695	
		0.262151	3.0502100	4	23.7798373	55.070026	73.8665056	
	MAE	0.011864	0.0123041	1	0.0095131	0.0041949	0.0027499	
		0.010444	0.0117418	2	0.0091232	0.0042243	0.0028329	
		0.008845	0.0108883	3	0.0095913	0.0042357	0.0025993	
		0.015274	0.0149179	4	0.0104509	0.0047482	0.0032227	
	MAPE	122011.7	97373.04	1	50882.77	26673.33	19659.43	
		197086.6	155992.89	2	80774.50	42229.47	31107.86	
		6434.27	5112.81	3	2661.77	1395.18	1028.99	
		288087.3	227459.20	4	117525,08	61457.18	45282.17	

h = prediction horizon

마지막으로, 앞에서 논한 분기별 개인 소득 시계열 자료에 일단계 예측과 다단계 예측의 두 가지 예측 방법을 적용하고 여기서 얻어진 평가 통계량 MSE, MAE, MAPE를 기초로 하는 출력 노드 수의 효과는 다음과 같다.

첫째, 그림 [11]-11(a)와 같이 출력 노드가 4개인 구조 2×2×4 신경망에 의한 일단계 예측의 평가 통계량들은 같은 그림 (c)와 같이 출력 노드가 하나인 구조 2×2×1 신경망의 다단계 예측의 평가 통계량들보다 적은 값을 보인다. 이것은 다단계 예측에서 다음 값들을 예측하는데 앞의 예측값들이 부분적으로 다시 입력값으로 사용되는 과정에서 확대된 오차로 볼 수 있다. 그림 [11]-11의 (b)와 (c) 사이에서도 유사한 결과가 확인된다.

둘째, 신경망 모형의 효과는 학습길이, 즉 반복횟수가 충분이 크면(약 1000 이상) ARIMA 모형을 능가한다(표 [11]-18 참조). 물론 박스-젠킨스 방법을 통해 장기예측을 수행하는 것은 일단계 예측기간을 갖는 모형으로 그림 [11]-11(c)와 같은 다단계 전방 예측 방법을 적용하는 것과 같다고 할 수 있다.

참고 4.1 기계학습과 심층학습

컴퓨터의 기계학습(Machine Learning: ML)이나 심층학습(Deep Learning: DL)은 컴퓨터가 사물이나 자료를 분류하고 군집화하는 기능을 뜻한다. 사람은 사물을 사진으로 구분할 수 있지만 컴퓨터는 그렇지 못하다. 컴퓨터가 사물을 구별할 수 있는 것은 많은 자료를 컴퓨터에 입력하고 비슷한 것끼리 분류하는 기능에 기인한다. 결국 컴퓨터는 내부에 저장된 어떤 사물과 비슷한 사진이 입력되면 컴퓨터가 그것을 같은 것으로 분류하게 된다. 기계학습은 컴퓨터에 먼저 정보를 가르치는 방법으로, 예를 들어 사진을 주고 이 사진은 고양이라고 알려주는 식이다. 따라서 컴퓨터는 미리 학습된 결과를 바탕으로 고양이 사진을 구분하게 된다. 이에 비하여 심층학습 즉 딥 러닝은 인공신경망의 한계를 한 단계 높이는 기계학습 방법이다. 딥 러닝 기술을 적용하면 사람이 모든 판단 기준을 정해주지 않아도 컴퓨터가 스스로 인지하고 추론하고 판단한다. 딥 러닝은 인간의 두뇌가 수많은 자료 속에서 패턴을 발견한 뒤 사물을 구분하는 정보처리 방식을 모방해 컴퓨터가 사물을 분별하도록 기계를 학습시킨다. 딥 러닝은 음성 인식과 사진 분석 등에 광범위하게 활용되며, 구글 알파고도 딥 러닝 기술에 기반한 컴퓨터 프로그램이라 할 수 있다.

참고 4.2 교차검증: cross validation

신경망의 자료집합은 기본적으로 학습집합(train set)과 검사집합(test set)으로 구성된다. 학습집합은 모형의 학습, 즉 모형의 오차를 최소화하는 가중치를 찾는 데 이용되는 자료의 부분 집합이고, 검사집합은 학습 후 모형의 성능, 즉 모형의 예측성능을 평가하는 데 이용되는 자료의 부분 집합을 말한다. 그러나 학습률이나 배치사이즈 또는 학습의 반복횟수 등 학습효과를 높이기 위해 학습 중간에 수정하는 모수, 즉 초모수(hyperparameter)도 존재할 수 있다. 만일 자료집합이 학습집합과 검사집합으로만 구성된다면 초모수를 결정할 때 검사집합을 사용하게 되어 결국 모수가 검사집합에만 과적합되는 부작용을 가져올 수 있다. 이러한 문제를 해결하기 위해서 자료집합을 학습집합과 검사집합 이외에 검증집합(validation set)이라 하는 새로운 집합을 학습집합에서 하나 더 분리하여 초모수 결정에 이용하며 이 방법을 교차검증(cross validation)이라 한다. 그림 [11]-12와 같이, 전체 자료집합을 먼저 k개의 부분집합으로 나누고 k번의 평가를 실행한다. 이때 검사집합을 중복없이 교대로 이용한다. 교차검증은 자료의 모든 부분을 통해 모형을 검증하고, 검사집합을 하나로 고정하지 않아 편중을 막고 모든 자료집합을 학습에 활용하여 정확도를 높인다. 이 교차검증 중에서 특히 많이 쓰이는 것이 k-겹 교차검증(k-fold cross validation)이며, 이것은 학습집합을 k등분하여 하나씩 교대로 검증집합에 이용하고, (이전 것을 포함한) 나머지 k-1개의 부분집합은 학습집합으로 이용하여 반복적으로 k번 교차검증을 실시하되 최적의 모형 선택은 여기서 얻어지는 오차들의 평균을 기초로 한다.

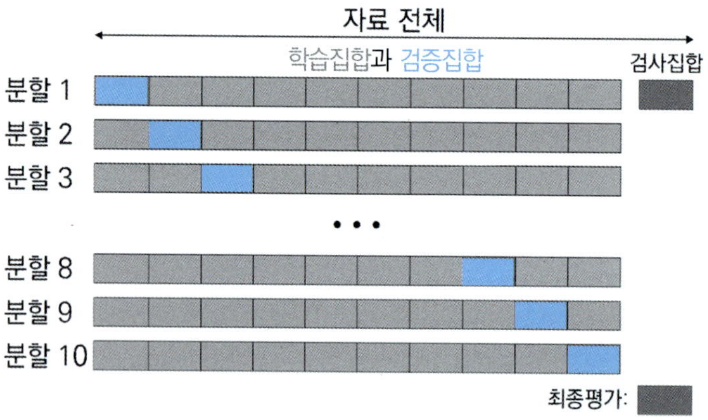

그림 [11]-12 전방확대교차검정을 위한 학습 폴드와 검사폴드

분석사례 [12] 시계열 예측을 위한 심층신경망 모형: DNN vs. RNN vs. SARIMA

이 분석에서는 시계열의 (장기)예측에 심층신경망(Deep Nural Network: DNN)을 적용하고, 그 예측 효과를 전통기법인 박스-젠킨스의 계절 ARIMA(SARIMA) 모형과 비교 평가한다. 이를 위해 먼저 한 국가의 과거 항공화물량 (월별)자료를 기초로 미래 화물수요에 대한 예측모형들을 이 방법들을 통해 개발한다. 또 심층신경망의 학습효과를 더 향상시킬 수 있는 추가적인 방법으로 순환신경망(Recurrent Neural Network: RNN)을 도입하고 그 예측효과를 심층신경망 그리고 SARIMA 모형과 비교한다. 그런 다음에는 이 신경망의 심층학습들이 시계열의 선형 및 비선형 추세, 비정상성과 주기성 그리고 강한 잡음에 어떻게 적용하는지를 관찰하고, 또 여기서 제안되는 예측방법들이 예측의 정확성과 강인성 면에서 도움을 줄 수 있음을 분석의 실험적 결과를 통해 밝힌다. 이 기법들의 질적 비교는 평균절대오차(MAE), 평균제곱오차(MSE), 평균제곱근오차(RMSE), 평균절대백분율오차(MAPE) 그리고 결정계수 R^2 등의 평가규준을 통하여 구현한다. 종합적으로, 심층신경망은 여러 응용분야에서 매우 효과적이고 높은 정확성을 확보할 수 있는 신경망임을 확인한다.

1. 서론

예측에 대한 신경망 모형의 관심이 근래 많이 높아지고 있다. 신경망 모형은 인간의 뇌를 구성하는 생물학적 신경세포를 모방한 수학적 모형의 하나로 컴퓨터가 인간과 같은 행위로 여러 가지를 학습하고 결정할 수 있게 한 것이다. 특히 심층신경망을 기반으로 하는 기계학습, 즉 심층학습(Deep Learning: 딥 러닝)은 머신 러닝의 새로운 영역으로 많은 분야에서 활용되고 있다. 심층신경망의 기본 아이디어는 더 복잡한 함수들을 모형화할 수 있게 더 많은 은닉층을 갖게 만든 신경망을 말한다. 결국 심층신경망은 3개 이상의 은닉층을 갖는 신경망으로 학습집합에서 아주 추상적인 특징까지도 잡아내는 능력을 갖는다.

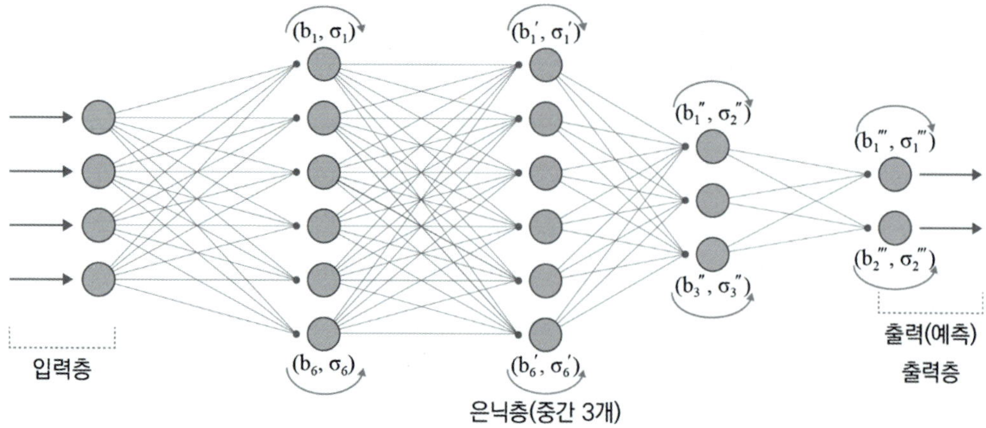

그림 [12]-1 심층신경망의 구조의 예

그림 [12]-1은 3개 은닉층을 갖는 심층신경망을 나타낸다. 그림에서 (b_i, σ_i), (b_1', σ_1'), …는 각 노드에서 적용되는 바이어스와 활성화 함수이다. 심층신경망은 심층이 아닌 다른 학습시스템에 비해 더 많이 널리 퍼져 있는 계층을 통해 깊고 복잡한 비선형 관계를 모형화할 수 있는 능력을 갖는다. 따라서 심층학습인 딥 러닝은 다층모형 형태의 입력으로 제공되는 여러 기계학습 알고리즘으로 구성되며, 결국 심층신경망은 서로 다른 수준의 비선형 연산으로 구성된 신경망이라 할 수 있다.

근래 시계열 예측에 대한 연구도 더욱 중요시되고 있다. 특히 계절시계열의 예측은 미래의 전략적 결정과 주기적이고 반복적인 활동을 계획하는 데 필수적인 영역이기 때문이다. 신경망 모형은 계절시계열의 예측을 포함한 여러 분야에서도 매우 효과적인 수단으로 알려져 있다. 여기서는 한 국가의 미래 항공화물량을 예측하는 데 과거의 화물량 시계열 자료를 기초로 한다.

이 분석에서는 다음 문제들을 다룬다. 먼저 심층신경망이 계절시계열의 예측에서 얼마나 신뢰성을 갖고 수행될 수 있는가를 논하고, 다음은 시계열 예측에서 전통적인 박스-젠킨스 방법이 얼마나 효율적인가를 확인한다. 마지막으로 심층신경망 모형의 예측 능력이 대표적이고 고전적인 시계열 예측 방법과 어떻게 다른가를 비교하고 여기서 더 효과적인 예측절차를 찾는다.

심층신경망을 포함하여 모든 신경망 모형은 자료로부터 학습하고 패턴을 식별하며 복잡한 관계를 높은 정확도를 가지고 예측한다. 이 모형은 기본적으로 인간의 뇌 메커니즘을 기초로 하는 순방향 네트워크를 바탕으로 하여 보통 세 계층으로 구성된다. 첫째는 관측값들로 구성된 입력층, 둘째는 입력층으로부터 수신된 정보를 처리하는 은닉층, 마지막은 실제 예측값을 내보내는 출력층이다. 물론 이 과정에서 각 계층의 입력은 이전 계층의 출력이다. 이를테면 그림 [12]-1과 같이 3개의 은닉층을 갖는 심층신경망의 경우, 입력값으로 선택된 과거의 관측값

$x_1, \cdots, x_p$ $(p = 4)$를 사용한다면, 출력값 x_t의 예측값 $\hat{x}_t$를 계산하기 위한 일반적인 방정식은 다음과 같다.

$$\hat{x}_t = \sigma_4 \left[b_4 + \sum_{l=1}^{3} w_{l1}^{(4)} \cdot \sigma_3 \left\{ b_3 + \sum_{k=1}^{6} w_{k1}^{(3)} \sigma_2 \left[b_2 + \sum_{j=1}^{6} w_{j1}^{(2)} \sigma_1 \left(b_1 + \sum_{i=1}^{4} w_{i1}^{(1)} x_i \right) \right] \right\} \right]$$

여기서 $w_{i1}^{(1)}$은 입력층과 첫째 은닉층 사이를 연결하는 가중치이고, $w_{j1}^{(2)}$은 첫째 은닉층과 둘째 은닉층 사이를 연결하는 가중치, $w_{k1}^{(3)}$은 둘째 은닉층과 셋째 은닉층 사이를 연결하는 가중치이며, 마지막 $w_{l1}^{(4)}$은 셋째 은닉층과 출력층 사이를 연결하는 가중치를 나타낸다. 또 $\sigma_1, \sigma_2, \sigma_3$는 각각 은닉층 사이나 은닉층과 출력층 사이에서 (공통으로) 사용되는 활성화 함수들이다. 마지막 σ_4는 출력층에서 예측값을 내보내는 과정에서 활성화함수를 하나 더 사용한 것으로 이것은 생략할 수도 있다. 여기서 입력층과 3개 은닉층의 노드 수를 각각 그림 [12]-1과 같이 6, 6, 3으로 하였고, 활성화 함수에는 보통 렐루(ReLU)나 시그모이드(sigmoid)를 사용한다.

2. 합성 곱 신경망과 순환신경망

신경망 모형은 자료로부터 학습하고 패턴을 식별하며 복잡한 관계를 높은 정확도를 가지고 예측하는 기능을 갖는다. 시계열 예측을 위해 새로 제안될 수 있는 가장 효과적인 방법의 하나가 뇌의 메커니즘을 기초한 순방향[20](feed forward) 네트워크이다. 특히 심층신경망은 은닉층을 더 많이 늘려 복잡한 기능을 효과적으로 모형화할 수 있도록 설계한 다중 퍼셉트론[21] (Multi layer Perceptron: MLP)신경망을 말한다. 심층신경망을 기초로 하는 기계학습 기술인 딥러닝은 머신 러닝과 함께 인공지능의 핵심 기술로 예측을 포함하여 음성인식, 시각인식, 텍스트 분석, 의료, 사이버 보안 등과 같은 다양한 응용 분야에 적용된다.

특히 심층신경망의 한 종류인 합성 곱 신경망(Convolutional Neural Network: CNN)은 영상학습에 대한 다중 퍼셉트론의 한계를 극복하는 신경망으로 영상처리 및 텍스트 분류에 효과적으로 적용된다. 이 모형은 다만 과거 정보를 저장할 메모리가 없는 것이 하나의 단점이며, 그것은

[20] 정방향으로 정보를 주어 자동제어하는 방법.

[21] 다수의 입력으로부터 한두 개 결과를 내보내는 형식.

신경망에서 보통 모든 입력값들은 기본적으로 서로 독립이라 가정하기 때문이다.

심층신경망의 또 다른 종류에 순환신경망(Recurrent Neural Network: RNN)을 들 수 있다. 순환신경망은 기계 번역, 언어나 오디오 인식을 포함하여 시계열의 예측에서 계열 자료를 단어의 열과 같이 다룰 수 있게 설계된 신경망이다. MLP가 같은 은닉 노드가 서로 연결되지 않아 시간적 관계를 기억하지 못하는 정적 신경망이라면, 순환신경망은 인접한 은닉 노드들이 시간 의존적 입력 정보가 숨겨진 단위를 통해 순차적으로 전송되어 시간적으로 떨어진 사건 간의 시간적 상관관계를 고려할 수 있는 동적 신경망이다. 더 구체적으로 말하여, 순환신경망은 은닉층 노드에서 활성화된 후에 출력층으로 넘어가는 값들의 일부를 다시 은닉층으로 피드백하는 기능을 통하여 텍스트나 음성과 같이 순서를 생각해야 하는 순차자료를 효과적으로 처리한다. 이런 의미에서 순환신경망은 당연히 시간적 순서가 유지되어야 하는 시계열 자료의 모형화에 효과적으로 적용될 수 있다. 이 문제들은 모두 시간적 종속성을 갖는 공통의 특징을 갖는다. 전통적인 순방향(즉, 순전파) 신경망(feed forward: NN)에서는 이러한 종속성이 고려될 수 없는 것이다. 결국 RNN 설계에서 입력자료는 과거의 자료인 동시에 현재의 자료가 되는 것이다.

그림 [12]-2는 내부 루프를 가지고 과거 정보를 안에서 지속적으로 재반영하는 정보순환기능을 갖는 순환신경망의 개략적 구성을 나타낸 것이다. 여기서 x_t는 시점 t에서의 RNN의 입력값을 나타내고, h_t는 시점 t에서의 은닉상태의 값, 그리고 o_t는 시점 t에서의 출력값을 나타낸다. 또 U, V, W는 이 RNN에서 공유하는 모수 행렬을 나타낸다. 현시점 t에서 은닉상태인 h_t는 현재의 입력값 x_t와 이전의 은닉 상태 h_{t-1}로부터 다음과 같이 계산된다.

$$h_t = \sigma\,(U\,x_t + W\,h_{t-1} + b)$$

여기서 σ는 RNN의 활성화 함수이고 b는 바이어스이다.

또 현시점의 은닉상태를 알고 있을 때, 현시점에서 RNN의 예측값 o_t의 계산식은 다음과 같다.

$$o_t = \sigma(V\,h_t + c)$$

여기서도 c는 바이어스이고 σ는 RNN의 활성화 함수이다.

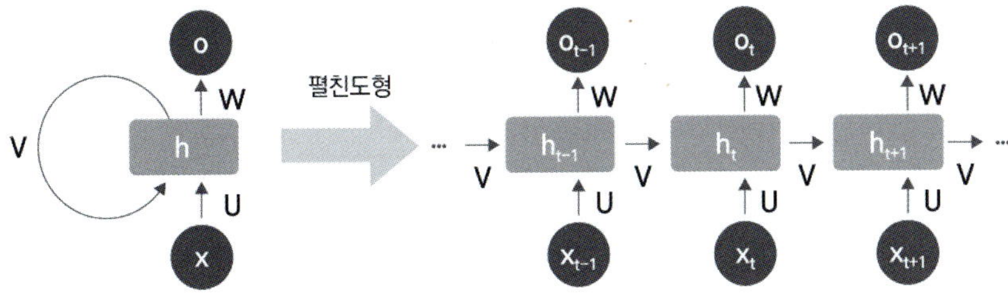

그림 [12]-2 순환신경망(RNN)의 개략도

추가적으로, 장단기 메모리(Long Short Term Memory: LSTM)신경망은 또 다른 심층신경망으로 RNN이 출력과 먼 위치에 있는 정보를 기억할 수 없다는 단점을 보완하여 장단기 기억을 가능하게 하는 신경망 구조를 말한다. LSTM은 주로 시계열 분석이나 자연어 처리에 유용하다.

3. 시계열 분석: Box-Jenkins 모형과 분석

시계열은 시간에 따라 순차적으로 관측된 자료를 말한다. 시계열 분석은 시계열 자료가 갖는 회귀추세는 물론이고 인접된 값들 사이에 존재하는 종속구조를 파악하고 이것을 기초로 예측모형을 정하고 이것에서 미래 값들을 결정하는 방법이다. 사실, 시계열 분석은 더 크게 시간영역분석과 주파수분석으로 구분된다. 시간영역분석은 인접된 값 사이에 존재하는 종속성, 다시 말하여 현재의 값이 이전의 값으로 회귀하는 관련성에 기초한다. 이 방법은 이러한 가정을 바탕으로 시계열을 회귀추세와 (백색)잡음 등 통계적 인자들로 분해한다. 시간영역분석과 관련한 모형에는 AR, MA, ARMA, ARIMA, SARIMA 등이 있다. 이것들은 모두 백색잡음의 길거나 짧은 일차결합, 즉 선형필터로 표시될 수 있고, 이 모형들을 박스-젠킨스 모형(Box-Jenkins models)이라 한다. 가장 일반적인 모형인 SARIMA, 더 구체적으로 SARIMA$(p,d,q)(P,D,Q)_s$의 일반적인 표현은 다음과 같다.

$$\Phi_P(B^s)\,\phi_p(B)\,(1-B)^d\,(1-B^s)^D\,Z_t = \Theta_Q(B^s)\,\Theta_q(B)\,\epsilon_t$$

여기서 $\Phi_P(B^s)$는 계절자기회귀(AR) 계수, $\phi_p(B)$는 비계절자기회귀(AR) 계수, $(1-B)^d$는 비계절 차분 d의 수, $(1-B^s)^D$는 계절차분 D의 수, Z_t는 정규성이 없는 계절시계열의 관측값, $\Theta_Q(B^s)$과 $\Theta_q(B)$는 각각 계절과 비계절 MA 계수, 그리고 ϵ_t는 백색잡음의 오차항을 나타낸다. 물론 계절시계열의 차수가 0이면 이것은 ARIMA가 된다. 이에 비하여 시계열의 주파수분석은 안정된 평균과 분산을 갖는 정규시계열 자료를 강한 주기적 함수들로 전환하고, 여기서 개별 주기함수에 대한 시계열 주기성을 관찰한다. 대표적으로 스펙트럼 분석, 즉 주파수 분석은 이 영역에 속한다.

4. 분석자료: 심층신경망과 시계열 분석

이 분석에서는 그림 [12]-3(SAS-[12]-1)에 주어진 한 나라의 항공화물량에 대한 월별 자료를 기초로 미래 화물량의 예측 모형으로 박스-젠킨스 모형과 심층신경망 모형을 적용하고 두 모형의 예측성과를 비교하기로 한다. 모형의 설계를 위해서는 입력 자료가 먼저 정해져야 하며, 심층신경망에서는 박스-젠킨스 모형과는 달리 추가적인 입력 정보도 이용할 수 있다. 이 분석의 추가 정보에는 화물량에 영향을 줄 수 있는 주변 국가의 경제 규모를 포함하여 국적에 구분없이 운송되는 화물량의 연이나 월별 변화 또는 계절이나 분기별 변화에 대한 정보가 포함될 수 있다. 통상적인 시계열 자료와는 달리 월 화물량 계열에 일부 범주형 자료를 추가하는 것은 신경망 모형에서 예측의 정확도를 높일 수 있기 때문이다. 그러나 이 경우 불필요한 정보가 과도하게 제공되면 편향된 결과를 가져올 수도 있다. 신경망 학습에 영향을 주는 변수를 가리는 데는 다중회귀분석 등 통계적 방법이 도움이 될 수 있다. 물론 추가 정보는 ARIMA나 SARIMA 모형의 개발에는 도움이 되지 않는다. 이런 의미에서 한 국가의 미래 항공화물량에 대한 예측 문제는 난해한 일이 될 수 있다.

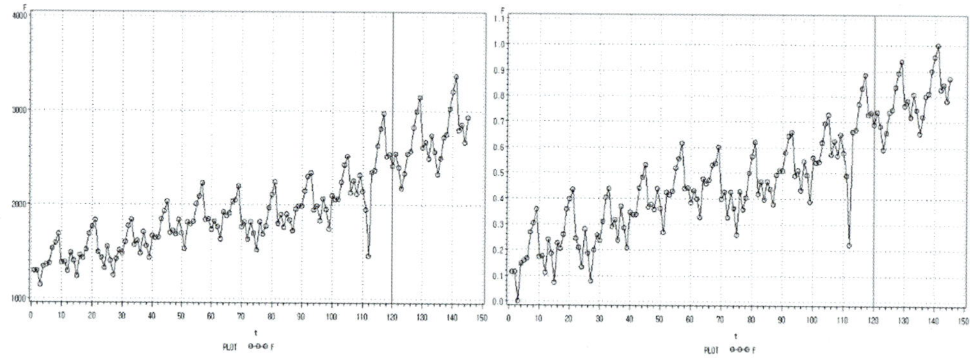

그림 [12]-3 항공수송화물의 시계열(왼쪽)과 그 로그 변환 시계열(오른쪽)

이 분석의 심층신경망에 제공되는 입력자료는 각 연도의 월 항공화물량과 이와 관련한 분기 및 계절적 범주형 정보를 포함하여 연속 12년간(1969년~1980년) 조사된 자료이다. 여기서 이용되는 자료의 총 개수는 네 변수를 합하여 총 560개이고, 이 분석에서는 이 자료를 기초로 미래 월 항공화물량을 예측하는 것이다. 모형 개발의 목적이 국가의 월 항공화물량의 예측에 있으므로 월 화물량이 예측의 종속변수이고, 반면에 추가적으로 제공되는 입력 자료는 월별 화물량을 포함하여 분기, 계절 등의 범주형 자료이다.

신경망 모형을 위한 또 다른 준비는 수치 자료의 '0-1' 정규화나 표준화이다. 서로 다른 입력 자료는 서로 다른 크기와 단위를 갖기 때문에, 수치 자료의 정규화는 자료 집합의 분산에는 영향을 주지 않고 자료 전체를 같은 규모로 변환하는 것으로, 모든 자료 값 x를 $\frac{x-x_{min}}{x_{max}-x_{min}}$을 통해 자료의 중심과 범위를 재조정하여 자료를 모두 [0, 1] 사이의 값만을 갖도록 변환한다. 이것은 학습오차를 더 줄이는 등 신경망 학습에 도움이 되며, 특히 비교적 큰 학습률에서도 빠르게 수렴하여 경사하강의 안정화에 도움을 줄 수 있다. 자료의 표준화도 자료 값 x를 $\frac{x-\bar{x}}{s_x}$(단, $\bar{x}$와 s_x는 각각 자료의 평균과 표준편차)로 변환하여 자료의 모든 값들을 모두 −1과 1 사이의 값들로 변환한다. 이 변환은 이상값에 덜 민감하여 최적화 알고리즘에 도움이 된다.

이 분석에서 적용되는 심층신경망은 그림 [12]-4와 같이 은닉층이 3개인 퍼셉트론 구조에 각 은닉층은 2개씩 노드를 가지며, 맨 앞 입력층은 4가지 입력값을 위한 노드들이 3개 은닉층의 두 노드에 순차적으로 연결된다. 4가지 입력값은 월별 항공화물량을 포함하여 이에 대응되는 월, 분기, 계절 등에 관한 정보이다. 더욱이 계절과 같은 범주형 자료에는 수치적 변환을 적용한다.

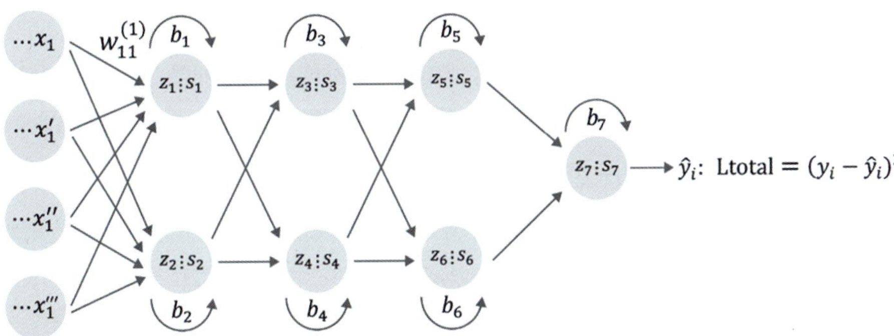

그림 [12]-4 '구조4 × 2 × 2 × 2 × 1 심층신경망'의 다중 퍼셉트론 구조

5. 심층신경망 분석

심층신경망을 포함하여 신경망의 성공적인 실행은 기본적으로 큰 학습집합을 가진 신경망의 효과적인 학습에 의존한다. 신경망은 학습 과정에서 학습 알고리즘을 통하여 계층 사이를 연결시킨 가중치를 재조정하는 방법으로 학습을 해 나간다. 이때 신경망의 가중치의 조정은 학습에서 얻어진 반응 값을 목표값과 비교하며 오차제곱합의 최소화를 달성해 간다. 백프로퍼게이션(즉, 역전파)은 그 효과가 가장 잘 알려져 있는 알고리즘이고 여러 신경망 학습 알고리즘으로 광범위하게 사용되고 있다.

먼저 모수의 최적화를 생각한다. 모수의 최적화는 일반적으로 자료집합을 학습집합과 검사집합의 구분에서 시작된다. 신경망의 편향된 학습을 피하기 위하여 먼저 자료를 랜덤화한 다음 신경망의 심층학습을 위하여 자료의 일부를 학습집합으로, 나머지는 검사집합으로 정한다. 또 학습집합을 분할하여 검증집합을 만든다. 검증집합은 학습과정 내에서 신경망을 검증하는 데 사용된다. 만약 자료집합을 학습집합과 검사집합 둘만으로 구성하면 학습효과를 높이기 위해 학습 중간에 수정하는 모수, 즉 초모수를 결정할 때 검사집합이 다시 사용되어 모수가 검사집합에만 과적합되는 부작용을 낳을 수 있다. 이 문제를 해결하기 위해서 자료집합을 학습집합과 검사집합 이외에 검증집합이라는 집합을 학습집합에서 하나 더 분리하여 초모수 결정에만 이용한다. 이 방법을 교차검증이라 한다. 통상적으로 학습집합의 20% 정도를 검증집합으로 하고 나머지 80%는 검사집합으로 한다. 그러나 본 분석의 목적이 신경망 모형, 특히 심층신경망 모형과 시계열 모형의 비교에 있으므로, 시계열 분석에서는 필요하지 않은 검증집합을 만드는 과정은 생략하고, 총 144개의 월별 자료를 120개와 24개의 월별 자료로 나누어 학습집합과 검사집합만으로 구분한다. 또 같은 비율의 두 자료를 ARIMA나 SARIMA 모형에 적용하고 결과를 서로 비교한다.

이 과정에서 첫째로 중요한 일은 신경망을 구축하는 일이고, 다음은 손실함수를 통하여 더 효율적인 결과로 만들어 가는 것이다. 따라서 손실함수뿐만 아니라 초기 신경망을 정해야 하는 것이다. 손실함수로는 후반부의 ARIMA나 SARIMA 모형의 평가에도 적용할 수 있는 동일한 평가 통계량인 MAE, MSE, RMSE, MAPE 그리고 R^2을 사용하기로 한다. 여기서 R^2은 자료집합에 직선(또는 평면)을 적합하였을 때 그 설명력을 나타내는 측도로, 이것이 작은 값으로 나타날 때는 선형모형보다 비선형인 인공신경망이 높은 성능을 제공할 수 있음을 뜻한다. 이때 노드로부터 전체 가중치 입력을 변환하기 위해 최적화 알고리즘과 함께 활성화 함수로 렐루를 사용한다.

신경망 설계에서 미리 정해야 하는 다른 모수로는 학습에서 요구되는 에폭 수이다. 에폭 수는 학습 실행에서 전체 자료가 신경망을 한 번 통과하는 횟수를 뜻하는 것으로, 이것은 학습의 정확도가 증가하는 경우에도 유효 정확도가 감소하기 시작할 때까지 보통 그 수를 늘려가게 된다. 처음에는 에폭 수를 최대 수백이나 그 이상으로 생각하지만 평가 후에 더 적은 수의 에폭이 자료를 과소적합으로 만드는지를 검토한다. 과소적합은 에폭이 자료의 모든 정보를 흡수하지 않았다는 것을 뜻하며, 반대로 과대적합은 신경망의 학습에 필요보다 더 많은 에폭을 적용한 경우에 발생한다. 이 문제를 해결하기 위해서는, 학습을 끝낼 유효성검사 손실함수를 사용한다. 과도학습에 대한 유효성 검사도 수행할 수 있다.

설정된 신경망은 다중 퍼셉트론의 서로 다른 구성에 따라 학습량이 달라지고, 학습효과도 신경망의 계층 수와 각 계층의 노드 수에 따라 달라질 수 있다. 물론 은닉층과 그 노드 수의 증가는 백프로퍼게이션의 계산량을 크게 증가시킨다. 표 [12]-1은 신경망 구성에 따라 달라지는 평가 통계량을 계산한 것이다. 이 통계량들은 학습효과를 높이기 위해 자료를 로그 변환하고 다시 '0-1' 정규화한 변환자료를 다시 원래 자료로 환원하여 계산한 것이다.

이 분석에서는, 그림 [12]-4에 주어진 다층 퍼셉트론 신경망에서 출력 노드 수를 1개로 하고 입력 노드 수를 2개와 4개 두 가지로 한 후, 중간 은닉층 수를 하나에서 셋까지 하나씩 늘려 만든 심층신경망 구조들의 학습효과를 관찰한다. 구체적으로 말하여, 은닉층 수가 학습효과에 미치는 영향을 계산하기 위하여, 구조 '2×2×2×2×1' 신경망을 구조 '2×2×2×1' 신경망과 구조 '2×2×1' 신경망으로 축소시키고, 또 구조 '4×2×2×2×1' 신경망을 구조 '4×2×2×1' 신경망과 구조 '4×2×1' 신경망으로 은닉층 수와 은닉 노드 수를 변화시켜 만든 6가지 서로 다른 심층신경망 구조에 대한 학습효과를 비교하여 표 [12]-1[22]로 작성한 것이다. 에폭 수 5 정도에서 얻어진 이 결과는 입력층과 출력층의 노드 수를 고정하고 은닉층 수를 1에서 3까지 하나씩 증가시켜 얻은 평가 통계량의 결과이다. 이 실험에 의하면, 먼저 적정한 수의 은닉층 결정이 중요하다. 은닉층 수의 부족은 학습효과에 부정적인 영향을 줄 수 있고 과다한 은닉층도 학습효과를 감소시킨다. 다음은 추가변수에 의한 유용한 입력정보의 증가는 학습효과를 증가시킬 수 있다. 이 실험에서 입력변수가 4개인 경우가 2개인 경우보다 학습효과가 다소 증가한 것은 추가변수의 역할로 볼 수 있다. 추가변수 중에서 어떤 변수가 더 도움이 되었는지는 분산분석을 통해 설명될 수 있다. 마지막으로, 학습률의 크기는 신경망의 구조에 의존한다.

여기서 MAE 값을 가장 작게 하는 신경망 구조에 특히 주목한다. MAE는 예측값이 실제 값과 같지 않은 값들만의 절대평균으로 신경망이 정확히 예측하지 못한 월 항공화물량들에 대한

[22] 이 표는 SAS-[12]-22221, SAS-[12]-2221, SAS-[12]-221, SAS-[12]-42221, SAS-[12]-4221, SAS-[12]-421에서 얻는다.

실제 정보를 줄 수 있기 때문이다. 신경망은 계층 수와 노드 수를 통하여 학습효과를 변화시킬 수 있고 결국 최선의 예측을 달성할 수 있다. 물론 계층이나 노드 수의 증가는 오히려 오차를 증가시킬 수도 있다.

표 [12]-1 신경망 구조에 따른 평가 통계량의 변화

structures	N	MSE	MAE	MAPE	RMSE	epoch	η	R^2
2×2×2×2×1	144	3545.96	22.4701	0.9104	59.547	4	11.503	
2×2×2×1	144	2249.32	14.6843	0.6067	47.426	4	5.503	0.8697
2×2×1	144	6225.44	27.7637	1.0432	78.901	4	6.010	
structures	N	MSE	MAE	MAPE	RMSE	epoch	η	R^2
4×2×2×2×1	144	3545.96	22.4701	0.9104	59.547	4	11.503	
4×2×2×1	144	3510.37	22.3497	0.9053	59.248	4	5.503	0.8697
4×2×1	144	5116.04	38.1236	1.5368	71.526	2	6.303	

표 [12]-2 심층신경망의 학습 및 검사집합의 평가 통계량

Data set \ Accuracy	N	MSE	MAE	MAPE	RMSE	R^2
TRAIN SET	120	465.2467	14.4168	0.7803	21.5695	
TEST SET	25	16608.42	80.9424	2.7414	128.8736	0.8697
TOTAL	145	3210.83	25.5129	1.1061	56.6641	

한편 학습률, 즉 학습속도는 신경망이 모수를 갱신해가는 속도를 말한다. 이것이 낮으면 학습속도는 느리지만 수렴의 성공률은 높아진다. 반대로 학습률이 높으면 학습속도는 빠르지만 수렴에 실패할 수도 있다. 학습률은 기본적으로 신경망의 구조에 의존한다. 그것은 신경망 구조에 따라 목표함수가 달라지기 때문이다. 위에서도 에폭 수를 증가시킬 때 학습률 η의 크기는 반대로 약간씩 감소시켜 극솟점을 쉽게 찾을 수 있게 하였다. 표 [12]-1은 심층신경망에서 구조에 따른 평가 통계량의 변화를 보여주고 있다. 이 실험에서는 학습효과가 은닉층 수에 어느 정도 비례하는 경향이 관찰된다. 물론 어느 시점에서는 은닉층 수의 증가가 오히려 학습효과를 감소시킬 수 있고, 이때가 적정한 은닉층 수를 정하는 시점이라 할 수 있다. 이 논리는 은닉층의 노드 수를 결정할 때도 적용될 수 있다.

여기서 잠시 미래 월별 항공화물량을 예측하는 데 입력변수인 과거 화물량 정보에 추가로 사용된 월, 분기 그리고 계절 정보가 예측에 도움이 되는지를 생각해 본다. 일반적으로 다중 회귀분석은 여러 설명변수에 대한 종속변수인 미래 화물량이 근사적으로 선형의 종속관계에서 적용된다. 표 [12]-3(SAS-[12]-2)의 분산분석표와 모수 추정에 의하면 4개의 추가변수의 정보는 유의확률(P-값) 0.0001보다 작아 매우 유의적이다. 다시 말하면, 추가변수의 도입은 의미가 있다고 할 수 있다. 단일변수로는 계절 변수(S)가 특히 유의적이고, 분기와 계절은 다소 유의적이다. 이것은 계절 변수가 다른 변수에 비해 추가적 정보를 더 준다는 뜻이다. 이에 비하여 화물량의 월별 정보는 유의확률 0.086으로 더 이상은 추가 정보를 주지 못하고 있다.

표 [12]-3 분산분석표(위)와 다중 회귀모형의 추정과 검정(아래)

Analysis of Variance					
Source	DF	Sum of Squares	Mean Square	F Value	Pr > F
Model	4	28345987	7086497	233.54	<.0001
Error	140	4248184	30344		
Corrected Total	144	32594171			
Root MSE	174.19579		R-Square	0.8697	
Dependent Mean	1984.95193		Adj R-Sq	0.8659	
Coeff Var	8.77582				

Parameter Estimates					
Variable	DF	Parameter Estimate	Standard Error	t Value	Pr > |t|
Intercept	1	304.33724	77.66657	3.92	0.0001
F	1	0.92353	0.03181	29.03	<.0001
M	1	30.55642	17.70024	1.73	0.0865
Q	1	-109.85356	55.00113	-2.00	0.0477
S	1	-27.55309	13.35055	-2.06	0.0409

마지막으로 주어진 시계열 자료에 순환신경망을 적용하고 그 학습효과를 평가해 본다. 순환신경망은 심층신경망의 은닉층 노드에서 활성화되어 출력층으로 넘어가는 값의 일부를

다시 은닉층으로 되돌려서 다음 단계의 입력값으로 이용한다. 이 방법은 시계열 자료와 같이 순서를 생각해야 하는 순차자료에 효과적일 수 있다. 표 [12]-4[23]는 주어진 시계열 자료에 몇 가지 심층신경망과 그것에 대응하는 순환신경망을 유한번 반복하여 얻어진 결과이다. 여기서 두 가지 신경망의 평가 결과에 큰 차이가 나타나지는 않지만 에폭 수가 확대되면 순환신경망의 효과가 두드러질 것으로 기대된다. 그림 [12]-5는 각각 구조 '2×2×1' 신경망을 구조 '4×2×2×1' 신경망과 실제 자료에 대한 심층신경망과 순환신경망의 적합과 그 잔차를 나타낸 것이다.

표 [12]-4 심층신경망과 순환신경망의 학습효과 비교

신경망 구조 \ 평가 통계량	N	MSE	MAE	MAPE	RMSE	η	R^2
심층 2×2×1	144	5183.84	22,8120	0.8326	67.2664	6.01	0.8697
순환 2×2×1	144	3760.33	22,9492	0.9289	61.3215	6.01	0.8697
심층 2×2×2×1	144	2249.52	14.6843	0.6067	47.4291	3.503	0.8697
순환 2×2×2×1	144	2268.11	14.6886	0.6062	47.6246	3,503	0.8697
심층 4×2×2×2×1	144	3545.96	22.4701	0.9104	59.5479	11.503	0.8697
순환 4×2×2×2×1	144	3547.38	21.9937	0.8830	59.3802	11.503	0.8697

[23] 이 결과는 SAS-[12]-221, SAS-[12]-R221, SAS-[12]-2221, SAS-[12]-R2221, SAS-[12]-22221, SAS-[12]-R22221에서 얻는다.

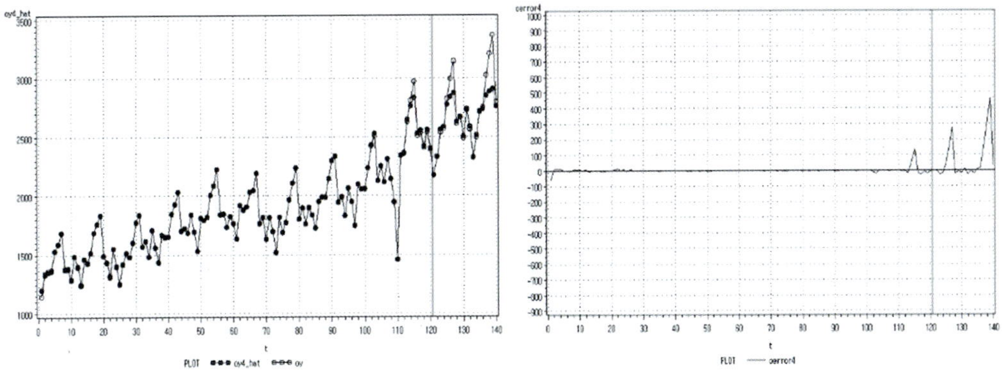

(a)

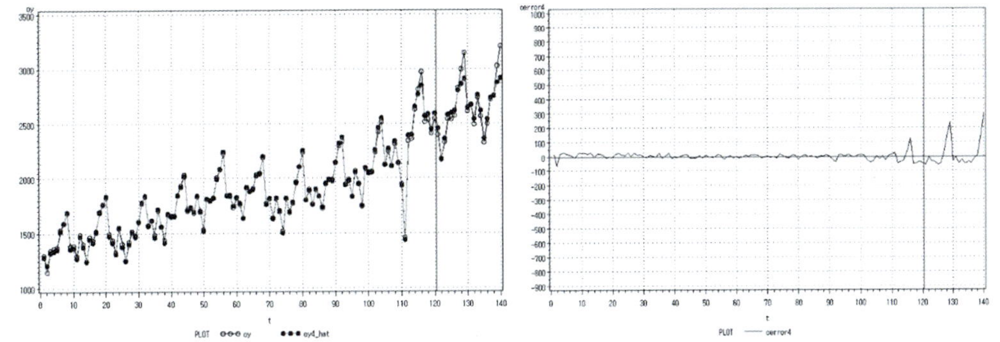

(b)

그림 [12]-5 자료에 대한 심층신경망(a)과 순환신경망(b)의 적합과 잔차의 예

6. 시계열 분석: Box-Jenkins 방법

여기서는 앞에서 인공신경망을 이용하여 분석한 항공화물량 시계열 자료를 박스-젠킨스 방법을 통하여 분석하고 두 결과를 비교하여 평가하기로 한다.

6.1 예비분석

시계열 자료에 대한 모형의 적합은 주어진 계열의 시도표 관찰에서 시작된다. 그림 [12]-3 왼쪽에서와 같이, 이 항공화물량의 월별 계열에는 먼저 시간에 따라 어느 정도 증가하는 직선 추세가 관찰되고, 분산은 이 직선추세를 따라가며 다소 안정되어 있다. 하지만 여기에는 강한 주기적 변동이 존재한다. 또 매년 최고와 최저의 정점이 주기적으로 하나씩 나타나고 계절변동은 계열의 수준에 비례하여 크기가 약간씩 증가하고 있다. 자료의 후반부 특정 위치에서는 특히 더 크고 작은 값이 나타나는 특이한 변동성도 보인다.

이 항공화물량 월별 계열에 나타나는 비정상성과 여러 변동성을 완화하기 위해서는 적절한 변환과 차분이 요구된다. 먼저 자료에 적용한 로그 변환은 이 그림의 오른쪽 후반부에 나타난 크고 작은 두 값을 제외하고 나머지 문제들을 완화하는 데 도움을 준다. 통상적으로 로그 변환은 분산이 평균에 비례할 때에 더 효과적이다.

6.2 모형 적합

주어진 계열의 분산이 일정하지 않을 때에는 로그 변환이 도움이 되지만 이 변환을 적용할 때는 분산이 어느 정도 평균에 비례하여야 한다. 그림 [12]-3 왼쪽에서 보면 평균이 큰 후반부 영역에서 변동성이 더 크게 나타나고 있음을 볼 수 있다.

시계열 자료에서 분산이 안정되었는지를 확인하는 통계적 방법은 여러 가지 주어진다. 그러나 시각적 관찰 방법이 더 효과적일 때가 많다. 그림 [12]-3 오른쪽은 주어진 자료를 (자연) 로그 변환한 것으로 분산을 안정시키는 데 효과적인 것으로 판단된다.

그림 [12]-6(SAS-[12]-5)은 원시계열을 로그 변환한 계열(그림 [12]-3 오른쪽)의 표본자기상관함수와 표본편자기상관함수를 나타낸 것이다. 표본자기상관함수의 처음 여섯 시차에서 나타나는 느린 감소는 (로그) 변환된 자료의 평균이 비정상임을 의미한다. 이것은 다시 비계절성 1차 차분을 요구한다. 그러나 이 결정에서 좀 더 신중한 고려가 필요하다. 그것은 경우에 따라서는, 강한 계절성은 추정된 표본자기상관함수의 비계절성 패턴을 (실제로 정상인 비계절성 계열을) 비정상적으로 보이게 할 수 있기 때문이다. 계절 시차에서 나타나는 큰 자기상관은 다른 자기상관과 심하게 종속될 수 있어 그것들을 끌어 올리거나 아니면 아래로 급히 떨어지는 것을 저지할 수 있기 때문이다. 이 경우 표본자기상관함수의 느린 감소는 그림 [12]-3에서 얻는 자료의 시각적 특징에서 얻은 잠정적 결론을 다시 확인시켜 준다. 거기서 시계열의 수준이 시간이 경과함에 따라 상승하고 있음을 알게 된다. 만약 자료의 평균이 비정상이면 표본편자기상관함수는 추가적으로 유용한 정보를 주지 못한다.

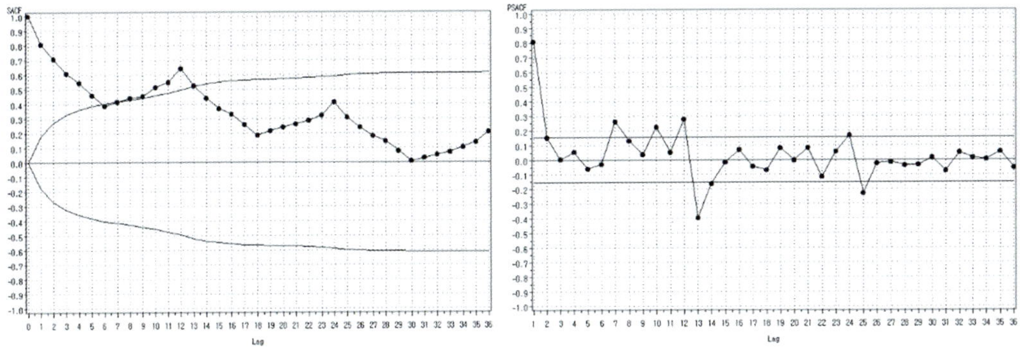

그림 [12]-6 로그 변환계열의 표본자기상관함수(왼쪽)와 표본편자기상관함수(오른쪽)

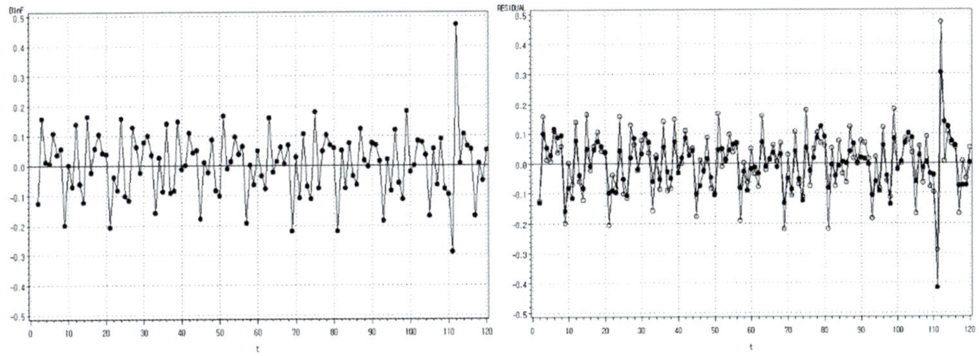

그림 [12]-7 로그 변환 후 1차 차분 계열(왼쪽)과 적합 모형 $\mathrm{ARMA}(0,1)(0,1)_{12}$의 계열(오른쪽)

그림 [12]-6의 왼쪽에 주어진 로그 변환 계열의 표본자기상관함수는 시차 12와 24에서 큰 돌출을 보이고 있다. 월별 자료에서 이것들은 계절 시차를 나타낸다. 자료의 시간상 빈도가 주기의 길이를 결정한다. 월별자료는 길이 12개월의 계절성을 가지며 분기별 자료는 길이 4분기 등의 계절성을 갖는다.

원래 계열의 평균이 정상으로 보이는 경우에도 계절패턴을 알아보는 데는 1차 차분계열의 표본자기상관함수와 표본편자기상관함수 값들을 검토하는 것이 도움이 된다. 1차 차분계열의 이 함숫값들이 계절 원소의 상태를 더 확실히 보여줄 수도 있기 때문이다. 이 경우 1차 차분의 이 함수들을 고려하는 데는 실제로 두 가지 이유가 있다. 하나는 1차 차분이 정상 평균을 유도하는 데 필요한 것이고, 다른 하나는 더 확실한 계절 패턴을 확인할 수 있기 때문이다.

로그 변환 후 1차 차분계열의 시도표는 그림 [12]-7 왼쪽(SAS-[12]-6)에 주어졌다. 이 계열에는 더 이상의 상승추세가 존재하지 않고, 뒷부분 한두 점을 제외하고 비계절 부분이 대체로 정상으로 보이고 있다. 이 로그 자료의 1차 차분의 표본자기상관함수와 표본편자기상관함수는 그림 [12]-8(SAS-[12]-7)에 주어졌다. 추정된 표본자기상관함수는 이 계열의 비계절성 부분이 정상임을 확인시켜 주며, 그것은 이 표본자기상관함수가 0으로 빠르게 감소하기 때문이다. 시차 2에서 5까지의 표본자기상관함수가 0과 유의적인 차를 갖지 않고 있다. 그러나 이 자료의 계절 부분은 비정상이 될 수도 있어 계절차분이 요구된다.

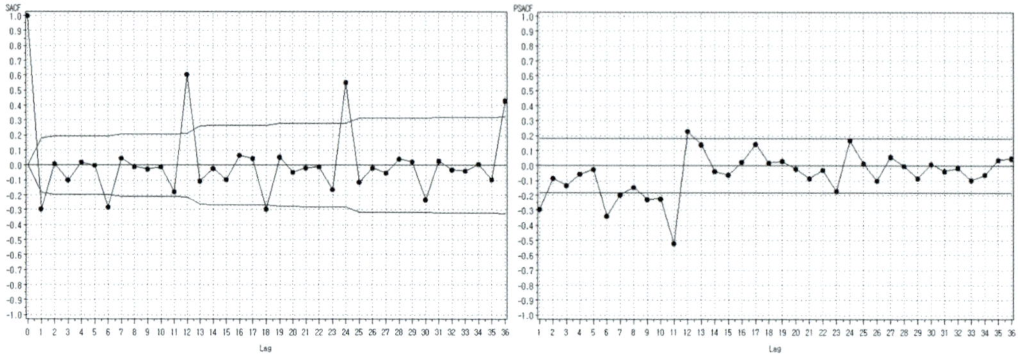

그림 [12]-8 로그 변환 후 1차 차분계열의 표본 자기상관함수(왼쪽)와 편자기상관함수(오른쪽)

표본자기상관함수의 시차 12, 24, 36 등 12의 배수에서 자기상관의 느린 감소는 계절차분이 필요하다는 것을 뜻한다. 만일 이것들이 지수적으로 감소했다면 시차 24에서 그 값이 0.60이 아니고 $(0.65)^2 = 0.42$가 되어야 한다. 로그 변환의 1차 차분의 시각적 관찰은 3월, 12월의 관측값이, 예컨대 9월 관측값보다 규칙적으로 위에 오는 사실을 알려 준다.

그림 [12]-8에서, 표본자기상관함수가 시차 12, 24, 36 등 12의 배수에서 돌출된 값들은 계절성 MA(2)(즉, SMA(2)) 구조를 의미한다. 순수 MA 모형은 항상 정상이기 때문에, 이 계절 패턴은 자동적으로 정상이 되며 따라서 더 이상 계절 차분을 요구하지는 않는다. 이상적으로는 충분히 더 많은 관측값이 허용되어 표본자기상관함수가 감소하여 AR 모형이 결정되든지, 아니면 표본자기상관함수가 더 많은 시차 12의 배수에서 절사되어 MA 모형을 암시하든지 하는 것이다. 그러나 140개의 관측값만으로 $\frac{140}{4} = 35$ 개의 추정된 자기상관을 효과적으로 사용할 수도 있다. 이 경우 그림 [12]-7의 관찰에서 실현 값들의 평균이 달에 따라 주기적으로 변하는 것을 볼 수 있다. 추가적으로 그림 [12]-8 오른쪽은 1차 차분의 계절 원소는 표본편자기상관함수가 시차 24에서 2.0보다 작은 t-값을 갖는다는 것을 약하나마 확인시켜 준다. 이런 것들을 고려하면 수행된 계절차분이 적당한 것으로 보인다.

그림 [12]-8 왼쪽의 반계절 시차 중 6, 18, 30에서 보이는 어느 정도 돌출은 잠시 무시하는 것이 좋다. 추정된 표본자기상관함수에서 강한 계절성은 반계절 시차에서도 반영될 수도 있으며, 이 반영 현상은 계절 원소가 계절차분이나 적절한 계절 AR이나 MA 항으로 모형화된 후의 잔차 표본자기상관함수에서는 흔히 없어지지 않는다.

그림 [12]-9는 12개월 계절성 1차분과 비계절성 1차 차분 후에 추정된 표본자기상관함수와 표본편자기상관함수를 나타낸다. 이것들을 기초로 적절한 모형을 찾기는 어렵지 않다. 시차 6과 18에서의 자기상관은 유의적이진 않다. 시차 1에서의 돌출은 비계절 MA항을 제안하고, 시차 12에서의 돌출은 계절 MA(즉, SMA)계수를 요구한다. 비록 시차 12에서 자기상관이 다만 1.54의 t-통계량의 절댓값을 가지며, 이것은 계절 시차에 대한 실제 경고수준을 약간 초과하는 수준이다.

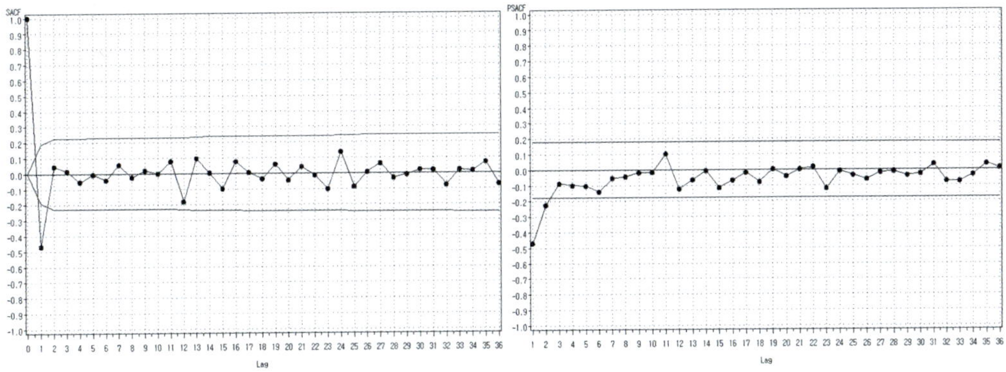

그림 [12]-9 1차계절 1차 비계절차분계열의 표본자기상관함수(왼쪽)와 편자기상관함수(오른쪽)

시계열의 곱의 모형은 계절변동과 비계절변동을 모두 갖는 자료에 대한 출발점이다. 이 경우 로그 변환 후 차분된 정상계열 $\{w_t\}$는 ARMA(0,1)(0,1)$_{12}$로 한다. 다시 말하여

$$w_t = (1 - \Theta_{12} B^{12})(1 - \theta_1 B)\,\epsilon_t$$

이고, w_t에 대한 이 모형은 원래 계열 z_t에 대해서는 다음 모형으로 나타낸다.

$$w_t = (1 - B)(1 - B^{12}) \ln z_t$$

다시 위 두 식에서 z_t에 대한 모형 ARIMA(0,1,1)(0,1,1)$_{12}$를 얻고, 여기서 $z_t' = \ln z_t$라 하면 다음 곱의 모형을 얻는다.

$$(1-B)(1-B^{12})\hat{z}'_t = (1-\Theta_{12}B^{12})(1-\theta_1 B)\,\epsilon_t$$

이 최종모형을 다시 성분식으로 나타내면 다음과 같다.

$$\hat{z}'_t = z'_{t-1} + z'_{t-12} - z'_{t-13} + \epsilon_t - \theta_1\,\epsilon_{t-1} - \Theta_{12}\,\epsilon_{t-12} + \theta_1 \cdot \Theta_{12}\,\epsilon_{t-13}$$

다음은 이 최종 모형의 두 모수 θ_1과 Θ_{12}에 대한 추정이 요구된다. 통계패키지에 의하면 이 두 모수의 추정값(SAS-[12]-8)은 다음과 같다.

$$\hat{\theta}_1 = 0.4867\ (0.0794), \qquad \hat{\Theta}_{12} = -0.6832(0.1278)$$

여기서 괄호 안의 숫자는 추정의 표준오차를 나타낸다. 이 추정값은 각각 2.0보다 큰 t-통계량의 절댓값을 가지며, 가역조건: $|\hat{\theta}_1| < 1$, $|\hat{\Theta}_{12}| < 1$도 만족하고 있다. 곱의 모형에서는 이 가역조건을 계절계수와 비계절계수에서 분리하여 적용하게 된다.

마지막 단계로 진단이 요구된다. 계절모형의 진단도 비계절모형의 진단 절차와 크게 다르지 않지만, 다만 잔차의 자기상관성을 비계절 시차에서는 물론이고 계절 시차에서도 검토해야 한다.

그림 [12]-10 왼쪽(SAS-[12]-9)은 위에서 얻은 예측 식을 통해 얻은 예측값과 실제 값의 계열을 동시에 표시한 것이다. 또 같은 그림의 오른쪽은 예측값과 실제 값에서 계산된 잔차를 나타낸 것이다. 특히 잔차의 마지막 부분에 보이는 크고 작은 몇 개 이탈 값들은 이 예측의 어려운 단면을 보이고 있다.

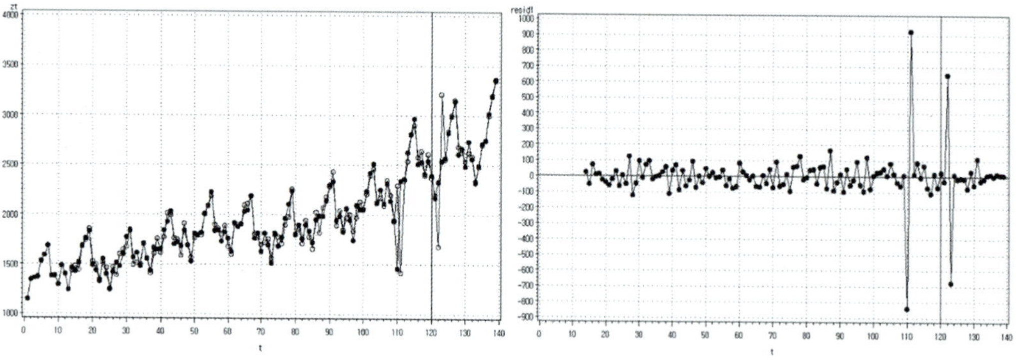

그림 [12]-10 실제 자료에 대한 최종모형의 적합(왼쪽)과 잔차 계열(오른쪽)

표 [12]-5(아래)(SAS-[12]-8)는 최종모형의 적합성에 대한 잔차의 자기상관성을 검정하는 것이다. 이 표에 의하면, 예컨대 가설 '$H_0 : \rho(1) = \cdots = \rho(6) = 0$'(즉 시차 1에서 6까지 잔차의 자기상관이 동시에 0)에 대한 융-박스 동시검정의 유의확률(P-값)이 0.0121로 이 가설은 유의수준 1%에서는 채택되고 5%에서는 그렇지 못하다. 시차를 12, 18, 24,⋯ 로 확대할수록 표 [12]-5(아래)와 같이 잔차의 비계절성이나 계절성 패턴이 없어지지 않고 있다. 잔차의 백색잡음에 대한 검정이 통과된 것으로 보긴 어렵다. 결국 SMA 모형이 자료를 제대로 적합했다고 하기는 어렵다.

이와 같이 잔차가 백색잡음 가정이 만족되지 못한 것은 자료 후반부에 나타난 소수의 일탈 값에 기인한다고 볼 수 있다. 이것은 추정과 예측 결과에 적지 않은 영향을 미칠 것으로 판단된다. 이 일탈 값들이 단순한 자료의 오기라 하면 쉽게 수정되지만, 이것이 기저 확률현상의 우연적 결과라면 이 값의 제거는 신중하게 이루어져야 한다. 앞으로도 이런 값들이 추가적으로 발생할 수도 있기 때문이다. 이러한 경우에는 기본적으로 추가적인 실험에 의존하여야 한다.

표 [12]-5 최종모형의 모수 추정(위)과 잔차의 자기상관성(아래)

Maximum Likelihood Estimation					
Parameter	Estimate	Error	t - value	Pr > | t |	Lag
Mu	0.0063118	0.0059949	1.05	0.2924	0
MA1,1	0.48672	0.07941	6.13	<0.0001	1
MA2,1	−0.68327	0.12787	−5.34	<0.0001	12

Constant Estimate	0.006312		Variance Estimate	0.006522
AIC	−250.396	SBC −242.058	Number of Residuals	119

To Lag	Chi-Square	DF	Pr > ChI Sq	Autocorrelations					
6	12.84	4	0.0121	0.041	0.009	−0.081	−0.098	−0.180	−0.226
12	25.41	10	0.0046	−0.098	−0.042	−0.035	0.032	0.079	0.272
18	37.20	16	0.0020	0.140.	−0.015	−0.129	0.019	−0.056	−0.210
24	64.70	22	<0.0001	−0.111	−0.067	−0.039	−0.017	0.023	0.404
30	72.02	28	<0.0001	0.103	0.032	−0.026	0.004	−0.078	−0.166
36	90.78	34	<0.0001	−0.115	−0.121	−0.040	0.055	0.092	0.262

마지막으로, 항공화물량 시계열 자료에 적용한 박스-젠킨스의 SARIMA 모형의 예측 성과를 같은 자료에 적용한 심층신경망의 RNN 모형의 성과와 비교한다. 적용된 평가규준은 평균절대오차(MAE), 평균제곱오차(MSE), 평균제곱근오차(RMSE), 평균절대백분율오차(MAPE) 그리고 결정계수 R^2 등이고, SARIMA 모형의 평가 결과인 표 [12]-6을 RNN의 평가 결과인 표 [12]-2와 비교한다. 표 [12]-6에서의 자료 크기가 표 [12]-2에서의 자료 크기보다 작은 것은 SARIMA 모형의 분석에서 비계절 및 계절 차분이 요구되었기 때문이다. 결과적으로, 반복횟수가 5를 넘지 않는 예측 성과에서도 심층신경망의 RNN 모형이 박스-젠킨스의 SARIMA 모형보다 더 효과적임이 확인되고, 이 평가 결과는 에폭이 확대될수록 그 차이는 더욱 확대될 것으로 예상된다.

표 [12]-6 계절 ARIMA 모형의 평가

Data set \ Accuracy	N	MSE	MAE	MAPE	RMSE	R^2
TRAIN SET	106	18344.22	65.72	3.5743	135.4408	0.8597
TEST SET	20	45169.97	90.62	3.6448	212.5322	
TOTAL	126	22602.28	69.68	3.3855	150.3505	

7. 결론

이 분석에서는 한 국가 항공화물량의 월별 시계열 자료를 기초로 미래 화물량 수요에 대한 예측 모형을 비선형 모형인 심층신경망과 선형모형인 박스-젠킨스 모형을 통해 개발하고 그 예측효과를 비교하였다. 더욱이 심층신경망의 학습 효과를 더 높이는 방법으로 순환신경망을 도입하여 그 결과도 평가하였다.

평가 결과는 다음과 같이 요약된다.

(1) 시계열 예측에서 심층신경망은 대체적으로 박스-젠킨스 모형보다 우수한 것으로 평가된다.

(2) 심층신경망의 예측효과는 은닉층 수와 노드 수에 어느 정도 의존하지만 비례하지는 않는다.

(3) 심층신경망의 학습 효과는 순환신경망을 통하여 더 증대시킬 수 있고, 심층신경망은 예측의 정확성이나 강인성 면에서도 박스-젠킨스 모형보다 우월하다.

이러한 평가 결과에 대한 일반성을 위해서는 추가적인 자료와 분석이 요구된다.

참고 4.3 어텐션 모형과 트랜스포머 모형

심층신경망의 성능을 개선하는 새로운 형태로 어텐션(attention) 모형과 트랜스포머(transformer) 모형이 개발되어 응용되고 있다. 순환신경망(RNN) 계열의 구조를 갖는 어텐션 모형은 시계열 자료 또는 문장 등 자연어와 같이 원소에 순서가 있거나 서로 종속되어 있는 시퀀스(자료 열이나 입력문장) 중에서 주목해야 할 값이나 단어에 가중치를 더 크게 주어 예측값을 생성하는 구조를 말한다. 이것은 예측값이 상대적으로 덜 중요한 값이나 부분의 영향을 더 많이 받는 단점을 보완하는 방법이다. 이에 비하여 트랜스포머 모형은 어텐션 매커니즘을 활용하되, 이 모형과는 달리 입력 자료 전체로 구성된 벡터 정보를 순서 정보가 없는 입력정보 처리기인 인코더(encoder)에 정리한 후 그 내용 전체를 정보 반환기인 디코더(decoder)를 통해 활용하여 문제를 해결한다. RNN이 시계열의 값이나 단어들을 순차적으로 받아 처리하므로 그 위치 정보를 가질 수 있는 점에 비해, 트랜스포머는 단어의 입력을 순차적으로 받는 방식이 아니고 순서 정보는 다른 방법인 가중치 벡터로 알려준다. 그러나 이 모형은 순차적으로 출력된 결과를 입력값이나 단어로 다시 활용하는 자기회귀적 구조를 갖기 때문에 장기예측에서 정확도가 다소 떨어지는 약점도 갖는다. 인공지능을 활용하기 위해 코딩까지도 스스로 배워 이용하는 대화형 인공지능 챗봇(ChatGPT)도 트랜스포머가 적용되는 한 예이다.

참고 4.4 AI의 한계성

인공지능(AI)은 방대한 데이터, 즉 빅데이터를 기반으로 딥러닝인 심층학습을 계속 수행한다. 이 데이터는 숫자는 물론 비정형인 텍스트나 이미지 또는 동영상도 포함한다. 인공지능은 알고리즘을 이용해 데이터 안에서 패턴을 찾고, 과거 값을 기초로 미래 값을 예측하며 또 주어진 질문에 최적화된 답을 제시한다. 그러나 인공지능은 무한히 큰 데이터를 기반으로 하지만 사실 그 결과가 항상 최선이라는 보장은 없다. 빅데이터 집단이 아무리 커도 인간이 경험한 결과에 한하기 때문에 경험하지 못한 것에서 더 좋은 결과가 나올 수 있는 개연성은 존재한다. 결국 인공지능은 무엇이 진실인지 알지 못하는 상황에서 인간이 경험한 귀납적 결과 중에서 최선의 것을 선택하게 되며, 이런 의미에서 편향되지 않고 사실에만 기반한 인공지능은 기술적으로 가능하지 않다. 결국 고도로 발전한 인공지능(AI)이나 '챗GPT'도 완벽한 데이터를 기반으로 하지 않는 한 인류 문명에 해를 끼칠 수 있는 가능성은 존재한다. 이것이 인공지능(AI)의 한계성이다.

분석사례 [13] 전방확대 교차검증을 이용한 시계열 예측: ANN vs. AUTOREG

이 분석에서는 출력 노드가 하나인 신경망(ANN) 모형을 통해 시계열의 장기예측을 수행할 때, 다단계 반복예측에서 발생하는 과도한 반올림 오차[24]와 예측오차를 피할 수 있는 새로운 교차검증 방법을 소개([7])한다. 전방확대 교차검증(role forward cross validation)이라고 하는 이 교차검증은, 시계열 자료를 학습집합과 검사집합으로 나눌 때 학습집합이 항상 검사집합 앞에 오게 하여 시계열 자료의 시간적 순서를 보존해 주는 장점을 가지며, 또 이 방법은 장기예측에서도 다단계 반복계산 과정이 없어 과도한 예측오차를 발생시키지 않는다. 결국 이 새 교차검증을 이용하는 ANN 모형은 예측기간이 긴 장기 예측에서도 비교적 정확한 예측을 하며, 더욱이 전방확대 교차검증은 오차항이 자기상관인 자기회귀오차모형(autoregressive error model: AUTOREG)보다도 표본 외 성과가 높은 예측방법임이 확인된다. 마지막으로, 새 교차검증을 강한 변동성을 수반하는 생산품 월 판매량 시계열에 적용하고 그 계산 과정을 보인다.

1. 서론

통상적으로, ANN 모형으로 장기예측을 수행할 때는 출력층에서 한 개의 출력 노드를 사용할 수도 있고 아니면 출력 노드 수를 예측기간만큼 잡을 수도 있다. 출력 노드를 한 개만 사용하는 경우 예측값을 반복적으로 사용하는 소위 다단계 예측을 수행하게 되고, 이 경우에는 앞의 예측값이 다음 예측의 입력값으로 사용된다. 반면에 출력 노드의 개수를 예측기간만큼 잡으면 미래의 값들은 신경망의 한번의 출력으로 예측하는 소위 일단계 예측을 하게 된다. 전자에서는 예측오차가 반복적으로 개입될수록 더 많은 반올림 오차가 만들어지고, 이에 반하여 후자의 예측은 적지 않은 예측오차를 가져온다. 전자의 예측방법을 반복예측(iterative forecast) 그리고 후자의 방법을 직접예측(direct forecast)이라 한다.

여기서 도입하는 전방확대 교차검증은 ANN 모형을 반복예측이나 직접예측을 통해 시계열의 장기 예측을 수행할 때 발생하는 반올림 오차나 예측오차를 피할 수 있는 교차검증의 새로운 방법이다. 이 방법은 표본변동의 효과를 조사하는 학습집합을 정할 때, 그 길이를 다만 앞으로만 확대해 가는 방식이다. 또 이것은 출력 노드를 예측거리만큼 갖지 않고 하나의 출력

[24] 계속 반복되는 장기예측에서는 작은 반올림 오차도 '나비효과'와 같이 실제와 크게 다른 결과를 가져올 수 있다.

노드만을 갖는 신경망을 통해서 미래 값들을 계산하는 방법이다.

2. ANN 모형에서의 전방확대 교차검증방법

인공신경망은 관찰 자료에 스스로 적응하여 그 자료의 패턴을 발견해 낼 수 있는 유연한 비선형 모형의 집합이다. 따라서 신경망 모형은 적절한 다수의 비선형 과정의 처리 장치가 주어지면 이 모형은 경험을 통하여 학습하고 또 복잡한 함수관계도 추정해 낼 수 있는 모형이다. 신경망은 비록 그 계열을 지배하는 관련 법칙이 미지이거나 아니면 너무 복잡하여 설명할 수 없는 경우라도 그 시계열의 자기상관 구조를 설명해 낼 수 있다. 실제로 신경망 모형은 많은 사례를 통하여 패턴인식과 예측의 측면에서 그 역할을 확고히 하고 있다. 이에 반하여 박스-젠킨스 모형 등 시계열 예측의 선형모형은 자료를 생성한 관련 과정이 존재하므로 그 시계열의 미래 값은 자기 과거와 현재의 관측값들을 기초로 스스로 결정하게 된다.

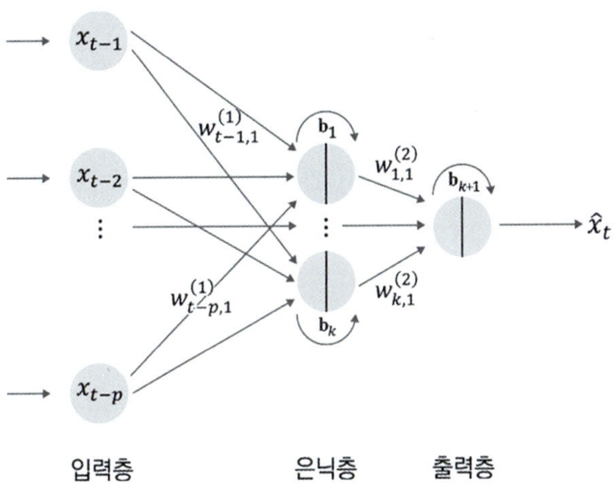

그림 [13]-1 순방향 신경망의 계산시스템 구조 예시

인공신경망에서 가장 일반적이고 성공적인 모형의 하나는 순방향 다층신경망이다. 그림 [13]-1은 p개의 입력값을 위한 p노드의 입력층, k노드를 갖는 한 개의 은닉층, 그리고 여기에 하나의 출력값을 위한 한 개의 출력 노드를 갖는 출력층 등이 병렬로 연결된 3계층 순방향 신경망을 나타낸다. 여기서 $w_{ij}^{(1)}$은 입력값 x_i 와 은닉층의 j-번째 노드 사이를 연결하는 가중치이고, $w_{jk}^{(2)}$는 은닉층의 j-번째 출력값과 출력층의 k-번째 노드 사이를 연결하는 가중치를 나타낸다. 이러한 가중치는 은닉층과 출력층 사이의 모든 원소에 주어지고 이 두

층의 노드에는 바이어스가 추가된다.

실제 응용에서 자료집합은 학습집합(표본 내 집합)과 검사집합(표본 외 집합)으로 구분된다. 학습집합은 신경망 구축의 기본이 되고, 검사집합은 모형의 예측력을 평가하는 데 사용된다. 학습이란 기본적으로 최적의 신경망을 연결하는 최적의 가중치들을 찾는 과정을 말한다.

이 분석에서는 일변수 시계열을 대상으로 단일 출력 노드를 갖는 ANN 모형의 장기예측에서 발생하는 과도한 반올림 오차나 예측오차를 피하는 새로운 방법을 제안한다. 이를 위해 먼저 크기 $N+m$의 자료를 학습집합과 검사집합으로 구분하고, 그 값들을 각각 $x_1, x_2, \cdots, x_N$과 $x_{N+1}, x_{N+2}, \cdots, x_{N+m}$이라 하자. 그중 학습집합을 기초로 검사집합에 대응하는 m가지 전방 예측식을 생각한다. 여기서는 위에서 언급한 두 가지 오차를 피할 수 있는 방법으로, p개 입력 노드에 한 개 출력 노드를 가지는 m거리 전방 예측을 위한 직접 예측방법을 생각한다. 이 신경망의 $(N-m-p+1)$개 학습식을 다음으로 정의한다.

$$
\begin{aligned}
\hat{x}_{p+m} &= f(x_1, x_2, \cdots, x_p;\ \hat{\theta}), \\
\hat{x}_{p+m+1} &= f(x_2, x_3, \cdots, x_{p+1};\ \hat{\theta}), \\
&\vdots \\
\hat{x}_N &= f(x_{N-m-p+1}, x_{N-m-p+2}, \cdots, x_{N-m};\ \hat{\theta})
\end{aligned}
\tag{4.9}
$$

여기서 x_t는 시간 t에서의 관측값, $\hat{x}_t$는 이 값의 예측값, $\hat{\theta}$는 가중치와 바이어스를 포함하는 모수 θ의 추정값, 그리고 f는 그림 [13]-1에 주어진 신경망에서 정해지는 함수를 말한다. 여기서 첫 번째 식에서 입력값은 $x_1, x_2, \cdots, x_p$이고 그 목표값 x_{p+m}의 예측값은 $\hat{x}_{p+m}$이다. 두 번째 형식의 입력값들은 $x_2, x_3, \cdots, x_{p+1}$이고 그 목표값 x_{p+m+1}의 예측값은 $\hat{x}_{p+m+1}$이다. 같은 방법으로, 마지막 식의 입력값은 $x_{N-m-p+1}, x_{N-m+p+2}, \cdots, x_{N-m}$이고 그 목표값 x_N의 예측값은 $\hat{x}_N$이다. 또 이 신경망의 m개 검사식은 다음으로 정의한다.

$$
\begin{aligned}
\hat{x}_{N+1} &= f(x_{N-m-p+2}, x_{N-m-p+3}, \cdots, x_{N-m+1};\ \hat{\theta}), \\
\hat{x}_{N+2} &= f(x_{N-m-p+3}, x_{N-m-p+4}, \cdots, x_{N-m+2};\ \hat{\theta}), \\
&\vdots \\
\hat{x}_{N+m} &= f(x_{N-p+1}, x_{N-p+2}, \cdots, x_{N-1}, x_N;\ \hat{\theta})
\end{aligned}
\tag{4.10}
$$

여기서 학습목표는 오차함수 $SSE = \sum_{i=P+m}^{N}(x_i - \hat{x}_i)^2$(또는 그 평균인 $MSE = \frac{1}{N}SSE$)을 최소화하는 가중치를 찾는 것이다. 이때 입력 노드 수 p는 주어진 시계열의 기본 형태를 찾는 데 필요한 관측값들의 시차를 나타낸다. 이 방법에서는 유효 자릿수 조정을 위한 반올림

과정이 개입되지 않기 때문에 반올림에서 생기는 예측오차를 줄일 수 있게 된다. 물론 p가 너무 크거나 작으면 신경망의 학습 능력이나 예측 능력에 영향을 줄 수 있다. 실제 분석에서는 보통 시행착오를 통해서 입력 노드와 은닉 노드의 적절한 개수를 찾는다.

위와 같이 시계열의 시차 값들이 ANN 모형의 입력값이 되고, 출력값이 그 시계열의 예측값이 되면, 이 ANN 모형은 신경망 자기회귀(neunal network autoregressive: NNAR) 모형이 된다. 은닉층이 하나인 순방향 신경망에서 입력 노드와 은닉 노드의 개수가 각각 p, k인 NNAR을 NNAR(p, k)로 표시하기도 한다.

3. 분석 목표

이 분석에서는, 생산품 월 판매량 시계열의 예측에 전방확대 교차검증을 이용한 인공신경망의 표본 외 성과에 초점을 맞추어 이 다단계 전방예측을 모형화한다. 구체적으로 다음 몇 가지 문제를 중점적으로 검토한다. 먼저 앞에서 제안된 새 신경망이 표본변동과 시간 변화에 대해 표본 외 성과가 강인한지, 다시 말하여 새 신경망의 표본 외 성과는 계열의 표본변동이나 시간의 변화에도 영향을 크게 받지 않고 성과가 그대로 유지되는지를 검토한다. 다음은 새 신경망의 예측능력은 장기와 단기 예측에서 모두 탁월한지를 검토한다. 마지막으로, 이 새 신경망의 표본 외 성과는 자기회귀오차모형과 같은 선형 시계열모형에 비해서도 우월한지를 검토한다.

몇 가지 위 질문에 답하기 위하여, 먼저 이동계열의 길이가 점차 커져 표본변동의 영향을 감소시키는 5-겹(폴드[25]) 전방확대 교차검증기법(5-fold rolling cross validation scheme) (그림 [13]-3 참조)을 적용한다. 다음은 이 다단계 예측의 성과를 12가지 서로 다른 크기의 예측 거리에 적용하고 그 결과를 통계량 RMSE, MSE, MAPE 등을 통해서 평가한다. 마지막으로, 자기회귀 오차모형을 이 시계열자료에 적용하고 그 표본 외 결과를 새 신경망의 결과와 비교하기로 한다.

[25] 겹(폴드: fold)이란 자료를 분할한 몇 개의 그룹을 말한다. 예컨대 20개의 자료 (행)집합에서 5-겹이란 각각 4개씩으로 구성된 (행)집합들을 뜻한다.

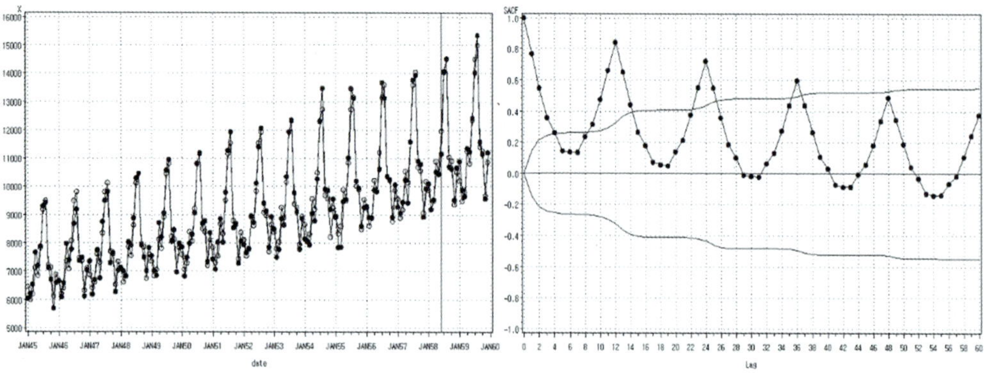

그림 [13]-2 생산품 월 판매량 시계열(왼쪽)과 그 표본자기상관함수(오른쪽)

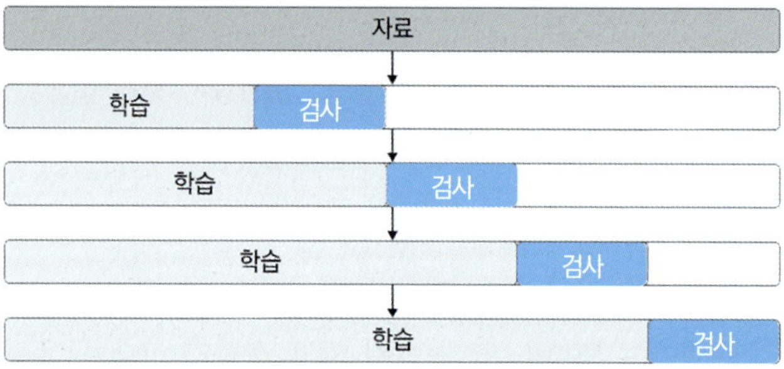

그림 [13]-3 전방확대 교차검정을 위한 학습 폴드와 검사 폴드

3.1 자료 분석

분석에 이용될 자료는 앞에서 언급한 생산품 월 판매량 시계열이다. 생산품 판매량에 대한 정확한 예측은 유통시장에서 매우 중요한 과제로 이것은 재료의 생산과 공급은 물론이고 적절한 재고량 조절과 관리 그리고 그와 연관되는 유통측면 전반과 관련되는 문제이기 때문이다. 특히 거래량 시계열이 강한 유동성이나 변동성을 수반되는 경우 판매량 예측은 이 분야의 연구자나 참여자들에게 부여되는 대표적인 연구과제이다.

그림 [13]-2(SAS-[13]-1)는 분석에 이용될 원시계열과 그 표본자기상관함수(SACF)를 나타낸 것이다. 이 표본자기상관함수에서는 시차 12와 그 배수에서 유의적인 양의 돌출을 보이고 있고, 이것은 이 시계열의 관측값들에 12와 그 배수 시차에서 양의 종속관련이 강하게 존재함을 의미한다. 이 종속성에 대한 정보는 이 계열에 대한 선형 및 비선형의 예측모형을 세우는 데 도움이 된다.

주어진 시계열 자료의 표본자기상관함수가 시차 12와 그 배수에서 강하게 유의적인 사실로부터, x_{t-m}, x_{t-m-12}, x_{t-m-24}, x_{t-m-36}, x_{t-m-48}을 m거리 전방 예측모형의 입력 노드로 선택하고, x_t를 이에 대응되는 출력 노드로 정한다. 크기 180의 시계열 자료를 8 : 2의 비율로 학습 자료와 검사 자료로 나누면 그 크기가 144와 36이 되고, 이에 대응하는 m거리 전방예측 신경망모형을 위한 학습식과 검사식은 다음과 같다.

(1) 학습 식:

$$\hat{x}_t = f(x_{t-m-48}, x_{t-m-36}, x_{t-m-24}, x_{t-m-12}, x_{t-m}; \hat{\theta}) \qquad t = m + 48 + 1, \cdots, N(= 144) \tag{4.11}$$

이고, 이것을 구체적으로 표현하면 예측거리 $m = 1, 2, 3, \cdots$ (개월) 등에 따라

$m = 1$: $t = 1 + 48 + 1, \cdots, N$, 즉 $t = 50, 51, \cdots, 144$에서

$$\begin{aligned}
t &= 50, & \hat{x}_{50} &= f(x_1, x_{13}, x_{25}, x_{37}, x_{49}; \hat{\theta}),\\
t &= 51, & \hat{x}_{51} &= f(x_2, x_{14}, x_{26}, x_{38}, x_{50}; \hat{\theta}),\\
t &= 52, & \hat{x}_{52} &= f(x_3, x_{15}, x_{27}, x_{39}, x_{51}; \hat{\theta}),\\
&\vdots & &\vdots\\
t &= 144, & \hat{x}_{144} &= f(x_{95}, x_{107}, x_{119}, x_{131}, x_{143}; \hat{\theta}),
\end{aligned}$$

$m = 2$: $t = 2 + 48 + 1, \cdots, N$, 즉 $t = 51, 52, \cdots, 144$에서

$$\begin{aligned}
t &= 51, & \hat{x}_{51} &= f(x_1, x_{13}, x_{25}, x_{37}, x_{49}; \hat{\theta}),\\
t &= 52, & \hat{x}_{52} &= f(x_2, x_{14}, x_{26}, x_{38}, x_{50}; \hat{\theta}),\\
t &= 53, & \hat{x}_{53} &= f(x_3, x_{15}, x_{27}, x_{39}, x_{51}; \hat{\theta}),\\
&\vdots & &\vdots\\
t &= 144, & \hat{x}_{144} &= f(x_{94}, x_{106}, x_{118}, x_{130}, x_{142}; \hat{\theta}),
\end{aligned}$$

$m = 3$: $t = 3 + 48 + 1, \cdots, N$, 즉 $t = 52, 53, \cdots, 144$에서

$$\begin{aligned}
t &= 52, & \hat{x}_{52} &= f(x_1, x_{13}, x_{25}, x_{37}, x_{49}; \hat{\theta}),\\
t &= 53, & \hat{x}_{53} &= f(x_2, x_{14}, x_{26}, x_{38}, x_{50}; \hat{\theta}),\\
t &= 54, & \hat{x}_{54} &= f(x_3, x_{15}, x_{27}, x_{39}, x_{51}; \hat{\theta}),\\
&\vdots & &\vdots\\
t &= 144, & \hat{x}_{144} &= f(x_{93}, x_{105}, x_{117}, x_{129}, x_{141}; \hat{\theta}),\\
&\vdots & &\vdots
\end{aligned}$$

(2) 검사 식:

$$\hat{x}_p = f(x_{p-m-48},\ x_{p-m-36},\ x_{p-m-24}, x_{p-m-12},\ x_{p-m}; \hat{\theta}) \qquad p = N+1,\ \cdots, N+m = 145, 146, \cdots, 144+m \tag{4.12}$$

이고, 구체적으로 예측거리 $m = 1, 2, 3, \cdots$ (개월)에 따라 다음과 같다.

$$\begin{aligned} m = 1:\ & p = 144 + 1 = 145: & \hat{x}_{145} &= f(x_{96},\ x_{108},\ x_{120},\ x_{132},\ x_{144};\ \hat{\theta}) \\ m = 2:\ & p = 144 + 2 = 146: & \hat{x}_{146} &= f(x_{97},\ x_{109},\ x_{121},\ x_{133},\ x_{145};\ \hat{\theta}) \\ m = 3:\ & p = 144 + 3 = 147: & \hat{x}_{147} &= f(x_{98},\ x_{110},\ x_{122},\ x_{134},\ x_{146};\ \hat{\theta}) \\ \vdots\ & & \vdots & \end{aligned}$$

위에서 $N + m$은 검사집합과 이 집합의 각 부분집합에 있는 시계열의 총 개수이고, $N - m - 48$은 학습자료의 개수를 나타낸다. 물론 여기서 이용될 수 있는 시계열의 길이는 선택된 시계열의 길이 $N + m$보다 크다고 가정한다. 그러면 (4.9)와 (4.10)에서 제안된 m거리 예측 구조의 성과를 평가할 필요가 있다.

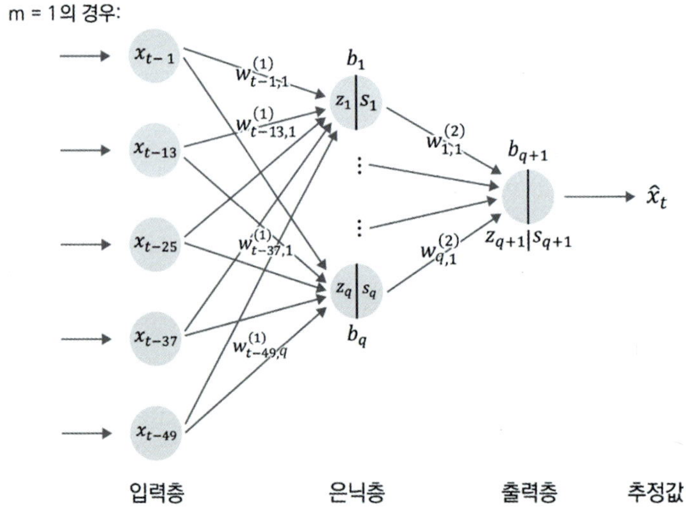

그림 [13]-4 순방향 신경망의 학습 계산시스템

여기서는 학습집합 즉 표본 내 집합에서 이루어진 학습효과인 최적화 효과가 그 기간에 포함되지 않은 검사집합 즉 표본 외 집합에서도 그대로 유지되는지를 평가하는 '학습효과의 강인성'을 확인한다. 이에 대한 통상적인 평가 방법은 교차검증(cross validation)(참고 4.2)이다.

그러나 여기서 다루는 시계열 자료는 시간에 따른 계열종속이 존재하여 그 원소의 순서를 생각해야 하므로 이 방법의 적용은 적절치 않다. 그것은 학습집합이 검사집합 뒤에 따라와 미래 정보를 이용하여 과거를 예측할 수 없기 때문이다. 이 두 집합에서도 순서를 생각해야 하는 것이다. 결국 시간에 따라 나열된 자료를 보존하면서도 학습집합과 검사집합을 나누는 교차검증의 새로운 설계가 요구되는 것이다. 여기에 적절한 방법은 학습집합이 항상 검사집합 앞에 오도록 설계하는 '전방확대 교차검증'이다. 이 방법은 먼저 자료의 한 부분집합을 학습집합으로 선정하여 후반부 미래 값을 예측하고, 다음에는 예측에 사용된 이 자료를 다음 학습집합에 포함시키고 이것에서 그다음 자료 값들을 예측하는 것이다. 이와 같은 방법으로 학습집합의 확대 과정을 계속하여 진행하는 것이다.

표 [13]-1은 11개 검사 폴드를 갖는 '11-폴드 전방확대 교차검증'의 학습집합과 검사집합을 나타낸 것이다. 첫 번째 학습집합을 시작으로 크기를 계속 확대해 나가는데, 연속되는 각 폴드에 9개씩 관측값을 추가하기로 한다. 이를테면 첫 번째 학습기간은 x_1에서 x_{90-m}까지, 두 번째 학습기간은 x_1에서 x_{90+9-m}까지, 같은 방법으로 진행하면 마지막 학습기간은 x_1에서 x_{180-m}까지가 된다. 또 첫 번째 검사 기간은 x_{90-m+1}에서 x_{90}까지, 두 번째 검사기간은 x_{99-m+1}에서 x_{99}까지, 같은 방법으로 계속하면 마지막 검사 기간은 $x_{180-m+1}$에서 x_{180}까지가 된다. 여기에 (4.9)의 $t = m + 48 + 1, \cdots, N$을 적용하면, 예측거리 $m = 1$에 대해서는 11개의 학습집합과 검사집합은 다음과 같다.

$$\{x_{50}, \cdots, x_{89}\} \mid \{x_{90}\}\ ,\ \{x_{50}, \cdots, x_{98}\} \mid \{x_{99}\},\ \cdots,\ \{x_{50}, \cdots, x_{179}\} \mid \{x_{180}\}$$

월 관측값 x_{m+48+1}은 첫 번째 학습 출력 자료이다. 검사집합에서 예측거리의 효과를 시험하는 데 서로 다른 $m = 1, 2, \cdots, 12$(개월)로 선정하였다. 이 예측거리들에 학습 및 검사의 출력 자료들을 (집합기호 { · }을 생략하여) 표 [13]-1로 정리하였다. 표본 외 성과에 대한 표본변동을 피하는 데 11가지 예측기간의 평가 통계량 MSE, RMSE, MAE, MAPE 등의 평균과 표준편차를 자기회귀오차 모형의 것과 비교하기로 한다.

표 [13]-1 예측거리 m=1~12(개월)에 대한 11개의 학습집합과 검사집합

예측 거리 m	폴드 1		폴드 2		…	폴드 11	
	학습집합	검사집합	학습집합	검사집합		학습집합	검사집합
m=1	$x_{50}, \cdots, x_{89}$	x_{90}	$x_{50}, \cdots, x_{98}$	x_{99}		$x_{50}, \cdots, x_{179}$	x_{180}
m=2	$x_{51}, \cdots, x_{88}$	x_{89}, x_{90}	$x_{51}, \cdots, x_{97}$	x_{98}, x_{99}		$x_{51} \cdots, x_{178}$	x_{179}, x_{180}
m=3	$x_{52}, \cdots, x_{87}$	x_{88}, x_{89}, x_{90}	$x_{52}, \cdots, x_{96}$	x_{97}, x_{98}, x_{99}		$x_{52}, \cdots, x_{177}$	$x_{178}, x_{179}, x_{180}$
m=4	$x_{53}, \cdots, x_{86}$	$x_{87}, \cdots, x_{90}$	$x_{53}, \cdots, x_{95}$	$x_{96}, \cdots, x_{99}$		$x_{53} \cdots, x_{176}$	$x_{177}, \cdots, x_{180}$
m=5	$x_{54}, \cdots, x_{85}$	$x_{86}, \cdots, x_{90}$	$x_{54}, \cdots, x_{94}$	$x_{95}, \cdots, x_{99}$		$x_{54}, \cdots, x_{175}$	$x_{176}, \cdots, x_{180}$
m=6	$x_{55}, \cdots, x_{84}$	$x_{85}, \cdots, x_{90}$	$x_{55}, \cdots, x_{93}$	$x_{94}, \cdots, x_{99}$		$x_{55} \cdots, x_{174}$	$x_{175}, \cdots, x_{180}$
m=7	$x_{56}, \cdots, x_{83}$	$x_{84}, \cdots, x_{90}$	$x_{56}, \cdots, x_{97}$	$x_{93}, \cdots, x_{99}$		$x_{56} \cdots, x_{173}$	$x_{174}, \cdots, x_{180}$
m=8	$x_{57}, \cdots, x_{82}$	$x_{83}, \cdots, x_{90}$	$x_{57}, \cdots, x_{96}$	$x_{92}, \cdots, x_{99}$		$x_{57}, \cdots, x_{172}$	$x_{173}, \cdots, x_{180}$
m=9	$x_{58}, \cdots, x_{81}$	$x_{82}, \cdots, x_{90}$	$x_{58}, \cdots, x_{95}$	$x_{91}, \cdots, x_{99}$		$x_{58} \cdots, x_{171}$	$x_{172}, \cdots, x_{180}$
m=10	$x_{59}, \cdots, x_{80}$	$x_{81}, \cdots, x_{90}$	$x_{59}, \cdots, x_{94}$	$x_{90}, \cdots, x_{99}$		$x_{59}, \cdots, x_{170}$	$x_{171}, \cdots, x_{180}$
m=11	$x_{60}, \cdots, x_{79}$	$x_{80}, \cdots, x_{90}$	$x_{60}, \cdots, x_{98}$	$x_{89}, \cdots, x_{99}$		$x_{60}, \cdots, x_{169}$	$x_{170}, \cdots, x_{180}$
m=12	$x_{61}, \cdots, x_{78}$	$x_{79}, \cdots, x_{90}$	$x_{61}, \cdots, x_{97}$	$x_{88}, \cdots, x_{99}$		$x_{61} \cdots, x_{168}$	$x_{169}, \cdots, x_{180}$

표 [13]-2는 표 [13]-1의 폴드1을 대상으로 하여 학습집합 자료를 기초로 예측거리 m에 따라 검사집합의 각 값에 대한 예측값을 계산한 것이다. 예컨대 폴드1의 $m = 1$ 경우 학습자료 $x_{50} = 7030$, $x_{51} = 6862, \cdots$, $x_{89} = 11286$ 등 40개 학습자료를 기초로 (4.12)에 의해 계산된 검사집합의 값 x_{90}의 추정값은 $\hat{x}_{90} = 9998.76$이다. x_{90}의 실제 값은 10121로 예측오차는 $x_{90} - \hat{x}_{90} = 122.04$이다. 또 표 [13]-3은 표 [13]-2에 주어진 검사집합의 예측값들을 (로그변환과 정규화를 통해) 전처리(preprocessing)한 값들 그리고 같은 방법으로 처리된 검사집합의 실제 값들 사이에서 계산된 MSE, MASE, MAE 등 예측오차의 평균들을 나타낸 것이다.

표 [13]-2 예측기간에 대한 11개의 학습집합과 검사집합의 예측값

예측 기간 m	폴드 1			
	학습집합		검사집합의 예측값	
m=1	$x_{50}(=7030), \cdots, x_{89}(=11286)$	40(개)	$(\hat{x}_{90}=)$ 9998.76	1개
m=2	$x_{51}, \cdots, x_{88}$	38	$(\hat{x}_{89}=)$ 8744.32, $(\hat{x}_{90}=)$ 10147.23	2
m=3	$x_{52}, \cdots, x_{87}$	36	$(\hat{x}_{88}=)$ 9057.16, $(\hat{x}_{89}=)$ 8654.01, $(\hat{x}_{90}=)$ 10191.62	3
m=4	$x_{53}, \cdots, x_{86}$	34	7847.57, 9298.05, 8767.80, 10147.87	4
m=5	$x_{54}, \cdots, x_{85}$	32	7891.41, 8323.92, 9253.37, 8767.80, 10293.72	5
m=6	$x_{55}, \cdots, x_{84}$	30	7994.18, 8057.29, 8543.44, 9566.16, 8725.34, 10383.00	6
m=7	$x_{56}, \cdots, x_{83}$	28	8044.02, 8043.47, 8089.23, 8700.83, 9874.74, 9020.50, 10070.59	7
m=8	$x_{57}, \cdots, x_{82}$	26	7267.33, 8093.31, 8010.17, 8138.02, 8690.04, 10092.57, 9286.20, 10338.49	8
m=9	$x_{58}, \cdots, x_{81}$	24	8605.57, 7470.26, 7904.58, 8061.26, 8101.55, 8725.45, 10048.08, 9476.32, 9778.55	9
m=10	$x_{59}, \cdots, x_{80}$	22	8490.02, 8727.66, 7531.21, 8009.40, 7874.55, 8142.95, 8666.09, 10085.89, 9259.68, 9677.09	10
m=11	$x_{60}, \cdots, x_{79}$	20	11900.49, 8485.75, 8681.02, 7696.71, 7984.64, 7982.51, 7942.45, 8679.07, 10137.92, 9290.54, 9443.52	11
m=12	$x_{61}, \cdots, x_{78}$	18	11295.99, 11903.06, 8264.03, 8671.60, 7711.41, 8112.92, 7966.35, 8047.28, 8432.16, 10144.47, 9291.22, 9516.80	12
	총 348 개		총 78 개	

이때 표 [13]-3은 같은 시계열에 출력 노드가 하나인 '구조 $5\times8\times1$' 신경망을 통해 예측거리 $m(=1,2,\cdots,14$ 개월$)$에 따라 기존의 다단계 장기예측을 수행하여 그 예측오차를 계산(SAS-[13]-2)한 것이다. 이 예측은 단일 출력 노드의 다단계 전방예측이기 때문에 다음 예측값을 구할 때 앞의 예측값을 입력값으로 반복하여 사용한다. 반복예측에서 발생하는 예측오차의 크기는 시계열의 확률구조, 즉 시간에 따라 변하는 평균이나 분산 또는 종속성 그리고 추세의 변화 등에 따라 다를 수 있다. 이 예측오차는 월 단위 단기 예측으로 예측오차가 크지 않지만 예측거리가 더 확대되면 예측오차도 더 커질 수도 있다. 또 표 [13]-3은 표

[13]-1에 주어진 폴드1 자료를 대상으로 전방확대 교차검증을 통해 얻어진 예측오차이다. 예측기간이 비교적 큰($m > 10$) 반복예측에서도, 표 [13]-3에 주어진 (검사집합의) 예측오차는 표 [13]-4에 주어진 (검사집합의) 예측오차와 유의적인 차이는 보이지 않고 있다. 이 시계열 자료는 전방확대 교차검증의 효과가 크게 나타나지는 않는 경우라고 할 수 있다.

표 [13]-3 구조 5 × 8 × 1신경망의 1단계 반복 예측에서 얻어진 검사집합의 예측오차

반복예측에 의한 예측오차							
자료 크기 N = 120		검사(표본 외)집합		자료 크기 N = 120		검사(표본 외)집합	
예측기간	예측오차	평균	표준편차	예측기간 자료크기	통계량	평균	표준편차
m = 1	MSE	0.0009337	0.0023107	m = 8	MSE	0.0006073	0.0014531
	MASE	1.2863659	1.3878649		MASE	1.0551176	1.1025476
	MAE	0.0208193	0.0224620		MAE	0.0170767	0.0178443
	MAPE	0.2336072	0.2578704		MAPE	0.1904766	0.2033972
m = 2	MSE	0.0007855	0.0017462	m = 9	MSE	0.0006725	0.0019099
	MASE	1.2101058	1.2440548		MASE	1.0901937	1.1793210
	MAE	0.0195851	0.0201345		MAE	0.0176443	0.0190868
	MAPE	0.2192401	0.2303237		MAPE	0.1969160	0.2177399
m = 3	MSE	0.0007287	0.0017913	m = 10	MSE	0.0007238	0.0021896
	MASE	1.1707290	1.1930494		MASE	1.0844150	1.2652283.
	MAE	0.0189478	0.0193090		MAE	0.0175508	0.0204781
	MAPE	0.2118591	0.2207720		MAPE	0.1959083	0.2338516
m = 4	MSE	0.0007120	0.0016216	m = 11	MSE	0.0005413	0.0010546
	MASE	1.1353831	1.2004496		MASE	1.0360733	1.0008078
	MAE	0.0183757	0.0194288		MAE	0.0167684	0.0161977
	MAPE	0.2053354	0.2217262		MAPE	0.1867658	0.1836632
m = 5	MSE	0.0006533	0.0014433	m = 12	MSE	0.0006105	0.0014770
	MASE	1.1143802	1.1238801		MASE	1.0784452	1.0852593
	MAE	0.0180358	0.0181895		MAE	0.0174542	0.0175645
	MAPE	0.2015036	0.2072206		MAPE	0.1942311	0.1997820
m = 6	MSE	0.0006533	0.0015360	m = 13	MSE	0.0006090	0.0014772
	MASE	1.1241297	1.1343585		MASE	1.0761750	1.0848783
	MAE	0.0181936	0.0183591		MAE	0.0174175	0.0175583
	MAPE	0.2030035	0.2087378		MAPE	0.1938249	0.1997130
m = 7	MSE	0.0006346	0.0016584	m = 14	MSE	0.0006230	0.0014527
	MASE	1.0728547	1.1324550		MASE	1.0992390	1.0863797
	MAE	0.0173637	0.0183283		MAE	0.0177907	0.0175826
	MAPE	0.1938011	0.2089781		MAPE	0.1982492	0.2004031

표 [13]-4 전방확대 교차검증을 통하여 얻어진 검사집합의 예측오차

전방확대 교차검증에 의한 예측오차						
	전체 자료 N = 180		학습(표본 내)집합 N = 144		검사(표본 외)집합 N = 36	
예측오차	평균	표준편차	평균	표준편차	평균	표준편차
MSE	0.0011496	0.0016080	0.0012381	0.0016973	0.0007951	0.0011368
MASE	0.5734014	0.4413260	0.5959370	0.4572220	0.4832589	0.3626686
MAE	0.0268961	0.0207010	0.0279532	0.0214466	0.0226679	0.0170114
MAPE	40.644957	427.0112838	49.884090	477.294602	3.6884243	2.9562126
RMSE	0.0339057	0.0207010	0.0351866	0.0460394	0.0281975	0.1432508

4. 전방확대 교차검증의 ANN 모형과 자기회귀오차모형의 비교

여기서는 생산품 월 판매량 예측에서 전방확대 교차검증을 ANN 모형에 적용한 결과를 자기회귀오차 모형의 결과와 비교한다. ANN 모형의 예측에서는 3개 층 순방향 신경망 모형을 적용하였고, 입력 노드를 제외한 은닉 노드와 출력 노드에 바이어스를 사용하며, m거리 전방예측을 위해 (4.11)과 (4.12)를 학습식과 검사식으로 갖는 단일 출력 노드의 직접 예측방법을 적용하였다. 예측거리 m에 대하여, 입력 노드는 시계열의 주기성을 감안하여 x_{t-m}, x_{t-m-12}, x_{t-m-24}, x_{t-m-36}, x_{t-m-48}로 정하였고, 이에 대응하는 출력 노드는 x_t로 하였다. 예측거리 m은 1, 2, 3, ⋯, 12(개월) 등 12가지로 하였고, 입력 노드의 수와 은닉 노드의 수는 미리 정하지 않았다. 학습률 그리고 입력 노드와 은닉 노드의 최적 조합을 결정하는 데 충분한 반복실험을 수행하였다. 통계패키지를 통하여 학습하는 동안 출력되는 중간 결과를 관찰하여 학습집합에서 최소의 평균제곱근오차(RMSE)를 계산하였다. 최소의 RMSE는 학습률 0.08에 5개의 입력 노드 x_{t-m}, x_{t-m-12}, x_{t-m-24}, x_{t-m-36}, x_{t-m-48}과 여기에 일반화된 자료 학습규칙에 한 가지 시그모이드 활성화 함수를 사용한 8개 노드를 갖는 1개의 은닉층을 통하여 얻었다. 결과적으로 이 신경망에서 가장 좋은 구조는 $5 \times 8 \times 1$로 판명되었고 그 결과는 표 [13]-5와 같다.

다음은 주어진 월 판매량 시계열 자료에 전통적인 자기회귀오차 모형을 적용해 본다. 시계열 자료에 통상적인 회귀모형을 적용할 때 잔차가 서로 독립이 아닌 경우가 자주 발생한다. 잔차가 서로 확률적으로 독립이 아니고 자기상관이면 모수의 상최소제곱 추정값은 효율이

떨어지고 표준오차의 추정값이 편기될 수 있다. 이러한 경우 여기서 적용할 자기회귀오차모형은 계열종속을 완화하는 데 도움이 된다.

월 판매량 시계열 자료에는 그림 [13]-2에서와 같이 강한 주기성이 존재하고 직선의 증가추세도 존재한다. 또 여기에는 약하기는 하지만 시간에 따른 분산의 증가 현상도 관찰된다. 분산을 안정시키는 데는 계열에 로그변환을 적용하는 것이 효과적이고, 분산이 안정된 후에는 그 계열에 자기회귀오차모형을 적합한다[26]. 즉

$$\ln x_t = f(x_t) + \nu_t, \quad f(x_t) = \beta_0 + \beta_1 t \tag{4.13}$$

$$\nu_t = -\phi_1 \nu_{t-1} - \phi_2 \nu_{t-2} - \cdots - \phi_r \nu_{t-r} + \epsilon_t, \quad \epsilon_t \sim IN(0, o^2) \tag{4.14}$$

위 모형은 선형회귀식 (4.13)의 오차항 ν_t가 서로 독립이 아니고 시차에 따라 자기상관을 가져 (4.14)와 같이 자기회귀모형 AR(r)을 따른다는 뜻이다. 여기서 r은 자기회귀모형의 차수를 말한다. 이 자기회귀오차모형은 주로 시계열 자료에 회귀모형을 적합할 때 적용되며, 이것은 선형회귀모형 (4.13)의 확률오차계열 $\{\nu_t\}$에 자기회귀모형 (4.14)를 적용하여 주어진 문제를 해결하는 형식이다. 모형을 적합한 후 그 적합도를 평가하는 데는 보통 결정계수 R^2이나 정보규준 AIC와 SBC 등이 도움이 된다.

주어진 시계열이 갖는 직선추세와 12개월 주기의 계절성을 처리하기 위하여, 먼저 자료에 로그 변환을 적용하였고 여기에 다시 지시함수(indicator function: ID)를 설명변수로 하는 추세모형 (4.13)과 (4.14)를 적합하였다(SAS-[13]-3). 이 자기회귀오차 모형은 회귀계수 β_1과 자기회귀오차 모형의 모수 $\phi_1, \cdots, \phi_{13}$을 동시에 추정함으로써 자기상관의 회귀추정값들을 바로잡게 된다. 더욱이 이 적합에서 옵션 NLAG를 1로 선택하여 DW-통계량 1.4917과 그 P-값 0.0004를 얻었다. 이것은 자기회귀모형의 오차 식 (4.14)에서 "H_0: $\phi_1 = 0$"의 P – 값이 0.0004로 이 귀무가설이 기각됨을 의미한다. 또 이것은 (4.14)에서 적어도 AR(1) -항이 포함되어야 함을 뜻한다. 그러나 이것이 다른 차수의 AR -항의 존재도 설명하는 것은 물론 아니다. 여기서 오차모형 (4.14)에 추가되는 항들을 설명하는데 12 개월 주기성을 고려하여 옵션 NLAG을 NLAG = 13으로 정하였다. 이것은 오차에 AR(13)을 적합하여 유의확률이 작은

[26] 회귀모형에서는 오차들이 서로 독립이고 동일한 분산을 갖는 것으로 가정한다. 오차들이 시간에 따라 자기상관을 갖거나 등분산 가정이 어긋나면 회귀모형을 적합하기 어렵다.

순으로 모수를 제거하는 BACKSTEP 옵션을 적용한 것이다. 시차 9, 13, 4, 6, ⋯ 등의 순서로 유의하지 않은 차수에 해당하는 항들을 제거하면 최종적으로 시차 1과 5만이 유의한 것으로 남는다. 이 유의한 항들만을 이용하여 자기회귀오차모형을 적합한 출력 결과가 표 [13]-5에 주어졌다. 그림 [13]-5(SAS-[13]-4)의 아래쪽에 주어진 잔차의 시도표도 백색잡음의 특성을 잘 보여주고 있다. 결과적으로 시계열 $\ln x_t$는 시간추세에 차수 5의 자기회귀오차의 합으로 주어짐을 알 수 있다. 추정된 모형은 다음과 같다.

$$\ln x_t = 0.002723\ t + \sum_{i=1}^{12} \hat{\delta}_i \cdot ID_{ti} + \nu_t, \quad \text{단, } ID_{ti} = \begin{cases} 1, & ti = i \\ 0, & ti \neq i \end{cases} \tag{4.15}$$

$$\nu_t = -0.220149\ \nu_{t-1} + 0.16254\ \nu_{t-5} + \epsilon_t \tag{4.16}$$

추정값 $\hat{\delta}_i$, $i = 1, \cdots, 12$는 표 [13]-5에 주어졌다.

표 [13]-5 추세변수와 계절성 지시함수를 이용한 추세모형 적합

The AUTOREG Procedure

Dependent Variable TRSALE
Ordinary Least Squares Estimates

SSE	0.20314748	DFE	165
MSE	0.00123	Root MSE	0.03509
SBC	-632.71623	AIC	-680.61059
Regress R-Square	1.0000	Total R-Square	1.0000
Durbin-Watson	2.0143	Pr < DW	0.5355
		Pr > DW	0.4645

NOTE: No intercept term is used. R-squares are redefined.
NOTE: Pr<DW is the p-value for testing positive autocorrelation,
and Pr>DW is the p-value for testing negative autocorrelation.

Variable	DF	Estimate	Standard Error	t Value	Approx Pr >|t|
t	1	0.002723	0.0000541	50.35	<.0001
IDt 1	1	8.8044	0.0108	815.11	<.0001
IDt 2	1	8.7703	0.0105	831.82	<.0001
IDt 3	1	8.6960	0.0105	824.33	<.0001
IDt 4	1	8.7250	0.0106	825.94	<.0001
IDt 5	1	8.8616	0.0106	837.37	<.0001
IDt 6	1	8.8197	0.0106	831.14	<.0001
IDt 7	1	8.9490	0.0107	839.00	<.0001
IDt 8	1	8.1064	0.0107	850.27	<.0001
IDt 9	1	8.1365	0.0108	849.61	<.0001
IDt 10	1	8.8613	0.0108	822.01	<.0001
IDt 11	1	8.8463	0.0108	818.73	<.0001
IDt 12	1	8.6909	0.0108	803.21	<.0001

예측모형이 완성되면 마지막으로 표본 외 예측의 정확성을 검토할 필요가 있다. 예측 역량의 평가에는 보통 평균제곱오차(MSE), 평균제곱근오차(RMSE), 평균절대오차(MAE),

평균절대백분율오차(MAPE) 그리고 평균절대척도오차(MASE) 등이 이용될 수 있다.

(4.15)와 (4.16)에 주어진 추정식과 표 [13]-5는 계열자료 전체를 자기회귀오차 모형 (4.13)과 (4.14)에 적합해 얻은 결과이다. 또 표 [13]-4는 180개 자료 전체를 8 : 2로 구분한 144개의 학습(표본 내)자료와 36개의 검사(표본 외)자료 그리고 전체 자료를 각각 모형에 적합하여 평가 통계량들을 계산한 것이다. 이 결과에 의하면, 검사자료에서 계산된 평가 통계량의 값들은 학습자료에서 계산된 값들에 비해 월등히 증가하였음을 볼 수 있다. 이러한 결과는 학습자료와 검사자료에서 나타낸 실제 값과 예측값 그리고 및 95% 예측구간을 동시에 나타낸 그림 [13]-6(SAS-[13]-6, SAS-[13]-7)에서도 확인된다.

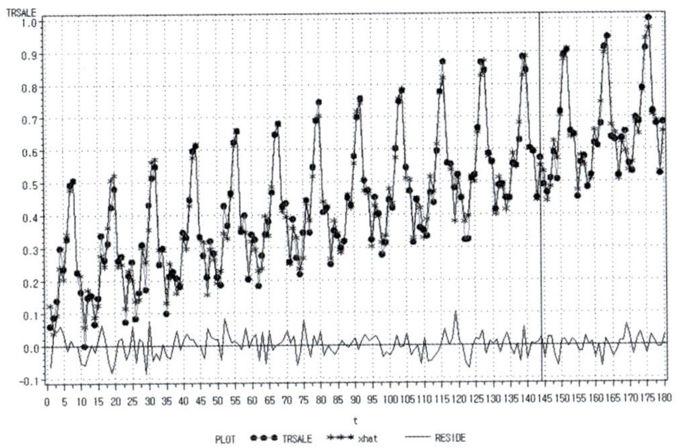

그림 [13]-5 오차 통계량들의 평균과 표준편차 비교

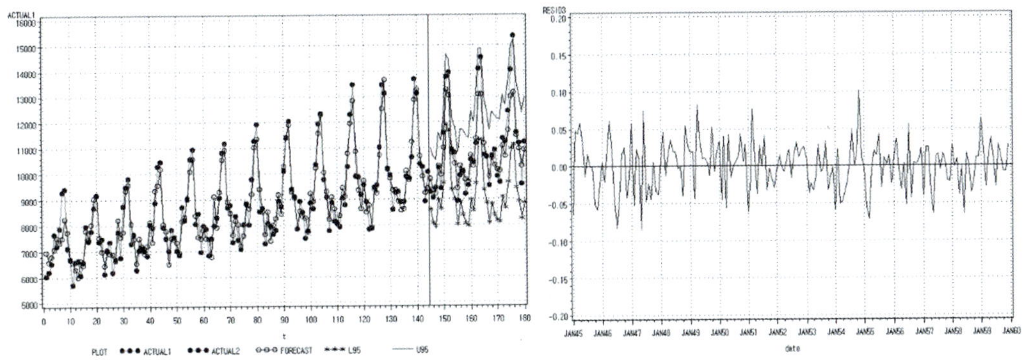

그림 [13]-6 AUTOREG 모형의 적합과 그 잔차

5. 결론

이 분석에서는 시계열의 장기예측에 한 개의 출력 노드를 갖는 신경망모형의 반복적용에서 발생하는 과도한 반올림 오차와 예측오차를 피할 수 있는 새로운 교차검증으로 전방확대 교차검증을 소개하고, 그 적용 과정을 실제 시계열 자료를 통하여 제시하였다. 더욱이 이 전방확대 교차검증이 오차항이 자기상관인 자기회귀 오차모형보다도 표본 외 성과가 높고 강인한 다단계 전방예측 모형임을 밝혔다.

수행분석 6 저축률 시계열에 대한 인공신경망 모형

수행분석 4에서 주어진 자료(SAVING.dat)는 한 국가에서 과거 27년간(1955년 – 1981년) 조사한 분기별 저축률 시계열로 정상◦비계절성 자료로 분류된다. 이 자료는 국민 총수입 중 저축된 부분에 대한 백분율(%)을 나타내고, 또 각 연도에 주어진 숫자 1, 2, 3, 4는 분기를 의미한다. 이 시계열 자료를 기초로 다음 분석을 수행하시오.

[1] 적절한 인공신경망, 즉 ANN 모형, 신경망 자기회귀모형(NNAR), 혼합모형(Hybrid 모형) 등에서 하나를 선정하여 이 시계열 자료의 예측모형을 완성하시오.

[2] [1]의 인공신경망의 예측 결과를 박스-젠킨스 모형(수행분석 4)의 결과와 비교하시오.

[3] 주어진 시계열 예측에 홀트-윈터스(HW) 모형을 적용하고 그 결과를 박스-젠킨스 모형의 결과와 비교하시오.

수행분석 7 상품 소비량 시계열에 대한 인공신경망 모형

수행분석 5에서 주어진 자료(CONSUM.dat)는 한 국가에서 과거 8년간(1969년-1976년) 조사된 특정 기호품의 월별 소비량 시계열로 비정상∘계절성 자료로 분류된다. 주어진 값은 실제 값에서 일정한 값을 뺀 나머지 부분을 나타낸다. 이 분석에서는 이 자료를 기초로 향후 이 기호품 소비량에 대한 예측모형을 개발하는 데 있다. 다음 분석을 수행하시오.

[1] 적절한 인공신경망, 즉 ANN 모형, 신경망 자기회귀모형(NNAR), 혼합모형(Hybrid 모형) 등에서 하나를 선정하여 이 시계열 자료의 예측모형을 완성하시오.

[2] [1]에서 개발된 인공신경망의 예측결과를 박스-젠킨스 모형(수행분석 5)의 결과와 비교하시오.

[3] 주어진 시계열 예측에 홀트-윈터스(HW) 모형을 적용하고 그 결과를 박스-젠킨스 모형의 결과와 비교하시오.

제 III 부

주파수에 기초한 시계열의 인공신경망 예측

제5장 시계열의 스펙트럼 분석

Statistical Forecasting in the AI era

이 장에서는 시계열의 스펙트럼 분석(spectrum analysis or spectral analysis)을 다룬다. 시계열의 스펙트럼은 시계열의 주기성을 주파수(frequency)로 설명하는 것을 말한다. 시계열의 기본성질인 인접 값 사이의 종속성이나 상관성은 시계열의 주기성으로 나타날 수 있어, 스펙트럼에 의한 시계열의 주기성 파악은 시계열 예측에 중요한 역할을 한다.

스펙트럼은 자기공분산함수의 푸리에 변환(Fourier transformation)을 말한다. 자기공분산함수가 정상시계열의 변동성을 시간영역(time domain)에서 설명한다면, 스펙트럼은 정상시계열의 주기성을 주파수영역(frequency domain)에서 설명하는 것이다. 따라서 시계열의 스펙트럼 분석은 시계열의 주파수분포를 기술하는 함수인 스펙트럼 밀도함수의 추정에 초점을 맞추고, 이 함수를 통해 주어진 시계열의 주도적 주파수, 즉 주도적 주기를 찾아 이것을 예측에 이용하게 된다. 주어진 시계열을 구성하고 지배하는 여러 주기와 그 기여도에 대해 직관적인 평가는 물론이고 이에 대한 엄밀한 통계적 검증도 요구된다.

시계열의 스펙트럼 분석은 시간에 따라 변하는 변량을 삼각함수나 복소지수함수의 주기함수로 분해하여 시계열의 주기성을 설명하는 방법으로, 결국 스펙트럼 분석은 푸리에 해석을 시간의 확률함수에 적용시킨 이론이라 할 수 있다.

5.1 스펙트럼 분석의 기본개념

우리가 눈으로 사물을 볼 때, 눈은 그 사물의 색깔과 물체에서 나오는 빛의 세기를 인지한다. 빛은 에너지를 가진 전자기파의 하나로 사람의 눈으로 감지할 수 있는 영역의 파장을 갖는 파(wave)를 말한다. 햇빛은 전체적으로는 백색을 띠지만 실제로는 여러 색으로 구성되어 있어 프리즘을 통과하면 색의 파장에 따라 그림 5-1에서와 같이 다시 색과 색의 강도의 스펙트럼을 보여주고, 이것을 다른 프리즘을 써서 하나로 합치면 다시 백색을 띤다. 따라서 빛의 색깔은 그 파장에 따라 빨간색도 띠고 파란색도 띤다. 물체가 빨간 것은 햇빛의 여러 색 중에서 빨간색

빛만 반사하고 다른 것들을 모두 흡수하기 때문이고, 나뭇잎이 녹색인 것은 햇빛의 여러 색 중에서 녹색의 빛만 반사하기 때문이다.

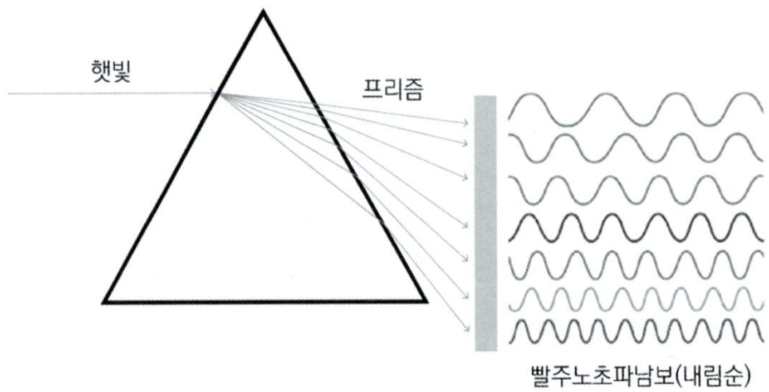

그림 5-1 프리즘에 의한 햇빛 스펙트럼

이와 같이, 사물의 색깔은 빛의 파장(wavelength), 다시 말해 그 역수인 주파수(frequency)에 의해 결정되고, 빛의 세기는 그 파의 진폭(amplitude)으로 설명된다. 파의 높은 부분인 마루와 마루가 겹치면 진폭이 확대되고 빛은 더 강해진다. 결국 우리가 눈으로 사물을 관찰하는 것은 눈이 사물에서 나오는 빛의 주파수와 진폭을 분석하는 일종의 스펙트럼 분석을 수행하는 것이라고 할 수 있다.

눈이 수행하는 이러한 주파수의 분석, 즉 스펙트럼 분석 방법은 눈으로 감지할 수 있는 가시광선의 주파수와 진폭을 넘어서는 일반적인 파동 현상, 다시 말해 사인이나 코사인 파동의 합성으로 설명되는 다양한 자연현상의 파동으로 확장하게 된다. 더욱이 이러한 형태의 확장에는 실제로 각종 무선이나 음성 파, 진동 파, 레이더 신호, 전자장치의 잡음 파, 뇌파, 신호 등은 물론이고, 물가, 수익률, 주가 등, 즉 시간에 따라 관측된 기록이나 자료인 시계열도 포함시킬 수 있다.

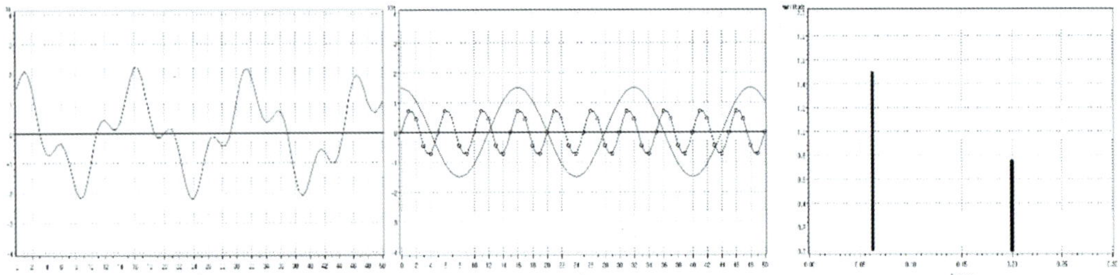

그림 5-2 파동의 합성과 스펙트럼

그림 5-2(SAS-6-2)와 같은 빛이나 소리 등의 파동을 생각하자. 이 그림에서 맨 왼쪽의 합성된 파는 가운데 주어진 간단한 두 기본 파의 단순한 합으로 표시된다. 임의의 시점(t_0)에서의 맨 왼쪽 그래프의 최고점, 즉 진폭은 같은 시점에서의 가운데 두 그래프 최고점들 즉 진폭들의 단순한 합이고, 맨 왼쪽 그래프의 파에 존재하는 길고 짧은 주기들은 가운데 주어진 기본 파들의 주기에 의해 결정됨을 알 수 있다. 이러한 성질들은 시계열을 포함한 모든 파에서 성립한다. 일반적으로, 복잡한 파동의 기술이나 설명은 그 파를 구성하고 있는 기본 성분파들의 주파수와 진폭들로 이루어진다.

일반적으로, 한 파를 설명하기 위해서는 그 파동을 구성하는 성분파들의 주파수와 그 파의 진폭을 동시에 설명하여야 한다. 그림 5-2의 맨 오른쪽 도표는 이 두 가지를 동시에 나타낸 것이다. 여기서 막대의 길이는 해당 주파수($\nu_1 = 0.0625$, $\nu_2 = 0.20$)에서 진폭에 비례하여 그려진다. 더 일반적인 경우로 주파수와 진폭이 시간에 따라 수시로 변하는 파에서도 그 특성은 같은 방법으로 성분파들의 주파수와 진폭들로 기술된다. 그림 5-3(SAS-6-2)의 맨 왼쪽 그림과 같이 같은 파동이 계속 유지되지 않고 주파수와 진폭이 계속 변하는 경우 그 스펙트럼은 이 그림의 맨 오른쪽과 같이 주어진다. 더 복잡한 경우에는 전체를 근사적으로 맞추어 주는 (정규)곡선형으로 표시하게 된다. 이러한 개념은 시계열의 파워 스펙트럼을 기술하는 데 이용된다. 푸리에 해석(Fourier analysis)은 이러한 성질들을 체계적으로 설명하는 이론적 기초를 제공하게 된다.

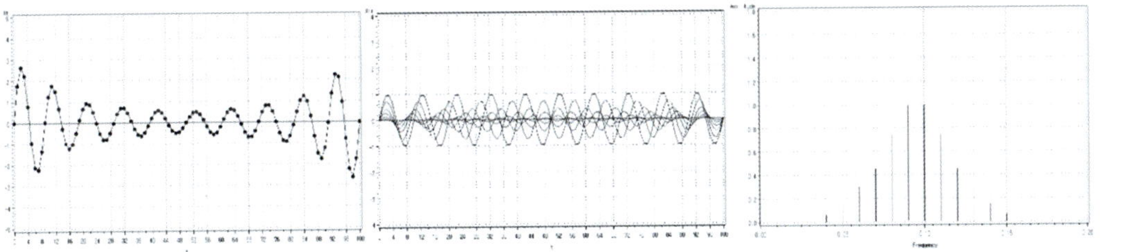

그림 5-3 일반적 파동의 성분파와 그 스펙트럼

5.2 시계열의 주기성과 주기함수

스펙트럼 분석은 모든 함수(주기함수, 비주기함수 또는 이산함수의 실수열 등)를 사인이나 코사인 함수와 같은 강한 주기함수의 일차결합으로 표시하는 푸리에 해석의 이론을 통해 시계열의 주기적 행태를 서로 다른 주파수를 갖는 이 주기함수의 행태를 통하여 설명하게 된다.

먼저 시계열의 변동을 설명하는 기본 개념, 즉 파동함수의 순환, 주기, 주파수 등을 정의한다.

정의 5.1 (주기함수)

함수 f(t)가 실수 P와 모든 $t \in R^1$에 대하여

$$f(t+P) = f(t)$$

이면, f를 주기함수(periodic function)라고 한다. P의 최솟값을 함수 f(t)의 주기(period)라 하고, 주기 P 위에서의 f(t)의 한 파(wave)를 f(t)의 사이클(cycle) 또는 순환이라고 한다. 또 함수 f(t)의 단위시간당 사이클의 수를 f(t)의 주파수(frequency)로 정의한다. 주파수는 함수의 진동속도(speed of oscillation)를 나타낸다. 특히, 단위 시간이 초(second)이면 초당 주파수를 헤르츠(hertz)라 한다.

주기 T인 주기함수의 그래프는 길이 T인 임의구간의 그래프를 주기적으로 반복한다. 그림 5-4는 주기함수의 한 예이다.

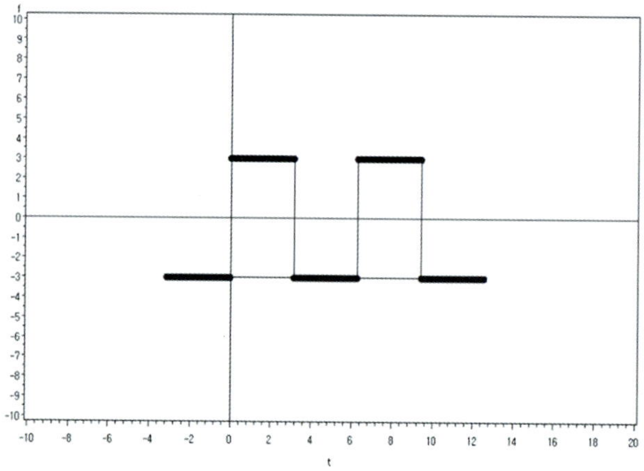

그림 5-4 주기함수의 예

참고 5.1

함수 f(t)가 T를 주기로 가지면, 2T, 3T, ⋯ 등은 모두 이 함수의 주기이다. 주기를 갖지 않는 함수를 비주기 함수(non-periodic function)라고 한다.

보기 5.1

함수 sin t는 등식 $\sin t = \sin(t + 2\pi) = \sin(t + 4\pi) = \cdots$을 만족한다. 따라서 함수 sin t는 $2\pi,\ 4\pi,\ 6\pi, \cdots$ 등을 주기로 갖게 되고, 결국 최소주기 2π가 함수 $\sin t$의 주기가 된다. 또 함수 $f(t) = A \sin \omega t$와 $g(t) = A \cos \omega t$도 주기함수이다. 여기서 ω를 이 함수의 주파수(frequency) 그리고 A를 진폭(amplitude)이라 한다. 여기서 주파수 ω는 단위시간당 각속도(angular velocity)가 아닌 라디안(radian: 호도)수를 나타낸다. 그래서 ω를 함수의 각주파수(angular frequency)라 한다. 이에 비하여, 단순한 주파수 f를 단위시간당 사이클수로 정의한다. 이 경우, 원의 한바퀴가 2π라디안이기 때문에, $f = \frac{\omega}{2\pi}$이다. 그리고 $\omega = 2\pi f$가 성립한다. 함수 sin t나 cos t의 주기가 2π 이므로 f(x)와 g(x)는 주기 2π에서 ω 사이클을 갖는다. 이 두 함수의 주기는 $P = \frac{2\pi}{\omega}$이다.

보기 5.2

함수 $g(t)=A \sin(2\pi ft + \phi)$는 각주파수를 $\omega = 2\pi f$로 갖는 사인함수이다. 이 함수는

$$g(t+\frac{1}{\omega}) = A \sin\left[2\pi\left(t+\frac{1}{\omega}\right)+\phi\right] = A \sin[(2\pi\omega t + \phi) + 2\pi] = A \sin(2\pi\omega t + \phi)$$

을 만족하므로, 이것은 주기 $T = 1/\omega$의 주기함수이다.

참고 5.2

상수함수 $f(t)=c$는 모든 양의 실수를 주기로 갖는 주기함수라 할 수 있다.

5.2.1 주기함수에 대한 푸리에 급수

다음 푸리에 정리(Fourier's theorem)는 모든 주기함수가 기본함수인 사인과 코사인 함수(또는 복소지수함수)의 무한급수로 표시될 수 있음을 설명한다.

정리 5.1 [푸리에 정리]

결정적 함수, 즉 실함수 f(t)가 주기 2π의 주기함수이면, f(t)는 사인과 코사인 함수의 무한급수, 즉 푸리에 급수(Fourier series)로 나타낼 수 있다. 즉

$$f(t) = \frac{a_0}{2} + \sum_{k=1}^{\infty}(a_k \cos kt + b_k \sin kt) \tag{5.1}$$

이고 근사식으로

$$f(t) \cong \frac{a_0}{2} \sum_{k=1}^{h}(a_k \cos kt + b_k \sin kt)$$

로 표시된다. 여기서 a_0, a_k 그리고 b_k는

$$\begin{aligned} a_0 &= \frac{1}{\pi}\int_{-\pi}^{\pi} f(t)\,dt, \\ a_k &= \frac{1}{\pi}\int_{-\pi}^{\pi} f(t)\cos kt\,dt, \quad (k = 1, 2, \cdots) \\ b_k &= \frac{1}{\pi}\int_{-\pi}^{\pi} f(t)\sin kt\,dt. \quad (k = 1, 2, \cdots) \end{aligned} \tag{5.2}$$

이다. 여기서 이 정리의 증명은 생략한다. 이때, 주기함수 f(t)의 푸리에 급수 (5.1)이 존재하기 위해서는 다음 조건(디리클레 조건: Dirichlet condition)이 요구된다.

(1) $f(t)$가 구간 $(-\pi, \pi)$에서 절대 적분가능하다. 즉 $\int_{-\pi}^{\pi} |f(t))|dt < \infty$.

(2) $f(t)$가 구간 $(-\pi, \pi)$에서 많아야 유한개의 불연속점을 갖는다.

(3) $f(t)$가 구간 $(-\pi, \pi)$에서 많아야 유한개의 최댓값, 최솟값을 갖는다.

참고 5.3

급수 (5.1)을 주기함수 f(t)의 푸리에 급수표현(Fourier series representation)이라고 한다. 그리고 (5.2)를 오일러- 푸리에 공식(Euler–Fourier formulas)이라 한다.

보기 5.3

다음 주기 2π의 주기함수를 생각하자.

$$f(t) = \begin{cases} c & -\pi < t < 0 \\ -c, & 0 < t < \pi \end{cases} \quad \text{그리고} \quad f(t + 2\pi) = f(t)$$

이 함수에 대응되는 푸리에 급수를 구하여 보면, (5.2)에 의하여 $a_0 = 0$, $a_k = 0$, $k = 1, 2, \cdots$이고

$$b_1 = \frac{4c}{\pi},\ b_2 = 0,\ b_3 = \frac{4c}{3\pi},\ b_4 = 0,\ b_5 = \frac{4c}{5\pi},\ \cdots$$

이다. 따라서 대응하는 f(t)의 푸리에 급수는

$$f(t) = \frac{4c}{\pi}\left(\sin t + \frac{1}{3}\sin 3t + \frac{1}{5}\sin 5t + \cdots\right)$$

이다. 이때, 이 급수의 부분합은 다음과 같다.

$$S_1 = \frac{4c}{2}\sin t,\ S_2 = \frac{4c}{2}\left(\sin t + \frac{1}{3}\sin 3t\right),\ S_3 = \frac{4c}{2}\left(\sin t + \frac{1}{3}\sin 3t + \frac{1}{5}\sin 5t\right),\ \cdots$$

그림 5-5(SAS-6-3)와 같이 주기함수 f(t)는 구해진 푸리에 급수에 의하여 표시됨을 알 수 있다.

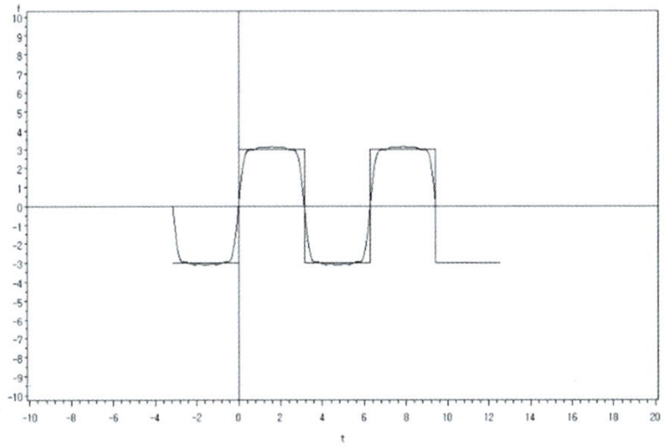

그림 5-5 그림 5-1의 주기함수를 사인함수의 부분합(S_3)으로 근사화

5.2.2 유한 수열에 대한 푸리에 급수

다음은 위에서 논한 푸리에 해석을 이산시계열 $x_1, x_2, \cdots, x_N$에 적용해 보자. 이 이산시계열을 정수집합 $D = \{1, 2, \cdots, N\}$에서 정의된 함수 f(t)로 보고 이 함수에 대한 푸리에

급수를 생각한다.

이 푸리에 급수는 다음과 같은 방법으로 얻을 수 있다. 먼저, 시간의 단위 구간에서 관측된 이산시계열을 주파수 ω를 갖는 다음 식으로 표시하자.

$$x_t = \mu + \alpha \cos \omega t + \beta \sin \omega t + \epsilon_t, \quad t=1, 2, \cdots, N \tag{5.3}$$

여기서 ϵ_t는 (백색)오차 항이고, (μ, α, β)는 추정될 모수(벡터)이다. 이 모형을 시계열자료

$$(x_1, \ x_2, \cdots, x_N)$$

에 적합하는데 최소제곱방법(least squares method)을 적용한다. 즉,

$$\sum_{t=1}^{N} \epsilon_t^2 = \sum_{t=1}^{N} (x_t - \mu - \alpha \cos \omega t - \beta \cos \omega t)^2$$

을 최소로 하는 모수 (μ, α, β)를 정한다. (5.3)을 벡터 형으로 표시하면

$$X = \mathbf{A}\, \mathbf{\Theta} + \mathbf{W}$$

이고, 여기서

$$\mathbf{X} = \begin{bmatrix} x_1 \\ x_2 \\ \vdots \\ x_N \end{bmatrix}, \quad \mathbf{A} = \begin{bmatrix} 1 & \cos \omega & \sin \omega \\ \vdots & \vdots & \vdots \\ 1 & \cos N\omega & \sin N\omega \end{bmatrix}, \quad \mathbf{\Theta} = \begin{bmatrix} \mu \\ \alpha \\ \beta \end{bmatrix}, \quad \mathbf{W} = \begin{bmatrix} 1 \\ 2 \\ \vdots \\ N \end{bmatrix}$$

이다. Θ의 최소제곱추정량 $\hat{\mathbf{\Theta}}$은 다음과 같다.

$$\hat{\mathbf{\Theta}} = (\mathbf{A}' \, \mathbf{A})^{-1} \, \mathbf{A}' \, X$$

이때, 위 시계열자료에 적합할 수 있는 최대주파수[27]는 $\omega = \pi$이고, 최소주파수는 주어진 시계열자료 전체를 1 사이클로 적합하는 것이다. 결국, 사이클의 길이 $2\pi/\omega$를 N이라 놓게 되면 최소주파수는 $2\pi/N$가 되는 것이다. 최소제곱추정값에서 가장 간단한 경우는 ω가

$$\omega_k = \frac{2\pi k}{N}, \qquad k = 1, 2, \cdots, \frac{N}{2}$$

중 하나의 값으로 제한되는 경우이다. 이때 $A'A$가 간단히 3×3 대각행렬(diagonal matrix)로 주어진다. 즉

$$A'A = \begin{bmatrix} 1 & \cdots & 1 \\ \cos\nu & \cdots & \cos N\nu \\ \sin\nu & \cdots & \sin N\nu \end{bmatrix} \begin{bmatrix} 1 & \cos\nu & \sin\nu \\ \vdots & \vdots & \vdots \\ 1 & \cos N\nu & \sin N\nu \end{bmatrix}$$
$$= \mathrm{diag}\left(N,\ \textstyle\sum_{k=1}^{N/2} \cos^2 \frac{2\pi k}{N},\ \sum_{k=1}^{N/2} \sin^2 \frac{2\pi k}{N}\right)$$

이 성립한다. 이 결과는 다음 성질들로 유도된다.

$$\sum_{t=1}^{N} \cos\frac{2\pi k}{N}t = \sum_{t=1}^{N} \sin\frac{2\pi k}{N}t = 0, \quad k = 1, 2, \cdots, \frac{N}{2}$$

$$\sum_{t=1}^{N} \cos\frac{2\pi k}{N}t \ \cos\frac{2\pi h}{N}t = \begin{cases} 0 & k \neq h \\ N & k = h = N/2 \\ N/2 & k = h \neq N/2 \end{cases}$$

$$\sum_{t=1}^{N} \sin\frac{2\pi k}{N}t \ \sin\frac{2\pi h}{N}t = \begin{cases} 0 & k \neq h \\ N & k = h = N/2 \\ N/2 & k = h \neq N/2 \end{cases}$$

그리고

$$\sum_{t=1}^{N} \cos\frac{2\pi k}{N}t \ \sin\frac{2\pi h}{N}t = 0, \qquad \forall h,\ k$$

[27] 주어진 시계열에서 얻을 수 있는 최대주파수를 나이퀴스트 주파수라고 한다(참고 5.6. 참조).

이므로 최소제곱추정량 $\hat{\boldsymbol{\Theta}}$는 위 대각행렬에서 다음과 같이 주어진다.

$$k \neq \frac{N}{2} \text{ 이면, } \quad \hat{\mu} = \frac{1}{N}\sum_{t=1}^{N} x_t = \bar{x}, \quad \hat{\alpha} = \frac{2}{N}\sum_{t=1}^{N} x_t \cos\frac{2\pi k}{N}t\,, \quad \hat{\beta} = \frac{2}{N}\sum_{t=1}^{N} x_t \sin\frac{2\pi k}{N}t$$

그리고

$$k = \frac{N}{2} \text{이면, } \quad \hat{\mu} = \frac{1}{N}\sum_{t=1}^{N} x_t = \bar{x}, \quad \hat{\alpha} = \frac{1}{N}\sum_{t=1}^{N} x_t(-1)^t, \quad \hat{\beta} = 0$$

이다. 이 결과를 정리하면, 유한시계열 $\{x_t\}$, $t = 1, 2, \cdots, n$에 대한 푸리에 급수는 다음과 같다.

$$x_t = \sum_{k=0}^{\left[\frac{N}{2}\right]}\left(a_k \cos\frac{2\pi kt}{N} + b_k \sin\frac{2\pi kt}{N}\right), \quad t = 1, 2, \cdots, N \tag{5.4}$$

여기서 a_0, a_k 그리고 b_k는 다음과 같이 주어진다.

$$a_k = \begin{cases} \frac{1}{N}\sum_{t=1}^{N} x_t \cos\frac{2\pi kt}{N}, & k = 0, \quad k = \frac{N}{2} \\ \frac{2}{N}\sum_{t=1}^{N} x_t \cos\frac{2\pi kt}{N}, & k = 1, 2, \cdots, \left[\frac{N-1}{2}\right] \end{cases}$$
$$b_k = \frac{2}{N}\sum_{t=1}^{N} x_t \sin\frac{2\pi kt}{N}, \quad k = 1, 2, \cdots, \left[\frac{N-1}{2}\right] \tag{5.5}$$

여기서 N이 홀수인 경우에는 의미가 없으므로, [N/2]은 N/2을 넘지 않는 최대정수를 의미한다.

보기 5.4

실수열 $\{x_t\}$, $t = 1, 2, \cdots$을 생각하자(그림 5-6(SAS-6-4)의 왼쪽). 이때, 모든 정수 t에 대하여, $x_{t+n} = x_t$ 이면, $\{x_t\}$는 주기 n 의 주기수열이라 한다. 수열은 자연수의 집합을 정의역으로 하는 실가함수로 생각할 수 있다. 여기서

$$x_1 = 1, \quad x_2 = 2, \quad x_1 = 3, \quad x_{t+3j} = x_t, \quad t = 1, 2, 3, \quad j = \pm 1, \pm 2, \pm 3, \cdots$$

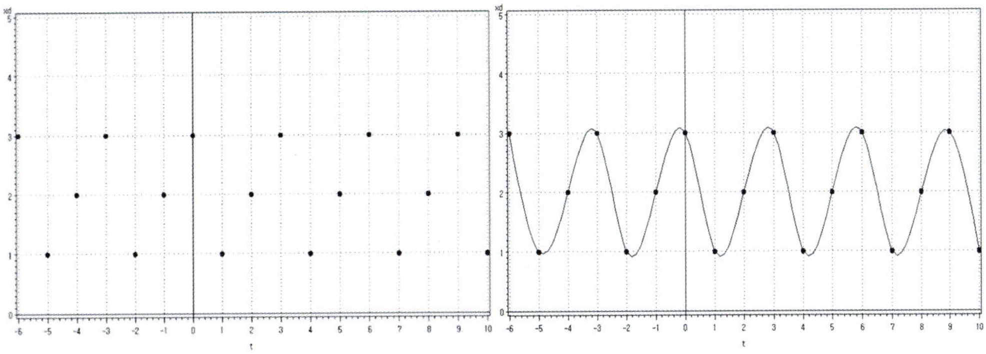

그림 5-6 시계열(유한수열)(왼쪽)과 그 푸리에 급수표현(오른쪽)

라고 놓으면 이 함수는 주기 n = 3의 주기함수가 된다. 주기 N = 3으로 홀수이고 $\left[\frac{N}{2}\right] = 1$ 이므로, (5.4)에 의하여 푸리에 표현은

$$x_t = a_0 + a_1 \cos\frac{2\pi t}{3} + b_1 \sin\frac{2\pi t}{3}$$

이다. 여기서 푸리에 계수는 (5.5)에 의하여

$$\begin{aligned} a_0 &= \frac{1}{N}\sum_{t=1}^{3} x_t = \frac{1}{3}(1+2+3) = 2 \\ a_1 &= \frac{2}{3}\left(1\cos\frac{2\pi}{3} + 2\cos\frac{4\pi}{3} + 3\cos\frac{6\pi}{3}\right) = 1 \\ b_1 &= \frac{2}{3}\left(1\sin\frac{2\pi}{3} + 2\sin\frac{4\pi}{3} + 3\sin\frac{6\pi}{3}\right) = -0.57735 \end{aligned}$$

이고, 따라서, 실수열 $\{x_t\}$, $t = 1, 2, \cdots$에 대한 푸리에 급수 표현은

$$x_t = 2 + 1\cos\frac{2\pi t}{3} - 0.57735\sin\frac{2\pi t}{3}, \quad t = 1, 2, 3, 4, \cdots$$

이다(그림 5-6(SAS-6-4)의 오른쪽 참조).

정리 5.1의 결과는 일반적 주기를 갖는 주기함수로 확장된다. X(t)를 주기 2T인 시간 t의 주기함수라 하자. (5.1), (5.2)에서 f(t)를 X(t)로 그리고 t를 $\frac{\pi t}{T}$로 바꾸면 (5.1)은 다음과 같이 주어진다.

$$X(t) = \frac{a_0}{2} + \sum_{k=1}^{\infty}\left[a_n \cos\frac{k\pi t}{T} + b_n \sin\frac{k\pi t}{T}\right] \tag{5.6}$$

이때 a_0, a_k 그리고 b_k는 다음과 같다.

$$a_k = \frac{1}{T}\int_{-T}^{T} X(t)\cos\frac{k\pi t}{T}dt, \qquad b_k = \frac{1}{T}\int_{-T}^{T} X(t)\ \sin\frac{k\pi t}{T}dt$$

5.2.3 에너지양과 파워

위에 주어진 (5.6)의 양변을 제곱하고 이것을 $(-T,\ T)$ 위에서 적분하면, 삼각함수의 수직 성질에 의하여

$$\begin{aligned}\int_{-T}^{T} X^2(t)\,dt &= \left(\frac{a_0^2}{4}2T\right) + \sum_{-T}^{T}\left\{a_k^2\int_{-T}^{T}\cos^2\frac{k\pi t}{T}dt + b_k^2\int_{-T}^{T}\sin^2\frac{k\pi t}{T}\ dt\right\}\\ &= T\left[\frac{a_0^2}{2} + \sum_{k=1}^{\infty}\left(a_k^2 + b_k^2\right)\right]\end{aligned}$$

이 된다. 여기서 상수 c_0, $c_k(k = 1,2,\cdots\ )$를 각각

$$c_0 = \frac{a_0}{2}, \qquad c_k = \left[\frac{1}{2}\left(a_k^2 + b_k^2\right)\right]^{\frac{1}{2}}$$

이라 놓으면 다음을 얻는다.

$$\int_{-T}^{T} X^2(t)\,dt = 2T\left(\sum_{k=0}^{\infty} c_k^2\right) \tag{5.7}$$

여기서 X(t)를 물리적인 양, 예를 들어 회로를 흘러가는 전류로 생각하면 (5.7)의 의미는 다음과 같다. 전류가 일정 크기의 저항(예, 단위저항)을 통과하면 일정한 에너지를 소비하게

되고, 그 소비되는 에너지의 양은 전류가 흐르는 시간에 의존한다. 전기학에 의하면, 시구간 (−T, T)에서 소비되는 총에너지는 $\int_{-T}^{T} X^2(t)\,dt$ 이다. 이것을 (5.7)에서 시간당으로 계산하면 $\sum_{k=0}^{\infty} c_k^2$ 이다. 단위시간당 소비되는 에너지의 양을 전류의 활동량(activity), 즉 파워(power: 힘)라는 물리 용어를 쓰면, 위 결과는 주기함수 X(t)가 여러 개의 독립적인 주기를 가질 때, 그 주기함수의 활동량, 즉 파워는 각 주기가 갖는 파워들의 단순한 합이 됨을 설명한다. 이때 k에 따른 $(\frac{k}{2T}, c_k^2)$의 그래프를 이산파워스펙트럼(discrete power spectrum)이라 한다. 그림 5-7(SAS-6-5)은 이산파워스펙트럼의 한 예를 나타낸 것이다.

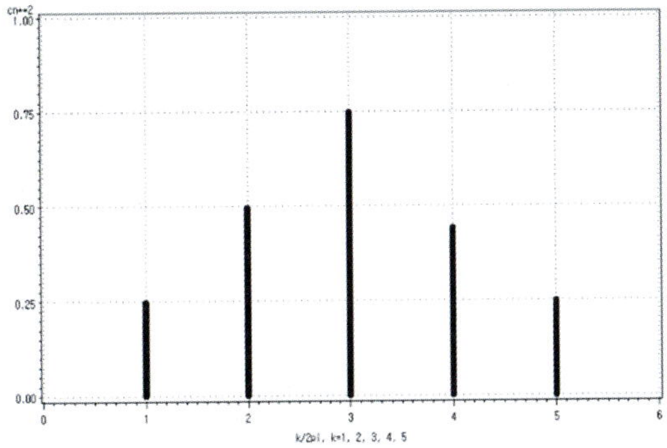

그림 5-7 주파수 $\frac{1}{2T}, \frac{2}{2T}, \cdots$ 에서 이산파워스펙트럼

보기 5.5

보기 5.4에서 주어진 주기 $n = 3$의 주기수열 $\{x_t\}$, $t = 1,2,\cdots$을 다시 생각하자. 한 주기와 관련한 에너지는 $\sum_{t=1}^{n} x_t^2$ 으로 정의된다. (5.4)의 양변에 x_t를 곱하여 $t = 1$에서 n까지 합하면, 에너지 $\sum_{t=1}^{n} x_t^2$는 다음과 같다.

$$\sum_{t=1}^{n} x_t^2 = \begin{cases} na_0^2 + \frac{n}{2}\sum_{k=1}^{\{(n-1)/2\}}(a_k^2 + b_k^2), & n \text{ 은 홀수} \\ na_0^2 + \frac{n}{2}\sum_{k=1}^{\{(n-1)/2\}}(a_k^2 + b_k^2) + na_{n/2}^2, & n \text{ 은 짝수} \end{cases} \quad (5.8)$$

또 파워는 $\frac{1}{n}\sum_{t=1}^{n} x_t^2$이므로, 주어진 시계열의 파워 스펙트럼 P는 다음과 같다.

$$P = \begin{cases} 2^2 = 4, & k = 0 \\ 0.5\,[1^2 + (-0.57735)^2] = \frac{2}{3}, & k = 1 \\ 0, & \text{o.w.} \end{cases}$$

다음은 위 결과를 여러 개의 주기를 갖는 시계열, 즉 확률과정(random process)에 적용해 보자. X(t)를 다음과 같이 서로 다른 p개의 주기를 갖는 시계열이라 하자.

$$X(t) = \sum_{k=0}^{p}(A_k \cos\ 2\pi\, \nu_k t + B_k \sin\ 2\pi\, \nu_k t) \tag{5.9}$$

여기서 A_k, B_k는 모두 확률변수로 다음 세 가지 조건을 만족한다고 가정한다.

(1) 모든 k에 대하여, $E[A_k] = E[B_k] = 0$이다. (평균이 0)

(2) 모든 k, h에 대하여, $E[A_k\ B_h = 0]$이다. (무상관)

(3) 모든 k, h에 대하여, $E[A_k\ A_h] = E[B_k B_h] = \begin{cases} 0, & k \neq h \\ \sigma^2, & k = h \end{cases}$ 이다. (분산이 일정)

이때, 시계열 X_t는 확률 진폭을 갖는 정상확률과정이 된다. 이것을 증명해 보면

$$E[X_t] = E\left[\sum_{k=1}^{p}\{\cos 2\pi\, \nu_k t + B_k \sin 2\pi\, \nu_k t\}\right] = \left[\sum_{k=1}^{p} E\{\cos 2\pi\, \nu_k t + B_k \sin 2\pi\, \nu_k t\}\right] = 0$$

이고, 또 위 결과를 이용하면 공분산함수 $Cov(X_t, X_{t+h})$는

$$\begin{aligned} Cov(X_t, X_{t+h}) &= E[X_t X_{t+h}] \\ &= E\ \sum_{k=1}^{p}\sum_{h=1}^{p}\{A_k\ \cos 2\pi\, \nu_k t + B_k\ \sin 2\pi\, \nu_k t\}\{A_h\ \cos 2\pi\, \nu_h (t+h) + \\ &\qquad B_h\ \sin 2\pi\, \nu_h (t+h)\} \\ &= E\,[\,\{\sum_{k=1}^{p} A_k^2\ \cos 2\pi\, \nu_k (t+h) \cos 2\, \nu_k t + B_k^2\ \sin 2\pi\, \nu_k (t+h) \sin 2\, \nu_k t\}] \\ &= \sum_{k=1}^{p} \cos\ \{2\pi\, \nu_k (t+h) - 2\pi\, \nu_k t\} = \sum_{k=1}^{q} \sigma_k^2\ \cos(2\pi\, \nu_k h) \end{aligned}$$

이다. 결국 이 공분산함수는 t에 독립이고 시차 h에만 의존한다. 따라서 이 시계열은 2계-정상이 되고, 여기서 $h = 0$인 X_t의 분산은

$$\mathrm{Var}[X_t] = C_X(0) = \sum_{k=1}^{p} \sigma_k^2$$

으로 t에 관계없이 일정하다. 결국, 시계열 $\{X(t)\}$의 (전)분산도 각 주파수 $\nu_1, \cdots, \nu_p$에서의 각 분산의 단순한 합이 된다.

2계-정상의 시계열이나 확률과정에서의 분산은 그 시계열의 활동량, 즉 파워의 개념으로 사용될 수 있다. 더욱이, 관계식 $\mathrm{Var}[X_t] = \sum_{k=1}^{p} \sigma_k^2$은 시계열의 활동이 어떤 주파수(즉, 주기)에 의해 주도되는지, 다시 말해 어떤 주파수가 어느 정도 기여하는지를 설명한다. 이 경우 시계열의 전 분산, 즉 총파워는 각 성분파의 분산 σ_k^2 $(k = 1,2,\cdots,p)$에 그 대응되는 주파수 ν_k를 그림 5-7과 같이 도형으로 나타낼 수 있다. 이 도형에서 막대의 길이는 성분파의 분산, 즉, 파워의 크기에 비례한다. 이때 이 도형을 이 시계열의 선스펙트럼(line spectrum)이라고 한다. 이 도표에 의하면 주어진 시계열을 주도하는 주주파수(즉, 주 주기)와 부주파수(즉, 부 주기)를 구별하게 된다(그림 5-2, 5-3 참조).

위에서 설명한 개념은 주파수 위에서 파워의 분포, 파워의 밀도 등의 개념으로 발전해 간다.

5.3 시계열의 스펙트럼 표현

여기서는 주파수 위에서 시계열의 파워(즉, 분산)의 분포, 파워의 밀도 개념으로 (파워)스펙트럼 분포함수와 (파워)스펙트럼 밀도함수를 생각해 본다.

지금 시계열 $\{X_t\}$가 다음과 같이 하나의 주파수만을 갖는다고 가정하자.

$$X_t = A\cos(\omega t + \phi) + \epsilon_t, \quad t = 1, 2, \cdots \tag{5.10}$$

여기서 t는 시간, ω는 정해진 주기적 변동을 나타내는 각주파수[28](angular frequency), 즉 단위 시간당 라디안의 수이고, A와 ϕ는 각각 진폭과 위상(phase)을 나타내는 확률변수이다. 그리고 ϵ_t는 오차항을 나타내는 확률변수이다. 그림 5-8(SAS-6-6)은 이 시계열의 한 실현(realization)

[28] 단위시간당 ω라디안씩, t시간에 각도 ωt 만큼 회전됨을 뜻함. 단순한 주파수는 단위시간당 사이클의수(cycles per second)를, 각주파수는 단위시간당 라디안의 수(radian per second)를 나타냄. 따라서

$$\text{각주파수(angular frequency)} = \text{주파수(frequency)} \times 2\pi.$$

을 나타낸 것이다.

실제적으로, 시계열은 대개 다양한 주기를 갖는다. 이를 테면, 어떤 상품의 판매량을 나타내는 시계열은 주, 월, 분기, 연을 포함한 여러 가지 길고 짧은 주기의 주기적 변동을 갖게 된다. 따라서 (5.10)의 모형은 다음과 같이 일반화된다.

$$X_t = \sum_{k=1}^{p} A_k \cos(\omega_k t + \phi_k) + \epsilon_t, \quad t = 1, 2, \cdots \tag{5.11}$$

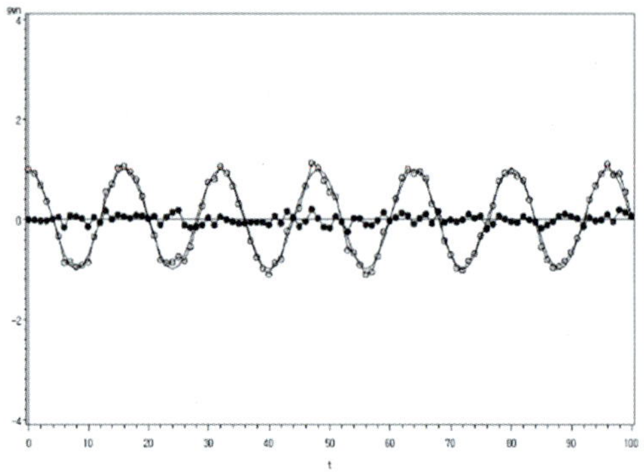

그림 5-8 A=1, $\nu = 0.0625$, $\phi = 0$: $\epsilon_t(\cdot)$, $A\cos(\nu t + \phi)$ (−), $X_t(\circ)$의 각 실현

여기서 A_k는 주파수 ω_k의 진폭을 나타낸다. 또 시계열 $\{X_t\}$가 정상시계열이 되기 위해서는 $\{A_k\}$와 $\{\phi_k\}$가 둘 다 고정된 상수는 되지 않아야 한다. 만약 이것들이 상수가 되면 $E[X_t]$이 시간에 따라 변하게 된다. 이런 이유에서 $\{A_k\}$가 평균이 0인 확률변수가 되거나 $\{\phi_k\}$이 $(0, 2\pi)$ 위에서 균등분포 등 어떤 분포를 따라야 한다. 이러한 조건은 (5.10)에서도 마찬가지이다. 이제, 등식

$$\cos(\nu t + \phi) = \cos \nu t \cos\phi - \sin \nu t \sin\phi$$

을 이용하면, (5.11)은 사인과 코사인 함수를 모두 포함하는 다음 식으로 표시된다.

$$X_t = \sum_{k=1}^{p} \{A'_k \cos \nu_k t + B'_k \sin \nu_k t\} \tag{5.12}$$

물론 여기서 $A'_k = A_k \cos\phi_k$, $B'_k = -A_k \cos\phi_k$이다.

다음은 (5.11) 에서 주파수(즉, 주기)가 무수히 많은 일반적인 경우를 생각하자. 물론, 이 경우는 특별한 주기를 포함하지 않거나 또는 백색잡음과 같이 가장 완벽한 비주기의 시계열도 포함한다. (5.12)에서 $p \to \infty$이면 이 식은 무한급수가 되고 계수도 미분항으로, 합은 적분으로 바뀌어 결국

$$X(t) = \int_0^{\pi} \cos \nu t \, du(\nu) + \int_0^{\pi} \sin \nu t \, dv(\nu) \tag{5.13}$$

을 얻는다. 이 결과에 대한 증명은 여기서는 생략한다. 이때, $u(\nu)$, $v(\nu)$는 $(0, \pi)$ 위의 모든 ν 에서 정의된 수직 증분(orthogonal increment)을 갖는 무상관의 연속확률과정이다. 이때 (5.13) 을 정상시계열 $\{X_t\}$의 스펙트럼 표현(spectral representation) 또는 크라메르 표현(Cramer's representation)이라 한다.

참고 5.4 스펙트럼 표현의 의미

(5.13)에 주어진 이산정상시계열의 스펙트럼 표현은 주어진 정상시계열의 파워, 즉 분산에 기여하는 모든 주파수는 $(0, \pi)$ 안에 있음을 뜻한다. 그러나 이 표현에서는 $(0, \pi)$ 안 주파수들이 어떤 수준으로 어떻게 변동하는지를 구체적으로 설명하지 못한다. 변동에 미치는 주파수들의 기여도에 대한 구체적인 설명은 스펙트럼 밀도함수(spectral density function) 또는 스펙트럼 분포함수(spectral distribution function)를 통해서 이루어진다.

참고 5.5 에일리어싱 효과

시계열의 에일리어싱(aliaing) 문제란, 주기함수에서 표본을 추출하고 이것으로 본래의 주기함수를 다시 재생하여 얻어지는 주파수는 원래보다 느린 주파수(즉 저주파수)가 되는 것을 말한다. 예를 들어, 지금, 구간 $[0, T] = [0, 400]$에서 20 사이클(cycle)을 갖는 사인함수 $\sin(2\pi\nu t)$, $\nu = 20$(그림 5-9의 굵은 선)을 생각하자. 이 함수에서 표본을 추출하여 이것에서 다시 사인곡선을 재생한다고 하자. 먼저, 주어진 구간에서 동일 간격으로 100개의 점(즉, 매 4점마다 한 개씩)을 추출하고 이 점들을 지나는 사인함수를 재생하면, 그림 5-9의 위에서 네 번째 결과를 얻는다. 같은 방법으로, 40개의 점(10점마다 한 개씩)을 추출하면 같은 그림에서 세 번째를 얻는다. 또. 10개의 점(매 40점마다 한 개씩)을 추출하면 그림 5-9의 위에서 두 번째를 얻게 된다. 이와 같이, 주기함수에서 표본을 기초로 본래의 주기가 재생되지 않는 문제를 에일리어싱 효과(aliasing effect) 또는 에일리어싱 문제(aliasing problem)라고 한다. 또 그릇된 표본 점의 비율에서 가장 높은 주파수로도 잘못 결정되는 여러 주파수들을 에일리어싱들(alias 또는 僞信號들)이라고 한다. 이 경우 표본에서 주는 가장 높은 주파수로 필요한 주파수를 얻을 수 있는 표본 점의 수는 곡선의 한 사이클에서 적어도 두 점, 즉 총 400개의 점을 추출을 해야 한다. 400개의 점으로 재생된 결과는 그림 5-9의 맨 아래의 그림으로 본래의 사인곡선을 완전하게 재생하였다.

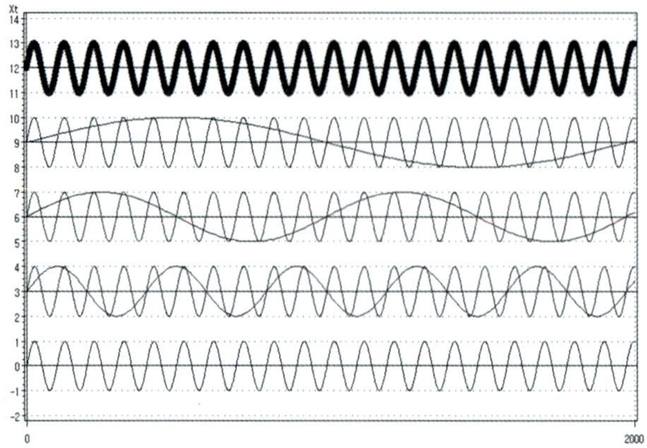

그림 5-9 에일리어싱 효과: 원시계열(맨 위)과 그 에일리어싱 주파들

참고 5.6 나이퀴스트 주파수

참고 5.5에서와 같이, 주어진 주기함수를 동일 구간에서 표본 추출하여 시계열 $\{x_t\}$을 얻고, 이것에서 다시 얻을 수 있는 가장 빠른 진동은 한 시점에서 함수 위쪽을 지나고 또 바로 옆 점에서는 함수 아래쪽을 지나는 경우이다(그림 5-9 참조(SAS-6-7)). 따라서, 이때 얻어지는 가장 빠른 주파수의 주기는 두 시구간으로 그 주파수는 0.5이다. 물론, 이때 가장 느린 주파수는 0이다. 이와 같이 표본에서 얻어지는 가장 빠른 주파수(즉, 최고주파수) 0.5를 나이퀴스트 주파수(Nyquist frequency)라고 한다. 시계열 분석에서 에일리어싱 문제를 피하기 위해서는 다루는 주파수들이 나이퀴스트 주파수를 넘지 않도록 표본구간을 정해야 한다.

참고 5.7

(5.13)에서 적분 상계가 ∞가 아니고 π임을 유의할 필요가 있다. 물론 연속시계열에서는 이 적분 상계가 ∞이지만 단위시간에서 관측되는 이산시계열에서는 ν를 (0, π) 위의 값으로 제한할 수 있다. 그것은, h, t가 정수일 때

$$\cos(\nu t + h\pi t) = \begin{cases} \cos(\nu t), & h\text{가 짝수} \\ \cos(\pi - \nu)t, & h\text{가 홀수} \end{cases}$$

으로 π를 넘는 주파수에서 발생하는 변동은 (0, π) 위의 대응 주파수에서 발생하는 변동과 구별되지 않기 때문이다. 그런 의미에서 주파수 ν = π는 최고주파수, 즉 나이퀴스트 주파수이다. 같은 시구간 Δt에서 관측된 이산시계열의 나이퀴스트 주파수는 π/Δt이다.

5.4 스펙트럼과 스펙트럼 분포

여기서는 이산 정상시계열 $\{X_t\}$, $t = 0, \pm1, \pm2, \cdots$ 의 주파수에 대한 성질을 설명하기 위하여, 먼저 이 시계열의 자기공분산함수 $C_X(m) = E[(X_{t+m} - \mu)(X_t - \mu)]$를 생각한다. 만약 $\sum_{m=-\infty}^{\infty}|C_X(m)| < \infty$ (절대가합[29])이면, 음이 아닌 함수 $f_X(m)$이 존재하여

$$C_X(m) = \frac{\pi}{2}\int_{-\pi}^{\pi} f_X(\nu)e^{im\nu}d\nu,\ m = 0,\ \pm1,\ \pm2, \cdots \tag{5.14}$$

이 성립한다. 이때, 함수 $f_X(m)$을 주어진 시계열의 (파워)스펙트럼 밀도함수(power spectrum density function) 또는 (파워)스펙트럼(power spectrum), 더 간단히 스펙트럼(spectrum)이라고 한다.

(5.14)를 역으로 표현하면

$$f_X(\nu) = \frac{\pi}{2}\sum_{m=-\infty}^{m=\infty} C_X(m)\ e^{-im\nu} \tag{5.15}$$

을 얻는다. 이 결과는 시계열의 자기공분산함수 $C_X(m)$로부터 그 밀도함수를 구하는 데 이용된다.

참고 5.8

(5.14)와 (5.15)는 호도각으로 표현된 공식이다. 이것을 단위시간당 사이클의 수로 바꾸면 다음과 같다.

$$C_X(m) = \int_{-\frac{1}{2}}^{\frac{1}{2}} f_X(\nu)e^{2\pi im\nu}d\nu,\ \ m = 0,\ \pm1,\ \pm2, \cdots \tag{5.16}$$

$$F_X(\nu) = \sum_{m=-\infty}^{m=\infty} C_X(m)\ e^{-2\pi m\nu} \tag{5.17}$$

(5.16) 또는 (5.17)을 자기공분산함수의 스펙트럼 표현(spectral representation)이라고 한다.

[29] 무한수열에서 각 항의 절댓값들의 합이 수렴하는 경우

참고 5.9

점 주파수의 표현 (5.16)에서 m = 0이면

$$C_X(0) = \int_{-\frac{1}{2}}^{\frac{1}{2}} f_X(\nu)d\nu$$

이고, 이것은 시계열 X_t의 분산, 즉 파워를 나타낸다. 따라서 파워스펙트럼 밀도함수 $f_X(\nu)$의 값은 주파수 ν에서 시계열의 파워(분산)가 아닌 ν에서 파워의 밀도(power density)를 나타낸다. 따라서 이 함수를 어떤 주파수 구간에서 적분할 때 그 구간에서의 분산, 즉 파워가 계산된다. 따라서 미세한 주파수 구간 $(\nu, \nu + d\nu)$에서의 분산 즉 파워는 근사적으로 $\int_{\nu}^{\nu+d\nu} f_X(\nu)\,d\nu \cong f_X(\nu)d\nu$ 이다. 결국, 이 값은 구간 $(\nu, \nu + d\nu)$ 안에 있는 주파수에 기인한 분산, 즉 파워라 할 수 있다. 이런 의미에서 $f_X(\nu)$의 최고점(그림 5-10, 그림 5-11 참조)에 해당하는 주파수는 그 시계열의 분산, 즉 파워에 대한 최대의 기여주파라 할 수 있다.

참고 5.10

$C_X(m) = C_X(-m)$의 우함수 성질로부터 $f_X(\nu) = f_X(-\nu)$이 성립하고, 또 $0 \le \nu \le \frac{1}{2}$에서 $f_X(\nu)$는 일의적으로 정의된다. 또 모든 ν에 대하여 $f_X(\nu + 1) = f_X(\nu)$이므로 $f_X(\nu)$은 주기 1의 주기함수이다. 경우에 따라서는 이 스펙트럼 밀도함수를 표준화하여 $f_n(\nu) = f(\nu)/\mathbf{C}_X(0)$을 사용하기도 한다. $f_n(\nu)$는 확률밀도함수와 같은 성질들을 갖는다.

참고 5.11

점 주파수 ν가 한 점당 0과 $\frac{1}{2}$ 사이클 (각 주파수 ν로는 한 점당 0과 $2\pi\nu$ 사이클) 사이에서 변하고 있음을 주목할 필요가 있다. 단위시간당 한 점의 비율로 표본을 얻어 최대주파수를 재현할 수 있음을 알 수 있다. 이런 의미에서 점 주파수 $\nu = \frac{1}{2}$ (또는 각주파수 $\nu = \pi$)이 나이퀴스트 주파수가 되는 것이다.

다음에서는 몇 가지 중요 시계열의 자기공분산함수에서 스펙트럼 밀도함수를 구하는 예를 보인다.

보기 5.6 [백색잡음계열]

$\{W_t\}$, $t = 0, 1, \cdots$ 가 평균이 0, 분산이 σ^2인 서로 독립이고 같은 분포를 따르는(i.i.d.) 확률변수열이라 하자. m = 0에서 $E[W_{t+m}W_t] = \sigma^2$ 이고, $m \neq 0$인 모든 m에서는 0이므로

$$C_X(m) = \begin{cases} \sigma^2, & m = 0 \\ 0, & m = \pm 1, \pm 2, \cdots \end{cases}$$

이다. 따라서 (5.11)에 의하여

$$f_X(\nu) = \sigma^2, \qquad -\frac{1}{2} \le \nu \le \frac{1}{2}$$

을 얻는다. 이 시계열의 스펙트럼은 모든 주파수에서 일정함을 알 수 있다. 모든 주파수에서 파워가 일정한 시계열을 백색잡음계열(white noise sequence) 간단히 백색잡음(white noise)이라고 한다. 그림 5-10은 백색잡음의 한 실현을 나타낸 것이다. 그림 5-10(SAS-6-8)에서도 백색잡음계열의 이론적 파워스펙트럼의 그래프로 이 계열을 구성하고 있는 주파수가 균일함을 보여주고 있다.

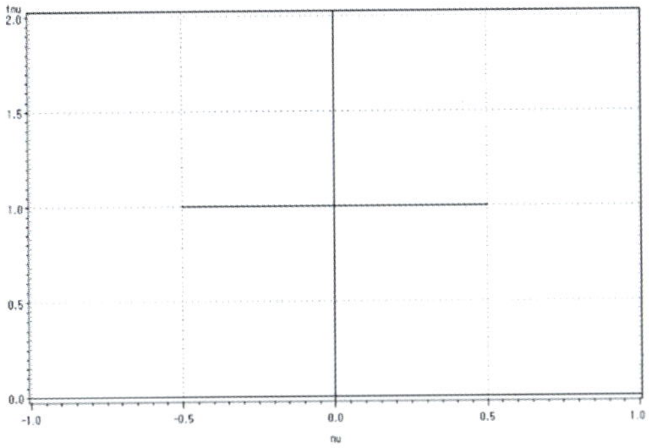

그림 5-10 백색잡음의 이론 스펙트럼

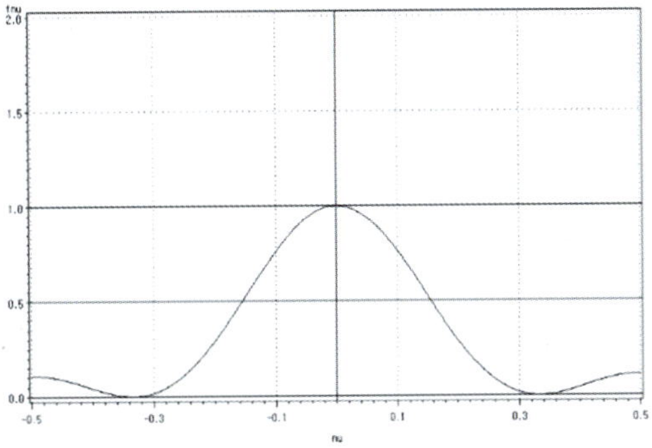

그림 5-11 이동평균계열의 이론 스펙트럼

보기 5.7 [이동평균계열]

$\{X_t\}$, $t = 0, 1, \cdots$을 다음과 같이 정의하자.

$$X_t = \frac{1}{3}\left(W_{t-1} + W_t + W_{t+1}\right)$$

여기서 $\{W_t\}$는 백색잡음과정이다. 이 정상계열의 공분산함수는

$$C_X(m) = \begin{cases} \frac{1}{9}\sigma^2, & m = 0 \\ \frac{1}{9}\sigma^2, & m = \pm 1 \\ \frac{1}{9}\sigma^2, & m = \pm 2 \\ 0, & |m| > 2 \end{cases}$$

이다. 이 결과를 이용하면

$$\begin{aligned} f_X(\nu) &= \sum_{m=-2}^{2} C_X(m)\ e^{-2\pi i\nu m^2} \\ &= \frac{\sigma^2}{9}\left(e^{-4\pi i\nu} + e^{4\pi i\nu}\right) + \frac{2\sigma^2}{9}\left(e^{-2\pi i\nu} + e^{2\pi i\nu}\right) + \frac{3\sigma^2}{9} \\ &= \frac{\sigma^2}{9}[(3 + 4\ \cos 2\pi\nu) + 2\cos 4\pi\nu\ ] \end{aligned}$$

을 얻는다. 그림 5-11(SAS-6-8)은 이 이동평균계열의 한 실현을 나타낸다. 이 계열은 백색잡음의 3점-평활을 나타내고 있다. 또 그림 5-11은 이 이동평균계열의 이론적 파워스펙트럼의 그래프로 이 이동평균을 구성하고 있는 주파수의 구성을 보여준다.

보기 5.8 [AR(2)]

$\{X_t\}$, $t = 0, 1, \cdots$가 다음의 일반적인 AR(2)를 따른다 하자. 즉

$$a_0 X_t + a_1 X_{t-1} + a_2\, X_{t-2} = W_t$$

단, $\{W_t\}$는 백색잡음과정이다. 먼저, W_t의 공분산 $C_W(m)$을 구하면

$$
\begin{aligned}
C_W(m) &= E[\,W_{t+m}\,W_t] \\
&= E[(X_{t+m} + a_1\,X_{t+m-1} + a_2X_{t+m-2})](X_t + a_1X_{t-1} + a_2X_{t-2})] \\
&= (a_0a_1 + a_1a_2)\int_{-\frac{1}{2}}^{\frac{1}{2}} f_X\,(\nu)e^{2\pi i\nu m}(e^{2\pi i\nu} + e^{-2\pi i\nu})d\nu \\
&\quad + (a_0a_2)\int_{-\frac{1}{2}}^{\frac{1}{2}} f_X\,(\nu)e^{2\pi i\nu m}(e^{4\pi i\nu} + e^{-4\pi i\nu})d\nu \\
&\quad + \,(a_0^2 + a_1^2 + a_2^2)\,\int_{-\frac{1}{2}}^{\frac{1}{2}} f_X\,(\nu)e^{2\pi i\nu m}d\nu
\end{aligned}
$$

여기서 $C\,(m) = \int_{-\frac{1}{2}}^{\frac{1}{2}} f\,(\nu)e^{2\pi i\nu m}d\nu$ 이고, $e^{2\pi i\nu} + e^{-2\pi i\nu} = 2\cos(2\pi\nu)$ 이므로

$$f_X(\nu) = \frac{f_W\,(\nu)}{(a_0^2+a_1^2+a_2^2)+2(a_0a_1+a_1a_2)\cos(2\pi\nu)+2a_0a_2\cos(4\pi\nu)} \tag{5.18}$$

이다. $a_0 = 1, a_2 = -1, a_3 = 0.89$일 때 정상계열의 이론적 밀도함수는

$$f_X(\nu) = \frac{\sigma^2}{2.7921-3.78\,\cos(2\pi\nu)+1.78\,\cos(4\pi\nu)} \tag{5.19}$$

로, 그림 5-12(SAS-6-8)와 같이 주파수 0.17에서 최고 값을 갖는다.

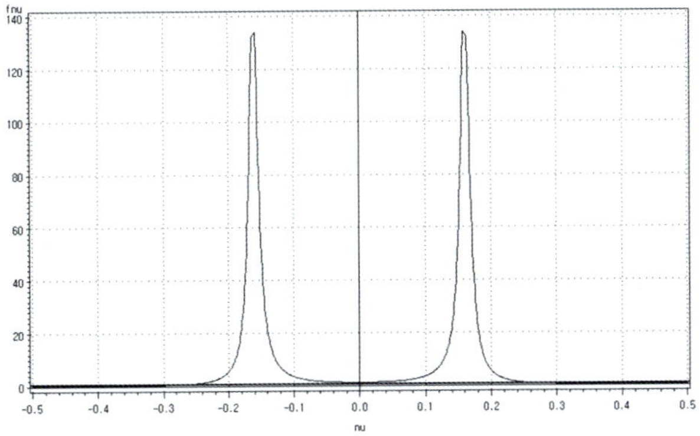

그림 5-12 AR(2)의 이론적 파워 스펙트럼

참고 5.12

$\{X_t\}$~AR(2)에 대한 이론적 파워스펙트럼 (5.18)은 $\{X_t\}$~AR(p)에서 다음과 같이 일반화된다.

$$f_X(\nu) = \frac{\sigma_e^2}{|1+a_1 e^{-i1\nu}+\cdots+a_p e^{-ip\nu}|^2}, \quad \nu \in [-\pi, \pi] \tag{5.20}$$

참고 5.13

2.2절에서 시계열의 분산은 각 주파수가 갖는 기여도의 단순한 합으로 이루어짐을 보였다. 시계열의 분산에 기여하는 주파수가 무수히 많아 연속적으로 주어질 때는 각 주파수에 대응되는 기여도를 한 함수의 값으로 설명할 수는 없어 주파수밀도함수로 설명하였다. 확률변수의 분포함수에서와 같이, 함수 $F(\nu)$를

$F(\nu)$= ν를 넘지 않는 주파수에 대한 파워(분산)들의 합

으로 $(0, \nu)$ 안의 주파수로 설명되는 시계열의 파워(분산)로 정의되는 함수 $F(\nu)$도 생각할 수 있다. 함수 $F(\nu)$를 누적 스펙트럼함수(cumulative spectral function) 또는 스펙트럼 분포함수(spectral distribution function)라 한다. 물론 $F(\nu)$는 주파수 ν에서의 기여도가 아니고 그 주파수 ν까지의 기여도의 누적을 나타낸다.

만일, 한 주파수 ν의 기여도가 유한이면 $F(\nu)$는 이 주파수 ν에서 점프하게 된다. 더욱이, $F(\nu)$가 미분가능하면 함수 $f(\nu)$가 존재하여

$$F(\nu) = \int_{-\pi}^{\nu} f(\tau)d\tau \quad \text{또는} \quad f(\nu) = \frac{\partial F(\nu)}{\partial \nu}$$

이 된다. 함수 $f(\nu)$는 (5.14)에서 정의된 시계열의 스펙트럼 밀도함수(spectral density function) 또는 (파워)스펙트럼(power spectrum)이 된다. 또 $F(\pi) = C_X(0) = Var[X_t]$이 성립한다. 물론, 함수 $F(\nu)$이 반드시 도함수를 가질 필요는 없다.

5.5 주파수영역에서의 추정

5.5.1 이산 푸리에 변환

여기서는 주어진 시계열이 어떤 주기들로 구성되어 있으며 또 어떤 주기가 그 시계열을 주도하고 있는지를 자료를 통해 확인하는 방법을 생각한다. 주기가 미리 알려진 사인이나 코사인 함수를 자료에 적합시키거나 상호 관련성을 파악하여 적합이 잘 되거나 관련성이 크면 큰 값으로, 그렇지 않으면 작은 값을 나타낼 수 있는 통계량을 생각하게 된다.

이를 위해, 먼저 주어진 시계열 자료에 대하여 다음 두 가지 변환을 생각하자. 즉, 시계열 자료 $\{x_t \mid t = 1, 2, \cdots, N\}$에 대해, 두 변환 $X_C(k)$와 $X_S(k)$를 각각

$$X_C(k) = \frac{1}{\sqrt{N}} \sum_{t=1}^{N} x_t \cos(2\pi \nu_k t), \quad k = 1, 2, \cdots, N \tag{5.21}$$

$$X_S(k) = \frac{1}{\sqrt{N}} \sum_{t=1}^{N} x_t \sin(2\pi \nu_k t), \quad k = 1, 2, \cdots, N \tag{5.22}$$

로 정의하자. 여기서 $\nu_k = k/N$는 한 점당 사이클 수이고, $2\pi \nu_k = 2\pi k/N$는 단위 시간당 라디안(radian)수를 나타낸다. 또 변환 $P_X(\nu_k)$를

$$P_X(\nu_k) = X_C^2(k) + X_S^2(k), \qquad \nu_k = \frac{k}{N} \tag{5.23}$$

로 정의하자. 이때, (5.21)과 (5.22)를 각각 $\{x_t\}$의 코사인변환(cosine transform), 사인변환(sine transform)이라 하고, 또 (5.23)을 $\{x_t\}$의 이산 푸리에 변환(discrete Fourier transform)이라 한다. 특히, $P_k(\nu_k)$를 주어진 시계열 자료의 주기도 또는 피리오도그램(periodogram) 또는 표본 스펙트럼(sample spectrum)이라고 부른다.

참고 5.14

만약 X(k)를

$$X(k) = \frac{1}{\sqrt{N}} \sum_{t=1}^{N} x_t \, e^{-2\pi\nu_k t}, \qquad k = 1, 2, \cdots, N \tag{5.24}$$

로 정의하면, $e^{ix} = \cos x - i \sin x$에 의하여

$$X(k) = X_C(k) - i\, X_S(k)$$

이다. 따라서 (5.23)으로 정의된 변환 $P_X(\nu_k)$는

$$P_X(\nu_k) = X(k)\, \overline{X(k)} = |X(k)|^2$$

로 표현할 수 있다. (5.24)에서 $\{x_t\}$의 평균이 0이 아닌 경우에는 다음 식을 이용한다.

$$X(k) = \frac{1}{\sqrt{N}} \sum_{t=1}^{N} (x_t - x_{\cdot}^{N})\, e^{-2\pi\nu_k t}, \qquad k = 1, 2, \cdots, N$$

여기서 $x_{\cdot}^{N}$은 표본평균이다.

5.5.2 스펙트럼의 추정

(a) 피리오도그램의 성질

앞에서 정상시계열의 주파수에 따른 분산, 즉 파워의 변동현상은 그 시계열의 이론적 스펙트럼으로 설명할 수 있음을 보였다. 그러나 이론적 스펙트럼은 미지이므로 그 시계열의 과거 자료를 기초로 추정해야 한다. 여기서는 시계열 자료의 피리오그램 $P_k(\nu_k)$가 주파수 ν_k에서의 표본의 분산(파워), 즉 스펙트럼의 추정량임을 설명한다.

지금 주어진 정상시계열에서 관찰된 자료를 $\{x_t, t = 1, 2, \cdots, N\}$라 하고, 다음을 가정한다.

(A1) x_t $(t = 1, 2, \cdots, N)$가 정규분포를 따른다.

(A2) x_t $(t = 1, 2, \cdots, N)$가 약하게 종속된다. 즉, $\sum_{m=-\infty}^{m=\infty} |m||C_x(m)| < \infty$, 즉 두 항 사이의 거리가 증가하면 종속성은 감소한다.

참고 5.15

위에서 가정 (A1), (A2)는 시계열 $\{x_t\}$가 근사적 정규 백색잡음임을 의미한다.

위 가정 (A1), (A2)로부터, $N \to \infty$이면 다음 결과를 얻는다.

$$X_C(k) \dot{\sim} N(0, \frac{1}{2} f(\nu_k))$$
$$X_S(k) \dot{\sim} N(0, \frac{1}{2} f(\nu_k))$$

여기서 $k = 0, 1, 2, \cdots, \frac{N}{2}$ 단, $k \neq 0$, $N/2$이다.

참고 5.16

위 결과로부터 다음이 근사적으로 성립한다.

$$\frac{X_C(k)}{\sqrt{\frac{f(\nu_k)}{2}}} \sim \chi^2(1), \ \frac{X_S(k)}{\sqrt{\frac{f(\nu_k)}{2}}} \sim \chi^2(1) \ \Rightarrow \ \frac{X_C^2}{\frac{f(\nu_k)}{2}} + \frac{X_S^2}{\frac{f(\nu_k)}{2}} \sim \chi^2(2)$$

여기서 $\chi^2(n)$은 자유도 n의 카이제곱 분포를 갖는 확률변수를 나타낸다.

위 결과로부터

$$\begin{aligned} E[P_X(\nu_k)] &= E[X_C^2(k) + X_S^2(k)] \\ &= \frac{1}{2} f(\nu_k) + \frac{1}{2} f(\nu_k) = f(\nu_k) \end{aligned}$$

이고, 따라서 피리오도그램 $P_X(\nu_k)$는 근사적으로 스펙트럼(밀도함수) $f(\nu_k)$의 점근적 불편추정량임을 알 수 있다. 더욱이 가정 (A1), (A2)하에서

$$\frac{2P_x(\nu_k)}{f_x(\nu_k)} = \frac{2X_C^2(k)}{f_x(\nu_k)} + \frac{2X_S^2(k)}{f_x(\nu_k)} \dot{\sim} \chi^2(2) \quad (5.25)$$

이다. 또

$$E[\chi^2(n)] = n, \qquad Var[\chi^2(n)] = 2n$$

인 사실로부터, 근사적으로

$$\mathrm{Var}[\,P_x(\nu_k)] \doteq f_X^2(\nu_k)$$

이다. 여기서 피리오도그램의 분산은 표본의 크기 N이 증가해도 감소하지 않음을 알 수 있다. 결국, 피리오도그램 $P_x(\nu_k)$는 스펙트럼 $f(\nu_k)$의 일치추정량(consistent estimator)은 되지 않는다.

참고 5.17

푸리에 변환에서 빠른 푸리에 변환(FFT)을 적용할 때는 자료의 수가 2의 배수이면 더 효과적이다. 이를 위해, 자료에 0을 추가하여 자료의 개수 N을 2의 배수 $N'(=2^n,\ n \in I)$로 확장한다. 이것은 원자료값들을 변화시키지 않고 이산푸리에 변환의 주파수를 $\nu_k' = \frac{k}{N'}$로 바꾸게 된다.

보기 5.9 [피리오도그램의 변동성]

위에서 설명된 바와 같이, 피리오도그램은 스펙트럼의 불편추정량이지만 일치추정량은 되지 못한다. 더욱이 표본의 크기가 커져도 분산은 감소하지 않는다. 여기서는 어떤 주파수에서 스펙트럼을 추정하는데 피리오도그램이 오차가 많이 발생할 수 있는지를 보일 수 있다. 시계열 $\{X_t\}$가 다음의 AR(2):

$$X_t - 1.131X_{t-1} + 0.64Y_{t-2} = \epsilon_t,\ \ \{e_t\} \sim N(0,1)$$

을 따를 때, 그 이론적 스펙트럼 함수는 (5.18)에 의하여

$$f_X(\nu) = \frac{1}{2.6887 - 0.8143\ \cos(2\pi\nu) + 1.280\ \cos(4\pi\nu)}$$

로 주어진다. 이 시계열에서 한 실현을 얻고, (5.14)를 이용하여 피리오도그램 $P_X(\nu)$를 계산한다.

위 결과식을 이용하여 각 주파수에서 스펙트럼의 밀도와 피리오도그램 추정값을 동시에 그림 5-13에 나타내었다. 각 주파수에서 꺾인 곡선의 피리오도그램은 매끄러운 곡선의 스펙트럼 함수와 전체적으로 많은 차이를 보이고 있다. 피리오도그램의 변동성이 매우 크게 나타나고 있음을 볼 수 있다.

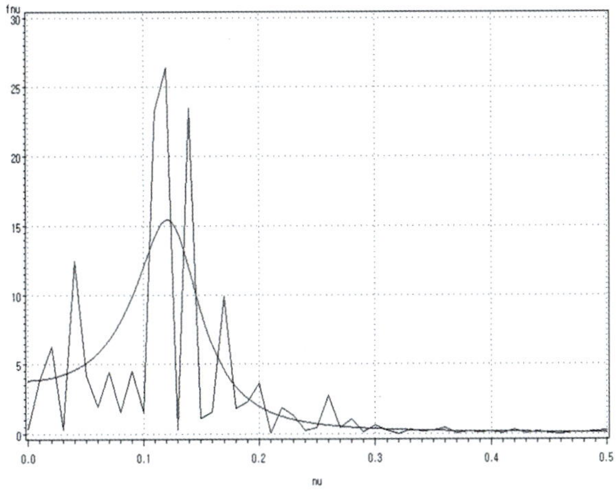

그림 5-13 AR(2) 모형의 이론적 스펙트럼 함수와 그 추정인 피리오도그램

(b) 파워스펙트럼의 신뢰구간

(5.25) 에 주어진 근사분포에 의하면, 신뢰도 $100(1-\alpha)\%$의 파워스펙트럼 $f_X(\nu_k)$ 에 대한 신뢰구간은 다음과 같다.

$$\frac{2P_x(\nu_k)}{\chi^2_{\alpha/2}(2)} \leq f_X(\nu_k) \leq \frac{2P_x(\nu_k)}{\chi^2_{1-\alpha/2}(2)}$$

여기서 $\chi^2_{1-\alpha/2}(n)$은 자유도 n의 카이-제곱분포의 오른쪽 $\alpha/2$꼬리확률을 나타낸다.

(c) 평활 파워스펙트럼 추정량

어떤 주파수 ν_k에서의 파워스펙트럼 $f_X(\nu_k)$를 추정할 때, 그 추정값인 피리오도그램 $P_X(\nu_k)$은 변동성, 즉 분산이 커서 오차가 많이 발생될 수 있었다. 이러한 문제를 해결하는 데 다음과 같은 피리오도그램의 평활(smoothing)을 생각할 필요가 있다.

먼저, 주파수 ν_k를 중심으로 하는 다음과 같은 주파수대역(frequency band)을 생각하자.

$$B_k = [\, \nu_k - \frac{L}{2N}, \quad \nu_k + \frac{L}{2N}]$$

여기서 L 은 $L \ll N$인 정수이고, 이 구간에서는 파워스펙트럼이 비교적 일정하다고 생각한다.

이때 구간 B_k의 길이를 주파수의 대역폭(bandwidth) 또는 대역너비라 한다.

다음에, 주파수 ν_k에서의 파워스펙트럼의 추정량 $\hat{f}_X(\nu_k)$를 다음과 같이 정의하자.

$$\begin{aligned}\hat{f}_X(\nu_k) &= \frac{1}{L}\sum_{l=-\frac{L-1}{2}}^{\frac{L-1}{2}} P_X\left(\nu_k + \frac{l}{N}\right) = \frac{1}{L}\sum_{l=-\frac{L-1}{2}}^{\frac{L-1}{2}} |X(k+l)|^2 \\ &= \frac{1}{L}\sum_{l=-\frac{L-1}{2}}^{\frac{L-1}{2}} |X_C^2(k+1) + X_S^2(k+1)|\end{aligned} \tag{5.26}$$

여기서 L은 홀수이다. 이때 (5.26)을 평활된 파워스펙트럼 추정량(smoothed power spectral estimator)이라 하며, $\hat{f}_X(\nu_k)$의 확률분포를 구하는 것은 일반적으로 매우 어렵다. 그러나 다음 조건:

$$X_C^2(k+1) \dot{\sim} N\left(0, \frac{1}{2}f_X(\nu_k)\right), \quad X_S^2(k+1) \dot{\sim} N\left(0, \frac{1}{2}f_X(\nu_k)\right)$$

이 성립하고, 또 이것들이 근사적으로 독립이면

$$2L\,\hat{f}_X(\nu_k) \Big/ f_X(\nu_k) \sim \chi^2(2L)$$

이 근사적으로 성립하며, 이 조건하에서 다음이 성립한다.

$$\hat{f}_X(\nu_k) \dot{\sim} \frac{f_X(\nu_k)}{2L}\chi^2(2L)$$

따라서 신뢰도 100(1−α)%의 파워스펙트럼 $f_X(\nu_k)$에 대한 신뢰구간은

$$\frac{2L\,\hat{f}_X(\nu_k)}{\chi^2_{\alpha/2}(2L)} \le f_X(\nu_k) \le \frac{2L\,\hat{f}_X(\nu_k)}{\chi^2_{1-\alpha/2}(2L)}$$

로 주어진다. 여기서 $\chi^2_{1-\alpha/2}(n)$은 자유도 2L의 카이-제곱분포의 오른쪽 $\alpha/2$ 꼬리확률을

나타낸다. 위 결과를 자연대수로 변환한 다음 결과를 사용하기도 한다.

$$\ln \hat{f}_X(\nu_k) - \ln \frac{\chi^2_{\alpha/2}(2L)}{2L} \le \ln \hat{f}_X(\nu_k) \le \ln \hat{f}_X(\nu_k) + \ln \frac{\chi^2_{1-\alpha/2}(2L)}{2L} \quad (5.27)$$

참고 5.18

참고 5.17에서, 표본의 크기 N을 $N'(=2^n)$으로 증가시킨 경우(참고 5.16 참조)에는 자유도 $df = 2L$이 조정된 자유도 $df = \frac{2LN}{N'}$으로 바뀌게 된다.

참고 5.19 동시명제의 추론

파워스펙트럼에 대해 추론할 때 한 개 이상의 주파수 $\nu_{k_1}, \cdots, \nu_{k_n}$에서 동시에 주어지는 동시명제(simultaneous statement)의 추론을 생각할 때가 있다. 이를테면 두 주파수 ν_{k_1}과 ν_{k_2}에서의 파워스펙트럼 $f_X(\nu_{k_1})$와 $f_X(\nu_{k_2})$에 대한 신뢰도 100(1−α)%의 신뢰구간이 각각

$$\frac{2L\,\hat{f}_X(\nu_{k_1})}{\chi^2_{\alpha/2}(2L)} \le f_X(\nu_{k_1}) \le \frac{2L\,\hat{f}_X(\nu_{k_1})}{\chi^2_{1-\alpha/2}(2L)}, \quad \frac{2L\,\hat{f}_X(\nu_{k_1})}{\chi^2_{\alpha/2}(2L)} \le f_X(\nu_k) \le \frac{2L\,\hat{f}_X(\nu_{k_2})}{\chi^2_{1-\alpha/2}(2L)}$$

일 때, 두 신뢰구간이 동시에 성립할 신뢰도를 결정하는 문제, 또는 두 가설

$$H_0:\ \hat{f}_X(\nu_{\nu_1}) = f_0, \qquad H_0:\ \hat{f}_X(\nu_{\nu_2}) = f_1$$

이 각각 유의수준 α에서 참일 때, 이 두 가설이 동시에 성립할 유의수준을 결정하는 문제 등이다. 이 경우, 각 주파수에서 계산된 스펙트럼은 근사적으로 독립이기 때문에 신뢰도와 유의수준은 각각 $100(1-\alpha)^2\%$와 α^2이 된다. 물론, 독립이라는 가정이 성립하지 않는 경우에는 본페로니 부등식(Bonferroni inequality)을 이용하여야 한다.

(d) 자기회귀 스펙트럼 추정

자기회귀 스펙트럼이란 시계열 $\{X_t\}$가 p계-자기회귀모형$(AR(p))$: $X_t + a_1X_{t-1} + \cdots + a_pX_{t-p} = e_t, a_p \ne 0$을 따를 때(실제, 일반적인 선형모형은 유한 계수의 AR모형으로 근사화할 수 있다), 자료 $(X_1, \cdots, X_N)$을 이 모형에 적합하고 여기서 얻어진 계수 $(a_1, \cdots, a_p)$와 σ_e^2의 추정값을 이 모형의 스펙트럼 $f_X(\nu)$의 식 (5.20)에 대입하여 스펙트럼을 추정하는 모수적 방법을 말한다. 따라서, 이때 얻어지는 스펙트럼의 추정량은

$$\hat{f}_X(\nu) = \frac{\hat{\sigma}_e^2}{|1+\hat{a}_1 e^{-2\pi i\nu} + \cdots + \hat{a}_p e^{-2\pi i p\nu}|^2}$$

이 된다. 여기서 추정량 $\hat{a}_1, \cdots, \hat{a}_p$는

$$\hat{\sigma}_e^2 = \frac{1}{N}\sum_{t=P+1}^{N}\hat{e}_t^2 = \frac{1}{N}\sum_{t=P+1}^{N}(X_t + \hat{a}_1 X_{t-1} + \cdots + \hat{a}_p X_{t-p})^2$$

을 최소화하는 최소제곱추정량이고, p는 예측오차(즉, AIC)를 최소로 하는 계수이다. 이때, $p \to \infty$, $\frac{p^3}{N} \to 0$이 되도록 p와 N이 충분히 크면

$$\sqrt{\frac{N}{2p}} \cdot \frac{\hat{f}_X(\nu) - f_X(\nu)}{f_X(\nu)} \sim N(0,1)$$

이 성립한다. 이 결과로부터, $f_X(\nu)$에 대한 신뢰도 $100(1-\alpha)\%$의 신뢰구간은 다음과 같다.

$$\frac{\hat{f}_X(\nu)}{(1 + cz_{1-\frac{\alpha}{2}})} \le f_X(\nu) \le \frac{\hat{f}_X(\nu)}{cz_{1-\frac{\alpha}{2}}}, \qquad c = \sqrt{\frac{2p}{N}}$$

참고 5.20

위 자기회귀 스펙트럼 추정방법은 일반적인 선형모형 ARMA로도 확대하여 적용할 수 있다.

5.6 스펙트럼의 일치추정량: 윈도와 대역의 폭

피리오도그램과 같은 표본스펙트럼의 변동성(즉, 분산)을 감소시키는 방법에는 필터를 이용해 표본스펙트럼을 필요한 주파수의 근방에서 평활하는 것이다.

표본스펙트럼을 평활할 때는 평활이 이루어지는 대역(또는 밴드)의 폭(bandwidth)이 정해져야 한다. 대역의 폭이 너무 크면 표본스펙트럼의 유효한 돌출이 지나치게 완만해져 분산은 감소하지만 실제 스펙트럼과 오차가 커지고, 반대로 대역의 폭이 너무 작으면 분산이 커져 신뢰구간이 넓어진다. 이렇게 상충되는 효과를 조정하는 방법으로 필터의 윈도(window of filter)를 사용하게 된다. 주파수의 특정한 부분만 내다보는 창(window)이라는 뜻의 윈도, 이

윈도의 설계는 실제로 간단한 문제는 아니다. 보통 시간영역에서의 윈도를 시차-윈도(lag-window), 또 이것에 대응되는 주파수영역에서의 윈도를 스펙트럼 윈도(spectral-window)라고 한다. 윈도에 대한 논의는 여기서 표본 스펙트럼인 피리오도그램 $P_X(\nu)$을 통해서 간단히 한다.

앞에서 설명한 바와 같이, 피리오도그램 $P_X(\nu)$은 스펙트럼 $f_X(\nu)$의 일치추정량이 되지 못한다. 그 이유는 피리오도그램의 식

$$P_X(\nu) = \frac{1}{2\pi} \sum_{k=-N}^{N} \hat{C}_X(k)\, e^{-i\nu k}$$

에서와 같이, 표본자기상관함수의 값을 너무 많이 포함하고 있는 데 기인한다. 이런 문제를 해결하기 위하여 피리오도그램의 양쪽 끝을 잘라낸 절단된 피리오도그램(truncated periodogram)

$$P_T(\nu) = \frac{1}{2\pi} \sum_{k=-M}^{M} \hat{C}_X(k)\, e^{-i\nu k},\quad M < (N-1) \tag{5.28}$$

을 생각한다. 여기서 M을 절단된 점(truncated point)이라 하며, (M+1)개의 표본자기공분산값들의 1차 결합으로 표시되는 절단된 피리오도그램 $P_T(\nu)$은 다음 두 성질을 갖는다.

(1) $P_T(\nu)$은 모든 ν에서 $f_X(\nu)$의 점근적 불편추정량(unbiased estimator)이다. 이것은

$$E[P_T(\nu)] = \frac{1}{2\pi} \sum_{k=-M}^{M} E[C_X(k)]\; e^{-i\nu k} = \lim_{N\to\infty} \frac{1}{2\pi} \sum_{k=-M}^{M} \left(1 - \frac{|k|}{N}\right) C_X(k)\; e^{-i\nu k} = f_X(\nu)$$

이기 때문이다.

(2) $P_T(\nu)$ 은 모든 ν 에서 $f_X(\nu)$의 일치추정량(consistent estimator)이다. 다시 말하여, $N \to \infty$ 일 때, $P_T(\nu) \to f_X(\nu)$ 이다. 이것은 $\mathrm{Var}\,[P_T(\nu)] = O(\frac{M}{N})$을 증명할 수 있기 때문이다. 이것은 $\frac{M}{N} \to \infty$이면, $\mathrm{Var}[P_T(\nu)] \to 0$을 의미한다.

참고 5.21

$[\mathrm{Var}[P_T(\nu)] = O(M/N)$은 정수 n_K가 존재하여, $n \geq n_K$ 이면, $|\mathrm{Var}[P_T(\nu)]/(M/N)| \leq K$(K는 상수)임을 뜻한다. 따라서, $N \to \infty$일 때, $\mathrm{Var}[P_T(\nu)] \to 0$이 성립한다.

한편, 절단 피리오도그램 (5.28)은 다음과 같이 표시될 수 있다.

$$P_T(\nu) = \frac{1}{2\pi} \sum_{k=-(M-1)}^{M-1} W_K \, \hat{C}_X(k) \, e^{-i\nu k}, \text{ 단, } W_K = \begin{cases} 1, & |k| \le M \\ 0, & |k| > M \end{cases}$$

이때, W_k를 사각형 시간 윈도(rectangular time window) 또는 사각형 시차 윈도(rectangular lag window)라 한다. 이 시간 윈도는 다음과 같이 푸리에 변환을 통하여 주파수 영역에서의 윈도로 바꿀 수 있다. 자세한 증명은 생략하지만

$$W(\nu) = \frac{1}{2\pi} \sum_{k=-M}^{k=M} W_k \, e^{-2\pi i \nu k} = \frac{1}{2\pi} \sum_{k=-M}^{k=M} e^{-2\pi i \nu k} = \frac{1}{2\pi} \left\{ \frac{\sin\left(\left(M+\frac{1}{2}\right)\nu\right)}{\sin \frac{\nu}{2}} \right\} \tag{5.29}$$

이 성립한다. 변환된 윈도를 사각형 주파수 윈도(rectangular spectral window)라 한다. 위의 오른쪽 항을 $D_M(\theta)$로 나타내고 M-계 디리클레 핵(Dirichlet kernel)이라 한다. 그림 5-14의 오른쪽 그림에서 보면, 사각형 주파수 윈도의 핵 $D_M(\theta)$은 주파수 0에서 가장 높은 둥근 돌출을 보이고 있고 추가적인 낮은 돌출이 좌우로 나타난다. 더욱이 주파수 구간에서 음의 값도 갖고 있는데, 이것은 음이 될 수 없는 스펙트럼의 추정값을 음으로 만들 수 있어 바람직하지 않다. 그림 5-14에서와 같이, 주파수 0에서 가장 높은 둥근 돌출부를 갖는 경우, 주파수 윈도의 대역폭은 보통 이 최대 높이의 절반 이상의 값을 만들어주는 주파수영역의 폭으로 잡는다.

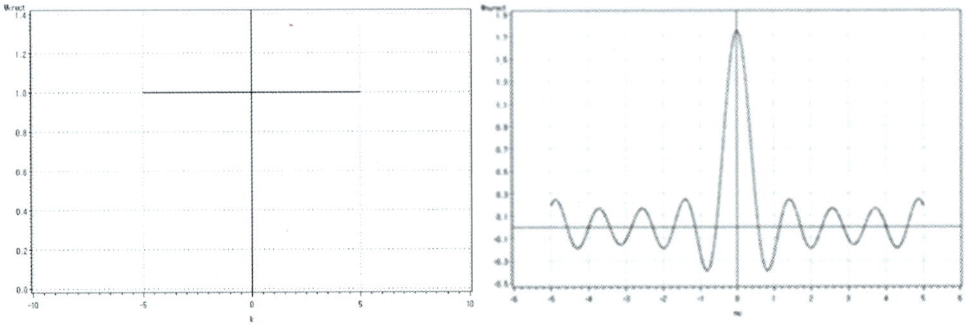

그림 5-14 사각형 시차윈도(왼쪽)와 대응하는 사각형 주파수윈도(오른쪽)

통상적으로 많이 사용되는 윈도는 위에서 소개한 사각형 윈도를 포함하여 다음의 바틀렛 윈도(Bartlett's window), 블랙맨-투키 윈도(Blackman-Tukey window) 그리고 파즌 윈도(Parzen window) 등이 있고, 이것들의 평활 효과는 큰 차이가 없는 것으로 알려져 있다(그림 5-14,

5-15, 5-16, 5-17(SAS-6-11) 참조).

(a) 사각형(디리클레) 윈도

$$W_k = \begin{cases} 1, & |k| \le M \\ 0, & |k| > M \end{cases}, \qquad \mathcal{W}(\nu) = \frac{1}{2\pi}\left\{\frac{\sin((M+1/2)\nu)}{\sin(\nu/2)}\right\}$$

(b) 바틀렛 윈도

$$W_k^B = \begin{cases} 1 - |k|/M, & |k| \le M \\ 0, & |k| > M \end{cases}, \qquad W(\nu) = \frac{1}{2\pi M}\left[\frac{\sin(\nu M/2)}{\sin(\nu/2)}\right]^2$$

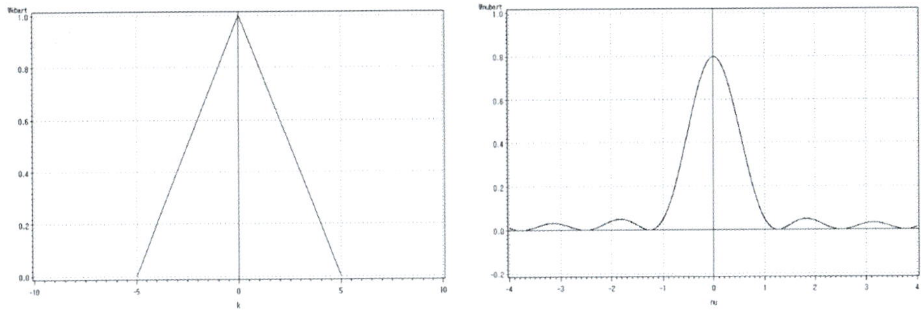

그림 5-15 바틀렛 삼각형 시차 윈도(왼쪽)와 이에 대응하는 주파수 윈도(오른쪽)

(c) 블랙맨-투키 윈도

$$W_k^{BT} = \begin{cases} 1 - 2a + 2a\cos(\pi k/M), & |k| \le M \\ 0, & |k| > M \end{cases}, \quad (\text{단, a는 } 0 < a \le 0.25\text{의 상수})$$

$$W(\nu) = \frac{a}{2\pi}\frac{\sin[(\nu-\pi/M)(M+0.5)]}{\sin[(\nu-\pi/M)\frac{1}{2}} + \frac{(1-2a)}{2\pi}\frac{\sin[\nu(M+0.5]}{\sin(\nu/2)} + \frac{a}{2\pi}\frac{\sin[(\nu+\pi/M)(M+0.50]}{\sin[(\nu+\pi/M)/2]}$$

(d) 파즌 윈도

$$W_k^P = \begin{cases} 1 - 6(k/M)^2 + 6(|k|/M)^3 & |k| \le M/2 \\ 2(1 - |k|/M)^3 & M/2 < |k| \le M \\ 0 & |k| > M \end{cases}, \qquad W(\nu) \cong \frac{3}{8\pi M}\left[\frac{\sin(\nu M/4)}{\frac{1}{2}\sin(\nu/2)}\right]^4$$

(단, M은 큰 수)

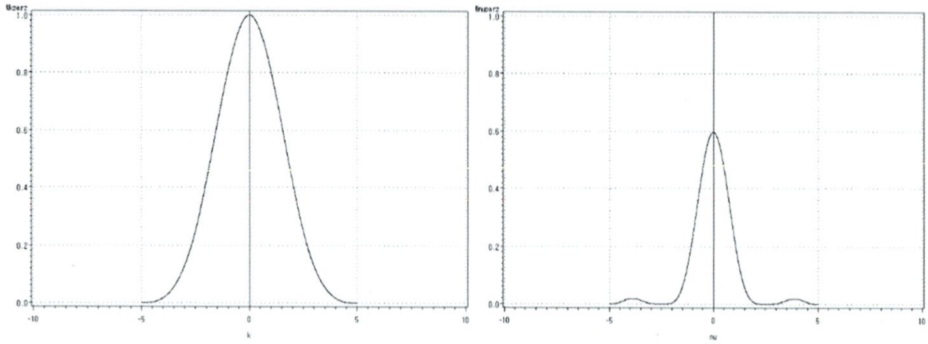

그림 5-16 블랙맨-투키 시차 윈도(왼쪽)와 이에 대응하는 주파수 윈도(오른쪽)

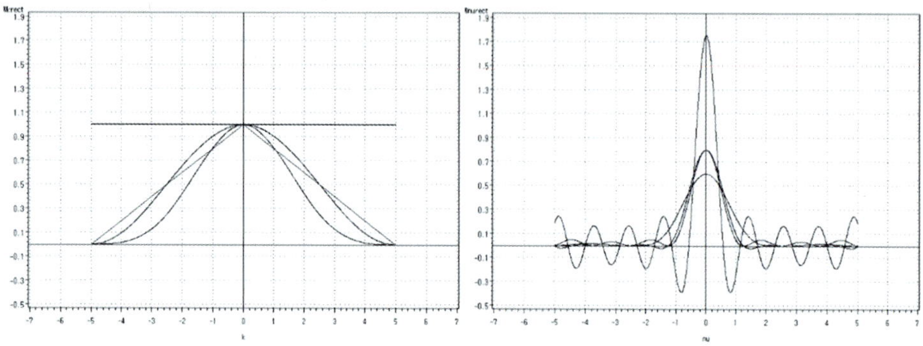

그림 5-17 파즌 시차 윈도(왼쪽)와 대응하는 주파수 윈도(오른쪽)

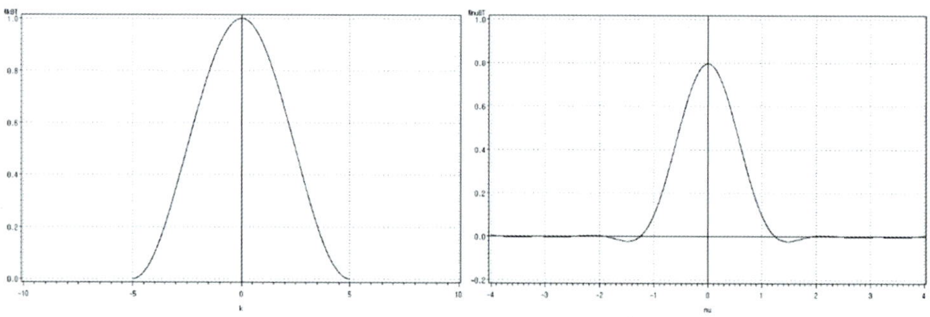

그림 5-18 여러 시차 윈도(왼쪽)와 대응하는 주파수 윈도(오른쪽)의 비교

참고 5.22

일반적으로, 스펙트럼 윈도의 대역의 폭은 시차 윈도에서 사용된 절단 점 M과 역관계를 갖는다. M이 증가하면 대역의 폭은 감소하고 따라서 평활된 스펙트럼의 분산이 증가한다. 결국, 오차는 감소하게 된다. 반대로 M이 감소하면 대역의 폭이 증가하여 결국 분산이 감소하며 오차는 증가하게 된다.

제6장 스펙트럼에 기초한 시계열의 신경망 예측 사례

Statistical Forecasting in the AI era

제5장에서는, 시간영역에서의 시계열의 변동성은 자기공분산함수를 통해 기술되고, 주파수 영역에서의 시계열의 변동성은 스펙트럼 분포를 기초로 설명된다는 사실을 밝혔다. 시계열이 주기성을 갖는 경우, 정상시계열의 스펙트럼 분석은 결국 그 시계열의 주기성에 대응되는 주파수의 분포, 즉 스펙트럼 분포를 통해 수행될 수 있게 된다. 이런 의미에서, 시계열의 예측 문제는 추정된 자기공분산함수에 대응하는 주파수 분포인 표본 스펙트럼 분석을 통하여 효과적으로 다룰 수 있다.

이 장에서는 과거 장기간에 관측된 태양 흑점 시계열을 대상으로 하여 이 시계열의 주기성에 관한 스펙트럼 분석을 수행하고 그 결과를 예측에 적용해 보기로 한다. 또 같은 시계열 자료에 다층 퍼셉트론 구조의 신경망을 적용하고 그 결과를 주파수 분석 결과와 비교해 본다. 특히, 스펙트럼에 기반한 박스-젠킨스 ARIMA 모형을 간소화하는 데 차원축소기법인 주성분 분석(principal component analysis: PCA)을 적용하고, 단일 은닉층의 다층 퍼셉트론 신경망 모형에서 최적의 은닉 구조를 결정하는 분석을 수행한다.

분석 사례

[14] 스펙트럼과 신경망에 기초한 흑점 시계열의 예측: 스펙트럼 예측 vs. 신경망 예측

분석 사례 [14] 스펙트럼과 신경망에 기초한 흑점 시계열의 예측: 스펙트럼 예측 vs. 신경망 예측

이 분석에서는 태양 흑점 시계열의 예측모형 개발에 두 가지 방법, 즉 시계열의 주기성을 밝히는 스펙트럼(즉 주파수) 분석에 기초한 모형과 다층 퍼셉트론에 기초한 신경망 모형을 개발하고 두 모형의 예측효과를 비교 평가한다. 특히, 이 예측 문제에 대한 다층 퍼셉트론 신경망 모형의 효율적 구조를 위해 단일 은닉층의 최적 노드 수를 정하는 실험도 수행한다.

1. 스펙트럼에 기초한 예측

태양 흑점의 주기성은 태양의 주기적 활동은 물론이고 지구의 여러 현상의 주기적 변화를 설명해 줄 수 있다. 태양 활동에서 흑점이 만들어지는 물리적 메커니즘은 확실하게 밝혀지지 않았지만, 태양 흑점의 주기적 변화는 지구물리학적 현상, 특히 위성과 통신, 대기나 해양 등의 현상에 어느 정도의 시차를 두고 영향을 주는 것으로 예상된다. 이런 의미에서 태양 흑점 시계열의 통계적 분석은 큰 의미를 갖는다.

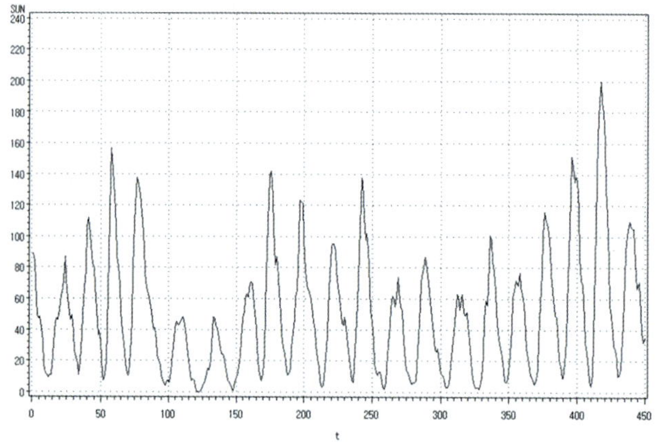

그림 [14]-1 연평균 태양 흑점수(1700년-1983년)

이 분석의 목적은 먼저 태양 흑점수의 주기성을 확인하는 데 있고, 분석은 과거 약 300년간(1700년-1983년) 관찰된 볼퍼(Wolfer)의 연평균 태양 흑점 수(284개) 자료를 기초로 이루어진다. 일별 흑점(상대)수를 R이라 할 때, 이것은 $R = k(10g + f)$로 정의되고, 이때 g와 f는 각각 관찰 일에 나타난 흑점 군의 총수와 흑점의 총수이고 k는 관측소의 고유상수이다. 또 이 값들의 연 평균값을 연평균흑점(상대)수라고 한다. 흑점 수를 기초로 한 태양의 주기성 분석이나 예측 기법은 1927년 이후 바틀렛(Bartlett)[30], 위틀(Whittle), 브릴린저 & 로젠블랫(Brillinger and Rosenblatt) 등 여러 문헌에서 찾을 수 있다.

그림 [14]-1(SAS-[14]-1)에서와 같이 흑점 시계열의 가장 큰 특징은 뚜렷한 주기성과 시간에 따라 크게 나타나는 진폭의 변화이다. 슈스터(Arthur Schuster: 1906년)의 연구를 시작으로, 태양 흑점의 대표적인 특징은 약 11년의 주기성으로 밝혀졌다. 이후 흑점수의 확률모형은 계수 2나 9의 자기회귀과정으로 설명하였고, 박스-젠킨스(1976)는 이 모형의 계수를 3으로 제안하였다. 그러나 일반적으로 짧은 기간 안에 자기의 평균값으로 회귀하는 이 자기회귀모형은 장기적으로 나타나는 주기현상을 설명하지 못하는 결점을 갖는다. 이러한 관점에서 보면, 흑점의 주기성도 그 특성을 설명할 수 있는 해석적 주기함수로 표현하는 것이 더 타당하다고 판단된다.

주어진 흑점 시계열의 주기성을 파악하기 위해서는 이 시계열의 스펙트럼을 추정할 필요가 있다. 이 분석에서는 스펙트럼을 추정하는 방법으로 자료로부터 피리오도그램의 계산, 피리오도그램의 평활 그리고 자기회귀 스펙트럼 추정과 주기성 검정 등 여러 가지 방법을 적용해 볼 수 있다.

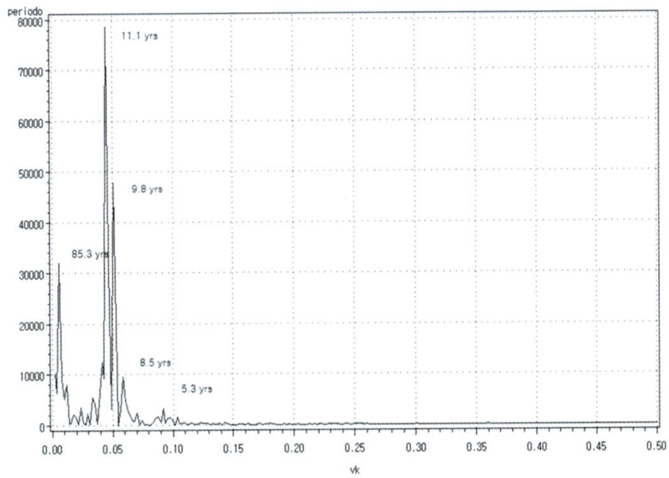

그림 [14]-2 연평균 태양 흑점계열의 피리오도그램

그림 [14]-2(SAS-[14]-2)는 이 시계열에 대한 피리오도그램을 나타낸 것이다. 여기서 빠른 푸리에 변환이 잘 이루어지게 원시계열의 점의 수 N = 459에 0을 추가하여 2의 배수인

30 본 분석에서 소개되는 참고문헌들의 출처는 문헌 [3]의 참고문헌에서 찾을 수 있다.

$N' = 512\ (= 2^9)$를 만들고 평균(49.64)을 조정한 후 피리오도그램을 계산(SAS-[14]-2)하였다. 이때 주파수도 한 점당 ν_k 사이클이 일년당 ν'_k 사이클로 바뀐다. 이 그림에 의하면 흑점 시계열에는 약 11년의 주기 외에 9.8년, 85.3년, 8.5년, 5.3년 등의 주기도 관찰된다.

여기서 피리오도그램이 갖는 큰 변동성을 감안하면 관찰된 주기를 모두 흑점 시계열의 주기로 볼 수는 없다. 따라서 관찰되는 돌출 값들을 기초로 신뢰도 90%의 스펙트럼 신뢰구간을 구한다. 스펙트럼 $f_X(\nu_k)$에 대한 신뢰도 100(1−α)%의 신뢰구간은 다음과 같다.

$$\frac{2P_x(\nu_k)}{\chi^2_{\alpha/2}(2)} \le f_X(\nu_k) \le \frac{2P_x(\nu_k)}{\chi^2_{1-\alpha/2}(2)}$$

여기서 $\chi^2_{1-\alpha/2}(n)$은 자유도 n의 카이-제곱분포의 오른쪽 $\alpha/2$ 꼬리확률을 나타낸다. 이것들을 정리하면 표 [14]-1을 얻는다. 여기서는 $\chi^2_{0.025}(2) = 0.103$, $\chi^2_{0.975}(2) = 5.990$이 사용되었다. 이 표에 주어진 결과만으로는 돌출의 유의성을 판별하기가 쉽지 않다. 그것은 피리오도그램이 갖는 큰 변동성 때문이다. 신뢰구간의 이 변동성은 카이-제곱분포의 변동성이 자유도 2에서 크기 때문이다.

표 [14]-1 스펙트럼 $f_X(\nu)$에 대한 신뢰도 90%의 신뢰구간

주파수 (순환/년)	주기 (순환/년)	피리오도그램 $P_X(\nu) \times 10^4$	90%신뢰구간
0.012	85.3	3.66	(1.2, 71.1)
0.090	11.1	8.64	(2.9, 171.6)
0.102	9.8	5.19	(1.7, 100.8)
0.117	8.5	1.07	(0.4, 20.8)

피리오도그램의 변동성 문제를 해결하기 위해서는 스펙트럼 $f_X(\nu)$이 동일하다고 판단되는 주파수 밴드를 생각하고 그 위에서 피리오도그램을 평활하여 자유도가 더 높은 평균 스펙트럼 추정량을 얻는 방법을 적용한다. 그림 [14]-3(SAS-[14]-2)은 평활상수 L을 각각 3과 5로 하는 평활 파워스펙트럼을 나타낸 것이다. 여기서 $df = 2LN/N'$의 관계를 이용하면 2의 자유도는 5와 9로 각각 재조정된다. 표본이 연 2회 비율로 관찰되어 주파수는 연사이클 수로 표시된다.

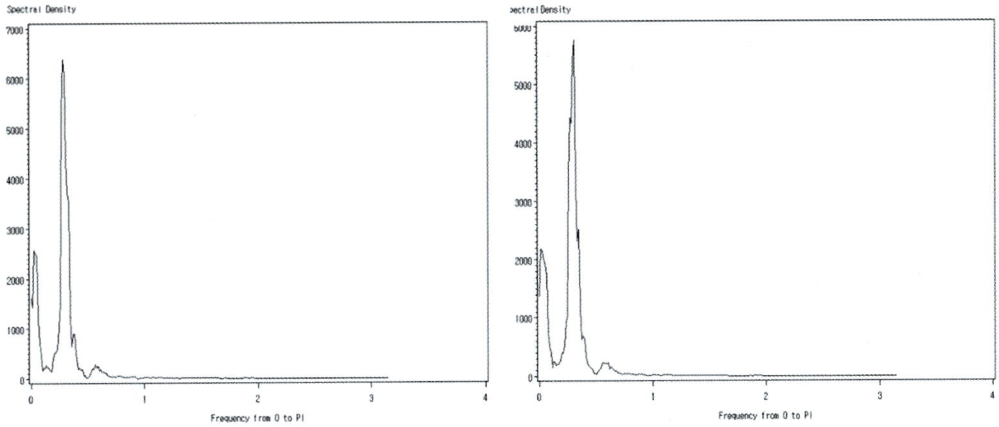

그림 [14]-3 평활 스펙트럼 추정(L=3(왼쪽)과 L=5(오른쪽))

여기서 스펙트럼의 단위를 자연로그로 나타내는 것이 더 편리하다. 예컨대, N_0 =10.7년에서 나타난 돌출은 연 주파수 $\nu' = 0.094$ 사이클에 해당한다. 자유도 5인 경우에 다음 식

$$\ln \hat{f}_X(\nu_k) - \ln \frac{\chi^2_{\alpha/2}(2L)}{2L} \le \ln \hat{f}_X(\nu_k) \le \ln \hat{f}_X(\nu_k) + \ln \frac{\chi^2_{1-\alpha/2}(2L)}{2L}$$

을 이용하면, 신뢰도 99%의 신뢰구간은 다음과 같다.

$$10.66 - \ln(\frac{15.75}{5}) \le \ln f_X(0.094) \le 10.66 - \ln(\frac{0.4125}{5})$$

이것을 계산하면 간단히 (9.45, 13.16)이 된다. 가장 큰 돌출은 처음 피리오도그램에서 관찰된 값과 근사적으로 같다는 사실을 알 수 있다. 표 [14]-2는 유의적인 몇개의 돌출에 대한 신뢰구간들을 요약한 것이다.

표 [14]-2 스펙트럼 돌출의 99% 신뢰구간

주파수(ν)	주기(년)	자유도	$\ln \hat{f}_X(\nu)$	신뢰구간
0.016	64.0	5	9.75	(8.5, 12.2)
0.094	10.7	5	10.66	(9.5, 13.2)
0.187	5.3	5	7.53	(6.3, 10.0)
0.016	64.0	9	9.46	(8.5, 12.2)
0.094	10.7	9	10.54	(9.5, 13.2)
0.187	5.3	9	7.31	(6.3, 10.0)

그림 [14]-4(SAS-[14]-3)는 평활상수 L 을 각각 3과 5로 한 두 평활 파워스펙트럼을 자연로그로 변환한 후 동시에 나타낸 것이다. 변환된 이 스펙트럼들의 시각적 관찰을 통해서도 돌출의 유의성을 대략 확인할 수 있다. 이 그림에서 우선 돌출이 모두 제거되었다고 생각하고, 변환된 스펙트럼을 정밀하게 관찰해서 돌출들의 근저선 높이를 대략 판단한다. 5.3년과 10.7년 두 주기의 근저선의 값을 대략 6이나 7로 판단하면, 이 두 주기의 99% 신뢰구간은 6이나 7의 값들을 포함하지 않고 있음을 확인하여 두 주기의 유의성을 인정한다. 물론 이 근저선의 추정 값들도 변동성을 갖고 있어 전적으로 신뢰할 수는 없지만, 이 방법도 스펙트럼의 돌출을 평가하는 방법으로 사용되기도 한다. 이 방법에 따르면 그림에 나타난 세 개의 돌출 중에서 적어도 5.3년과 10.7년 두 주기는 유의적인 돌출로 평가된다.

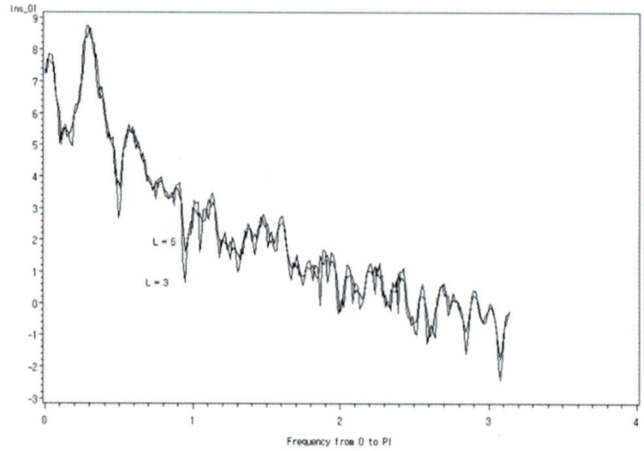

그림 [14]-4 두 평활 스펙트럼의 자연대수의 비교

마지막으로, 주어진 흑점계열의 주기를 파악하는 데 자기회귀 스펙트럼 추정(autoregressive spectral estimation)을 이용해 본다. 먼저, 흑점시계열의 모형과 계수를 결정한다. 그림 [14]-5 (SAS-[14]-4)는 흑점 계열의 표본자기상관함수와 표본편자기상관함수를 구한 것이다. 먼저 표본자기상관함수에서는 위에서도 확인된 약 11년 주기의 주기적 행태를 보이고 있고, 표본편자기상관함수를 관찰(편자기상관값을 $2\text{S.E.}=\frac{2}{\sqrt{459}} \cong 0.10$과 비교)하면 낮게는 4계나 높게는 15계-자기회귀모형의 행태로 판단된다. 그러나 잔차 분석과 AIC(또는 SBC)를 참고하면 4계보다는 15계-자기회귀모형이 더 적절함을 알 수 있다. 흑점시계열에 적합된 15계-자기회귀모형(AR(15))(SAS-[14]-4, 5)은 다음과 같다.

$$\begin{aligned} X_t = {} & 50.3943 + 1.8347\,X_{t-1} - 1.4444\,X_{t-2} + 1.1171\,X_{t-3} - 1.0691X_{t-4} + 0.8926\,X_{t-5} \\ & - 0.8846\,X_{t-6} + 0.8765\,X_{t-7} - 0.7255\,X_{t-8} + 0.6043\,X_{t-9} - 0.6220\,X_{t-10} \\ & + 0.6227\,X_{t-11} - 0.5207X_{t-12} + 0.3971X_{t-13} - 0.3524X_{t-14} + 0.2214X_{t-15} \end{aligned} \tag{5.30}$$

$$\hat{\sigma}_e^2 = 55.4802$$

더욱이, 이 모형에 대응하는 추정된 스펙트럼은 그림 [14]-6에 주어졌다. 이 추정스펙트럼에 의하면 흑점 시계열에는 11.1년을 주주기로 하고 5.1년, 3.1년 그리고 2.1년 등의 부주기들을 포함하고 있음을 알 수 있다. 이 주기들은 그림 [14]-4에서 관찰된 주기들과 대략적으로 비교된다. 그림 [14]-7(SAS-[14]-4)은 이 예측모형으로 표시된 실제 값, 예측값 그리고 미래 10년 예측값을 나타낸 것이다.

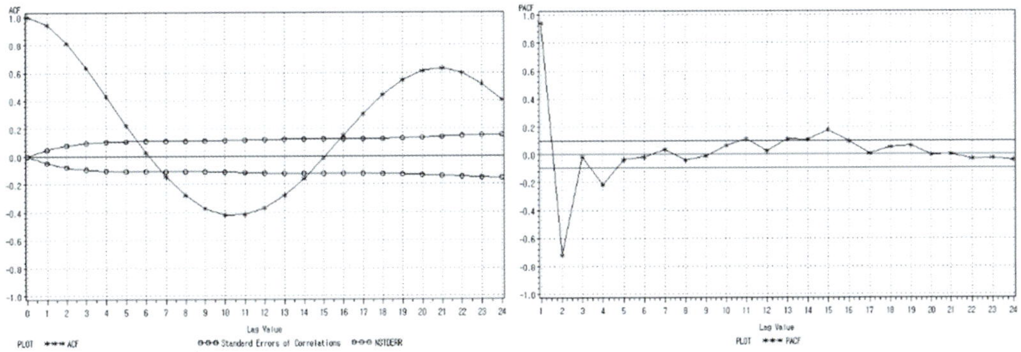

그림 [14]-5 흑점계열의 표본자기상관함수(왼쪽)와 표본편자기상관함수(오른쪽)

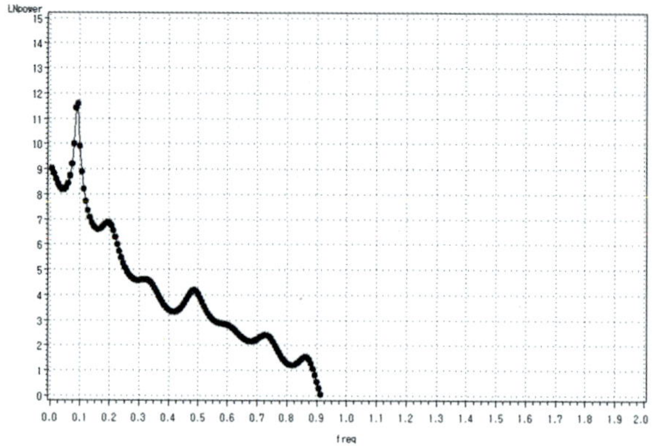

그림 [14]-6 AR(15)를 이용한 추정스펙트럼

표 [14]-3은 위에서 관찰된 주기들에 대한 자연로그 스펙트럼 $\ln f_X(\nu)$에 대한 100(1−α)%의 신뢰구간

$$\ln \frac{\hat{f}_X(\nu)}{(1 + cz_{1-\frac{\alpha}{2}})} \le \ln f_X(\nu) \le \ln \frac{\hat{f}_X(\nu)}{cz_{1-\frac{\alpha}{2}}}, \qquad c = \sqrt{\frac{2p}{N}}$$

$(N = 459)$을 계산한 결과이다. 이 표에 의하면 11.1년과 5.1년의 두 주기는 유의적임을 알 수 있다. 주기 2.1년의 스펙트럼 값은 주기 약 3.5년의 돌출 옆에서 약하게 나타나고 있다. 약 2년 주기도 이 자기회귀 스펙트럼 분석으로 확인되고 있다. 이 자기회귀 스펙트럼 분석에서 얻어진 표 [14]-3을 표 [14]-2와 비교해 보면 신뢰구간들이 분산의 감소로 좁아진 것을 볼 수 있다.

표 [14]-3 AR(15)에서의 주기의 99% 신뢰구간

주파수(ν)	주기(년)	AR 스펙트럼 $\ln \hat{f}_X(\nu)$	99% 신뢰구간
0.476	2.1	4.25	(3.74, 5.32)
0.322	3.1	4.57	(4.16, 5.74)
0.196	5.1	6.94	(6.43, 8.01)
0.009	11.1	12.19	(11.68, 13.27)

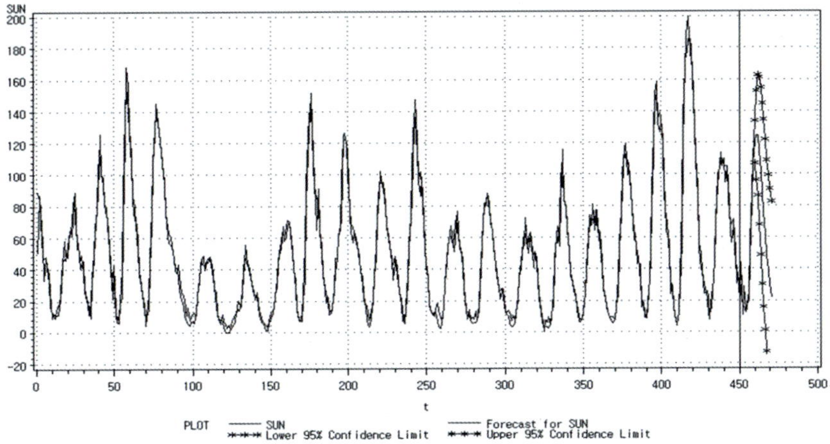

그림 [14]-7 AR(15)를 통한 실제 값과 그 예측값 그리고 10년 전방예측값 및 95% 신뢰구간

참고 5.23 주기성 확인을 위한 검정

시계열의 주기를 확인하는 데 검정 방법을 이용할 수도 있다. 그림 [14]-2의 표본스펙트럼에서 돌출로 나타난 약 10.92년, 94.67년의 주기에 대하여 그 존재를 검정을 통하여 확인해 보자. 이 두 주기는 여러 다른 형태의 여과를 통해서도 쉽게 평활되지 않을 뿐 아니라 유의성 검정을 통해서도 존재성이 확인된다. 먼저, 주기 10.92년의 존재에 대한 검정은 피리오도그램을 기초로 하고, 근사분포를 $P[T_F > g] \cong N(1-g)^{N-1}$, $N = [n/2]$ 으로 갖는 피셔(Fisher)의 검정통계량

$$T_1 = \frac{P_X^{(1)}(\nu_1)}{\sum_{k=1}^{[N/2]} P_X(\nu_k)}$$

를 이용한다. 주파수 ν_1 에서 나타난 최대 피리오도그램 $P_X^{(1)}(\nu_1) = P_X(\nu_{27}) = 9.260$ 과 $N = 142$ 를 이용하면 $T_F = 0.2271$ 이고, 유의수준 $\alpha = 0.05$ 에서 $N(1-g)^{N-1} = 142(1-g)^{141} = \alpha$ 를 만족하는 $g = 0.0548$ 이 T_F 의 값에 비해 작아 유의수준 0.05에서 주파수 $\nu_{27} = 0.5752$ (주기=10.92년)의 주기성분의 존재가 확인된다. 부주기 94.67년의 존재성 검정을 위해서는 통계량 T_F 를 부주기까지 확장시킨 위틀(Whittle)의 검정통계량

$$T_2 = \frac{P_X^{(2)}(\nu_2)}{[\sum_{k=1}^{[n/2]} P_X(\nu_k)] - P_X^{(1)}(\nu_1)}$$

(단, $P_X^{(2)}(\nu_2)$ 는 두 번째로 큰 $P_X(\nu)$)을 이용한다. T_F 의 근사분포에서 N이 N − 1로 바뀐 T_F 의 근사분포를 이용하면, 유의수준 $\alpha = 0.05$ 에서 $T_2 = 0.1402 > 0.0552 = g$ 로 주파수 $\nu_4 = 0.0664$ (주기=94.67년)에서 존재하는 부주기를 부정할 근거는 없다. 결론적으로, 위 검정에 의하면 태양 흑점의 주기는 주주기 10.92년 그리고 부주기 94.67년으로 결정된다. 위 결과는 앞에서 얻어진 결과들과 정확히 일치하지는 않지만 참고할 만하다.

2. 인공신경망에 기초한 예측

앞 절에서는 태양 흑점 시계열의 주기성을 자기회귀 스펙트럼을 통해 파악하고 이것을 기초로 흑점 시계열의 예측모형을 개발하였다. 이 절에서는 이 예측문제를 인공신경망(ANN)의 순방향 다층 퍼셉트론을 통하여 해결해 보기로 한다.

앞에서 언급한 바와 같이, 인공신경망은 인간의 뇌에서 수행하는 정보 처리에서 영감을 받은 컴퓨터 계산 알고리즘으로 다수의 입력 정보를 받아 입력값의 중요성을 감안한 가중치를 부여한 후 여기서 얻어지는 한 개 또는 그 이상의 값들을 출력하는 인식체계이다.

순방향 다층 퍼셉트론은 비교적 예측성과가 높은 인공신경망의 한 형태로 입력층, 은닉층, 출력층 등 3개 층이 순차적으로 나열되어, 입력층에는 일반적으로 p개 입력값을 위한 p개의 노드(즉 뉴런)에 한 개나 그 이상 은닉층에 k개의 노드, 그리고 마지막 출력층에는 한 개 또는 그 이상 r개 출력값과 같은 수의 출력 노드로 구성된다. 이것을 보통 ‘구조 $p \times k \times r$ 신경망’이라 하고, 여기서 i-번째 입력값과 은닉층의 j-번째 노드 사이를 연결하는 가중치를 $w_{ij}^{(1)}$로 표시하고, 은닉층의 j-번째 출력값과 출력층의 k-번째 노드 사이를 연결하는 가중치를 $w_{jk}^{(2)}$로 나타낸다. 이러한 가중치는 은닉층과 출력층 사이의 모든 원소에 주어지고 이 두 층의 노드에는 바이어스가 추가되기도 한다. 신경망 패러다임은 순방향 신경망과 이와 관련된 백프로퍼게이션(즉 역전파) 학습 알고리즘을 말하며, 이 순방향 신경망에서 노드는 보통 위와 아래로 배열된다.

순방향 다층 퍼셉트론을 포함한 인공신경망에 대한 관심은 근래 빠르게 확장되고 있고, 그 설계에서 주요 문제의 하나는 학습을 통하여 가장 적합한 구조를 선택하는 일이다. 신경망의 성능은 기본적으로 구조에 따라 달라지며, 특히 최적의 은닉 단위 수가 각 관측값을 효과적으로 구별하기에 충분해야 한다. 신경망 구조가 필요 이상 복잡해지면 학습에 소요되는 시간이 더 많이 요구되고 예측결과도 예상보다 정확하지 않을 수 있다.

실제 분석에서, 신경망의 자료집합을 학습집합과 검사집합, 다시 말하여 표본 내 집합과 표본 외 집합으로 구분하고, 학습집합은 주로 신경망 구축에 그리고 검사집합은 모형의 예측력 평가에 이용된다. 학습이란 기본적으로 최적의 신경망을 연결하는 최적의 가중치들을 찾는 과정을 말한다.

신경망 구조와 그 학습 알고리즘 개발을 위한 많은 노력에도 불구하고 최적의 신경망 설정과 관련한 성과는 아직 제한적이다. 최적의 구조를 설계하는 것은 학습된 부분과 학습되지 않은 부분 모두에서 최소의 오차를 생성하는 최소 규모의 신경망 구조를 의미한다.

이 분석에서는 흑점 시계열 예측에 순방향 다층 퍼셉트론 신경망 구조를 적용하고 그 예측효과를 평가하며, 또 이것을 자기회귀 스펙트럼을 통한 주기성 추정을 기반한 ARIMA 모형의 결과와 비교하기로 한다.

먼저 시계열 예측을 위한 여러 다층 퍼셉트론 신경망 구조를 생각한다. 그리고 여기서 예측에 가장 적합한 은닉 노드 단위를 정한다. 신경망의 크기는 추정할 매개 변수의 개수로 설명되고 그 신경망의 성능은 그 구조에 의존한다. 결국 최소의 신경망 크기로 최소의 오차를 생성하는 신경망 구조를 결정하는 방법을 찾는 것이다. 여기서 신경망의 구조란 필요한 계층 수와 각 계층에서 필요한 노드 수를 의미한다.

한 개의 은닉층을 갖는 신경망, 즉 2계층 신경망(two-layered network)은 입력 변수와 출력 변수 사이의 선형관계뿐 아니라 복잡한 비선형 관계도 설명한다. 두 개의 은닉층을 갖는 3계층 신경망은 복잡한 관계를 설명하는 데 더 유연하지만, 처리 시간이 증가하는 단점을 갖는다. 여기서는 2계층 신경망의 은닉 계층에 얼마나 많은 노드가 필요한지를 중점적으로 생각한다. 그러나 그것은 두 개 이상의 계층으로 구성된 신경망이 은닉 계층에서 더 적은 수의 계층 노드를 가질 수 있는지 여부에 대한 문제는 여기서 다루지 않기로 한다.

2.1 주성분 분석(PCA)의 절차

PCA의 적용 절차를 단계별로 나타내면 다음과 같다.

1) 한 개의 은닉층에서 임의 개 은닉 노드를 갖는 신경망을 학습한다. 2) 은닉 노드의 출력에 대한 공분산 행렬(covariance matrix)(p x p)을 구한다. 여기서 p는 초기 신경망의 은닉 노드 수를 뜻한다. 3) 구해진 공분산 행렬의 고윳값(eigenvalues)을 구한다. 고윳값의 합은 자료 집합의 전변동을 의미한다. 4) 1보다 큰 고윳값의 개수를 관찰하여 그 개수를 p*라 하고, 만일 $p^* < p$이면 은닉 노드와 선택한 주성분 간의 상관관계를 검사하여 p노드 중에서 p* 노드를 선택한다. 반대로 $p^* \geq p$이면, 불필요한 중복 정보가 없는 것으로 판단한다. 5) 은닉 노드의 수가 결정되면, 새 구조의 신경망을 다시 학습하되 다음 두 방법 중 하나를 적용한다. 하나는 랜덤으로 초기 가중치를 다시 생성하고 신경망을 처음부터 다시 학습한다. 다른 하나는 추정된 가중치, 특히 4)의 첫 번째 단계에서 선택된 은닉 노드와 출력 노드 사이의 가중치를 초기 값으로 사용한다. 결국 두 번째 단계에서는 학습에 필요한 반복 횟수를 줄일 수 있다.

2.2 PCA의 적용

(5.30)의 AR(15)를 참작하여, 먼저 15개 변수 값 $X_{t-1}, X_{t-2}, \cdots, X_{t-15}$를 입력값으로 하고 2개의 은닉 노드와 1개의 출력 노드를 갖는 '구조 15 × 2 × 1 신경망'을 통하여 일단계 전방값 X_t의 예측을 수행한다. 다음은 이 신경망을 학습한 후에 은닉 단위의 출력 공분산 행렬을 계산하여 최적의 구조를 다시 조정한다. 신경망 행렬에 의해 생성된 공분산 행렬의 고윳값 그리고 관련 통계량들은 표 [14]-4(SAS-[14]-6)에 주어졌다. 여기서는 생략하였지만, 각 변수 간의 상관계수가 높은 것은 주성분 분석의 효과도 높다는 뜻이 된다. 이 표에서, 앞의 두 고윳값 6.4629와 5.9158이 전체 변동의 82.53%를 설명하는 주성분이고, 앞의 세 고윳값은 전체 변동의 95.29%를 설명한다는 뜻이 된다. 결국 둘이나 세 단위가 은닉층의 적절한 크기일 수 있고, 이에 대응되는 둘 또는 세 은닉 노드를 갖는 신경망으로 정하는 것이 타당하다고 볼 수 있다. 절약의 법칙에 의하여 은닉 노드 수를 2로 정할 수도 있지만, 여기서는 이것을 더 체계적인 분석에 기초하여 결정하기로 한다. 여기서 전 변동 100%를 설명할 수 있게 변수 모두를 이용하는 것은 바람직하지 않다. 각 변수에는 추정해야 할 계수가 동반되어 새로운 예측오차가 추가되기 때문이다.

표 [14]-4 신경망의 행렬에 의해 생성된 고윳값

No	Eigenvalue	Difference	Proportion	Cumulative
1	6.46293630	0.54709651	0.4309	0.4309
2	5.91583979	4.00094620	0.3944	0.8253
3	1.91489359	1.53840534	0.1277	0.9529
4	0.37648825	0.21499317	0.0251	0.9780
5	0.16149507	0.10534216	0.0108	0.9888
6	0.05615291	0.02228860	0.0037	0.9925
7	0.03386431	0.00595502	0.0023	0.9948
8	0.02790929	0.00697889	0.0019	0.9966
9	0.02093040	0.01028101	0.0014	0.9980
10	0.01064939	0.00303534	0.0007	0.9987
11	0.00761405	0.00209212	0.0005	0.9993
12	0.00552193	0.00214050	0.0004	0.9996

No	Eigenvalue	Difference	Proportion	Cumulative
13	0.00338143	0.00159167	0.0002	0.9998
14	0.00178975	0.00125619	0.0001	1.0000
15	0.00053356		0.0000	1.0000

2.3 신경망의 은닉 구조

주어진 시계열 자료를 이용하여 단일 은닉층의 다층 퍼셉트론 신경망에 대하여 노드 개수가 다른 몇 가지 은닉 구조의 학습효과를 평가해 본다. 표 [14]-5[31]는 정규화된 자료와 원자료를 대상으로 은닉 구조의 학습효과를 평가한 결과이다. 실험은 서로 다른 랜덤 시드를 사용하여 반복적으로 학습하여 최적의 학습률을 찾고 필요한 경우에는 에폭 수를 늘린다. 이 표에 주어진 실험 결과에 의하면 '구조 3 x 3 x 1 모형'이 최소의 학습오차를 갖는 구조임이 확인된다.

표 [14]-5 은닉 구조에 따른 신경망의 학습효과

(a) 정규화 자료

신경망 구조	N	MSE	MAE	MASE	MAPE
3 x 1 x 1	456	0.0073410	0.0726368	0.0022119	237.91134
3 x 2 x 1	456	0.0031663	0.0449658	0.0013693	163.09062
3 x 3 x 1	456	0.0010569	0.0249935	0.0007610	109.47366
3 x 4 x 1	456	0.0084028	0.0788486	0.0024010	52.03477

(b) 원자료

신경망 구조	N	MSE	MAE	MASE	MAPE
3 x 1 x 1	456	0.0726368	14.527354	0.2566772	47713.850
3 x 2 x 1	456	0.0449658	8.9931538	0.1588960	32749.700
3 x 3 x 1	456	0.0249935	4.9986985	0.0883197	22026.310
3 x 4 x 1	456	0.0788486	15.769710	0.0024010	10538.500

[31] 이 표의 계산은 SAS-[14]-311, SAS-[14]-321, SAS-[14]-331, SAS-[14]-341에서 얻을 수 있다.

신경망 모형의 예측성과는 학습집합과 검사집합에서 평가되어야 하지만, 검사집합에서의 성과는 더 중요하다. 표 [14]-6(SAS-[14]-7)은 최소의 학습오차를 갖는 '구조 3×3×1 모형'의 예측오차를 학습집합과 검사집합으로 분리하여 계산한 결과이다. 자료의 전반부 약 85%는 학습집합으로, 나머지 약 15%는 검사집합으로 이용하였다. 여기서 특히 MSE와 MAE에 주목하면, 통상적인 경우와는 다르게 이 값들이 검사집합보다 학습집합에서 더 작게 나타났다. 출력 노드가 하나인 퍼셉트론 신경망의 장기예측에서는 미래 값을 한 단계만 예측하고 그다음 단계에서는 앞의 예측값을 입력값으로 사용하여 예측하기 때문에 예측오차가 확대되는 것이 일반적인 경향이다. 그러나 이러한 예외적인 결과는 그림 [14]-9에서와 같이 바탕에서 관찰되는 예측오차가 검사집합 쪽에서는 거의 나타나지 않는 이 시계열의 특징에 기인한다고 할 수 있다. 검사집합 비율을 더 확대해 가면 이 현상은 개선될 수도 있다.

시계열의 예측에서, 신경망 모형의 예측성과는 자신의 여러 은닉구조에서는 물론이고 ARIMA 모형과의 비교도 필요하다. 이런 뜻에서 신경망 '구조 3×3×1 모형'의 예측효과를 흑점 시계열의 스펙트럼에 기반한 박스-젠킨스 ARIMA 모형의 성과와 비교 평가하기로 한다. 여기서도 신경망 모형에 적용한 주성분 분석(즉, PCA)을 앞의 ARIMA 모형 AR(15)에 적용하면 이것은 AR(2)와 AR(3)로 간소화된다. 이 두 모형에 흑점 시계열 자료를 적합(SAS-[14]-8)하여 얻어지는 예측오차의 MSE는 율-워커 추정치로 AR(2)에서 61.97376이고, AR(3)에서 62.24769로 큰 차이는 보이지 않는다. 더욱이 여러 예비모형 중에서 하나를 선택하는 규준인 Akaike의 AIC와 Schwartz의 SBC가 주어진 표 [14]-7(SAS-[14]-8)을 참고하면 AR(2)와 AR(3)에서 더 작은 값을 갖는 AR(2)가 선택된다. 물론, 여기서 AR(6)이나 AR(15)를 선택하지 않는 이유는 앞에서 논한 바와 같다. 결과적으로, ARIMA 모형 AR(2)와 신경망 '구조 3×3×1 모형'의 예측효과를 비교해 보면, 최종적으로 신경망 '구조 3×3×1 모형'이 ARIMA의 AR(2)보다도 더 높게 평가된다.

표 [14]-6 구조 3x3x1 신경망'의 학습 및 검사 집합에 대한 오차비교

(a) 정규화 자료

영역	N	MSE	MAE	MASE	MAPE
학습집합	391	0011310	0.0260027	0.0005080	124.31081
검사집합	58	0.000275	0.0143786	0.0329651	5.94042

(b) 원자료

영역	N	MSE	MAE	MASE	MAPE
학습집합	391	0.001131	0.0260027	0.0005080	124.31081
검사집합	58	0.000275	0.0143786	0.0329651	5.94042

표 [14]-7 여러 AR모형에 대한 AIC와 SBC의 값

ARIMA	AR(2)	AR(3)	AR(6)	AR(15)
AIC	3203.406	3206.424	3178.208.	3155.544
SBC	3215.794	3222.940	3207.112	3221.609

그림 [14]-9(SAS-[14]-9)는 학습집합과 검사집합을 분리하여 신경망 '구조 3 × 3 × 1 모형'의 예측효과를 시도표로 나타낸 것이다. 이 그림의 전반부는 학습집합의 관측값과 그 예측값을 나타낸 것이고, 후반부는 검사집합과 그 예측값을 나타낸 것이다. 후반부 검사집합에서는 '구조 3 × 3 × 1 모형'의 신경망에서 한 개의 출력 노드 만을 사용하여 미래 값을 한 단계만을 예측하고 그다음의 예측을 위해서는 앞의 예측값을 다시 입력값으로 반복하여 사용하는 다단계 전방예측, 즉 반복예측을 적용하였다.

3. 결론

이 분석에서는 흑점 시계열 예측에 두 가지 모형, 즉 스펙트럼에 기반한 박스-젠킨스 ARIMA 모형 그리고 신경망의 다층 퍼셉트론 모형을 적용하고 그 효과를 비교하였다. 더욱이, 주어진 시계열 자료에 대한 최적의 신경망 모형의 은닉층 구조를 검토하고 제안하였다. 특히, 단일 은닉 단위에서 적정한 노드의 수는 신뢰할 수 있는 결과를 생성한다는 것을 확인하였다. 또 다층 퍼셉트론 신경망 모형을 대상으로, 단일 은닉층의 최적 노드 수를 결정하는 분석을 통하여 '구조 3 × 3 × 1 모형'이 최소의 학습오차를 갖는 더 신뢰할 수 있는 결과를 생성하는 은닉 구조임을 밝혔다.

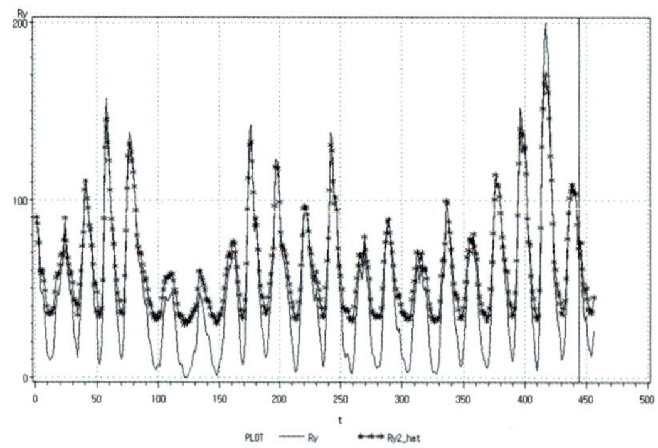

구조 3×1×1 모형

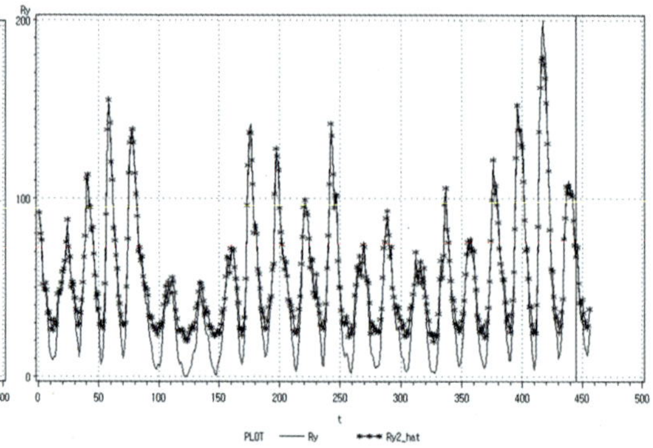

구조 3×2×1 모형

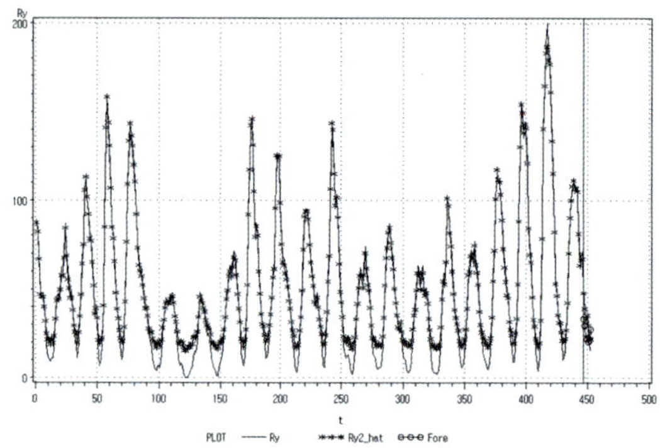

구조 3×3×1 모형

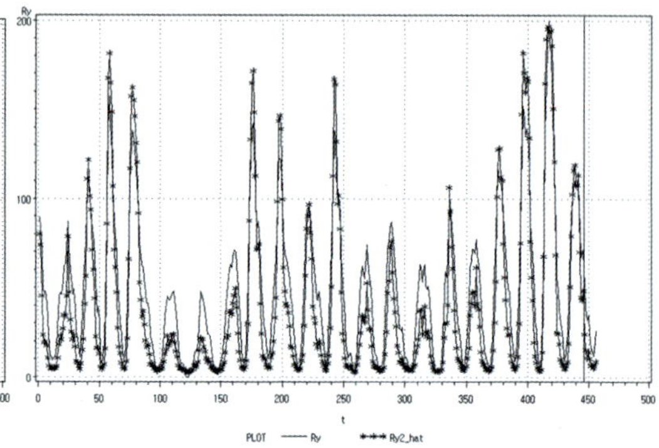

구조 3×4×1 모형

그림 [14]-8 흑점 시계열의 실제 값과 여러 신경망 구조에 의한 예측값

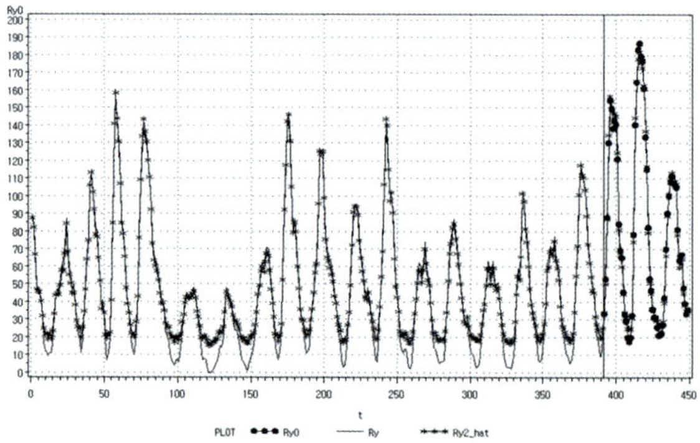

그림 [14]-9 신경망 모형을 이용한 흑점 시계열의 실제 값과 그 예측값

수행분석 8 시계열의 스펙트럼 분석: 판매량의 예측모형

아래 그림은 어떤 회사에서 55년간(1857년-1911년) 판매한 상품의 연 매출량을 나타낸 시도표이다. 왼쪽은 원래 계열의 도표이고, 오른쪽은 그것의 (자연)로그 변환을 한 계열의 도표이다. 이 분석에서는 이 시계열을 지배하는 주주파수와 부주파수(즉, 주주기와 부주기)를 찾고 이것들을 매출량의 예측모형 개발에 이용하기로 한다(자료파일 PELTS.dat).

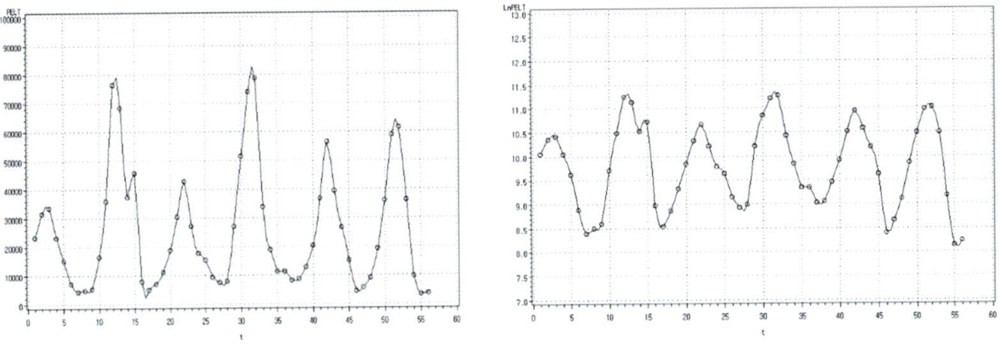

매출량 원시계열(왼쪽)과 그 로그 변환 시계열(오른쪽)의 시도표

[1] 다음 분석을 단계별로 수행하시오.

(1) 로그 변환계열에 대하여 피리오도그램(periodogram)이나 그 평활을 계산하고 그것을 그래프로 나타내시오.

(2) 피셔의 검정(Fisher's test)을 통해 로그 변환계열에 대한 주주파수(또는 주주기)를 찾으시오.

(3) 위틀의 검정(Whittle's test)을 통해 로그 변환계열에 대한 부주파수(또는 부주기)를 찾으시오.

(4) 로그 변환계열 $\{X_t\}$의 가법모형을 $X_t = R_t + C_t$, 단, $R_t = \alpha_0 + \alpha_1 t$ 그리고

$$C_t = \beta_{10} \sin(\beta_{11} + \beta_{12} t) + \beta_{20} \sin(\beta_{21} + \beta_{22} t)$$

으로 놓고, 최소제곱원리를 이용하여 미지모수 α_0, α_1, β_{10}, β_{11}, β_{12}, β_{20}, β_{21} β_{22}를 추정하시오 (단, SAS의 PROC NLIN를 이용하고 (2)와 (3)에서 구한 주◦부주파수를 β_{12}, β_{22}의 초깃값으로 이용). 또 로그 변환 계열과 적합모형의 값을 동시에 시도표로 나타내시오.

(5) 잔차 분석(residual analysis)을 통하여 위에서 구한 모형을 평가하시오.

[2] 분석 [1]의 결과를 참고하여, 위 시계열 자료의 다층 퍼셉트론 신경망 모형을 유도하시오.

부록

Statistical Forecasting in the AI era

부록 I SAS 프로그램 및 분석용 자료

이 책에서 사용된 SAS 프로그램은 경문사 홈페이지 내 도서 상세 페이지의 [자료] 탭에 업로드되어 있다. 또 분석에 이용된 시계열 자료는 프로그램과 연계되어 있다.

참고

각 SAS 프로그램에서 infile statement

INFILE 'G:\BOX-ANN\SALE.dat'

는 데이터 SALE.dat를 외부(G)에 구성된 데이터 파일(BOX-ANN)에서 읽는다는 뜻이다.

분석에 이용된 시계열 자료의 파일 이름

AMOUNT.dat	DAEHAN.dat	CONC.dat	DIOXIDE.dat	GEDAILY.dat
HOTEL3.dat	HUMIDITY.dat	KYOBO.dat	PASSENGER.dat	SALE.dat
SAMSUNG.dat	SandP1000.dat	SMOKE.dat	SUNSPOT.dat	TEMPER.dat
WATER3.dat	TEMSEA22.dat	SAVING.dat	CONSUM.dat	TRANS.dat
PELTS.dat	EXPORTS.dat	EMPLOY.dat	RAINFALL.dat	UNEMPLOY.dat
GE.dat	Wunemploy.dat	Shipment.dat	SIAR2	SIMA2
GESTOCK.dat	SIAM11.dat	Margin.dat	Temper.dat	Rain.dat
SAVENG.dat	CONSUM.dat			

부록 II 여러 가지 통계표

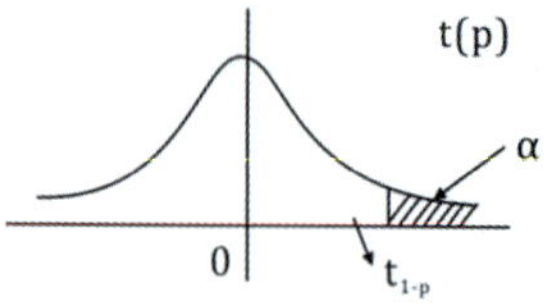

t-분포의 임계값

	$t_{1-\alpha}(p)$						
P	$t_{0.85}(p)$	$t_{0.90}(p)$	$t_{095}(p)$	$t_{0.975}(p)$	$t_{0.98}(p)$	$t_{0.99}(p)$	$t_{0.995}(p)$
1	1.963	3.078	6.314	12.706	15.895	31.821	63.657
2	1.386	1.886	2.920	4.303	4.489	6.965	9.925
3	1.250	1.638	2.353	3.182	3.482	4.541	5.841
4	1.190	1.533	2.132	2.776	2.999	3.747	4.604
5	1.156	1.476	2.015	2.571	2.757	3.365	4.032
6	1.134	1.440	1.943	2.447	2.612	3.143	3.707
7	1.119	1.415	1.895	2.365	2.517	2.998	3.499
8	1.108	1.397	1.860	2.306	2.449	2.896	3.355
9	1.100	1.383	1.833	2.262	2.398	2.821	3.250
10	1.093	1.372	1.812	2.228	2.359	2.764	3.169
11	1.088	1.363	1.796	2.201	2.328	2.718	3.106
12	1.083	1.356	1.782	2.179	2.303	2.681	3.055
13	1.079	1.350	1.771	2.160	2.282	2.650	3.012
14	1.076	1.345	1.761	2.145	2.264	2.624	2.977
15	1.074	1.341	1.753	2.131	2.249	2.602	2.947
16	1.071	1.337	1.746	2.120	2.235	2.583	2.921
17	1.069	1.333	1.740	2.110	2.224	2.567	2.898
18	1.067	1.330	1.734	2.101	2.214	2.552	2.878
19	1.066	1.328	1.729	2.093	2.205	2.539	2.861
20	1.064	1.325	1.725	2.086	2.197	2.528	2.845
21	1.063	1.323	1.721	2.080	2.189	2.518	2.831
22	1.061	1.321	1.717	2.074	2.183	2.508	2.819
23	1.060	1.319	1.714	2.069	2.177	2.500	2.807
24	1.059	1.318	1.711	2.064	2.172	2.492	2.797
25	1.058	1.316	1.708	2.060	2.167	2.485	2.787
26	1.058	1.315	1.706	2.056	2.162	2.479	2.779
27	1.057	1.314	1.703	2.052	2.158	2.473	2.771
40	1.050	1.303	1684	2.021	2.125	2.423	2.704
60	1.045	1.296	1.671	2.000	2.099	2.390	2.660
120	1.041	1.289	1.658	1.980	2.076	2.358	2.617
∞	1.036	1.282	1.645	1.960	2.054	2.326	2.576

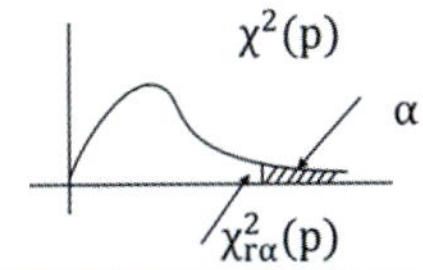

χ^2-분포의 임계값

	$\chi^2_{1-\alpha}(p)$							
P	$\chi^2_{0.005}(p)$	$\chi^2_{0.025}(p)$	$\chi^2_{0.05}(p)$	$\chi^2_{0.90}(p)$	$\chi^2_{0.95}(p)$	$\chi^2_{0.975}(p)$	$\chi^2_{0.99}(p)$	$\chi^2_{0.995}(p)$
1	0.000393	0.000982	0.00393	2.706	3.841	5.024	6.635	7.879
2	0.0100	0.0506	0.103	4.605	5.991	7.378	9.210	10.590
3	0.0717	0.216	0.352	6.251	7.815	9.348	11.345	12.838
4	0.207	0.484	0.711	7.779	9.488	11.143	13.277	14.860
5	0.412	0.831	1.145	9.236	11.070	12.832	15.086	16.750
6	0.676	1.237	1.635	10.645	12.592	14.449	16.812	18.548
7	0.989	1.690	2.167	12.017	14.067	16.013	18.475	20.278
8	1.344	2.180	2.733	13.362	15.507	17.535	20.090	21.955
9	1.735	2.700	3.325	14.684	16.919	19.023	21.666	23.589
10	2.156	3.247	3.940	15.987	18.307	20.483	23.209	25.188
11	2.603	3.816	4.575	17.275	19.675	21.920	24.725	26.757
12	3.074	4.404	5.226	18.549	21.026	23.336	26.217	28.300
13	3.565	5.009	5.892	19.812	22.362	24.736	27.688	29.819
14	4.075	5.629	6.571	21.064	23.685	26.119	29.141	31.319
15	4.601	6.262	7.261	22.307	24.996	27.488	30.578	32.801
16	5.142	6.908	7.962	23.542	26.296	28.845	32.00	34.267
17	5.697	7.564	8.672	24.769	27.587	30.191	33.409	35.718
18	6.265	8.231	9.390	25.989	28.869	31.526	34.805	37.158
19	6.844	8.907	10.117	27.204	30.144	32.852	36.191	38.582
20	7.434	9.591	10.851	28.412	31.410	34.170	37.566	39.997
21	8.034	10.283	11.591	29.615	32.671	35.479	39.932	41.401
22	8.643	10.982	12.338	30.813	33.924	36.781	40.289	42.796
23	9.260	11.688	13.091	32.007	35.172	38.076	41.638	44.181
24	9.886	12.401	13.848	33.196	36.415	39.364	42.980	45.558
25	10.520	13.120	14.611	34.382	37.652	40.646	44.314	46.928
26	11.160	13.844	15.379	35.563	38.885	41.923	45.642	48.290
27	11.808	14.573	16.151	36.742	40.113	43.194	46.963	49.645
40	20.707	24.433	26.509	51.805	55.758	59.342	63.691	66.766
60	35.535	40.482	43.188	74.397	79.082	83.298	88.379	91.952
70	43.275	48.758	51.739	85.527	90.531	95.023	100.425	104.215
80	51.172	57.153	60.391	96.578	101.897	106.629	112.329	116.321

참고문헌

제 I 부

[1] 김해경. "통계적 추론". 민음사, 2001.

[2]* 김해경. "시계열분석과 예측이론". 경문사, 2003.

[3]* 김해경. "경제 및 금융자료를 위한 시계열 분석". 경문사, 2005.

[4]* B. Abraham and J. Ledolter. "Statistical Methods for Forecasting." John Wiley & Sons, 1983.

[5]* S. Bisgaard and M. Kulahci. "Time Series Analysis and Forecasting by Example." John Wiley & Sons, 2011.

[6]* B. L. Bowerman and R. T. O'connell. "Time Series and Forecasting." Duxbury Press, 1979.

[7] G. E. P. Box and G. M. Jenkins. "Time Series Analysis: Forecasting and Control," Holden-Day, 1970

[8]* R. G. Brown. "Smoothing, Forecasting and Prediction of Discrete Time Series," Prentice-Hall, 1962.

[9] C. Chatfield. "The Analysis of Time Series." Chapman and Hall, 1975.

[10] G. Janacek and L. Swift. "Time Series, forecasting, simulation, applications." Ellis Hor ood, 1993

[11]* G. M. Jenkins. "Practcal Experiences with Modelling and Forecasting Time Series." A GJP Publication, 1979.

[12] L. H. Koopmans. "The spectral Analysis of Time Series." Academic Press, 1974.

[13]* H. Madsen. "Time Series Analysis." Chapman & Hall/CRC, 2008.

[14] T. Mills. "The Econometric Modelling of Financial Time Series." Cambridge University Press, 1999.

[15]* A. Pankratz. "Forecasting with Univariate Box-Jenkins Models." John Wiley & Sons, 1983.

[16] M. B. Priestley. "Spectral Analysis and Time Series." Academic Press, 1981.

[17] D. Ruppert. "Statistical and Finance: An Introduction." Springer-Verlag, 2004.

[18]* R. H. Shumway. "Applied Statistical Time Series Analysis." Prentice Hall, 1988.

[19] G. Zhang, B.E.Patuwo and M.Y.Hu,(1998). Forecasting with artificial neural networks. The state of the art. International Joural of Forecasting 17. 35-62.

[20] J. Faraway and C.Chatfield.(1998).Time series forecasting with neural networks. A comparative study using the airline data. Appl.Statit. 47.Part 2. 231-250.

[21] G. Zhang and Min Qi,(2005). Neural network forecasting for seasonal and trend time series. European Journal of Operational Research. 150. 501-517.

[22] D. Sena and N. K. Nagwani. (1916). A neural network Autorgression Model to Forecast perCapita Disposable Income. ARPN Journal of Engineering and Applied Sciences. 13123-13128.

[23] K.G. Mini, S. Kuriakose and T.V. Sathianandan.(2015). Modeling CPUE series for the fishery along northeast coast of India: A Comparison between the Holt-Winters, ARIMA and NNAR models.

[24] D.C.Montgomery and L.A.Johnson.(1976). Forecasting and Time Series Analysis. McGRaw-Hill Book Company,New York.

[25] H.T.Pao.(2007).Forecasting electricity market pricing using artificial neural networks. Energy conversion & Management.48. 907-912

[26] A.Pankratz.(1983).Forecasting with univariate Box-Jenkins models, John Wiley & Son

[27] A.Kanavos,F.Kounelis,L.Iliadis and C.Makris.(2021).Deep learning models for forecasting aviation deman time series.(2021).
Neural Computing and Applications.33,16329-16343.

[28] J. F. Torres, D. Hadjout, A. Sebaa, F. Martínez-Álvarez and A. Troncoso. (2020). Deep Learning for Time Series Forecasting: A Survey. Article in Big Data.

찾아보기

저자와의
합의하에
인지를
생략합니다.

AI시대의
통계적 예측
시계열의 인공신경망 예측

지은이 김해경 · 김태수 · 윤진희 · 정혜영 · 이우주
펴낸이 조경희
펴낸곳 경문사
펴낸날 2024년 1월 10일 1판 1쇄
등 록 1979년 11월 9일 제1979-000023호
주 소 04057, 서울특별시 마포구 와우산로 174
전 화 (02)332-2004 팩스 (02)336-5193
이메일 kyungmoon@kyungmoon.com

값 24,000원

ISBN 979-11-6073-115-6